普通高等教育“十一五”规划教材（高职高专教育）

PUTONG
GAODENG JIAOYU
SHIYIWU
GUIHUA JIAOCAI

土力学与地基基础

主　编　王秀花　申　钢
副主编　赵琦武　孙武斌
编　写　卢国超　杨素霞　梁美平
主　审　郝　俊

中国电力出版社
http://jc.cepp.com.cn

内 容 提 要

本书为普通高等教育“十一五”规划教材（高职高专教育）。全书共分九章，主要内容为土的物理性质及分类、土中应力及变形、土的抗剪强度及地基的承载力、章岩土工程勘察、土压力与边坡稳定、浅基础设计、桩基础及其他深基础、特殊土地基及山区地基、地基处理。本书突出高等职业教育特色，内容新颖（最新的规范、技术、知识），层次明确（内容主次分明、知识连贯），结构合理（注重知识点的铺垫、前后次序、课后有总结和练习）。

本书主要作为高职高专和职业技术院校工程技术、工程管理、城乡规划、市政工程等专业的教材，也可作为工程技术类技术人员的参考书。

图书在版编目（CIP）数据

土力学与地基基础/王秀花，申钢主编．—北京：中国电力出版社，2009.4（2017.8 重印）

普通高等教育“十一五”规划教材．高职高专教育

ISBN 978-7-5083-8462-7

Ⅰ．土…　Ⅱ．①王…②申…　Ⅲ．①土力学—高等学校：技术学校—教材②地基—基础（工程）—高等学校：技术学校—教材　Ⅳ．TU4

中国版本图书馆 CIP 数据核字（2009）第 012836 号

中国电力出版社出版、发行

（北京市东城区北京站西街 19 号　100005　http://jc.cepp.com.cn）

航远印刷有限公司印刷

各地新华书店经售

*

2009 年 4 月第一版　　2017 年 8 月北京第五次印刷

787 毫米×1092 毫米　16 开本　16.75 印张　404 千字

定价 **27.00** 元

前　言

高等职业教育虽然是新型的教育领域，但近几年迅猛发展，已成为高等教育的重要组成部分。本教材的编写突出了高等职业教育“以市场需求为导向，以职业技能培养为宗旨”的特色。

《土力学与地基基础》课是一门实践性和理论性比较强、涉及知识范围广的一门综合性课程，是土建工程专业的重点专业技术课。以高等职业教育人才培养目标为依据，加强理论与实践结合，突出技能培养是本教材编写的目的。本书的特点体现在：

（1）教与学互动，由于突出实践应用能力的培养，促动教师自身融入实践，不断提高和充实业务能力。

（2）以够用、能用为知识掌握范围，强化理论知识与实践应用的结合。

（3）突出新规范、新知识、新技术、新经验和未来技术发展的趋势，做到人无我有、人有我优。体现教学内容的先进性和前瞻性。

（4）全书构架合理、独特，各章节内容之间的排序上注重知识的次序和联系，各章节的内容主次分明，内容和知识点设有掌握、熟悉、了解三个层次，方便了教学。

（5）每章结束设有总结、习题、训练题。

参加本书编写的人员均为“双师型”教师，具有多年工程实践经验。本书由内蒙古建筑职业技术学院王秀花、申钢任主编，赵琦武、孙武斌任副主编，编写分工为：王秀花和申钢编写绪论、第五、九章，附录一，卢国超和杨素霞编写第二、七、八章，赵琦武和孙武斌编写第一、三、四章、附录二，梁美平编写第六章。全书由内蒙古建筑职业技术学院郝俊教授主审。

由于作者水平有限，编写中难免有不足之处，敬请读者批评指正。

编　者

2008 年 10 月

目　　录

前言
绪论 …… 1
第一章　土的物理性质及分类 …… 6
第一节　概述 …… 6
第二节　土的生成 …… 6
第三节　土的组成 …… 9
第四节　土的三相比例指标 …… 13
第五节　无黏性土的密实度 …… 18
第六节　黏性土的物理特征 …… 20
第七节　地基土（岩）的分类 …… 21
小结 …… 25
习题 …… 25
训练题 …… 25
第二章　土中应力及变形 …… 27
第一节　概述 …… 27
第二节　土中自重应力 …… 27
第三节　基底压力分布与简化计算 …… 29
第四节　土中附加应力 …… 32
第五节　土的压缩性 …… 36
第六节　地基最终沉降量计算 …… 39
第七节　地基沉降与时间的关系 …… 42
第八节　建筑物的沉降观测与地基允许变形值 …… 45
小结 …… 47
习题 …… 48
训练题 …… 49
第三章　土的抗剪强度与地基的承载力 …… 51
第一节　概述 …… 51
第二节　土的抗剪强度 …… 51
第三节　土的极限平衡条件 …… 52
第四节　土的剪切试验 …… 55
第五节　地基承载力的确定 …… 59
小结 …… 65
习题 …… 66
训练题 …… 66
第四章　岩土工程勘察 …… 68
第一节　岩土工程勘察简介 …… 68

第二节　岩土工程勘察方法 …… 70
第三节　岩土工程原位测试 …… 71
第四节　土的野外鉴别与描述 …… 75
第五节　地下水 …… 78
第六节　岩土工程勘察报告及其应用 …… 79
第七节　验槽 …… 83
小结 …… 86
习题 …… 86
训练题 …… 87
第五章　土压力与边坡稳定 …… 88
第一节　概述 …… 88
第二节　朗肯土压力理论 …… 90
第三节　库仑土压力理论 …… 99
第四节　库仑理论与朗肯理论的比较 …… 101
第五节　挡土墙设计 …… 102
第六节　边坡稳定分析 …… 109
小结 …… 113
习题 …… 114
训练题 …… 114
第六章　浅基础设计 …… 116
第一节　概述 …… 116
第二节　浅基础的类型 …… 119
第三节　基础埋置深度的确定 …… 123
第四节　基础底面尺寸的确定 …… 128
第五节　基础设计 …… 131
第六节　减轻不均匀沉降危害的措施 …… 139
第七节　补偿性基础概要 …… 142
小结 …… 143
习题 …… 143
训练题 …… 143
第七章　桩基础及其他深基础 …… 146
第一节　概述 …… 146
第二节　桩基的基本要求与桩基概率极限状态设计 …… 148
第三节　桩的分类 …… 151
第四节　竖向荷载作用下的单桩工作性状 …… 154
第五节　竖向荷载作用下单桩承载力的确定方法 …… 155
第六节　竖向荷载作用下群桩的工作性状 …… 156
第七节　群桩的竖向承载力计算 …… 158
第八节　桩基础设计 …… 160
第九节　其他深基础简介 …… 165
小结 …… 171

习题 …… 172
训练题 …… 173
第八章　特殊土地基 …… 174
第一节　膨胀土地基 …… 174
第二节　红黏土地基 …… 178
第三节　湿陷性黄土地基 …… 179
第四节　冻土地基 …… 182
小结 …… 186
习题 …… 187
训练题 …… 187
第九章　地基处理 …… 188
第一节　概述 …… 188
第二节　换填法 …… 196
第三节　预压法 …… 202
第四节　强夯法和强夯置换法 …… 206
第五节　振冲法 …… 210
第六节　砂石桩法 …… 213
第七节　土和灰土挤密桩法 …… 215
第八节　水泥粉煤灰碎石桩 …… 216
第九节　化学加固法 …… 219
第十节　土工合成材料在工程中的应用 …… 221
第十一节　托换法 …… 221
小结 …… 224
习题 …… 224
训练题 …… 225
附录一　试验 …… 226
试验一　含水量试验 …… 226
试验二　密度试验（环刀法） …… 227
试验三　比重试验（比重瓶法） …… 228
试验四　颗粒分析试验（筛析法） …… 229
试验五　界限含水量试验 …… 231
试验六　压缩试验（标准固结试验） …… 234
试验七　直接剪切试验（快剪） …… 235
试验八　击实试验 …… 236
附录二　工程地质报告实例 …… 239
实例一　某国际学校工程地质勘察报告书（详勘） …… 239
实例二　某体育馆的《建筑地基勘察报告》 …… 246
参考文献 …… 258

绪　　论

掌握：土、土层、土体的概念以及土体的特性，地基、基础、上部建筑的概念以及它们的关系。

了解：土力学的研究内容。

学习目的：掌握土力学的研究对象和研究内容。

一、关于土力学、地基与基础的含义

土力学与地基基础由不可分割的三部分组成，即土力学、地基、基础。地基由土组成，地基用于支撑基础，基础用于传递上部荷载。

1. 土力学

土是岩石经长期风化、剥蚀、搬运、沉积等物理和化学及生物作用，在地壳表面形成的松散集合体。土一般为三相系，由固体的矿物颗粒、颗粒孔隙间的水和气组成。当土体处于饱水状态或干旱状态时，则为二相系，即仅有土颗粒和水或土颗粒和气体。土具有颗粒性、孔隙性、多样性、透水性、压缩性、易变性、可移动性等特点。广义的土包含整体岩石在内。

土力学是工程力学的一个分支，是研究土在外荷载作用下引起的力学变化及变化规律，讨论地基的承载力、沉降量、土压力等工程实际问题。因此土力学是一门实践性很强的应用学科。它以力学和工程地质学的知识为基础，研究与工程建筑有关的土的变形和强度特性。土力学的原理和方法可用来估算土与建筑物或构筑物之间的相互作用，因而成为基础工程、堤坝、支挡结构、隧道、海港、矿山等土木工程设计的主要依据。

土力学在工程中的应用主要有：①土的勘查与测试；②土的鉴别、分类和定名；③土的各项物理性能和相应指标以及状态指标，为评价土性和提供设计指标之用；④土体的变形、强度及其他力学性质和它们的指标，包括土的应力—应变关系、静荷载与动荷载作用下的反应等；⑤土的渗透系数、渗流规律和渗流稳定性等；⑥土中应力计算、地基沉降计算、土体的固结计算、土坡稳定性分析计算、地基承载力和抗滑稳定性计算、土压力计算等；⑦地基加固方法，如机械压密、排水固结、化学加固、电化学加固、土工合成材料加筋等。

2. 地基

建筑物是由地基、基础和上部结构组成的统一的整体，如图 0-1 所示埋入土层一定深度（埋深）的建筑物下部承重结构称基础。它将建筑物的荷载通过基础的扩散并传给地基，起着承上启下的连接作用。

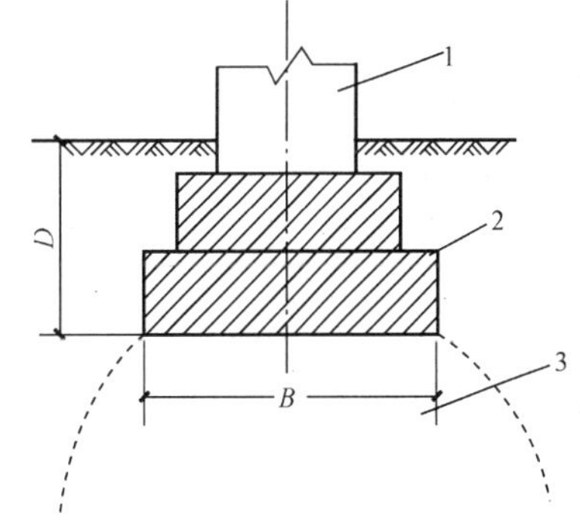

图 0-1　上部结构、地基与基础示意图
1—上部结构；2—基础；3—地基

地基是基础底部以下一定范围内、一定深度的土层，这部分土层由于受到建筑物荷载的作用，产生附加应力和变形，所以产生不可忽略的附加应力和变形的那部分土层称为地基。基础下的地基可能有若干层，直接与基础接触的第一层土，并承受压力的土层称为持力层，地基范围内持力层下部的所有土层称为下卧层。

良好的地基有较高的承载力和较低的压缩性。不良地基需要经过人工处理或加固才能符合修建建筑物的要求（强度和变形）。经过人工处理或加固达到设计要求的地基称为人工地基。不需处理而直接利用的天然土层称为天然地基。

为保证建筑物的安全，地基应满足以下要求：

（1）地基应有足够的强度，作用于地基上的荷载（基底压力）不超过地基的承载力。防止地基土产生剪切破坏或失稳。

（2）保证地基不能产生过大的变形，控制基础沉降不超过允许值，防止建筑物产生过大的沉降或不均匀沉降而影响正常使用。

3. 基础

为保证基础的安全可靠和功能要求，基础要埋于地表以下一定深度，这个深度称为基础的埋置深度（简称埋深）。工程中根据基础埋深将基础分为浅基础和深基础。基础结构本身应有足够的强度和刚度，在地基反力作用下不会产生过大强度破坏，并具有改善沉降与不均匀沉降的能力。

基础结构的形式很多，设计时应综合考虑地基、基础和上部结构三者的相互联系，选择适应上部结构和场地地质条件、符合使用功能、满足设计要求、技术先进、施工简便、经济合理的基础设计方案。

二、地基和基础的重要性

地基和基础是建筑物的根基，属于地下隐蔽工程，质量事故不易发现。一旦出现质量事故很难补救或无法挽回。所以勘察、设计和施工质量直接影响建筑物的安全。由于地基土的复杂多变、施工难度大、工期长、劳动力消耗高，所以造价比较高，一般占工程总造价的20%～25%。因此地基基础的勘察、设计、施工对建筑工程影响很大。地基和基础质量事故主要体现在以下方面。

1. 变形问题

（1）比萨斜塔。意大利比萨（Pisa）斜塔（图 0-2）自 1173 年 9 月 8 日动工，至 1178 年建至第 4 层中部，高度 29m 时，因塔明显倾斜而停工。1994 年后，1272 年复工，经 6 年时间建完第 7 层，高 48m，再次停工中断 82 年。1360 年再次复工，至 1370 年竣工，前后历经近 200 年。该塔共 8 层，高 55m，全塔总荷重 145MN，相应的地基平均压力约为 50kPa。地基持力层为粉砂，下面为粉土和黏土层。由于地基的不均匀下沉，塔向南倾斜，南北两端沉降差 1.8m，塔顶离中心线已达 5.27m，倾斜 5.5°，成为危险建筑。比萨塔的倾斜归因于它的地基不均匀沉降。这座堪称世界建筑史奇迹的斜塔，不仅以它“斜而不倒”闻名天下，还因为 1590 年，意大利的伟大科学家伽俐略，曾在斜塔的顶层做过自由落体运动的实验，让两个重量相差 10 倍的铁球，同时从塔顶落下，结果，两球同时着地，一举推翻了束缚人们思想近 2000 年的希腊著名学者亚里士多德关于重量不同的物体其下落的速度也不相同的“物体下落速度与重量成正比”的理论。伽俐略开创了实验物理的新时代，被人们称为“近代科学之父”，而他用来做实验的斜塔也因而更加闻名遐迩。目前拯救比萨斜塔的工程取得了一定成效。1997 年 2 月开始历经两年半通过土壤萃取的方法，钟塔的倾斜度减少了半度。谜人而美丽的钟塔渐渐稳定下来，2001 年 12 月 15 日，塔正式向公众开放。

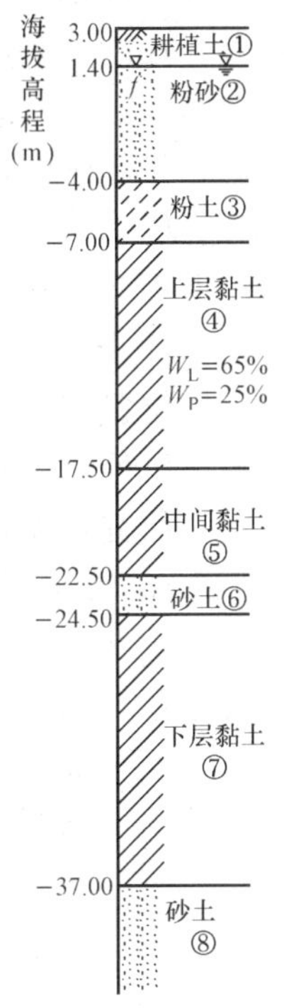

图 0-2　意大利比萨斜塔

(2) 虎丘塔。号称中国比萨斜塔—虎丘塔位于苏州市西北虎丘公园山顶，原名云岩寺塔，距今已有 1000 多年悠久历史，如图 0-3 所示。1956～1957 年间对上部结构进行修缮，但使塔重增加了 2 000kN，加速了塔体的不均匀沉降。1957 年，塔顶位移为 1.7m，到 1978 年发展到 2.3m，重心偏离基础轴线 0.924m，砌体多处出现纵向裂缝，部分砖墩应力已接近极限状态。后在塔周建造一圈桩排式地下连续墙，并采用注浆法和树根桩加固塔，基本遏制了塔的继续沉降和倾斜。

1980 年 6 月虎丘塔现场调查。其地基土层由上至下依次为杂填土、块石填土、亚黏土夹块石、风化岩石、基岩等，由于地基土压缩层厚度不均及砖砌体偏心受压等原因，造成该塔向东北方向倾斜。不仅塔顶离中心线已达 2.31m，而且底层塔身发生不少裂缝，成为危险建筑而封闭、停止开放。虎丘塔地基为人工地基，由大块石组成，块石最大粒径达 1 000mm。人工块石填土层厚 1～2m，西南薄，东北厚。下为粉质黏土，呈可塑至软塑状态，也是西南薄，东北厚。塔倾斜后，使东北部位应力集中，超过砖体抗压强度而压裂。

图 0-3　虎丘塔

2. 强度问题

加拿大 Transcona 谷仓，南北长 59.44m，东西宽 23.47m，高 31.00m，如图 0-4 所示。基础为钢筋混凝土筏板基础，厚 0.61mm，埋深 3.66m。谷仓 1911 年动工，1913 年秋完成。谷仓自重 20 000t，相当于装满谷物后总重的 42.5%。1913 年 9 月装谷物，至 31 822m³ 时，发现谷仓 1h 内竖向沉降达 0.305mm，并向西倾斜，24h 后倾倒，西侧下陷 7.32m，东侧抬高 1.52m，倾斜 27°。地基虽破坏，但钢筋混凝土筒仓却安然无恙，后用 388 个 50t 千斤顶纠正后继续使用，但位置较原先下降 4m。事故的原因是：设计时未对谷仓地基承载力进行调查研究，而采用了邻近建筑地基 352kPa 的承载力，事后 1952 年的勘察试验与计算表明，该地基的实际承载力为 193.8～276.6kPa，远小于谷仓地基破坏时 329.4kPa 的地基压力，地基因超载而发生强度破坏。

图 0-4　特朗斯康谷仓

3. 渗透问题

1963 年，意大利 265m 高的瓦昂拱坝上游托克山左岸发生大规模的滑坡，滑坡体从大坝附近的上游扩展长达 1 800m，并横跨峡谷滑移 300～400m，估计有 2 亿～3 亿立方米的岩块滑入水库，冲到对岸形成 100～150m 高的岩堆，致使库水漫过坝顶，冲毁了下游的朗格罗尼镇，死亡约 2 500 人，但大坝却未遭破坏。

我国连云港码头的抛石棱体，1974 年发生多次滑坡。1998 年长江全流域特大洪水时，万里长江堤防经受了严峻的考验，一些地方的大堤垮塌，大堤地基发生严重管涌，洪水淹没了大片土地，人民生命财产遭受巨大的威胁。

三、本课程的特点、内容

(1) 特点。

本课程是一门重要的专业核心课程，该课程可分为土力学和基础工程学两个部分，该课程具有较强的理论性和实践性。涉及工程地质学、土力学、结构设计和施工等学科领域，知识面广、内容多、综合性强。由于地基土的区域性，土性差异大，因地制宜密切结合工程实际，处理地基基础问题是非常重要的。为保证工程安全可靠制定了一系列国家标准规范，但由于地基基础的实践性很强，除合理应用国家规定的标准规范以外，还需灵活应用地区性规范、规程和规定。

(2) 内容。

本课程主要有四部分，第一部分地基基础的理论基础，土的组成、分类、基本性质（包括物理性质和力学性质），其二地基基础的应用基础，土体受力后的应力、强度、变形与稳定性问题，其三地基基础的实践，地质勘察、浅基础和桩基础设计、软弱地基处理，其四应用指标或参数的获取，原位测试技术和土工试验。

四、本课程的学习要求及建议

（1）学习要求。

1）土力学是分析解决地基基础问题的理论基础，需要扎实地掌握土的组成、分类、基本物理力学性质，掌握土的应力、变形，强度和地基计算等土力学基本原理。

2）熟悉土的物理力学性质、原位测试技术以及室内土工试验方法。

3）掌握浅基础和熟悉桩基础的设计方法。

4）重视工程地质基本知识的学习，熟悉工程地质勘察的程序和方法，培养阅读和使用工程地质勘察资料的能力。

（2）学习建议。

本课程的学习应注意每章开篇所提示的掌握、熟悉、了解三层次的内容，分清主次、把握重点。以能力实现为目的，注意理论与实践的结合，善于分析、勤于总结。

1）理论学习。掌握理论公式的意义和应用条件，明确理论的假定条件，掌握理论的适用范围。

2）试验技能。熟悉测试土的物理性质和力学性质的基本手段，重点掌握基本的土工试验技术，尽可能多动手操作，从实践中获取知识，积累经验。

3）实践技能。经验在工程应用中是必不可少的，工程技术人员要不断从实践中总结经验，以便能切合实际地解决工程实际问题。

第一章　土的物理性质及分类

掌握：土的三相组成、三相比例指标的工程意义及计算，地基土（岩）的分类。

熟悉：无黏性土和黏性土的物理特征。

了解：土的渗透性、土的成因。

学习目的：通过本章学习应达到应用分类方法对土进行合理分类，把土的三项指标与无黏性土和黏性土的物理特征准确地应用于地基工程性质判别与地基处理中。

能力培养：具备合理判别和分析土的工程性质的能力。

第一节　概　　述

土是连续、坚固的岩石在风化作用下形成的大小悬殊的颗粒，经过不同的搬运方式，在各种自然环境中生成的沉积物。在漫长的地质年代中，由于各种内力和外力地质作用形成了许多类型的岩石和土。岩石经历风化、剥蚀、搬运、沉积生成土，而土历经压密固结、胶结硬化也可再生成岩石。

土的物质成分包括作为土骨架的固态矿物颗粒、孔隙中的水以及气体。因此，土是由颗粒（固相）、水（液相）和气体（气相）所组成的三相体系。固体颗粒组成土的骨架，颗粒大小及其搭配是影响土性的基本因素；土中水是溶解各种离子的溶液，其含量多少也明显影响土的性质，如含水量高的土往往比较软，含水多少直接影响土的强度；土中气可以与大气相连，也可以气泡形式存在，对土性影响相对较小。土的性质一方面取决于每一相的特性，另一方面取决于土的三相比例关系。由于气体易被压缩，水能从土体流进或流出，土的三相比例会随时间和荷载条件的变化而变化，土的一系列性质也随之改变。土的形成过程中所经历的每一个环节以及在形成后沉积时间的长短、外界环境的变化，都对土的性质有显著的影响。

在处理地基基础问题和进行土力学计算时，不但要知道土的物理性质特征及其变化规律，从而了解各类土的特性，还必须掌握土的物理指标的测定方法和指标间的相互换算关系，并熟悉地基土的分类方法。

本章主要介绍土的生成、土的组成、土的三相比例指标、无黏性土和黏性土的物理特征以及地基土（岩）的分类。

第二节　土　的　生　成

一、地质作用的概念

岩石与土构成地球外表的地壳。地球内部则是高温高压的熔融岩浆。在漫长的地质历史中，地壳的成分、形态和构造都在不断地发生变化，导致这种变化的原因称为地质作用。根据地质作用的能量来源的不同，可分为内力地质作用和外力地质作用。

内力地质作用是由于地球自重、旋转动能和放射性元素蜕变产生的热能引起地壳升降、海陆变迁、岩石断裂等内部构造、外表形态乃至物质成分发生变化，如岩浆活动和变质作用、岩浆和变质岩的生成、火山爆发、地震等。

外力地质作用是由于气温变化、雨雪、山洪、风、空气、生物活动等引起的地质作用，如气温的变化导致岩层不断地热胀冷缩产生破裂（物理风化），雨、雪、山洪等水的存在可使岩石的矿物成分不断溶解水化、氧化、碳酸盐化（化学风化），动物的穴居、植物的生长（生物风化）都使岩石发生机械破碎和风化作用。

风化作用与外力地质作用紧密相关，一般分为物理风化、化学风化和生物风化。物理风化使岩石产生量变，由大块到小块；化学风化使岩石产生质变，岩石的矿物成分发生改变；生物风化同时具有物理风化和化学风化的双重作用。岩石经物理风化形成的土颗粒较大，称为原生矿物；而经化学风化形成颗粒较细小的土称为次生矿物。风化作用能降低岩石强度，影响边坡及建筑物地基的稳定。

狭义土的概念是指岩石经风化、剥蚀、搬运、沉积等过程后形成的各种疏松沉积物。广义土的概念是指将整体岩石包括在内。

二、矿物与岩石的概念

岩石是一种或多种矿物的集合体。岩石的特征及其工程性质，在很大程度上决定于它的矿物成分。组成岩石的矿物称为造岩矿物。矿物是地壳中天然生成的自然元素或化合物，它具有一定的物理性质、化学成分和形态。

矿物按形成的条件可分为原生矿物和次生矿物两大类。原生矿物一般由岩浆冷凝生成，如石英、长石、辉石、角闪石、云母等；次生矿物一般由原生矿物经风化等作用变化而成的新矿物，如由长石风化而成的高岭石、由辉石或角闪石风化而成的绿泥石等。

各种矿物有其不同的硬度。所谓硬度是指其抵抗外力刻划的能力。通常选定如表 1 - 1 中所列的十种矿物，以它们的硬度作为标准定出十个硬度等级，以便把其他矿物与表中所列的矿物相刻划，从而定出矿物的硬度等级。

表 1 - 1　　矿物的硬度等级

硬度等级	矿物名称	野外简易鉴定方法	代用品
1	滑石	用软铅笔划时留下条痕，用指甲容易刻划	软铅笔
2	石膏	用指甲可刻划	指甲
3	方解石	用黄铜板刻划可留下条痕，用小刀很容易刻划	铜板（钥匙）
4	萤石	小刀可刻划	小刀（铁钉）
5	磷灰石	用削铅笔刀刻划时可留下明显划痕，不能刻划玻璃	玻璃
6	正长石	小刀可勉强留下看得见的划痕，能刻划玻璃	铅笔刀
7	石英	用小刀不能刻划	小刀
8	黄玉	能割开玻璃，难于刻划石英	
9	刚玉	能刻划石英	
10	金刚石	能刻划石英	

岩石的主要特征包括矿物成分、结构和构造三方面。岩石的结构是指岩石中矿物颗粒的结晶程度、大小和形状，及其彼此间的组合方式等特征。岩石的构造则是由岩石中矿物排列方式及填充方式决定的。不同类型的岩石，由于它们生成的地质环境和条件的不同，就产生了各种不同的结构和构造。

岩石按其成因可分为三大类：岩浆岩，岩浆冷凝而成的岩石，岩浆岩又名火成岩；沉积岩，岩石风化的沉积物固结而成的岩石；变质岩，原岩石经变质作用而形成的新岩石。

1. 岩浆岩

地壳深部的物质部分熔融，形成炽热、黏稠的以硅酸盐为主的熔融体称为岩浆。岩浆沿地壳上的薄弱部位上升到地壳上部或地表过程中，不断改变自己的成分和物理化学状态，最后凝固成岩浆岩。这个过程叫岩浆作用。

2. 沉积岩

沉积岩是地表分布最广的岩类，约占陆地表面积的75%，是地基中经常遇到的岩石，也是天然建筑材料的重要来源。

原岩风化后变成碎屑物质，溶液中的离子或胶体中的质点，经流水、风等搬运到陆地低凹的地方或海洋里沉淀，堆积下来形成松散沉积物，工程上称为土。松散沉积物如经压密、脱水、胶结等成岩作用就形成沉积岩。从原岩风化、物质搬运到沉积成岩整个过程中的各种地质作用统称为沉积作用。

3. 变质岩

由于地壳运动和岩浆活动，形成较高温度和高压环境，使地壳中的先成岩在固态下发生矿物成分或结构构造的变化，而形成的新岩石称为变质岩。这种地质作用叫变质作用。

三、地质年代的概念

地质年代是指地壳发展历史与地壳运动、沉积环境及生物演化相应的时代段落。地球形成至今大约有60亿年的历史，在这漫长的地质年代里，地壳经历了一系列复杂的演变过程，整个过程可分为若干发展阶段，地球发展阶段的时间段落称为地质年代。

在地质学中，根据地层对比和古生物学方法把地质相对年代划分为五大代（太古代、元古代、古生代、中生代和新生代），每代又分为若干纪，每纪又细分为若干世及期。在每一个地质年代中，都划分有相应的地层。地质年代和地层的单位、顺序和名称的对应关系列于表1-2。

表1-2 地质年代和地层单位、顺序、名称对应关系表

地质年代单位	代	纪	世	期
地质单位	界	系	统	阶（层）

在新生代中最新近的一个纪称为第四纪，而由原岩风化产物——碎屑物质，经各种外力地质作用（剥蚀、搬运、沉积）形成尚未胶结硬化的沉积物（层），通称“第四纪沉积物（层）”或“土”。它沉积在地表，覆盖在基岩之上，各种建筑物往往就建造在它上面，因此对第四纪沉积物（层）的工程性质要仔细进行研究。第四纪地质年代中“世”的划分见表1-3。

表 1-3　**第四纪地质年代**

纪（系）	世（统）		距今年代（万年）
第四纪（系）Q	全新世（统）Q_h 或 Q_4		2.5
	更新世（统）Q_p	晚更新世（上更新统）Q_3	15
		中更新世（中更新统）Q_2	50
		早更新世（下更新统）Q_1	100

第三节　土　的　组　成

一、土的固体颗粒

土中固体颗粒（简称土粒）的大小和形状、矿物成分及其组成情况是决定土的物理力学性质的主要因素。粗大土粒往往是岩石经物理风化作用形成的碎屑，或是岩石中未产生化学变化的原生矿物颗粒，如石英和长石等；而细小土粒主要是化学风化作用形成的次生矿物和生成过程混入的有机物质。粗大土粒其形状都呈块状或粒状，而细小土粒其形状主要呈片状。

（一）粒组的划分

在自然界中存在的土，都是由大小不同的土粒组成的。土粒的粒径由粗到细逐渐变化时，土的性质相应地发生变化，例如土的性质随着粒径的变细可塑性从无到有、黏性从无到有、透水性从大到小、毛细水从无到有等。工程中常把大小相近的土粒合并为组，称为粒组。粒组间的界限是人为划定的，粒组界限是与粒组性质的变化相适应的。划分粒组的分界尺寸称为界限粒径。目前土的粒组划分方法并不完全一致，表 1-4 提供的是《土的分类标准》（GBJ 145—2007）土粒粒组的划分方法。

表 1-4　**土粒粒组的划分**

粒组统称	粒组名称		粒径范围（mm）	一　般　特　性
巨　粒	漂石（块石）粒		$d>200$	透水性很大，无黏性，无毛细水
	卵石（碎石）粒		$200\geqslant d>60$	
粗　粒	砾粒	粗砾	$60\geqslant d>20$	透水性大，无黏性，毛细水上升高度不超过粒径大小
		细砾	$20\geqslant d>2$	
	砂　粒		$2\geqslant d>0.075$	易透水，无黏性，遇水不膨胀，干燥时松散；毛细水上升高度不大
细　粒	粉　粒		$0.075\geqslant d>0.005$	透水性小，湿时稍有黏性，遇水膨胀小，干时稍有收缩；毛细水上升高度较大较快，极易出现冻胀现象
	黏　粒		$d\leqslant 0.005$	透水性很小，湿时有黏性、可塑性，遇水膨胀大，干时收缩显著；毛细水上升高度大，但速度较慢

注　1. 漂石、卵石颗粒均呈一定的磨圆形状（圆形或亚圆形）；块石、碎石颗粒都带有棱角；
2. 黏粒或称黏土粒，粉粒或称粉土粒。

（二）土的颗粒级配

工程土常常是不同粒组的混合物，而土的性质主要取决于不同粒组的相对含量。土的颗粒级配（又称土的粒度成分）是指大小土粒的搭配情况，通常以土中各个粒组干土的相对含量百分比来表示。为了了解各粒组的相对含量，就需进行颗粒分析，颗粒分析的方法有筛分法和密度计法。

《土的分类标准》（GBJ 145—2007）规定：筛分法适用于粒径在 60～0.074mm 的土。试验时，将风干的均匀土样放入一套孔径不同的标准筛，标准筛的孔径依次为 60，40，20，10，5，2，1.0，0.5，0.25，0.1mm（或 0.074mm），经筛析机上下震动，将土粒分开，称出留在每个筛上的土重，即可求出留在每个筛上土重的相对含量。对于粒径小于 0.074mm 的土，可用密度计法，土粒大小相当于在密度计中与实际土粒有相同沉降速度的理想圆球体的直径。颗粒分析的结果可用三种方式表达：列表法、级配曲线法和三角坐标法。

1. 列表法

列出表格直接表达各粒组的百分含量。

2. 级配曲线法

根据筛分试验结果，绘制如图 1-1 半对数表达的颗粒级配曲线，横坐标代表粒径，以对数坐标表示；纵坐标表示小于（或大于）某粒径的土粒的累计百分含量。从级配曲线 a 和 b 可看出，曲线 a 所代表的土样含的土颗粒粒径范围广，粒径大小相差悬殊，曲线较平缓，级配良好；而曲线 b 所代表的土样含的土粒粒径范围窄，土粒粒径大小差不多，土粒较均匀，级配不良。

常用两个级配指标不均匀系数 C_u 和曲率系数 C_c 描述土的级配特征。

不均匀系数
$$C_u = \frac{d_{60}}{d_{10}} \tag{1-1}$$

曲率系数
$$C_c = \frac{d_{30}^2}{d_{10} \times d_{60}} \tag{1-2}$$

式中 d_{10}——有效粒径，在级配曲线上小于该粒径的土粒质量累计百分数为 10%；

d_{30}——中值粒径，在级配曲线上小于该粒径的土粒质量累计百分数为 30%；

d_{60}——限定粒径，在级配曲线上小于该粒径的土粒质量累计百分数为 60%。

如图 1-1 所示，曲线 a 的 C_u 值大于曲线 b 的 C_u 值。曲线 a 所代表的土样较试样 b 更不均匀，但级配良好，作为填方工程的土料时，比较容易获得较大的密实度。

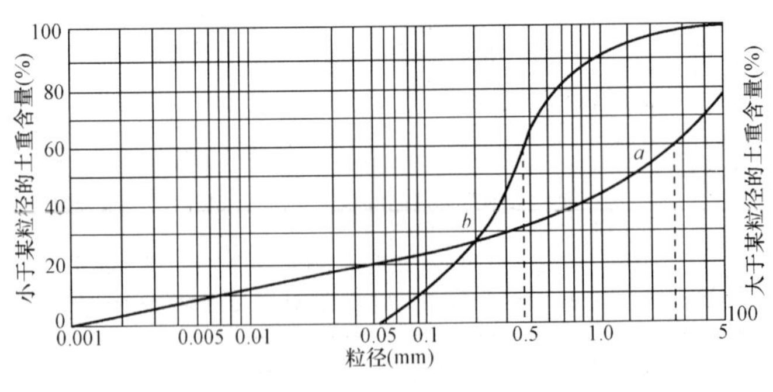

图 1-1 颗粒级配曲线

不均匀系数 C_u 反映大小不同粒组的分布情况。C_u 越大，表示土粒大小的分布范围越大，其级配越良好。曲率系数 C_c 描写的是累积曲线的分布范围，反映曲线的整体形状。在一般情况下，工程上把 $C_u<5$ 的土看作是均粒土，属级配不良；$C_u>10$，同时 $C_c=1\sim3$ 的土，属级配良好。

（三）土粒的矿物成分

土粒的矿物成分主要决定于母岩的成分及其所经受的风化过程。粗大土粒如漂石、卵石、圆砾都是岩石的碎屑，其矿物成分与母岩相同；砂粒大部分是母岩的单矿物颗粒，如石英、长石、云母等；粉粒的矿物成分主要是一些难溶盐，如 $MgCO_3$、$CaCO_3$ 等；黏粒的矿物成分主要有黏土矿物、氧化物、氢氧化物及各种难溶盐类，它们都是次生矿物。黏土矿物的颗粒很微小，形状为鳞片状或片状，内部具有层状晶体构造。由于黏土矿物是很细小的扁平颗粒，颗粒表面具有很强的与水相互作用的能力，表面积愈大，这种能力就愈强。

除黏土矿物外，黏粒组中还包括有氢氧化物和腐殖质等胶态物质。如含水氧化铁，它在土层中分布很广，是地壳表层的含铁矿物质分解的最后产物，使土呈现红色或褐色。土中胶态腐殖质的颗粒更小，能吸附大量水分子（亲水性强）。由于土中胶态腐殖质的存在，使土具有高塑性、膨胀性和黏性，这对工程建设是不利的。

二、土中的水和气

（一）土中水

在自然条件下，土中总是含水的。土中水可以处于液态、固态或气态。土中细粒愈多，土的分散度愈大，水对土的性质影响也愈大。研究土中水，必须考虑到水的存在状态及其与土粒的相互作用。

存在于土中的液态水可分为结合水和自由水两大类。

1. 结合水

结合水是指受电分子吸引力吸附于土粒表面的土中水。对土的工程性质影响极大，这种电分子吸引力高达几千到几万个大气压，使水分子和土粒表面牢固地黏结在一起。

由于土粒（矿物颗粒）表面一般带有负电荷，围绕土粒形成电场，在土粒电场范围内的水分子和水溶液中的阳离子（如 Na^+、Ca^{2+}、Al^{3+} 等）一起吸附在土粒表面。因为水分子是极性分子（氢原子端显正电荷，氧原子端显负电荷），它被土粒表面电荷或水溶液中离子电荷的吸引而定向排列（图 1 - 2）。

在最靠近土粒表面处，静电引力最强，把水化离子和极性水分子牢固地吸附在颗粒表面上形成固定层。在固定层外围，静电引力比较小，因此水化离子和极性水分子的活动性比在固定层中大些，形成扩散层。固定层和扩散层中所含的阳离子（反离子）与土粒表面负电荷一起即构成双电层（图 1 - 2）。

水溶液中的反离子（阳离子）的原子价愈高，它与土粒之间的静电引力愈强，则扩散层厚度愈薄。在实践中可以利用这种原理来改良土质，例如用三价及二价离子（如 Fe^{3+}、Al^{3+}、Ca^{2+}、Mg^{2+}）处理黏土，使得它的扩散层变薄，从而增加土的稳定性，减少膨胀性，提高土的强度；有时，可用含一价离子的盐溶液处理黏土，使扩散层增厚，而大大降低土的透水性。

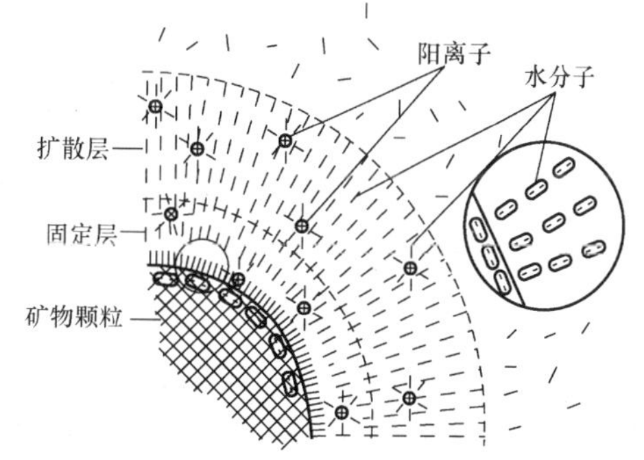

图 1 - 2　结合水分子定向排列简图

结合水又可以分为强结合水和弱结合水两种。强结合水是相当于反离子层的内层（固定层）中的水，而弱结合水则相当于扩散层中的水。

2. 自由水

自由水是存在于土粒表面电场影响范围以外的水。它的性质和普通水一样，能传递静水压力，冰点为0℃，有溶解能力。

自由水按其移动所受作用力的不同，可以分为重力水和毛细水。

（1）重力水。

重力水是存在于地下水位以下的透水土层中的地下水，它是在重力或压力差作用下运动的自由水，对土粒有浮力作用。重力水对土中的应力状态和开挖基槽、基坑以及修筑地下构筑物时所应采取的排水、防水措施有重要的影响。

（2）毛细水。

毛细水是受到水与空气交界面处表面张力作用的自由水。毛细水存在于地下水位以上的透水土层中。毛细水按其与地下水面是否联系可分为毛细悬挂水（与地下水无直接联系）和毛细上升水（与地下水相连）两种。

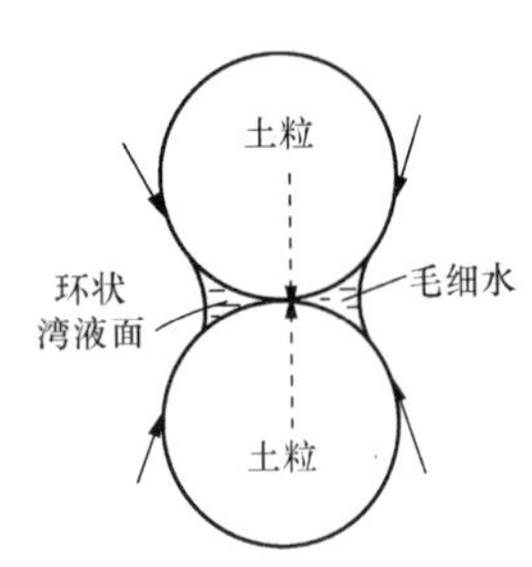

图1-3　毛细压力示意图

当土孔隙中局部存在毛细水时，毛细水的弯液面和土粒接触处的表面引力反作用于土粒上，使土粒之间由于这种毛细压力而挤紧（图1-3），土因而具有微弱的黏聚力，称为毛细黏聚力。在施工现场常常可以看到稍湿状态的砂堆，能保持垂直陡壁达几十厘米高而不坍落，就是因为砂粒间具有毛细黏聚力的缘故。在饱水的砂或干砂中，土粒之间的毛细压力消失，原来的陡壁就变成斜坡，其天然坡面与水平面所形成的最大坡角称为砂土的自然坡度角。在工程中，要注意毛细上升水的上升高度和速度，因为毛细水的上升对于建筑物地下部分的防潮措施和地基土的浸湿和冻胀等有重要影响。此外，在干旱地区，地下水中的可溶盐随毛细水上升后不断蒸发，盐分便积聚于靠近地表处而形成盐渍土。土中毛细水的上升高度可用试验方法确定。

3. 固态水

地面下一定深度的土温，随大气温度而改变。当地层温度降至零摄氏度以下，土体便会因土中水冻结而形成冻土。某些细粒土在冻结时，往往发生体积膨胀，即所谓冻胀现象。当土层解冻时，土中积聚的冰晶体融化，土体随之下陷，即出现融陷现象。土的冻胀现象和融陷现象是季节性冻土的特性，亦即土的冻胀性。季节性冻土在冻融过程中，反复地产生冻胀和融陷使土的强度降低，压缩性增大。如果上部荷载包括基础自重小于冻胀力时，则基础将隆起，融化时，冻胀力消失而使基础下沉，因而造成墙体开裂，严重时建筑物将受到破坏。

（二）土中气

土中的气体存在于土孔隙中未被水所占据的部位。在粗粒的沉积物中常见到与大气相联通的空气，受到外力作用时，容易从孔隙中挤出，它对土的力学性质影响不大。在细粒土中则常存在与大气隔绝的封闭气体，可能是空气、水气或天然气，使土在外力作用下的弹性变形增加，透水性减小，压缩性增大。

三、土的结构和构造

土的结构是指由土粒单元的大小、形状、相互排列及其联结关系等因素形成的综合特征。一般分为单粒结构、蜂窝结构和絮状结构三种基本类型。

单粒结构是碎石土和砂土的结构特征。因其颗粒较大，土粒间的分子吸引力相对很小，所以颗粒间几乎没有联结，至于未充满孔隙的水分只可能使其具有微弱的毛细水联结。单粒结构可以是疏松的，也可以是紧密的（图1-4）。

呈紧密状单粒结构的土，由于其土粒排列紧密，在动、静荷载作用下都不会产生较大的沉降，所以强度较大，压缩性较小，是较为良好的天然地基。

具有疏松单粒结构的土，其骨架是不稳定的，当受到震动及其他外力作用时，土粒易于发生移动，土中孔隙剧烈减少，引起土的很大变形，因此，这种土层如未经处理一般不宜作为建筑物的地基。

(a)

(b)

图1-4 土的单粒结构

(a) 疏松状态；(b) 密实状态

蜂窝结构是以粉土为土的结构特征。据研究，粒径在0.075～0.005mm的土粒在水中沉积时，基本上是以单个土粒下沉，当碰上已沉积的土粒时，由于它们之间的相互引力大于其重力，因此土粒就停留在最初的接触点上不再下沉，形成具有很大孔隙的蜂窝状结构（图1-5），具有松散、强度低、压缩性高等特性。

絮状结构是黏土颗粒特有的结构特征。黏粒能够在水中长期悬浮，不因自重而下沉。当这些悬浮在水中的黏粒被带到电解质浓度较大的环境中（如海水）黏粒凝聚成絮状的集粒（黏粒集合体）而下沉，并相继和已沉积的絮状集粒接触，而形成类似蜂窝而孔隙很大的絮状结构（图1-6），这类结构由于含有大量孔隙而具有高压缩性。

具有蜂窝结构和絮状结构的黏性土，其土粒之间的联结强度（结构强度），往往由于长期的压密作用和胶结作用而得到加强。

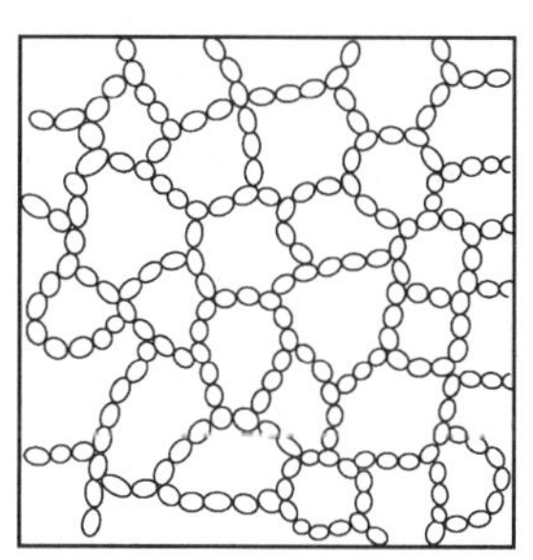

图1-5 土的蜂窝结构

图1-6 土的絮状结构

在同一土层中的物质成分和颗粒大小等都相近的各部分之间的相互关系的特征称为土的构造，是从宏观角度研究土的组成。土的构造最主要特征就是成层性，即层理构造。它是在土的形成过程中，由于不同阶段沉积的物质成分、颗粒大小或颜色不同，而沿竖向呈现的成层特征，常见的有水平层理构造和交错层理构造。土的构造的另一特征是土的裂隙性，如黄土的柱状裂隙。裂隙的存在大大降低土体的强度和稳定性，增大透水性，对工程不利。

第四节 土的三相比例指标

土的三相组成部分的质量和体积之间的比例关系，随着各种条件的变化而改变。例如，地下水位的升高或降低，都将改变土中水的含量；经过压实的土，其孔隙体积将减小。这些变化都可以通过相应指标的具体数字反映出来。反映土的干与湿，疏与密是评价土的工程性质的最基本的物理性质指标。

表示土的三相组成比例关系的指标，称为土的三相比例指标，包括试验指标（土粒比重、含水量、土的密度）和换算指标（干密度、饱和密度、有效密度、孔隙比、孔隙率和饱和度）。

一、指标的定义

为了便于说明和计算，用如图 1-7 所示的土的三相组成示意图来表示各部分之间的数量关系，图中符号的意义如下：

m_s——土粒质量；

m_w——土中水质量；

m——土的总质量，$m=m_s+m_w$；

V_s——土粒体积；

V_w——土中水体积；

V_a——土中气体积；

V_v——土中孔隙体积，$V_v=V_w+V_a$；

V——土的总体积，$V=V_s+V_w+V_a$。

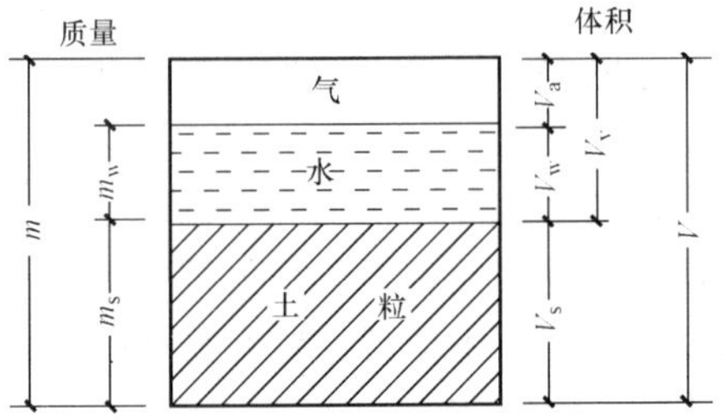

图 1-7 土的三相组成示意图

（一）土粒比重（土粒相对密度）d_s

土粒质量与同体积的 4℃时纯水的质量之比，称为土粒比重（无量纲），即

$$d_s=\frac{m_s}{V_s}\cdot\frac{1}{\rho_w}=\frac{\rho_s}{\rho_w} \tag{1-3}$$

式中 ρ_s——土粒密度，g/cm³；

ρ_w——纯水在 4℃时的密度（单位体积的质量），等于 1g/cm³ 或 1t/m³。

土粒比重在数值上就等于土粒密度，但含义不同。土粒比重决定于土的矿物成分，它的数值一般为 2.6～2.8，有机质土为 2.4～2.5，泥炭土为 1.5～1.8。同一种类的土，其比重变化幅度很小。

土粒比重可在试验室内用比重瓶法测定。由于比重变化的幅度不大，通常可按经验数值选用，一般土粒比重参考值见表 1-5。

表 1-5 土粒比重参考值

土的名称	砂土	粉土	黏性土	
			粉质黏土	黏土
土粒比重	2.65～2.69	2.70～2.71	2.72～2.73	2.74～2.76

（二）土的含水量 ω

土中水的质量与土粒质量之比，称为土的含水量，以百分数计，即

$$\omega=\frac{m_w}{m_s}\times 100\% \tag{1-4}$$

含水量 ω 是标志土的湿度的一个重要物理指标。含水量越大，说明土越湿。天然土层的含水量变化范围很大，它与土的种类、埋藏条件及其所处的自然地理环境等有关。一般说

来，同一类土，当其含水量增大时，则其强度就降低，含水量是影响填土压实性的主要因素之一。

土的含水量一般用“烘干法”测定。先称小块原状土样的湿土质量，然后置于烘箱内维持100～105℃烘至恒重，再称干土质量，湿、干土质量之差与干土质量的比值，就是土的含水量。

（三）土的密度 ρ

土单位体积的质量称为土的密度（单位为 g/cm^3 或 t/m^3），即

$$\rho = \frac{m}{V} \tag{1-5}$$

天然状态下土的密度变化范围较大。一般黏性土 $\rho=1.8\sim2.0g/cm^3$；砂土 $\rho=1.6\sim2.0g/cm^3$；腐殖土 $\rho=1.5\sim1.7g/cm^3$。

土的密度一般用“环刀法”测定，用一个圆环刀（刀刃向下）放在削平的原状土样面上，徐徐削去环刀外围的土，边削边压，使保持天然状态的土样压满环刀内，称得环刀内土样质量，求得它与环刀容积之比值即为其密度。

（四）土的干密度 ρ_d、饱和密度 ρ_{sat} 和有效密度 ρ'

土单位体积中固体颗粒部分的质量，称为土的干密度 ρ_d，即

$$\rho_d = \frac{m_s}{V} \tag{1-6}$$

在工程上常把干密度作为评定土体紧密程度的标准，以控制填土工程的施工质量。干密度越大，土越密实，强度越高。

土孔隙中充满水时的单位体积质量，称为土的饱和密度 ρ_{sat}，即

$$\rho_{sat} = \frac{m_s + V_v\rho_w}{V} \tag{1-7}$$

式中　ρ_w——水的密度。

在地下水位以下，单位土体积中土粒的质量扣除同体积水的质量后，即为单位土体积中土粒的有效质量，称为土的有效密度 ρ'，即

$$\rho' = \frac{m_s - V_s\rho_w}{V} \tag{1-8}$$

在计算自重应力时，须采用土的重力密度，简称重度。土的湿重度 γ、干重度 γ_d、饱和重度 γ_{sat}、有效重度 γ' 分别按下列公式计算：$\gamma=\rho g$、$\gamma_d=\rho_d g$、$\gamma_{sat}=\rho_{sat} g$、$\gamma'=\rho' g$，式中 g 为重力加速度，各指标的单位为 kN/m^3。

（五）土的孔隙比 e 和孔隙率 n

土的孔隙比是土中孔隙体积与土粒体积之比，即

$$e = \frac{V_v}{V_s} \tag{1-9}$$

孔隙比用小数表示。它是一个重要的物理性指标，可以用来评价天然土层的密实程度。一般 $e<0.6$ 的土是密实的低压缩性土，$e>1.0$ 的土是疏松的高压缩性土。

土的孔隙率是土中孔隙所占体积与总体积之比，以百分数表示，即

$$n = \frac{V_v}{V} \times 100\% \tag{1-10}$$

（六）土的饱和度 S_t

土中被水充满的孔隙体积与孔隙总体积之比，称为土的饱和度，以百分率计，即

$$S_t = \frac{V_w}{V_v} \times 100\% \tag{1-11}$$

砂土根据饱和度 S_t 的指标值分为稍湿、很湿与饱和三种湿度状态，其划分标准见表1-6。

表1-6　砂土湿度状态的划分

砂土湿度状态	稍　湿	很　湿	饱　和
饱和度 S_t（%）	$S_t \leqslant 50$	$50 < S_t \leqslant 80$	$S_t > 80$

二、指标的换算

上述土的三相比例指标中，土粒比重 d_s、含水量 ω 和密度 ρ 三个指标是通过试验测定的。在测定这三个基本指标后，可以导得其余各个指标。

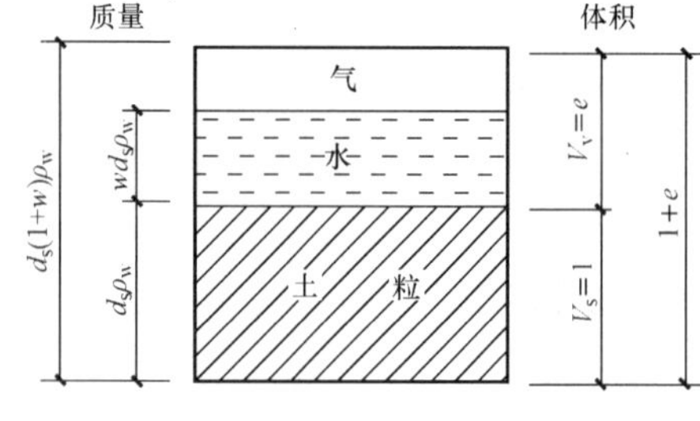

图1-8　土的三相物理指标换算图

常用图1-8所示三相图进行各指标间关系的推导，令 $V_s=1$，则 $V_v=e$，$V=1+e$，$m_s=V_s d_s \rho_w = d_s \rho_w$，$m_w = \omega m_s = \omega d_s \rho_w$，$m = d_s(1+\omega)\rho_w$

推导

$$\rho = \frac{m}{V} = \frac{d_s(1+\omega)\rho_w}{1+e}$$

$$\rho_d = \frac{m_s}{V} = \frac{d_s \rho_w}{1+e} = \frac{\rho}{1+\omega}$$

由上式

$$e = \frac{d_s \rho_w}{\rho_d} - 1 = \frac{d_s(1+\omega)\rho_w}{\rho} - 1$$

$$\rho_{sat} = \frac{m_s + V_v \rho_w}{V} = \frac{(d_s + e)\rho_w}{1+e}$$

$$\rho' = \frac{m_s - V_s \rho_w}{V} = \frac{m_s - (V - V_v)\rho_w}{V}$$

$$= \frac{m_s + V_v \rho_w - V \rho_w}{V} = \rho_{sat} - \rho_w$$

$$= \frac{(d_s - 1)\rho_w}{1+e}$$

$$n = \frac{V_v}{V} = \frac{e}{1+e}$$

$$S_t = \frac{V_w}{V_v} = \frac{m_w}{V_v \rho_w} = \frac{\omega d_s}{e}$$

土的三相比例指标换算公式一并列于表1-7。

表 1-7 **土的三相比例指标换算公式**

名　称	符号	三相比例表达式	常用换算公式	单位	常见的数值范围
土粒比重	d_s	$d_s=\frac{m_s}{V_s\rho_w}$	$d_s=\frac{S_re}{\omega}$	—	黏性土：2.72～2.75 粉　土：2.70～2.71 砂类土：2.65～2.69
含 水 量	ω	$\omega=\frac{m_w}{m_s}\times100\%$	$\omega=\frac{S_re}{d_s}$ $\omega=\frac{\rho}{\rho_d}-1$	—	20%～60%
密　度	ρ	$\rho=\frac{m}{V}$	$\rho=\rho_d(1+\omega)$ $\rho=\frac{d_s(1+\omega)}{1+e}\rho_w$	g/cm³	1.6～2.0g/cm³
干 密 度	ρ_d	$\rho_d=\frac{m_s}{V}$	$\rho_d=\frac{\rho}{1+\omega}$ $\rho_d=\frac{d_s}{1+e}\rho_w$	g/cm³	1.3～1.8g/cm³
饱和密度	ρ_{sat}	$\rho_{sat}=\frac{m_s+V_v\rho_w}{V}$	$\rho_{sat}=\frac{d_s+e}{1+e}\rho_w$	g/cm³	1.8～2.3g/cm³
有效密度	ρ'	$\rho'=\frac{m_s-V_v\rho_w}{V}$	$\rho'=\rho_{sat}-\rho_w$ $\rho'=\frac{d_s-1}{1+e}\rho_w$	g/cm³	0.8～1.3g/cm³
重　度	γ	$\gamma=\frac{m}{V}g=\rho g$	$\gamma=\frac{d_s(1+\omega)}{1+e}\gamma_w$ $\gamma=\gamma_d(1+\omega)$	kN/m³	16～20kN/m³
干 重 度	γ_d	$\gamma_d=\frac{m_s}{V}g=\rho_d g$	$\gamma_d=\frac{\gamma}{1+\omega}$ $\gamma_d=\frac{d_s}{1+e}\gamma_w$	kN/m³	13～18kN/m³
饱和重度	γ_{sat}	$\gamma_{sat}=\frac{m_s+V_v\rho_w}{V}g=\rho_{sat}g$	$\gamma_{sat}=\frac{d_s+e}{1+e}\gamma_w$ $\gamma_{sat}=\gamma'+\gamma_w$	kN/m³	18～23kN/m³
有效重度	γ'	$\gamma'=\frac{m_s-V_s\rho_w}{V}g=\rho'g$	$\gamma'=\frac{d_s-1}{1+e}\gamma_w$ $\gamma'=\gamma_{sat}-\gamma_w$	kN/m³	8～13kN/m³
孔 隙 比	e	$e=\frac{V_v}{V_s}$	$e=\frac{d_s\rho_w}{\rho_d}-1$ $e=\frac{d_s(1+\omega)\rho_w}{\rho}-1$	—	黏性土和粉土：0.40～1.20 砂类土：0.30～0.90
孔 隙 率	n	$n=\frac{V_v}{V}\times100\%$	$n=\frac{e}{1+e}$ $n=1-\frac{\rho_d}{d_s\rho_w}$	—	黏性土和粉土：30%～60% 砂类土：25%～45%
饱 和 度	S_r	$S_r=\frac{V_w}{V_v}\times100\%$	$S_r=\frac{\omega d_s}{e}$ $S_r=\frac{\omega\rho_d}{n\rho_w}$	—	0～100%

【例 1-1】 某一原状土样，经试验测得的基本指标值如下：密度 $\rho=1.72\text{g/cm}^3$，含水量 $\omega=13.1\%$，土粒比重 $d_s=2.65$，试求孔隙比 e、孔隙率 n、饱和度 S_r、干密度 ρ_d、饱和密度 ρ_{sat} 以及有效密度 ρ'。

解

$$e=\frac{d_s(1+\omega)\rho_w}{\rho}-1=\frac{2.65\times(1+0.131)}{1.72}-1=0.74$$

$$n=\frac{e}{1+e}=\frac{0.74}{1+0.74}=42.6\%$$

$$S_r=\frac{\omega d_s}{e}=\frac{0.131\times2.65}{0.74}=46.95\%$$

$$\rho_d=\frac{\rho}{1+\omega}=\frac{1.72}{1+0.131}=1.52\text{g/cm}^3$$

$$\rho_{sat}=\frac{(d_s+e)\rho_w}{1+e}=\frac{2.65+0.74}{1+0.74}=1.95\text{g/cm}^3$$

$$\rho'=\rho_{sat}-\rho_w=1.95-1=0.95\text{g/cm}^3$$

第五节 无黏性土的密实度

无黏性土的密实度与其工程性质有着密切的关系，呈密实状态时，强度较大，可作为良好的天然地基；呈松散状态时，则是不良地基。对于同一种无黏性土，当其孔隙比小于某一限度时，处于密实状态，随着孔隙比的增大，则处于中密、稍密直到松散状态。无黏性土的这种特性，是因为它所具有的单粒结构决定的。

无黏性土的最小孔隙比是最紧密状态的孔隙比，用符号 e_{min} 表示；其最大孔隙比是土处于最疏松状态时的孔隙比，用符号 e_{max} 表示。e_{min} 一般采用“振击法”测定；e_{max} 一般用“松砂器法”测定。

无黏性土的天然孔隙比 e 如果接近 e_{max}（或 e_{min}），则该无黏性土处于天然疏松（或密实）状态，这可用无黏性土的相对密实度进行评价。

无黏性土的相对密实度以最大孔隙比 e_{max} 与天然孔隙比 e 之差和最大孔隙比 e_{max} 与最小孔隙比 e_{min} 之差的比值 D_r 表示，即

$$D_r=\frac{e_{max}-e}{e_{max}-e_{min}} \tag{1-12}$$

从式（1-12）可知，若无黏性土的天然孔隙比 e 接近于 e_{min}，即相对密实度 D_r 接近于 1 时，土呈密实状态；当 e 接近于 e_{max} 时，即相对密实度 D_r 接近于 0，则呈松散状态。根据 D_r 值可把砂土的密实度状态划分为下列三种

$1\geqslant D_r>0.67$	密实的
$0.67\geqslant D_r>0.33$	中密的
$0.33\geqslant D_r>0$	松散的

相对密实度试验适用于透水性良好的无黏性土，如纯砂、纯砾等。相对密实度是无黏性粗粒土密实度的指标，它对于土作为土工构筑物和地基的稳定性，特别是在抗震稳定性方面具有重要的意义。

对于砂土由于测定 e_{max} 和 e_{min} 试验方法的缺陷、试验结果有很大的差异，而且难于取得

砂土原状土样（尤其是地下水位以下的砂层），因此，利用标准贯入试验、静力触探等原位测试方法来评价砂土的密实度得到了工程技术人员的广泛采用。砂土根据标准贯入试验的锤击数 N 分为松散、稍密、中密及密实四种密实度，其划分标准见表 1-8。

表 1-8　砂土密实度的划分

砂土密实度	松散	稍密	中密	密实
N	$\leqslant 10$	$10<N\leqslant 15$	$15<N\leqslant 30$	>30

注　N 系标准贯入试验锤击数。

碎石土可以根据野外鉴别方法划分为密实、中密、稍密三种密实度状态。其划分标准见表 1-9。

表 1-9　碎石土密实度野外鉴别方法

密实度	骨架颗粒含量和排列	可挖性	可钻性
密实	骨架颗粒含量大于总重的 70%，呈交错排列，连续接触	锹、镐挖掘困难，用撬棍方能松动；井壁一般较稳定	钻进极困难；冲击钻探时，钻杆、吊锤跳动剧烈；孔壁较稳定
中密	骨架颗粒含量等于总重的 60%～70%，呈交错排列，大部分接触	锹、镐可挖掘；井壁有掉块现象，从井壁取出大颗粒处，能保持颗粒凹面形状	钻进较困难；冲击钻探时，钻杆、吊锤跳动不剧烈；孔壁有坍塌现象
稍密	骨架颗粒含量小于总重的 60%，排列混乱，大部分不接触	锹可以挖掘；井壁易坍塌；从井壁取出大颗粒后，填充物砂土立即坍落	钻进较容易；冲击钻探时，钻杆稍有跳动；孔壁易坍塌

碎石土的密实度也可根据圆锥动力触探锤击数按表 1-10 和表 1-11 确定。

表 1-10　碎石土密实度按 $N_{63.5}$ 分类

重型动力触探锤击数 $N_{63.5}$	密实度	重型动力触探锤击数 $N_{63.5}$	密实度
$N_{63.5}\leqslant 5$	松散	$10<N_{63.5}\leqslant 20$	中密
$5<N_{63.5}\leqslant 10$	稍密	$N_{63.5}>20$	密实

表 1-11　碎石土密实度按 N_{120} 分类

超重型动力触探锤击数 N_{120}	密实度	超重型动力触探锤击数 N_{120}	密实度
$N_{120}\leqslant 3$	松散	$11<N_{120}\leqslant 14$	密实
$3<N_{120}\leqslant 6$	稍密	$N_{120}>14$	很密
$6<N_{120}\leqslant 11$	中密		

粉土的密实度应根据孔隙比 e 划分为密实、中密和稍密，见表 1-12。

表 1-12　粉土密实度分类

孔隙比 e	$e<0.75$	$0.75\leqslant e\leqslant 0.90$	$e>0.9$
密实度	密实	中密	稍密

第六节　黏性土的物理特征

一、黏性土的界限含水量

同一种黏性土随其含水量的不同，而分别处于固态、半固态、可塑状态及流动状态。所谓可塑状态，就是当黏性土在某含水量范围内，可用外力塑成任何形状而不发生裂纹，并当外力移去后仍能保持既得的形状，土的这种性能叫做可塑性，是黏性土区别于砂土的重要特征。黏性土由一种状态转到另一种状态的分界含水量，叫做界限含水量。它对黏性土的分类及工程性质的评价有重要意义。

（一）液限 ω_L

如图 1-9，土由可塑状态转到流动状态的界限含水量叫做液限（也称塑性上限含水量或流限）。我国目前采用锥式液限仪（图 1-10）测定土的液限。将盛土杯中装满调匀的土样，刮平土面，将重 76g，锥角为 30°的圆锥体放在试样表面的中心，锥体在自重作用下徐徐沉入土中，若经 10～15s 恰好沉入 10mm，测定此时杯内土样的含水量即为液限。

图 1-9　黏性土的物理状态与含水量关系

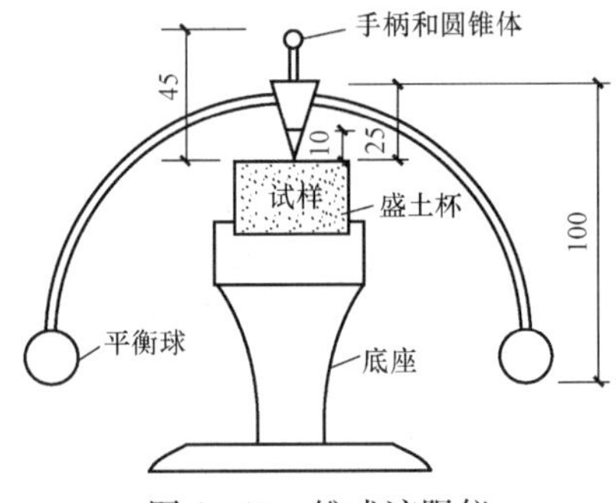

图 1-10　锥式液限仪

（二）塑限 ω_P

土由半固态转到可塑状态的界限含水量叫做塑限（也称塑性下限含水量）。

塑限采用搓条法测定。将直径小于 10mm 的土球放在毛玻璃板上，用手掌慢慢搓成直径 3mm 的长细条时，正好产生断裂，此时土条的含水量就是塑限。

（三）缩限 ω_S

土由半固体状态不断蒸发水分，则体积逐渐缩小，直到体积不再缩小时土的界限含水量叫缩限。

缩限用蒸发皿法测定。

土的半固态与可塑状态的区别在于前者塑成任何形状后，产生裂纹，后者没有裂纹；流动状态与可塑状态的区别在于前者不能保持已有的形状，产生流动变形，而后者能保持既得的形状。

二、黏性土的塑性指数和液性指数

（一）塑性指数 I_P

塑性指数是指液限和塑限的差值（省去%符号），即土处在可塑状态的含水量变化范围，用符号 I_P 表示，即

$$I_P = \omega_L - \omega_P \tag{1-13}$$

显然，塑性指数 I_P 越大，液限和塑限之差（或塑性指数）越大，土处于可塑状态的含水量范围也越大，土的可塑性越好。从土的颗粒来说，土粒越细，细颗粒（黏粒）的含量越高，则其比表面和可能的结合水含量越高，因而 I_P 也随之增大。从矿物组成来说，黏土矿物可能具有的结合水量大，因而 I_P 也大。

由于塑性指数在一定程度上综合反映了影响黏性土特征的各种重要因素，因此，在工程上常按塑性指数对黏性土进行分类和评价。

《建筑地基基础设计规范》（GB 50007—2002）规定黏性土按塑性指数 I_P 值可划分为黏土、粉质黏土（表 1-19）。

（二）液性指数 I_L

液性指数是指黏性土的天然含水量和塑限的差值与塑性指数之比，用符号 I_L 表示，即

$$I_L = \frac{\omega - \omega_P}{\omega_L - \omega_P} = \frac{\omega - \omega_P}{I_P} \tag{1-14}$$

从式（1-14）中可见，当土的天然含水量 ω 小于 ω_P 时，I_L 小于 0，天然土处于坚硬状态；当 ω 大于 ω_L 时，I_L 大于 1，天然土处于流动状态；当 ω 在 ω_P 与 ω_L 之间时，即 I_L 在 0～1 之间，则天然土处于可塑状态。因此可以利用液性指数 I_L 来表示黏性土所处的软硬状态。I_L 值越大，土质越软；反之，土质越硬。

《建筑地基基础设计规范》（GB 50007—2002）规定黏性土根据液性指数值划分为坚硬、硬塑、可塑、软塑及流塑五种软硬状态，其划分标准见表 1-13。

表 1-13　黏性土软硬状态的划分

状　态	坚　硬	硬　塑	可　塑	软　塑	流　塑
液性指数	$I_L \leqslant 0$	$0 < I_L \leqslant 0.25$	$0.25 < I_L \leqslant 0.75$	$0.75 < I_L \leqslant 1.0$	$I_L > 1.0$

三、黏性土的灵敏度和触变性

天然状态下的黏性土通常都具有一定的结构性，当受到外来因素的扰动时，土粒间的胶结物质以及土粒、离子、水分子所组成的平衡体系受到破坏，土的强度降低和压缩性增大。土的结构性对强度的这种影响，一般用灵敏度来衡量。土的灵敏度是以原状土的强度与同一土经重塑（指在含水量不变条件下使土的结构彻底破坏）后的强度之比来表示的。重塑试样具有与原状试样相同的尺寸、密度和含水量。测定强度所用的常用方法有无侧限抗压强度试验和十字板抗剪强度试验，对于饱和黏性土的灵敏度 S_t 可按下式计算

$$S_t = \frac{q_u}{q_u'} \tag{1-15}$$

式中　q_u——原状试样的无侧限抗压强度，kPa；

q_u'——重塑试样的无侧限抗压强度，kPa。

根据灵敏度可将饱和黏性土分为：低灵敏（$1 < S_t \leqslant 2$）、中灵敏（$2 < S_t \leqslant 4$）和高灵敏（$S_t > 4$）三类。土的灵敏度越高，其结构性越强，受扰动后土的强度降低就越多。所以在基础施工中应注意保护基槽，尽量减少对土结构的扰动。

饱和黏性土的结构受到扰动，导致强度降低，但当扰动停止后，土的强度又随时间而逐渐增大。这是由于土粒、离子和水分子体系随时间而逐渐趋于新的平衡状态的缘故。黏性土的这种抗剪强度随时间恢复的胶体化学性质称为土的触变性。例如在黏性土中打桩时，桩侧土的结构受到破坏而强度降低，但在停止打桩以后，土的强度渐渐恢复，桩的承载力逐渐增加，这也是受土的触变性影响的结果。

第七节　地基土（岩）的分类

岩石和土的分类方法很多，性质差异很大，不同部门根据其用途及性质采用各自的分类

方法。土（岩）的合理分类具有很大的实际意义，在建筑工程中，土是作为地基以承受建筑物的荷载，因此着眼于土的工程性质（特别是强度与变形特性）及其与地质成因的关系来进行分类。通过判断土（岩）的工程特性，评价土（岩）作为建筑材料的适宜性以及结合其他指标来确定地基的承载力，根据土类合理确定不同的研究内容和方法，确定不良地基的处理方法。

作为建筑场地和建筑物地基的土的分类一般可按下列原则进行：

（1）根据沉积（堆积）年代可分为老沉积土（第四纪晚更新世 Q_3 及其以前沉积的土）和新近沉积土（第四纪全新世中近期沉积的土）。

（2）根据地质成因可分为残积土、坡积土、洪积土、冲积土等。

（3）根据有机质含量可分为无机土、有机土、泥炭质土和泥炭。

（4）根据颗粒级配或塑性指数可分为碎石类土、砂类土、粉土和黏性土。

（5）根据土的工程特性的特殊性质可分为一般土和各种特殊土。

一、岩石的工程分类

岩石（基岩）是指颗粒间牢固联结，呈整体或具有节理裂隙的岩体。它作为建筑场地和建筑地基可按下列原则分类。

（1）按成因分为岩浆岩、沉积岩和变质岩。

（2）根据坚硬程度分为坚硬岩、较硬岩、较软岩、软岩和极软岩。

（3）根据风化程度分为未风化、微风化、中等风化、强风化和全风化等五级。

（4）岩体按完整性指数分为完整、较完整、较破碎、破碎和极破碎等五级。

（5）岩体按完整程度和坚硬程度又分为Ⅰ、Ⅱ、Ⅲ、Ⅳ和Ⅴ五个等级。

岩石的工程分类可参见《岩土工程勘察规范》(GB 50021—2001)。

二、碎石土

碎石土是粒径大于 2mm 的颗粒质量超过总质量 50％的土。

碎石土根据粒组含量及颗粒形状分为漂石或块石、卵石或碎石、圆砾或角砾，其分类标准见表 1－14。

表 1－14　碎石土分类

土的名称	颗粒形状	颗粒级配
漂　石	圆形及亚圆形为主	粒径大于 200mm 的颗粒质量超过总质量 50％
块　石	棱角形为主	
卵　石	圆形及亚圆形为主	粒径大于 20mm 的颗粒质量超过总质量 50％
碎　石	棱角形为主	
圆　砾	圆形及亚圆形为主	粒径大于 2mm 的颗粒质量超过总质量 50％
角　砾	棱角形为主	

注　定名时，应根据颗粒级配由大到小以最先符合者确定。

三、砂土

砂土是指粒径大于 2mm 的颗粒质量不超过总质量的 50％且粒径大于 0.075mm 的颗粒质量超过总质量 50％的土。

砂土按粒组含量分为砾砂、粗砂、中砂、细砂和粉砂，其分类标准见表 1-15。

表 1-15　砂　土　分　类

土的名称	颗　粒　级　配
砾　砂	粒径大于 2mm 的颗粒质量占总质量 25%～50%
粗　砂	粒径大于 0.5mm 的颗粒质量超过总质量 50%
中　砂	粒径大于 0.25mm 的颗粒质量超过总质量 50%
细　砂	粒径大于 0.075mm 的颗粒质量超过总质量 85%
粉　砂	粒径大于 0.075mm 的颗粒质量超过总质量 50%

注　定名时应根据颗粒级配由大到小以最先符合者确定。

【例 1-2】 某土样的颗粒级配试验成果见表 1-16，试确定土的名称。

表 1-16　颗　粒　分　析　表

筛孔直径（mm）	20	10	5	2	1	0.5	0.25	0.1	0.075	底盘<0.075	总计
留筛土重（g）	176	198	153	185	226	366	708	652	86	84	2 834
占全部土重的百分比（%）	6	7	5	7	8	13	25	23	3	3	100
大于某筛孔径的土重百分比（%）	6	13	18	25	33	46	71	94	97	100	
小于某筛孔径的土重百分比（%）	94	87	82	75	67	54	29	6	3	0	

解　分析不同的颗粒粒径分别占总质量的百分数如下：大于 20mm 者占 6%；大于 10mm 者占 13%；大于 5mm 者占 18%；大于 2mm 者占 25%；大于 1mm 者占 33%；大于 0.5mm 者占 46%；大于 0.25mm 者占 71%；大于 0.1mm 者占 94%；大于 0.075mm 者占 97%。

对照表 1-14 及表 1-15，本题粒组含量大于 20mm 的占 6%<50%，不能作为碎石（卵石）；大于 2mm 的占 25%<50%，不能作为角砾（圆砾）；符合粒径大于 2mm 的颗粒占总质量的 25%～50%，故该土定名为砾砂。

四、粉土

粉土是指粒径大于 0.075mm 的颗粒含量不超过全重 50%、且塑性指数 I_P 小于或等于 10 的土。根据粉土含量分为砂质粉土（粒径小于 0.005mm 的颗粒含量不超过全重 10%）和黏质粉土（粒径小于 0.005mm 的颗粒含量超过全重 10%）。粉土湿度按含水量分为稍湿、湿和很湿，见表 1-17。

表 1-17　粉 土 湿 度 分 类

含水量 ω	湿　度
$\omega<20$	稍　湿
$20\leqslant\omega\leqslant30$	湿
$\omega>30$	很　湿

砾粒以下的土粒，国内外都分为砂粒、粉粒与黏粒三级，三种土粒的差别是很明显的。自然界中的土体，一般是这三种土粒的混合体。对某一土体，在一定级配下，其中某一种土粒起主导作用时，则该土体主要呈现那种土粒的特性。粉土是介于砂土和黏性土之间的过渡性土类，具有砂土和黏性土的某些特征。

五、黏性土

黏性土是指塑性指数 I_P 大于 10 的土。黏性土的工程性质与土的成因、生成年代的关系很密切，不同成因和年代的黏性土，尽管其某些物理性指标值可能很接近，但其工程性质可能相差很悬殊。

（一）黏性土按沉积年代分为：老黏性土、一般黏性土和新近沉积黏性土

1. 老黏性土

老黏性土是指第四纪晚更新世（Q_3）及其以前沉积的黏性土。它是一种沉积年代久，工程性质较好的黏性土。一般具有较高的强度和较低的压缩性。其物理力学性质比具有相近物理指标的一般黏性土要好。

广泛分布于长江中下游、湖南湘江两岸和内蒙包头地区。

2. 一般黏性土

一般黏性土是指第四纪全新世（Q_4）（文化期以前）沉积的黏性土。其分布面积最广，遇到的也最多，工程性质变化最大。

3. 新近沉积的黏性土

新近沉积的黏性土是指文化期以来新近沉积的黏性土，一般为欠固结的，且强度较低。其野外鉴别方法见表1-18。

一般来说，沉积年代久的老黏性土，其强度较高，压缩性较低。但经多年的工程实践表明，一些地区的老黏性土承载力并不高，甚至有的低于一般黏性土，而有些新近沉积的黏性土，其工程性质也并不差。因此在进行地基基础的设计时，应根据当地的实践经验，作具体的分析研究。

表1-18　新近沉积黏性土的野外鉴别方法

沉积环境	颜色	结构性	包含物
河漫滩和山前洪、冲积扇（锥）的表层；古河道；已填塞的湖塘。沟、谷；河道泛滥区	颜色较深而暗，呈褐、暗黄或灰色，含有机质较多时带灰黑色	结构性差，用手扰动原状土时：极易变软，塑性较低的土还有振动水析现象	在完整的剖面中无原生的粒状结核体，但可能含有圆形及亚圆形的钙质结核体（如姜结石）或贝壳等，在城镇附近可能含有少量碎砖、瓦片、陶瓷、铜币或朽木等人类活动的遗物

（二）黏性土按塑性指数分类

黏性土按塑性指数 I_P 的指标值分为黏土和粉质黏土，其分类标准见表1-19。

表1-19　黏性土按塑性指数分类

土的名称	粉质黏土	黏　土
塑性指数	$10<I_P\leqslant 17$	$I_P>17$

注　确定 I_P 时，液限以76g圆锥仪沉入土样中深度10mm为准。

六、特殊土

特殊土是指在特定地理环境或人为条件下形成的特殊性质的土。它的分布一般具有明显的区域性。特殊土包括软土、人工填土、湿陷性土、红黏土、膨胀土、多年冻土、混合土、盐渍土、污染土等。将在第八章专门介绍。

小 结

土的性质包括物理性质、力学性质以及工程性质等。

土是由固相、液相和气相组成的三相分散体系，土中颗粒的大小、成分及三相之间的比例关系，反映出土的不同性质及构造上的差异。

在实际工程中需要熟练掌握土的三相指标的含义及确定方法，通过掌握黏性土和无黏性土的物理特性准确判断土的状态和土的类别。

熟练应用土的分类方法。

习 题

1. 在三标指标中，哪些是基本指标？实验室用什么方法测定这些指标？
2. 土中三项比例的变化对土的性质有什么影响？
3. 孔隙比小的土一定比孔隙比大的土密实吗？为什么？
4. 为什么粗颗粒土用粒径级配分类而细颗粒土用塑性指数分类？

训 练 题

1. 使地基土产生冻胀的土中水是（ ）。

A. 强结合水　B. 弱结合水　C. 重力水　D. 毛细水

2. 土的天然含水量发生变化时，随之变化的指标是（ ）。

A. 塑限　B. 液限　C. 塑性指数　D. 液性指数

3. 砂土工程分类的依据是（ ）。

A. 粒径级配　B. 颗粒形状　C. 孔隙比　D. 相对密度

4. 无黏性土的主要物理特征是______，黏性土的主要物理特征是______。

5. 地质作用分为______和______两种。

6. 试分析下列各对土粒粒组的异同点：①块石颗粒与圆砾颗粒；②碎石颗粒与粉粒；③砂粒与黏粒。

7. 甲、乙两土样的颗粒分析结果列于下表，试绘制颗粒级配曲线，并确定不均匀系数以及评价级配均匀情况。

粒径（mm）		2～0.5	0.5～0.25	0.25～0.1	0.1～0.05	0.05～0.02	0.02～0.01	0.01～0.005	0.005～0.002	<0.002
相对含量（%）	甲土	24.3	14.2	20.2	14.8	10.5	6.0	4.1	2.9	3.0
	乙土			5.0	5.0	17.1	32.9	18.6	12.4	9.0

8. 试比较下列各对土的三相比例指标在诸方面的异同点：①ρ 与 ρ_s；②ω 与 S_r；③e 与 n；④ρ_d 与 ρ'；⑤ρ 与 ρ_{sat}。

9. 有一天然原状土样切满于容积为 21.7cm^3 的环刀内，称得总质量为 72.49g，经 105℃烘干至恒重为 61.28g，已知环刀质量为 32.54g，土粒相对密度（比重）为 2.74，试求该土样的密度、含水量、干密度及孔隙比。

10. 某原状土样的密度为 1.85g/cm³、含水量为 34%、土粒比重（土粒相对密度）为 2.71，试求该土样的饱和密度、有效密度、饱和重度和有效重度。

11. 某砂土土样的密度为 1.77g/cm³，含水量为 9.8%，土粒比重为 2.67，烘干后测定最小孔隙比为 0.461，最大孔隙比为 0.943，试求孔隙比 e 和相对密实度 D_r，并评定该砂土的密实度。

12. 某一完全饱和黏性土试样的含水量为 30%，土粒比重为 2.73，液限为 33%，塑限为 17%，试求孔隙比、干密度和饱和密度，并按塑性指数和液性指数分别定出该黏性土的分类名称和软硬状态。

13. 某无黏性土样的颗粒分析结果列于下表，试定出该土的名称。

粒径（mm）	10～2	2～0.5	0.5～0.25	0.25～0.075	<0.075
相对含量（%）	4.5	12.4	35.5	33.5	14.1

第二章　土中应力及变形

掌握：地基土中自重应力的含义、计算方法及分布规律，地基土中基底压力的含义及计算方法，土的压缩性概念和压缩性指标的确定方法。

熟悉：地基土中附加应力的含义、分布规律及计算方法。

了解：土的压缩模量概念，地基最终稳定沉降量的计算方法，有效应力和孔隙水压力的概念，地基变形与时间的关系。

学习目的：通过本章学习能熟练计算自重应力和基底压力，分析压缩试验数据，合理判断和评价土的压缩性。

能力培养：具备熟练计算地基土的自重应力和基底压力的能力，具备能根据压缩试验数据分析和判断土的压缩特点的能力和计算变形的能力。

第一节　概　　述

地基承受荷载后，地基土层中原有的应力状态发生了变化，从而引起地基变形，导致基础沉降或倾斜。土中应力按产生原因分为自重应力和附加应力两种。由土体自重产生的应力称为自重应力，由建筑物或地面堆载等引起的应力则叫附加应力。地基的变形主要是因附加应力的作用引起。为了计算基础沉降以及验算地基强度和稳定性，都必须知道土中应力状态和土中应力的大小及分布。

在多数情况下，地基变形的主要原因是地基土在建筑物荷载下的压缩而引起。这种压缩变形称为沉降。由于建筑物荷载差异和地基不均匀等原因，基础各部分的沉降或多或少总是不均匀的，当不均匀沉降超过一定限度时，将会使建筑物出现倾斜、弯曲、墙身开裂甚至破坏，因此，在地基基础设计中，对地基的变形必须严格控制在允许范围内。

第二节　土中自重应力

一、均质土自重应力

计算土的自重应力时，假设地基为在水平方向及地面以下都是无限延伸的半无限弹性体。对于均质土，假设天然地面是一个无限大的水平面，所以在自重应力作用下地基土只产生竖向变形，而无侧向位移和剪切变形，因此可以认为土中任何垂直面及水平面上都不产生剪应力。取横截面为单位面（$1m^2$）的土柱计算（图 2 - 1），设土的重度为 γ（kN/m^3），地面以下 z 处的自重应力即土柱的重力 $\gamma \times z \times 1$，即

$$\sigma_{cz} = \gamma \times z \tag{2 - 1}$$

式中　σ_{cz}——深度 z 处的自重应力，kPa；

z——自地面至计算点的深度，m；

γ——土的天然重度，kN/m^3。

从图 2-1 可知，土中自重应力 σ_{cz} 随深度呈线性增加，对均质土呈三角形分布。

二、成层土自重应力

当在深度 z 范围内有多层土时，深度 z 处的自重应力为各土层自重应力之和，即

$$\sigma_{cz} = \gamma_1 h_1 + \gamma_2 h_2 + \cdots + \gamma_n h_n = \sum_{i=1}^{n} \gamma_i h_i \tag{2-2}$$

式中 σ_{cz}——土中的自重应力，kPa；

γ_i——第 i 层土的天然重度，kN/m^3；

h_i——第 i 层土的厚度，m；

n——从地面到深度 z 处的土层数。

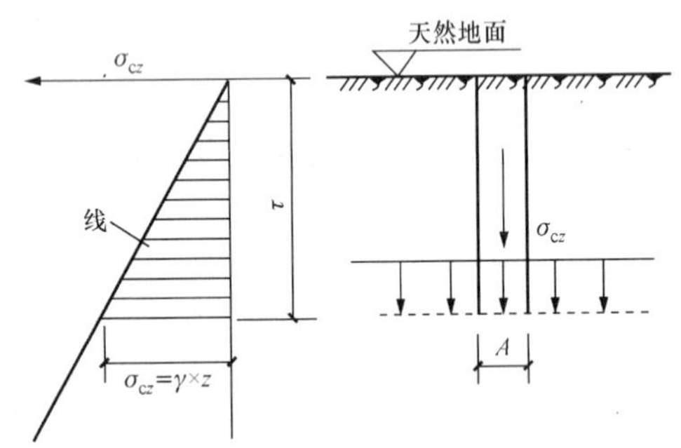

图 2-1 均质土中竖向自重应力分布

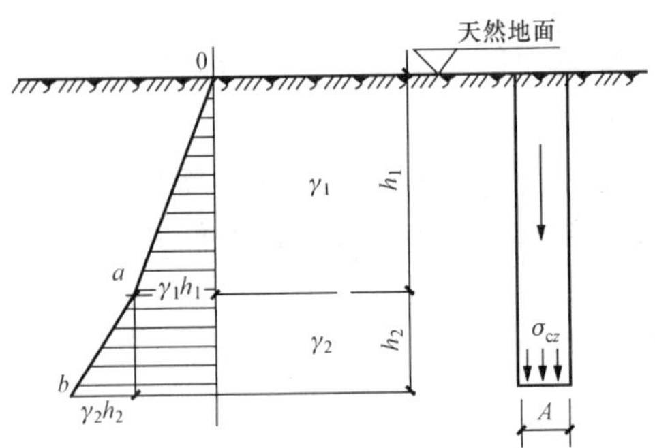

图 2-2 成层土自重应力分布

从图 2-2 可知，对成层土自重应力分布呈折线形分布，同一层土内仍为直线，在层面交界处有转折。

三、存在地下水时自重应力

由土粒骨架承担传递的粒间压力称为有效应力。地下水位以下的土体一般呈饱和状态，除了粒间应力以外，还有孔隙水压力作用。根据有效应力原理，土中总应力为有效应力与孔隙水压力之和。自重应力是指土体自身重力所产生的有效应力。

地下水位以下的土，受到水的浮力作用，减轻了土的有效重量。计算自重应力时，应采用水下土的重度代替天然重度，即用有效重度 $\gamma' = \gamma_{sat} - \gamma_w$（$\gamma_w$ 为水的重度）。若地下水位以下存在不透水层（如岩层），则不透水层层面处浮力消失，此处的自重应力等于全部上覆水土总重。如图 2-3 所示 C 点的自重应力应为

$$\sigma_{cz} = \gamma_1 h_1 + \gamma_2 h_2 + \gamma_3' h_3 \tag{2-3}$$

因此地下水位的升降，会引起土中自重应力的变化，例如在软土地区，常因大量抽取地下水，造成地下水位大幅度下降，将使地基中原水位以下土中的有效自重应力增加，从而造成地表大面积下沉的严重后果，其上的建筑物会产生附加沉降 [图 2-4 (a)]。如果该地区土层具有遇水后土性发生变化的特性（湿陷土、膨胀土等土类）或筑坝蓄水、农业灌溉等，当地下水位上升时 [图 2-4 (b)]，会导致地基土的湿陷、膨胀及地基承载力降低等问题，必须引起注意。

【例 2-1】 某工程地质柱状图及土的物理性质指标如图 2-5 所示。试求各土层分界面处土的自重应力，并绘出自重应力曲线。

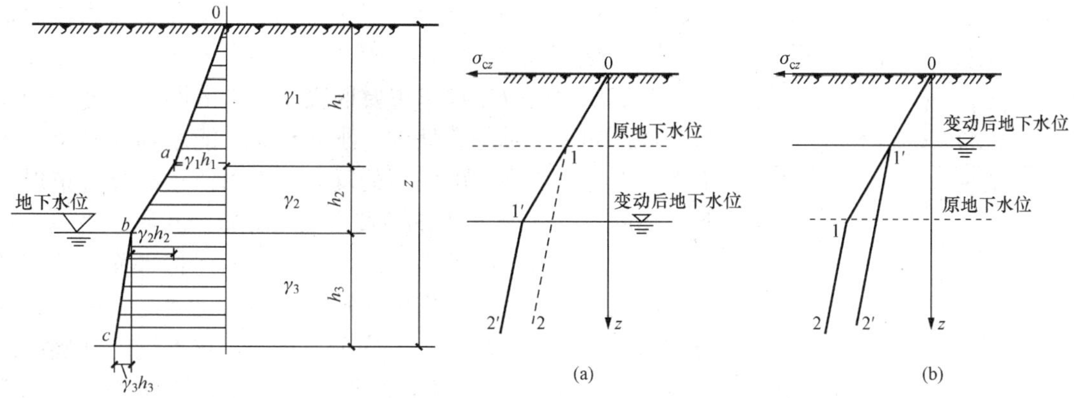

图 2-3 存在地下水位时自重应力分布

图 2-4 地下水位的升降对土中自重应力的影响

(a) 地下水位下降；(b) 地下水位上升

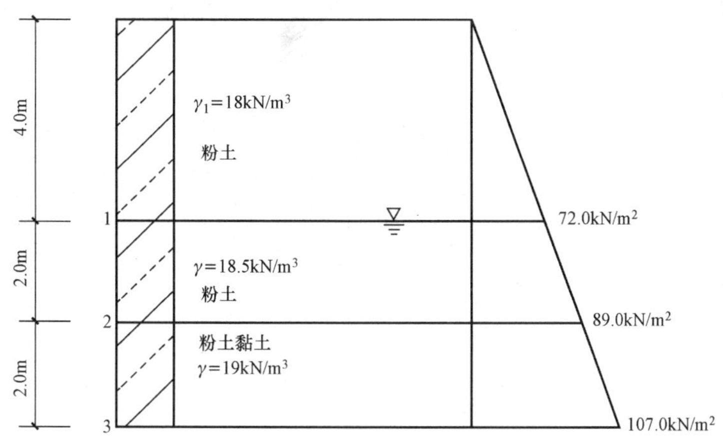

图 2-5 ［例 2-1］图

解 地下水位面以下粉土和粉质黏土的有效重度分别为

$$\gamma'_2 = \gamma_{2sat} - \gamma_w = 18.5\text{kN/m}^3 - 10\text{kN/m}^3 = 8.5\text{kN/m}^3$$

$$\gamma'_3 = \gamma_{3sat} - \gamma_w = 19\text{kN/m}^3 - 10\text{kN/m}^3 = 9\text{kN/m}^3$$

地下水位面处（z=4m）

$$\sigma_{cz1} = \gamma_1 h_1 = 18\text{kN/m}^3 \times 4\text{m} = 72\text{kPa}$$

粉土层底面处（z=6m）

$$\sigma_{cz2} = \gamma_1 h_1 + \gamma'_2 h_2 = 72\text{kPa} + 8.5\text{kN/m}^3 \times 2\text{m} = 89\text{kPa}$$

粉质黏土层底面处（z=8m）

$$\sigma_{cz3} = \gamma_1 h_1 + \gamma'_2 h_2 + \gamma'_3 h_3 = 89\text{kPa} + 9\text{kN/m}^3 \times 2\text{m} = 107\text{kPa}$$

据此绘出土的自重应力曲线如图 2-5 所示。

第三节 基底压力分布与简化计算

基底压力又称接触压力，这是建筑物荷载通过基础传给地基的压力，也是地基作用于基础底面的反力，基底压力与地基反力大小相等，方向相反。在计算地基中的附加应力以及设计基础结构时，都必须研究基底压力的分布规律。

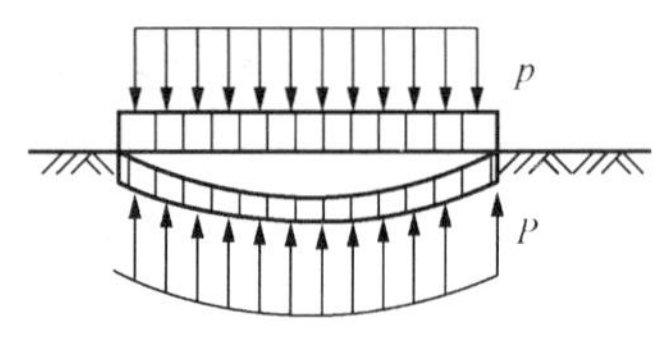

图 2-6　柔性基础下土的变形与基础底面压力分布

基底压力的分布规律主要取决于基础的刚度和地基的变形条件。如果基础是柔性的，刚度很小，能跟随地基土的表面而变形，作用在基础底面的反力与上面荷载的分布情况一致。如图 2-6 所示，上部荷载为均匀分布，基底压力也为均匀分布。当基础为刚性基础时，基础底面保持平面，即基础各点的沉降是一样的，作用在基础底面的反力与上面荷载的分布情况不一样。基底压力分布很复杂，它不仅与基础的刚度、平面形状、尺寸大小和埋置深有关，而且还与作用在基础上的荷载大小与分布、地基土性质等有关。当刚性基础在中心荷载作用下，基底压力呈马鞍形［图 2-7（a）］；当荷载较大、埋深较小时，边缘部位产生塑性变形，边缘压力不能超过地基承载力，使基底压力重新分布呈抛物线形［图 2-7（b）］；当荷载继续增大、地基接近破坏时，基底压力呈钟形［图 2-7（c）］。

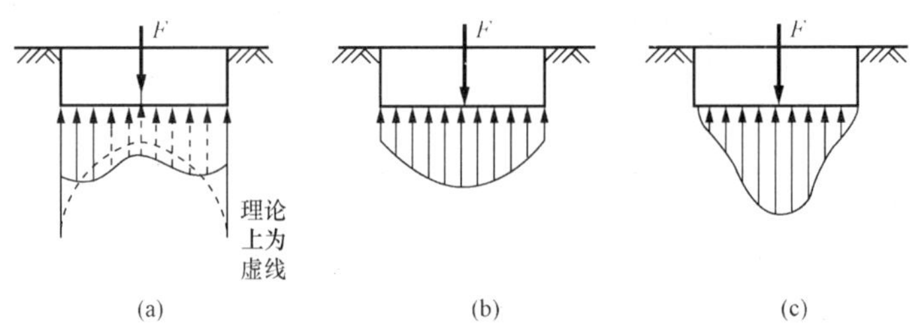

图 2-7　刚性基础底面压力分布

（a）马鞍形；（b）抛物线形；（c）钟形

实际工程中，对于具有一定刚度以及基础尺寸较小的基础（如柱下单独基础及墙下条形基础等）基底压力可当作直线分布，按材料力学公式进行简化计算。对于较复杂的基础（如柱下条形基础、片筏基础和箱形基础）就要考虑上部结构和基础的刚度以及地基土力学性质的影响，用弹性地基梁的方法计算。

本节仅介绍计算中心受压和偏心受压基础的基底压力的简化计算方法。

一、中心荷载作用下基底压力

作用在基底上的荷载合力通过基底形心时，基底压力可假定为均匀分布（图 2-8）。基底压力 p（kPa）可按下式计算

$$p=\frac{F+G}{A} \tag{2-4}$$

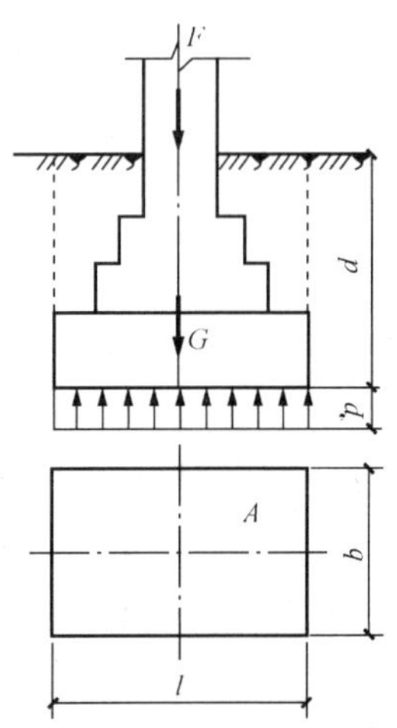

图 2-8　中心受压基础基底压力

式中　F——作用在基础底面形心上的竖向荷载，kN；

G——基础及埋深范围内回填土的总重，kN；$G=\gamma_G Ad$，其中 γ_G 为基础及回填土的平均重度，一般取 20kN/m^3，但地下水位以下应取有效重度；d 为基础埋深（m），一般自室外地面标高算起，当室内外高差较大时，取平均值。［参见《建

筑地基基础设计规范》(GB 50007—2002)]

A——基底面积，m^2；对矩形基础 $A=bl$，b 和 l 为分别为基础的短边与长边；对荷载沿长度方向均匀分布的条形基础，取长度方向 $l=1m$ 计算，$A=b(m)$，而 F 和 G 则为每延米的相应值，kN/m。

二、偏心受压基础

在单向偏心荷载作用下，设计时通常将基础长边方向定在偏心方向（图 2-9）。此时，基底边缘压力可按材料力学偏心受压公式计算。

$$p_{\min}^{\max}=\frac{F+G}{A}\pm\frac{M}{W} \tag{2-5}$$

式中　$p_{\max}$、$p_{\min}$——基底最大、最小边缘压力，kN/m^2；

M——作用在基底形心上的力矩；$M=(F+G)e$（kN·m），e 为偏心矩；

W——基础底面的抵抗矩，对矩形基础 $W=\frac{bl^2}{6}$，将偏心矩 $e=\frac{M}{F+G}$、$A=bl$、$W=\frac{bl^2}{6}$ 代入式（2-5），得

$$p_{\min}^{\max}=\frac{F+G}{bl}\left(1\pm\frac{6e}{l}\right) \tag{2-6}$$

由式（2-6）可见，当 $e<l/6$ 时，基底压力呈梯形分布[图 2-9（a）]；当 $e=l/6$ 时，呈三角形分布[图 2-9（b）]；当 $e>l/6$ 时，按式（2-6）计算结果，$p_{\min}$ 为负值，即 $p_{\min}<0$ [图 2-9（c）中虚线所示]。由于基底与地基之间不可能承受拉力，此时部分基底与地基局部脱开出现零应力区域，使基底压力重新分布。根据偏心荷载与基础反力平衡的条件，荷载合力（$F+G$）应通过三角形反力分布图的形心，由此可得

$$p_{\max}=\frac{2(F+G)}{3ab} \tag{2-7}$$

式中　a——单向偏心合力作用点至基底最大压力 $p_{\max}$ 处的距离，m，$a=l/2-e$；

b——基础底面宽度，m。

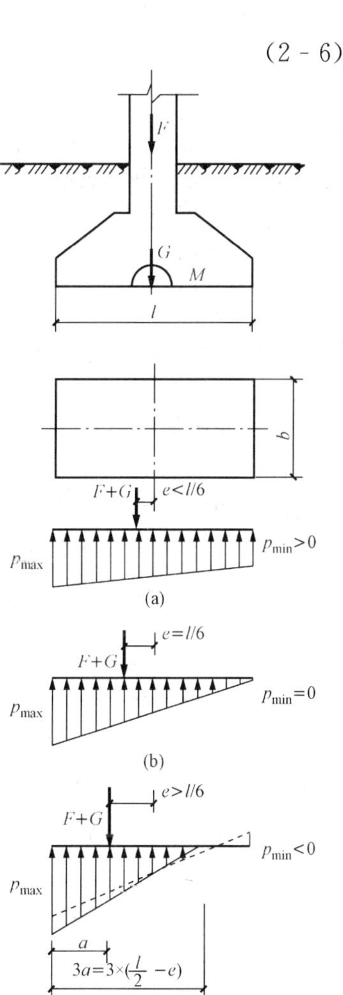

图 2-9　偏心受压基础基底压力

三、基底附加压力

如上所述，一般的天然土层，在自重应力的长期作用下，变形早已完成，只有新增加于基底上的压力（即附加压力），才能引起地基产生附加应力和变形。

一般基础都埋于地面以下一定深度处。建筑物建成后，作用于基底上的平均压力减去基底处原先存在于土中的自重应力才是新增加的压力，此压力称为基底附加压力，按下式计算（图 2-10）

$$p_0=p-\sigma_{cz}=p-\gamma_m d \tag{2-8}$$

$$\gamma_m=(\gamma_1h_1+\gamma_2h_2+\cdots+\gamma_nh_n)/(h_1+h_2+\cdots+h_n)$$

$$d=h_1+h_2+\cdots+h_n$$

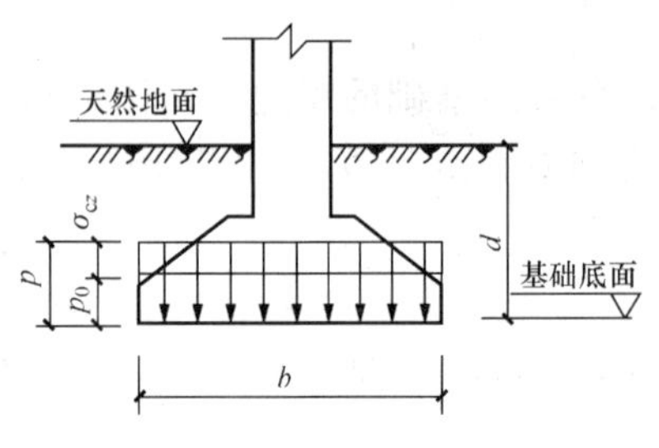

图 2-10 基底平均附加压力计算

式中 p_0——基底平均附加压力，kPa；

σ_{cz}——基底处的自重应力，kPa；

γ_m——基底标高以上土的加权平均重度，kN/m³，地下水位以下取有效（浮）重度；

d——基础埋深，m。

有了基底平均附加压力，即可把它作为在弹性半空间表面上的局部荷载，由此根据弹性力学求算地基中的附加应力。

第四节 土中附加应力

在外荷载作用下，土中各点均产生附加应力，且沿各个方向均有分应力。为说明土粒传递应力的情况，现假定地基土是由无数直径相同的小圆球所组成（图 2-11）。设地面上作用 1kN 的力，则在第一层与作用力接触的小球上受到 1kN 力。第二层有两个小圆球受力，各受 1/2kN 力。其他各层小球受力大小如图 2-11 所示。图中还绘出第四层小球的受力分布曲线。从图 2-11 可见附加应力的分布规律：①在荷载面以下同一深度的水平面上，沿荷载轴线上的附加应力最大，向两边逐渐减小；②在荷载轴线上，离荷载面愈远，附加应力愈小。这是由于荷载作用在地基上时，产生应力扩散的结果。

地基土的结构远比图 2-11 所示的情况复杂，基础底面压力也不是作用在一个球面上的集中力。在这种情况下，附加应力的计算，一般可假定地基上是均匀、连续、各向同性的半空间线性变形体，利用弹性理论求解。虽然附加应力计算公式的推导比较复杂，但最后的应用公式却很简单。下面分别介绍集中荷载、均布矩形荷载、均匀圆形荷载和双层地基附加应力的实用计算方法。

一、竖向集中力作用下的附加应力

竖向集中力 F 作用于半空间表面［图 2-12（a）］在半空间内任一点 M（x，y，z）引起的应力和位移解，由法国学者布辛涅斯克（J. Boussinesq）根据弹性理论求得。共有 6 个应力分量［图 2-12（b）］和 3 个位移分量。

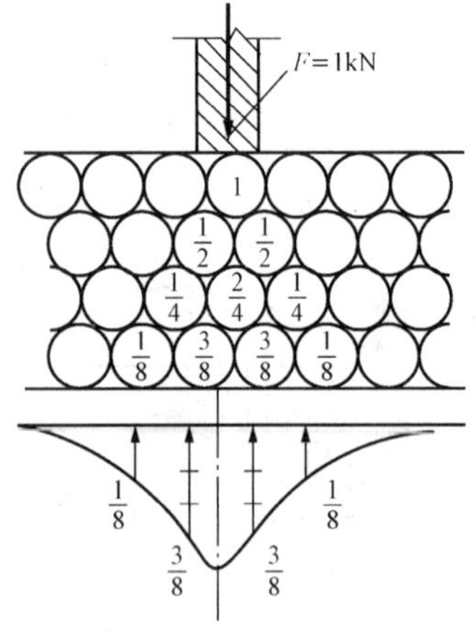

图 2-11 土中应力扩散示意图

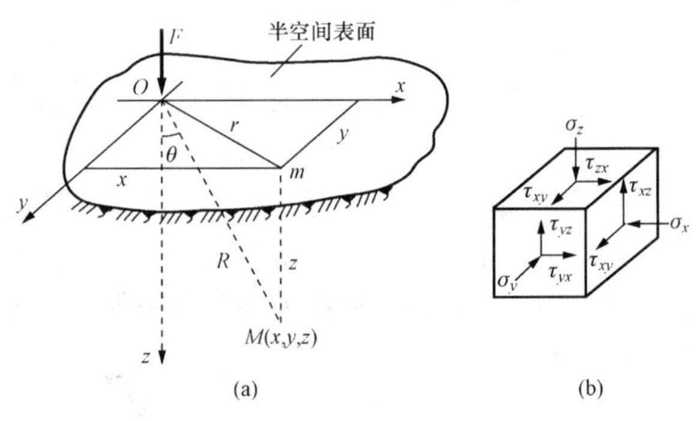

图 2-12 竖向集中力作用下的附加应力

（a）半空间中任意一点 M（x，y，z）；（b）M 微单元体

在这 6 个应力分量和三个位移分量中，以竖向应力分量 σ_z 和竖向位移分量 w 最常用，尤其是 σ_z 对地基沉降计算影响最大，σ_z 计算公式如下

$$\sigma_z = \frac{3F}{2\pi} \times \frac{z^3}{R^5} = \alpha \frac{F}{z^2} \tag{2-9}$$

式中　σ_z——地基中 M 点处的附加应力，kPa；

F——作用于坐标原点的竖向集中力，kN；

R——计算点（M 点）至集中力作用点的距离，$R=(x^2+y^2+z^2)^{\frac{1}{2}}=(r^2+z^2)^{\frac{1}{2}}=\frac{z}{\cos\theta}$，m；

r——M 点与集中力作用点的水平距离，m；

θ——R 线与 z 轴的夹角；

α——集中力作用下地基竖向附加应力系数。

$$\alpha = \frac{3}{2\pi\left[1+\left(\frac{r}{z}\right)^2\right]^{\frac{5}{2}}} \tag{2-10}$$

也可由表 2-1 查得。

表 2-1　　集中荷载作用下地基竖向附加应力系数 α

r/z	α	r/z	α	r/z	α	r/z	α	r/z	α
0	0.477 5	0.50	0.273 3	1.00	0.084 4	1.50	0.025 1	2.00	0.008 5
0.15	0.474 5	0.55	0.246 6	1.05	0.074 4	1.55	0.022 4	2.20	0.005 8
0.10	0.465 7	0.60	0.221 4	1.10	0.065 8	1.60	0.020 0	2.40	0.004 0
0.15	0.451 6	0.65	0.197 8	1.15	0.058 1	1.65	0.017 9	2.60	0.002 9
0.20	0.432 9	0.70	0.176 2	1.20	0.051 3	1.70	0.016 0	2.80	0.002 1
0.25	0.410 3	0.75	0.156 5	1.25	0.045 4	1.75	0.014 4	3.00	0.001 5
0.30	0.384 9	0.80	0.138 6	1.30	0.040 2	1.80	0.012 9	3.50	0.000 7
0.35	0.357 7	0.85	0.122 6	1.35	0.035 7	1.85	0.011 6	4.00	0.000 4
0.40	0.329 4	0.90	0.108 3	1.40	0.031 7	1.90	0.010 5	4.50	0.000 2
0.45	0.301 1	0.95	0.095 6	1.45	0.028 2	1.95	0.009 5	5.00	0.000 1

利用式（2-9）可求出地基中任意点的附加应力值。如将地基划分为许多网格，并求出各网格点上的 σ_z 值，可绘出如图 2-13 所示的土中附加应力分布曲线，图 2-13 是在荷载轴线上及在不同深度的水平面上的 σ_z 分布。从图可见，集中荷载产生的竖向附加应力 σ_z 在地基中的分布存在如下规律。

1. 在集中力 P 作用线上

在 P 作用线上，$r=0$，当 $z=0$ 时，$\sigma_z \to \infty$。随着深 z 增大，σ_z 逐渐减小。

2. 在 $r>0$ 的竖直线上

当 $z=0$ 时，$\sigma_z=0$；随着 z 的增加，σ_z 从零逐渐增大，至一定深度时达到最大值，后又随着 z 的增加逐渐变小。

3. 在 z 为常数的平面上

σ_z 在集中力 P 作用线上最大，随着 r 增加而逐渐变小。在图 2-14，将 σ_z 值相等的点连接所得的曲线，称 σ_z 的等值线。从图可见，土中应力的分布呈向下、向四周无限扩散。

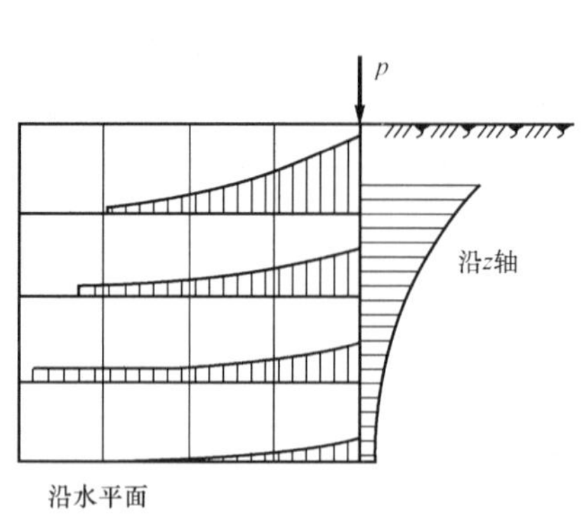

图 2-13 σ_z 的分布

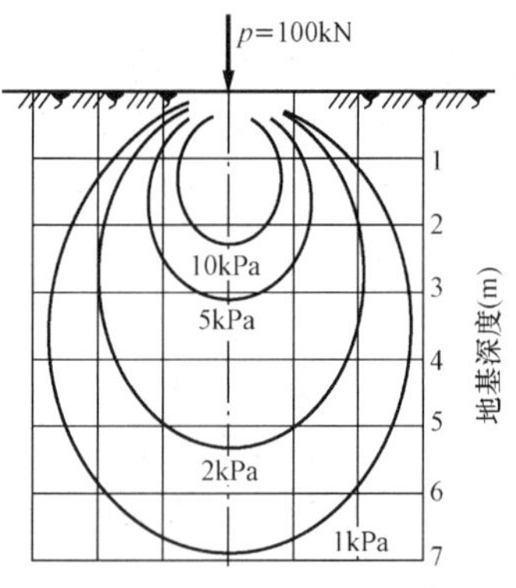

图 2-14 σ_z 的等值线

实际工程中，作用于地基的荷载总是分布在一定范围内的面积荷载，不是集中力。因此，按布辛涅斯克弹性力学的叠加原理，通过积分等代荷载法求得局部荷载作用下的地基附加应力。

二、矩形面积上作用均布荷载时地基的附加应力

（一）角点下的附加应力

在地基表面有一短边为 b、长边为 l 的矩形面积，其上作用均布矩形荷载 p_0（图 2-15)，须求角点下的附加应力。

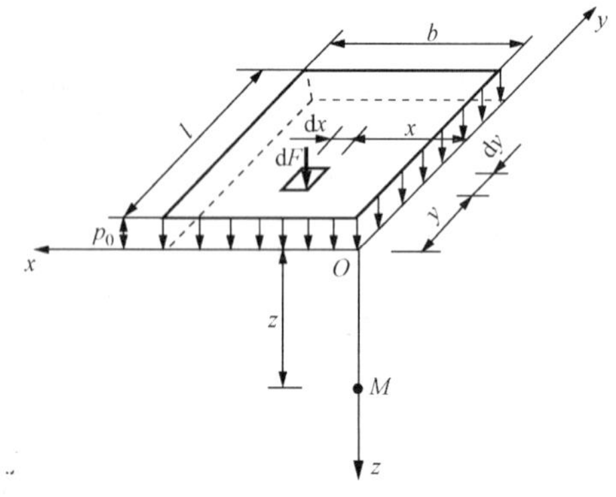

图 2-15 均布荷载角点下的附加应力

设坐标原点 o 在荷载角点处，在矩形面积内取一微面积 $dxdy$，距离原点 o 为 x、y，微面积上的分布荷载以集中力 $dF=p_0dxdy$ 代替，则在角点下任意深度 z 处的 o 点，由该集中力引起的竖向附加应力 $d\sigma_z$，可由式（2-9）计算得出

$$d\sigma_z=\frac{3dF}{2\pi}\cdot\frac{z^3}{R^5}$$

$$=\frac{3p_0}{2\pi}\cdot\frac{z^3}{(x^2+y^2+z^2)^{\frac{5}{2}}}dxdy \tag{2-11}$$

将式（2-11）沿整个矩形荷载面 A 进行积分可得均布矩形荷载 p_0 在角点下 o 的附加应力

$$\sigma_z=\int_0^l\int_0^b\frac{3p}{2\pi}\frac{z^3}{(x^2+y^2+z^2)^{\frac{5}{2}}}dxdy$$

$$=\frac{p_0}{2\pi}\left[\arctan\frac{m}{n\sqrt{m^2+n^2+1}}+\frac{mn}{\sqrt{m^2+n^2+1}}\left(\frac{1}{m^2+n^2}+\frac{1}{n^2+1}\right)\right] \tag{2-12}$$

式中 $m=l/b$，$n=z/b$

为计算方便，可将式（2-12）简写为

$$\sigma_z=\alpha_c p_0 \tag{2-13}$$

式中　α_c——均布矩形荷载角点下附加应力系数，简称角点附加应力系数，可按 l/b，z/b 查相关表（注意：其中 b 为荷载面的短边边长）。

（二）均布矩形荷载任意点下的附加应力

对于均布矩形荷载下的附加应力计算点不位于角点下的情况，可利用式（2-13）以角点法求得。图2-16中列出计算点不位于角点下的四种情况（在图中 o 点以下任意深度 z 处）。计算时，通过 o 点把荷载面分成若干个矩形面积，这样，o 点就必然是划分出的各个矩形的公共角点，然后再按式（2-14）计算每个矩形角点下同一深度 z 处的附加应力，并求其代数和。四种情况的算式分别如下：

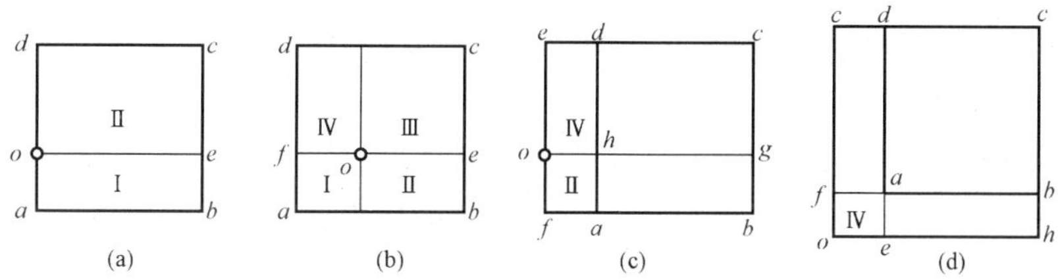

图2-16　以角点法计算在均布矩形荷载作用下的附加应力
（a）荷载面边缘；（b）荷载面内；（c）荷载面边缘外侧；（d）荷载面角点外侧

（a）o 点在荷载面边缘

$$\sigma_z = (\alpha_{c\text{Ⅰ}} + \alpha_{c\text{Ⅱ}})p_0 \tag{2-14a}$$

式中 $\alpha_{c\text{Ⅰ}}$ 和 $\alpha_{c\text{Ⅱ}}$ 分别表示相应于面积Ⅰ和Ⅱ的角点应力系数。必须指出，查表时所取用边长 l 应为任一矩形荷载面的长度，而 b 则为宽度，以下各种情况相同。

（b）o 点在荷载面内

$$\sigma_z = (\alpha_{c\text{Ⅰ}} + \alpha_{c\text{Ⅱ}} + \alpha_{c\text{Ⅲ}} + \alpha_{c\text{Ⅳ}})p_0 \tag{2-14b}$$

如果 o 点位于荷载面中心，则 $\alpha_{c\text{Ⅰ}} = \alpha_{c\text{Ⅱ}} = \alpha_{c\text{Ⅲ}} = \alpha_{c\text{Ⅳ}}$ 得 $\sigma_z = 4\alpha_{c\text{Ⅰ}} P_0$，此即利用角点法求均布的矩形荷载面中心点下 σ_z 的解。

（c）o 点在荷载面边缘外侧

此时荷载面 $abcd$ 可看成是由Ⅰ（$ofbg$）与Ⅱ（$ofah$）之差和Ⅲ（$oecg$）与Ⅳ（$oedh$）之差的总和，所以

$$\sigma_z = (\alpha_{c\text{Ⅰ}} - \alpha_{c\text{Ⅱ}} + \alpha_{c\text{Ⅲ}} - \alpha_{c\text{Ⅳ}})p_0 \tag{2-14c}$$

（d）o 点在荷载面角点外侧

把荷载面看成由Ⅰ（$ohce$）、Ⅳ（$ogaf$）两个面积中扣除Ⅱ（$ogde$）和Ⅲ（$ohbf$）而成的，所以

$$\sigma_z = (\alpha_{c\text{Ⅰ}} - \alpha_{c\text{Ⅱ}} - \alpha_{c\text{Ⅲ}} + \alpha_{c\text{Ⅳ}})p_0 \tag{2-14d}$$

三、有规则荷载分布和荷载面积下附加应力计算

大多数的情况，建筑物基础形状是有规则的，分布荷载是均匀的。因此就可以直接应用布西涅斯克的解进行积分，求得地基中任意一点的附加应力。地基中的附加应力都是用一个相应的应力系数与荷载分布强度 P_0 相乘。应力系数 α_c 都是荷载形状的几何尺寸和计算点的相对应坐标位置的函数。因此，事先可以假定各种荷载形状的几何尺寸和计算点的相应位置，把 α_c 值计算出来，并制成表格。参见《建筑地基基础设计规范》(GB 50007—2002)。

第五节 土的压缩性

一、基本概念

地基土在压力作用下体积减小的特性称为土的压缩性。土体积缩小包括三个方面：

(1) 土颗粒发生相对位移，土中水及气体从孔隙中排出，从而使土孔隙体积减小。

(2) 土颗粒本身的压缩。

(3) 土中水及封闭在土中的气体被压缩。

在一般情况下，土受到的压力常在100～600kPa之间，这时土颗粒及水的压缩变形量不到全部土体压缩变形量的1/400，可以忽略不计。因此土的压缩变形主要是由于孔隙体积减小和孔隙水的排出的缘故。

在荷载作用下，透水性大的饱和无黏性土，其压缩过程在短时间内就可以完成。相反地，透水性小的饱和黏性土其压缩过程比较长。土的压缩随时间而增长的过程，称为土的固结。

计算地基沉降时，必须取得土的压缩性指标，无论用室内试验或原位试验来测定它，应该力求试验条件与土的天然状态及其在外荷载作用下的实际应力条件相符合。在一般工程中，常用不允许土样产生侧向变形（完全侧限条件）的室内压缩试验来测定土的压缩性指标，其试验条件虽未能符合土的实际工作情况，但有其实用价值。

二、压缩曲线和压缩性指标

（一）压缩试验和压缩曲线

压缩曲线是室内土的压缩试验成果，它是土的孔隙比与所受压力的关系曲线。压缩试验时先用金属环刀切取原状土样，并置于压缩仪（图2-17）的刚性护环内，然后土样上下各垫有一块透水石，土样受压后土中水可以自由排出。由于金属环刀和刚性护环的限制，土样在压力作用下只可能发生竖向压缩，而再无侧向变形。最后再分级加载，在每级荷载作用下压至变形“稳定”，测出土样稳定变形量后，再加下一级压力。常规试验中每个土样一般按 p 为50、100、200、300、400kPa五个等级加载，根据每级荷载下的稳定变形量，可算出相应压力 p 下的孔隙比 e。

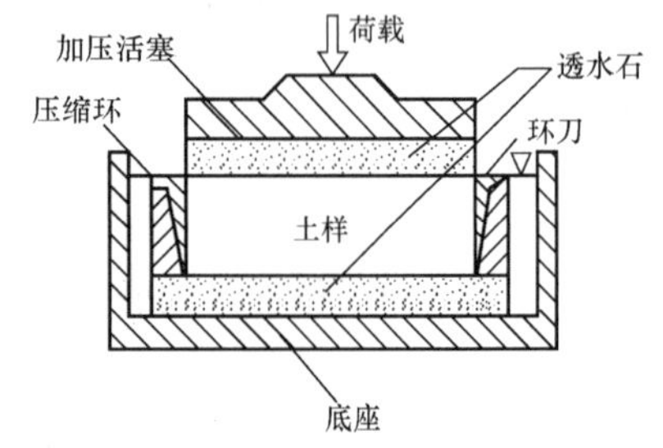

图2-17 压缩仪的压缩容器简图

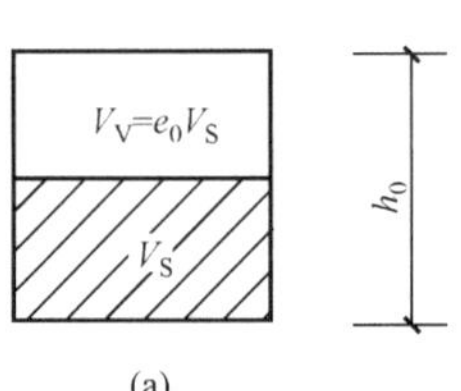

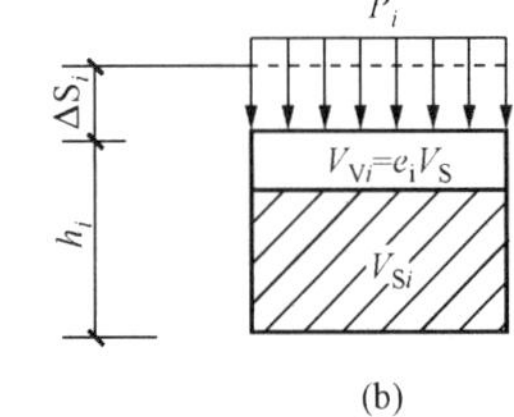

图2-18 压缩试验中土样的孔隙比变化

(a) 加荷载前；(b) 加荷载后

设土样的原始高度为 h_0［图2-18（a）］土样的横截面积为 A（即压缩仪容器的断面积），此时土样的原始孔隙比 e_0 和土颗粒体积 V_0 可用下面公式表示

$$e_0=\frac{V_V}{V_S}=\frac{Ah_0-V_S}{V_S} \tag{2-15}$$

式中　V_V——土中孔隙体积。

则土粒体积

$$V_S = \frac{Ah_0}{1+e_0} \tag{2-16}$$

压力增加至 P_i 时，土样的稳定变形量为 Δs_i，土样的高度 $h_i = h_0 - \Delta s_i$（2-18b）。此时，土样的孔隙比为 e_i，土颗粒体积为

$$V_{Si} = \frac{A(h_0 - \Delta s_i)}{1+e_i} \tag{2-17}$$

由于土样是在完全侧限条件下压缩，所以土样的截面积 A 不变。假定土颗粒是不可压缩的，故 $V_S = V_{Si}$，即

$$\frac{Ah_0}{1+e_0} = \frac{A(h_0 - \Delta s_i)}{1+e_i} \tag{2-18}$$

则

$$\Delta s_i = \frac{e_0 - e_i}{1+e_0} h_0 \tag{2-19}$$

或

$$e_i = e_0 - \frac{\Delta s_i}{h_0}(1+e_0) \tag{2-20}$$

可见，根据某级荷载下的稳定变形量 Δs_i，按式（2-20）即可求出该级荷载下的孔隙比 e_i。然后以压力 p 为横坐标、孔隙比 e 为纵坐标，可绘出 e-p 关系曲线，此曲线称为压缩曲线如图 2-19。

（二）压缩系数 a 和压缩指数 C_c

1. 压缩系数 a

从压缩曲线可见，在完全侧限压缩条件下，孔隙比 e 随压力的增加而减小。在压缩曲线上相应于压力 p 处的切线斜率 a，表示在压力 p 作用下土的压缩性的大小，称为土的压缩系数。

$$a = -\frac{\mathrm{d}e}{\mathrm{d}p} \tag{2-21}$$

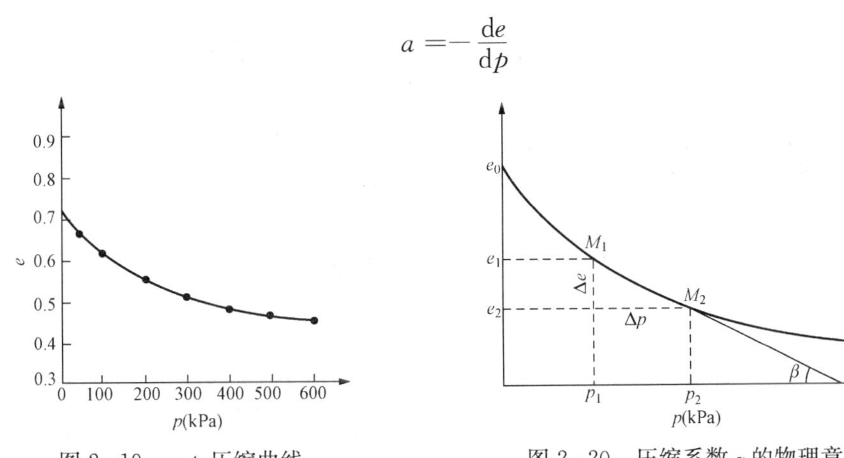

图 2-19　e-p 压缩曲线　　图 2-20　压缩系数 a 的物理意义

式中的负号表示随着压力 p 增加，孔隙比 e 减小。当压力从 p_1 增至 p_2，孔隙比由 e_1 减至 e_2，在此区段内的压缩性可用割线 M_1M_2 的斜率表示（图 2-20）。设 M_1M_2 与横轴的夹角为 β，则

$$a = \tan\beta = \frac{\Delta e}{\Delta p} = \frac{e_1 - e_2}{p_2 - p_1} \qquad (2-22)$$

式中 α——土的压缩系数，MPa^{-1}；

p_1——地基某深度处土中（竖向）自重应力，是指土中某点的“原始压力”，MPa；

p_2——地基某深度处土中的（竖向）自重应力与（竖向）附加应力之和，是指土中某点的“总和压力”，MPa；

e_1，e_2——相应于 p_1，p_2 作用下压缩稳定后的孔隙比。

a 称为压缩系数。《建筑地基基础设计规范》（GB 50007—2002）规定：p_1 和 p_2 的单位用 kPa 表示，a 的单位用 MPa^{-1}表示，则上式可写为

$$a = 1\,000\frac{e_1 - e_2}{p_2 - p_1} \qquad (2-23)$$

从图 2-20 可见，a 越大则表示在一定压力范围内孔隙比变化大，同时也表示曲线越陡，说明土的压缩性越大。不同的土压缩性差异是很大的。就同一种土而言，压缩曲线的斜率也是变化的，当压力增加时，曲线的直线斜率 a 将减小。一般对研究土中实际压力变化范围内的压缩性，均以压力由原来的自重应力 p_1 增加到外荷载作用下的土中应力 p_2（自重应力与附加应力之和）时土体显示的压缩性为代表。《建筑地基基础设计规范》（GB 50007—2002）规定：地基土的压缩性可按 P_1 为 100kPa，P_2 为 200kPa 时相对应的压缩系数值 a_{1-2}划分为低、中、高压缩性，并应按以下规定进行评价：

（1）当$<0.1MPa^{-1}$时，为低压缩性土。

（2）当 $0.1\leqslant a_{1-2}<0.5MPa^{-1}$时，为中压缩性土。

（3）当 $a_{1-2}\geqslant 0.5MPa^{-1}$时，为高压缩性土。

2. 压缩指数 C_c

根据压缩试验资料，可得另一种压缩指标，当横坐标采用压力 p 的对数值，可绘出 e-$\lg p$ 曲线，e-$\lg p$ 曲线的后半段接近直线。它的斜率称为压缩指数，用 C_c 表示

$$C_c = \frac{e_1 - e_2}{\lg p_2 - \lg p_1} \qquad (2-24)$$

同压缩系数 a 一样，压缩指数 C_c 愈大，土的压缩性愈高。当 $C_c>0.4$ 时属高压缩性土；$C_c<0.2$ 为低压缩性土。

三、压缩模量 E_s

压缩模量是根据 e-p 关系曲线求得的又一个压缩性指标。在完全侧限条件下，土的竖向应力与竖向应变之比，称为压缩模量，即

$$E_s = \frac{\sigma_z}{\varepsilon_z} \qquad (2-25)$$

在压缩试验过程中，在 p_1（自重应力）作用下至变形稳定时，土样的高度为 h_1，此时土样的孔隙为 e_1。当压力增至 p_2（自重应力与附加应力之和），待土样变形稳定 $\sigma_z=p_2-p_1$，其稳定变形量为 Δs，此时土样的高度为 h_2，相应的孔隙比为 e_2，可得

$$\Delta s = \frac{e_1 - e_2}{1 + e_1}h_1 \qquad (2-26)$$

则

$$\Delta\varepsilon = \frac{\Delta s}{h_1} = \frac{e_1 - e_2}{1 + e_1} \qquad (2-27)$$

可得

$$E_s = \frac{\sigma_z}{\varepsilon_z} = \frac{P_2 - P_1}{\dfrac{e_1 - e_2}{1 + e_1}} = \frac{1 + e_1}{a} \tag{2-28}$$

从上式可见，E_s 与 a 成反比，即 a 愈大，E_s 愈小，土愈软弱。一般 E_s<4MPa 属高压缩性土；E_s=4～15MPa 属中等压缩性土；E_s>15MPa 为低压缩性土。

第六节　地基最终沉降量计算

地基最终沉降量是指地基变形稳定后地基表面的沉降量。研究地基沉降，对于保证建筑物的正常使用、安全和经济，都具有很大的意义，地基最终沉降量的计算方法有多种，本节仅介绍建筑工程中常用的分层总和法和《建筑地基基础设计规范》（GB 50007—2002）所推荐的方法。

一、分层总和法

分层总和法是在地基沉降计算范围内将地基划分为若干层，计算各分层的压缩量，最后求其总和的方法。在采用分层总和法计算地基最终沉降量时，通常有两点假定：

1）地基是均质、各向同性的半无限线性变性体，因而可按弹性理论计算土中附加应力。

2）在压力作用下，地基土不产生侧向变形，因此可采用完全侧限条件下的压缩性指标计算变形量。为了弥补由于忽略地基土侧向变形而对计算结果造成的误差，通常取基底中心点下的附加应力进行计算，以基底中点下压缩层范围内各土层压缩量的总和代表基础的沉降。当基础底面尺寸较大时，可取基底下若干点进行计算，然后再求平均值。

现取地基中心点下截面为 A 的小土柱进行分析，如图 2-21 所示，在基底下 z_i 深度处取一土层，其厚度为 h_i。施工前，该土层仅受到自重应力作用，自重应力平均值为 p_{1i}，施工结束时，土中增加了附加应力，附加应力平均值为 Δp_i。此时，该土层受到的总的压力为 $p_{2i}=p_{1i}+\Delta p_i$。由施工前后土中应力变化，即由 p_{1i} 增至 p_{2i}，引起的该层变形量可利用式（2-26）计算，由式（2-26）得

$$e_{1i} - e_{2i} = \alpha_i(p_{2i} - p_{1i}) = \alpha_i \Delta p_i$$

则有

$$\Delta s_i = \frac{\alpha_i \Delta p_i}{1 + e_{1i}} h_i = \frac{\alpha_i}{1 + e_{1i}} \bar{\sigma}_{zi} h_i = \frac{\bar{\sigma}_{zi}}{E_{si}} h_i \tag{2-29}$$

式中　Δs_i——第 i 层土的沉降量，mm；

h_i——第 i 层土的厚度，m；

e_{1i}——由第 i 层的自重应力平均值 p_{1i}，从土的压缩曲线上得到的相应孔隙比；

e_{2i}——由第 i 层的自重应力平均值 p_{1i} 与附加应力平均值 Δp_i 之和，从土的压缩曲线上得到的相应孔隙比；

α_i——第 i 层土的压缩系数，MPa；

E_{si}——第 i 层土的侧限压缩模量，MPa；

$\bar{\sigma}_{zi}$——第 i 层土的平均附加应力。

e_{1i} 和 e_{2i} 值根据 p_{1i} 和 p_{2i} 从压缩曲线上查取。地基最终沉降量应为各分层变形量的总和 s

$$s = \Delta s_1 + s_2 + \cdots + \Delta s_n = \sum_{i=1}^{n} \Delta s_i \tag{2-30}$$

即

$$s=\sum_{i=1}^{n}\frac{e_{1i}-e_{2i}}{1+e_{1i}}h_i=\sum_{i=1}^{n}\frac{\bar{\sigma}_{zi}}{E_{si}}h_i \tag{2-31}$$

式中 s——地基最终沉降量，mm。

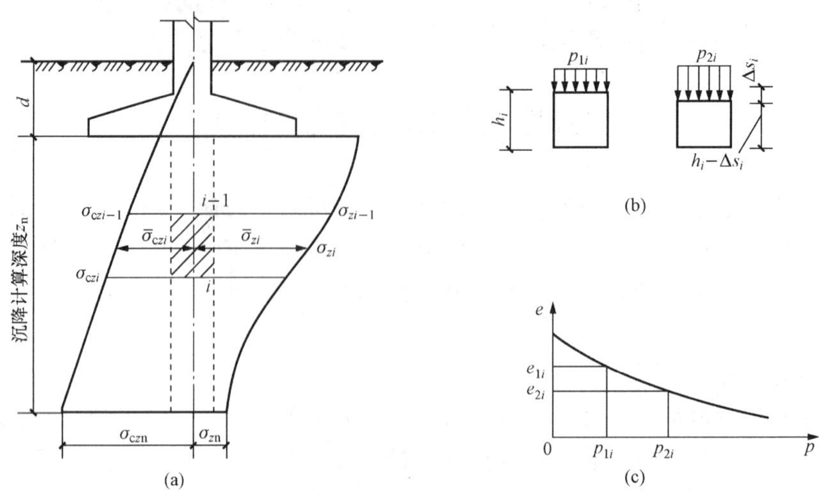

图 2-21 地基最终沉降量计算的分层总和法

由于土中附加应力随深度的增加而逐渐减小，一般情况下，土的压缩性也随深度的增加而降低，达到一定深度后，土层的压缩变形可忽略不计。沉降时应考虑其变形的深度范围称为地基压缩层，该深度称为地基沉降计算深度或地基压缩层厚度。地基沉降计算深度 z_n 一般取地基附加应力 σ_{zn} 等于自重应力 σ_{czn} 的 20%（$\sigma_{zn}/\sigma_{czn}=0.2$）处，作为压缩层的底部界限，若在该深度以下还有高压缩性土，则应继续向下算至 $\sigma_{zn}/\sigma_{czn}=0.1$ 处。

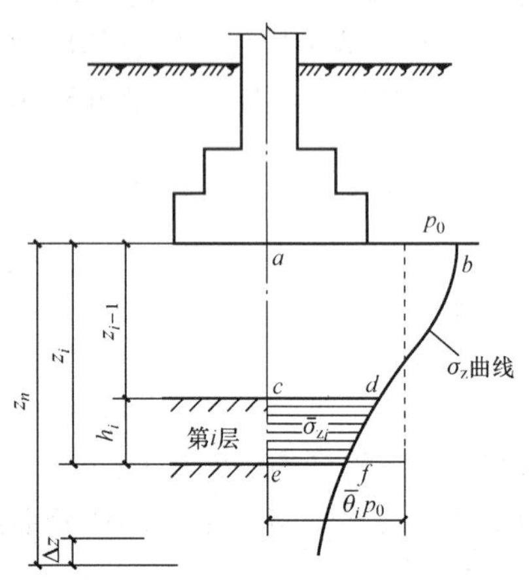

图 2-22 平均附加应力系数的意义

地基压缩层内地基的分层厚度一般取 $h_i\leqslant 0.4b$（b 为基础宽度），对压缩性不同的天然土层、成层土的层面和地下水位面等均应取分层界面。由于基底附近附加应力数值大且随深度变化大，分层厚度宜小些。

二、规范法

《建筑地基基础设计规范》（GB 50007—2002）法是根据分层总和法基本公式导出的一种沉降量计算的简化方法，比分层总和法分层少，减少了计算工作量。由分层总和法式（2-31）可知，计算单层沉降量为 $\Delta s_i=\bar{\sigma}_{zi}h_i/E_{si}$，图 2-22 中可看出 $\bar{\sigma}_{zi}h_i$ 即为 i 层土附加应力图形面积，即

$$\bar{\sigma}_{zi}h_i=A_{cdfe}=A_{abfe}-A_{abdc} \tag{2-32}$$

式中 A_{cdfe}——$cdfe$ 附加应力图形面积；

A_{abfe}——$abfe$ 附加应力图形面积；

A_{abdc}——$abdc$ 附加应力图形面积。

令
$$\bar{\sigma}_z = \bar{\alpha}_i p_0$$
则

$$A_{abfe} = \bar{\alpha}_i p_0 z_i$$
$$A_{abdc} = \bar{\alpha}_{i-1} p_0 z_{i-1}$$

即用深度范围内平均附加应力与深度乘积所得矩形面积替代取曲边梯形面积

$$\bar{\alpha}_i = \frac{A_{abfe}}{z_i p_0}$$
$$\bar{\alpha}_{i-1} = \frac{A_{abdc}}{z_{i-1} p_0}$$

将《建筑地基基础设计规范》(GB 50007—2002)将矩形面积上均布荷载作用和三角形分布荷载作用，因形面积上均布荷载作用和因形面积上三角形分布荷载作用下的$\bar{\alpha}$制成表格，可供查用。

由以上公式可求得地基总变形量 s'为

$$s' = \sum_{i=1}^{n} \Delta s_i = \sum_{i=1}^{n} \frac{p_0}{E_{si}} (\bar{\alpha}_i z_i - \bar{\alpha}_{i-1} z_{i-1}) \tag{2-33}$$

在总结我国建筑工程中大量观测资料基础上，对上式计算结果进行修正，引入沉降计算经验系数 Ψ_s，得

$$s = \Psi_s s' = \Psi_s \sum_{i=1}^{n} \Delta s_i = \sum_{i=1}^{n} \frac{p_0}{E_{si}} (\bar{\alpha}_i z_i - \bar{\alpha}_{i-1} z_{i-1}) \tag{2-34}$$

式中 Ψ_s——沉降计算经验系数，根据地区沉降观测资料及经验确定，无地区经验时可采用表 2-2 数值；

n——地基变形计算深度范围内所划分的土层数；

p_0——对应于荷载效应准永久组合时的基础底面的附加应力，kPa；

E_{si}——基础底面下的第 i 层土的压缩模量，MPa，应取土的自重压力至自重压力与附加压力之和的压力段计算；

z_i、z_{i-1}——基础底面至第 i 层土、第 $i-1$ 层土底面的距离，m；

$\bar{\alpha}_i$、$\bar{\alpha}_{i-1}$——基础底面计算点至第 i 层土、第 $i-1$ 层土底面范围内平均附加应力系数，由《建筑地基基础设计规范》(GB 50007—2002) 附表查取。

表 2-2 沉降计算经验系数 Ψ_s

$\overline{E}_s$/MPa 基底附加应力	2.5	4.0	7.0	15.0	20.0
$p_0 \geqslant f_{ak}$	1.4	1.3	1.0	0.4	0.2
$p_0 \leqslant 0.75 f_{ak}$	1.1	1.0	0.7	0.4	0.2

注 1. f_{ak}为地基承载力特征值。

2. $\overline{E}_s$ 为沉降计算深度范围内压缩模量的当量值，可按下式计算

$$E_s = \frac{\sum A_i}{\sum \frac{A_i}{E_{si}}}$$

式中 A_i——第 i 层土附加应力系数沿土层厚度的积分值；

$\overline{E}_{si}$——相应于 i 层土层的压缩模量。

地基变形计算深度 z_n 即压缩层厚度应符合下列要求

$$\Delta s'_n \leqslant 0.025\sum_{i=1}^{n}\Delta s'_i \tag{2-35}$$

式中 $\Delta s'_i$——在计算深度范围内，第 i 层土的计算变形值；

$\Delta s'_n$——在由计算深度向上取厚度为 Δz 的土层计算变形值按表 2-3 确定。

表 2-3 **Δz 表**

b/m	$b\leqslant 2$	$2<b\leqslant 4$	$4<b\leqslant 8$	$8<b$
Δz/m	0.3	0.6	0.8	1.0

如按上式所确定的沉降计算深度下部仍有较软土层时，尚应向下继续计算，直到软土层中 Δz 厚的土层计算沉降量满足上式要求为止。

当无相邻荷载影响，基础宽度在 1～30m 范围内时，基础中点的地基变形计算深度，可按下式计算

$$z_n = b(2.5-0.4\ln b) \tag{2-36}$$

式中 b——基础宽度，m。

在沉降计算深度范围内存在基岩时，z_n 可取至基岩表面；当存在较厚的坚硬黏性土层，其孔隙比小于 0.5，压缩模量大于 50MPa，或存在较厚的密实砂卵石层，其压缩模量大于 80MPa 时，z_n 可取至该层表面。计算地基变形时，应考虑相邻荷载的影响，其值可按应力叠加原理，采用角点法计算。

《建筑地基基础设计规范》（GB 50007—2002）对计算层厚的划分未作规定，从理论上讲，计算层划分越薄，计算精度越高，但计算量也增大。大量的计算结果表明：由分层厚度增大而引起的误差很小。因此，用规范法计算地基最终沉降量，可采用天然土层作为计算层，只有当天然土层厚度很大时，再划分计算层才有必要。

讨论：

（1）分层总和法在计算中假定地基土无侧向变形，这只有当基础面积较大，可压缩土层较薄时，才较符合上述假设。在一般情况下，将使计算结果偏小。另一方面，计算中采用基础中心点下土的附加应力（它大于基础任何其他点下的附加应力），并把基础中心点的沉降作为整个基础的平均沉降，又会使计算结果偏大。这两个相反的因素在一定程度上可能相互抵消一部分，但其误差难以估计。因此，规范法中引入经验系数 Ψ_s 对各种因素造成的沉降计算误差进行修正，以使计算结果更接近实际值实质上规范法是一种简化并经修正的分层总和法。

（2）分层总和法中附加应力计算应考虑土体在自重作用下的固结程度，若地基土在其自重作用下尚未达到压缩稳定，即未完全固结，则附加应力中还应包括土本身的自重作用。此外，有相邻荷载作用时，应将相邻荷载在沉降计算点各深度处引起的应力叠加到附加应力中去。

第七节　地基沉降与时间的关系

建筑物修建在碎石土和砂土地基上时，由于土的透水性强、压缩性低，沉降很快就能完成，一般在施工完毕时沉降也基本稳定。而建造在黏性土地基上，特别是在饱和黏性土地基，其固结变形往往要延续几年甚至几十年时间才能完成。土的压缩性越高、渗透性越小，达到沉降稳定所需要的时间越长。因而，对于建造在饱和黏性土地基上的建筑物，设计时不

仅需计算基础的最终沉降，有时还需知道地基沉降与时间的关系，掌握沉降随时间发展的变化规律，以便安排施工顺序、控制施工速度确定构件连接方式及连接时间、净空预留大小、地基处理方案、减小不均匀沉降措施等。

一、土的渗透性

土的渗透性是指土体的透水性能。是决定地基沉降与时间关系的关键因素。

1. 达西定律

水流通过土中孔隙的难易程度称为土的渗透性。渗透性的大小决定着水在土中流动的快慢程度，也就决定着地基的变形速率。

为研究水在土中的渗透规律，可用图 2-23 所示的装置进行实验，A、B 为两根测压管，两管的水平距离为 l（水流流径的长度）。水从左侧流经土样后，从右端流出。由于水流经土样过程中，受到土粒的阻力，能量有所减小，因此，B 管的水头高度较 A 管有所降低，两水管液面之差 $\Delta h=h_1-h_2$ 称为水头差，实验证明，水的渗透速度与水头差成正比，与渗流路径 l 成反比，即

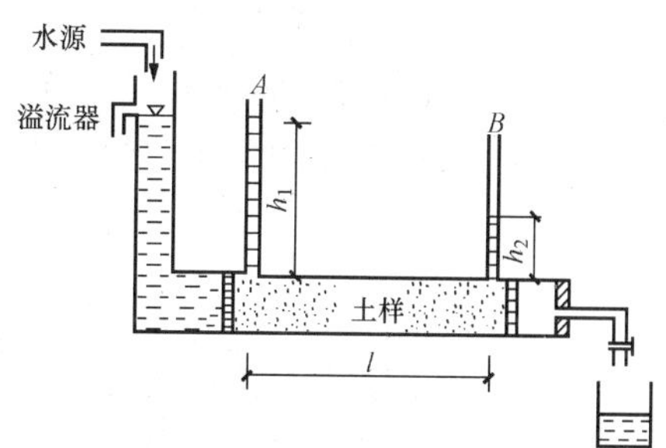

图 2-23　砂土渗透试验示意图

$$v=k\frac{\Delta h}{l}=ki \tag{2-37}$$

此式为达西定律。

式中　v——水在土中的渗透速度，mm/s，即在单位时间（s）内流过土体单位截面积（mm^2）的水量；

i——水头梯度，$i=\Delta h/l$，即土中两点的水头差 Δh 与渗流路径 l 的比值；

k——土的渗透系数，（mm/s 或 m/yr），即表示单位水头梯度（$i=1$）时水在土中的渗透系数。其值可通过室内渗流试验或现场抽水试验确定。它是反映土体渗透能力的一个综合指标。

渗透系数 k 越大，表示土的渗透性越强，表 2-4 列出了 k 参考值。

表 2-4　　常见土的渗透系数

土的名称	渗透系数 k（mm）	土的名称	渗透系数 k（mm）
致密黏土	$<10^{-6}$	粉砂土、细砂土	$10^{-2}\sim10^{-3}$
粉质黏土	$10^{-5}\sim10^{-6}$	中砂土	$1\sim10^{-2}$
粉土、裂隙黏土	$10^{-3}\sim10^{-5}$	粗砂土、砾石土	$1\sim10^{3}$

2. 影响土渗透性的因素主要有

（1）土粒的大小和级配。土粒越大，组成越均匀，则渗透性越强。级配良好时，如砂土中粉粒和黏粒增多，其渗透性会大大降低。

（2）土的孔隙比。孔隙比越小，土中孔隙相对较小，渗透性也小。

（3）水的温度。同样条件下，水的温度越高，其渗透性越好。影响渗透性的是水的动力黏度，水温越高，动力黏度就越低。

（4）土中封闭气体含量。土中封闭气泡越多，土的渗透性越小。

二、饱和土体的有效应力原理

饱和土是由固体颗粒和空隙水组成的两相体。土的压缩性原理揭示了饱和土的压缩主要是由于土在外力作用下土内孔隙水的排出和孔隙体积减小所引起的。饱和土孔隙中的自由水的挤出速度，主要取决于土的渗透和土的厚度。土的渗透性越低或土层越厚，孔隙水挤出所需的时间就越长。这种与自由水的渗透速度有关的饱和土固结过程称为渗透固结。可用一简单的力学模型来说明这一过程。

图 2-24 为太沙基（1923 年）建立的模拟饱和土体中某点的渗透固结过程的弹簧模型。模型的容器中盛满水，水面放置一个带有排水孔的活塞，下端用一弹簧支撑。整个模型表示饱和土体，弹簧模拟土的固体颗粒骨架，容器内的水表示土中的自由水活塞上的排水孔模拟孔隙。

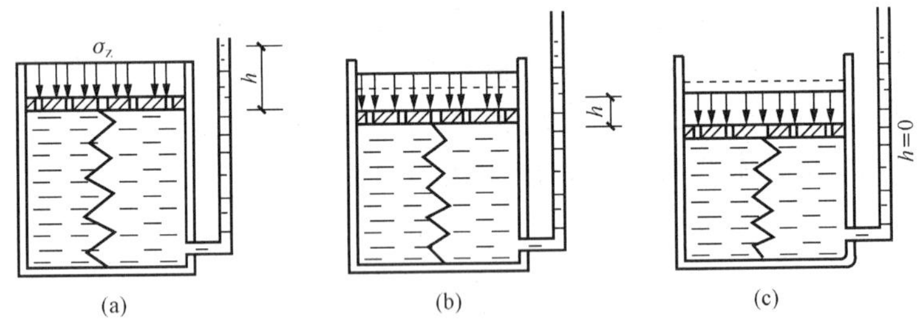

图 2-24　土骨架与水分担应力变化的模型

以 u 表示由外压力 σ_z 在土孔隙水中所引起的超静水压力，既土体中由孔隙水所传递的压力，称为孔隙水压力。以 σ' 表示由土骨架所传递的压力，称为有效压力，即粒间接触应力。它是控制土的体积变形和强度两者变化的土中应力。

当 $t=0$（t 为加压时间）的加荷瞬间［图 2-24（a）］，容器中的水来不及排出，由于水被视为不可压缩，弹簧没有变形因而尚未受力 $\sigma'=0$，全部压力由水所承担，即 $u=\sigma_z$。u 可根据测压管量得水柱高 h 而算出 $u=\gamma_w h$；当 $t>0$ 时，如图 2-24（b），孔隙水在 u 作用下开始排出，活塞下降，弹簧受到压缩，因而 $\sigma'>0$，测压管中水柱高 $h<\frac{\sigma_z}{\gamma_w}$。此时，$u=\gamma_w h<\sigma_z$。随着容器中水的不断排出，$u$ 不断减小，σ' 不断增大；当水从孔隙中充分排出、弹簧变形稳定时，弹簧内的应力与所加压力 σ_z 相等而处于平衡状态，此时活塞不再下降，$u=0$ 时，外压力 σ_z 全部由土骨架承担，即 $\sigma'=\sigma_z$，表示饱和土的渗透固结完成［图 2-24（c）］。

因此，由上述模型演示可知，饱和土的渗透固结过程就是孔隙水压力向有效应力转化的过程。则在任一时刻，有效应力 σ' 和孔隙水压力 u 之和始终应等于饱和土体中的总应力 σ_z，即

$$\sigma_z=\sigma'+u \tag{2-38}$$

式（2-38）即为著名的饱和土体的有效应力原理。在渗透固结过程中，伴随着孔隙水压力逐渐消散，有效应力在逐渐增长，土的体积也就逐渐减小，强度随之提高。而有效应力的增长程度反映出土体固结完成程度。土的压缩性越高，固结所需的时间越长。反之，土的渗透性越大，则固结所需时间越短。

第八节 建筑物的沉降观测与地基允许变形值

一、建筑物的沉降观测

建筑物的沉降观测能反映地基的实际变形以及地基变形对建筑物的影响程度。因此系统的沉降观测资料是验证建筑物地基设计方案是否正确、地基事故是否需要及时处理以及施工质量是否合格的重要依据，也是确定建筑物地基的容许变形值的重要参考。同时根据沉降观测的资料，可以预估最终沉降量，判断不均匀的发展趋势，以便控制施工速度或采取相应的加固处理措施。

（一）降观测点的布置

观测点布置的原则：根据建筑物的规模、形式、结构特征，能全面准确反映建筑物地基变形状况，并结合场地环境条件和地质条件综合确定应考虑到观测方便，不易破坏。

沉降观测首先要设置好水准基点，其位置必须稳定可靠，妥善保护。埋设地点宜靠近观测对象，但必须在建筑物所产生的压力影响范围以外。在一个观测区内，水准基点不应少于3个，埋置深度应与建筑物基础的埋深相适应。其次应根据建筑物的平面形状，结构特点和工程地质条件综合考虑布置观测点，一般设置在建筑物四周的角点、转角处、纵横墙的中点、沉降缝和新老建筑物连接处的两侧，建筑物周边每隔10～20m设置一个或地质条件有明显变化的地方，数量不宜少于6点。观测点的间距一般为8～12m。

（二）沉降观测的技术要求

沉降观测采用精密水准仪测量，观测的精度为0.01mm。沉降观测应从浇捣基础后立即开始，民用建筑每增高一层观测一次，工业建筑应在不同荷载阶段分别进行观测，施工期间的观测不应少于4次。建筑物竣工后应逐渐加大观测时间间隔，每一年不少于3～5次，第二年不少于2次，以后每年1次，直到下沉稳定为止。稳定标准可由沉降观测曲线判断或半年的沉降量不超过2mm。在正常情况下，沉降速率为减速沉降。如出现等速沉降，就有导致地基丧失稳定的危险。当出现加速沉降时，表示地基已丧失稳定，应及时采取措施，防止发生工程事故。

二、地基变形分类

不同类型的建筑物，对地基变形的适应性是不同的。因此，应用前述公式验算地基变形时，要考虑不同建筑物采用不同地基变形特征来进行比较与控制。建筑物的地基变形计算值，不应大于地基变形的允许值。

《建筑地基基础设计规范》（GB 50007—2002）将地基变形依其特征分为以下四类。

1. 沉降量

沉降量指独立基础或刚性特别大的基础中心的沉降值（图2-25）。

对于单层排架结构柱基和高耸结构基础须计算沉降量。

2. 沉降差

沉降差指两相邻单独基础沉降量之差（图2-26）。

对于建筑物地基不均匀，有相邻荷载影响和荷载差异较大的框架结构、单层排架结构，需验算基础沉降差。

3. 倾斜

倾斜指基础在倾斜方向上两端点的沉降差与其距离之比（图2-27）。当地基不均匀或有相邻荷载影响的多层和高层建筑基础及高耸结构基础，须验算基础的倾斜。

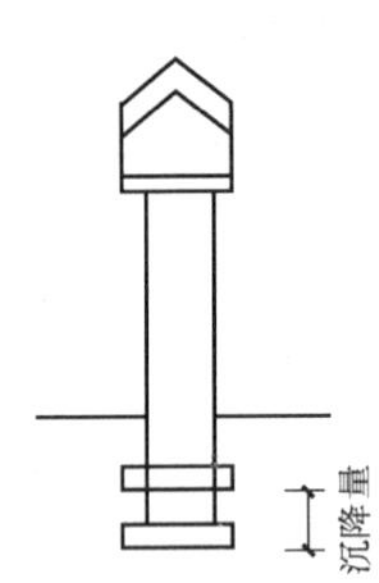

图 2-25　基础沉降量

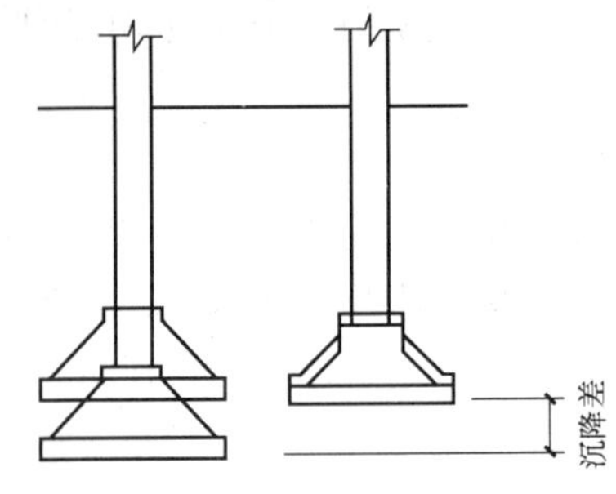

图 2-26　基础沉降差

4. 局部倾斜

指砌体承重结构沿 6～10m 内基础两点的沉降差与其距离之比（图 2-28）。

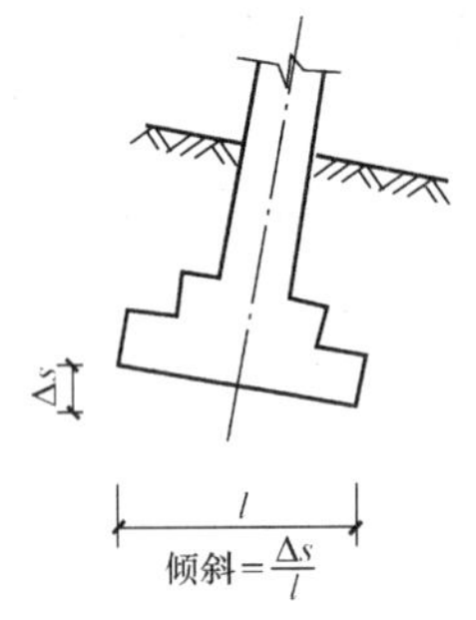

图 2-27　基础倾斜

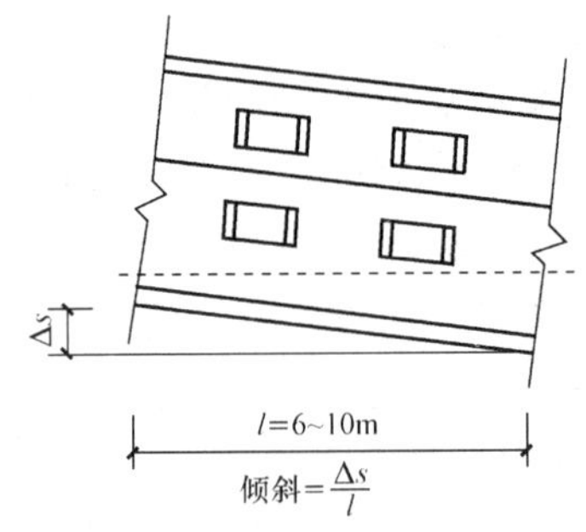

图 2-28　墙身局部倾斜

根据调查分析，砌体结构墙身开裂，大多数情况下都是由于墙身局部倾斜超过允许值所致。所以，当地基不均匀、荷载差异较大、建筑体型复杂时，就需要验算墙身的倾斜。

三、地基变形允许值

一般建筑物的地基允许变形值可按表 2-5 规定采用。表中数值是根据大量常见建筑物系统沉降观测资料统计分析所得出的。对于表中未包括的其他建筑物的地基允许变形值，可根据上部结构对地基变形的适应性和使用上的要求确定。

表 2-5　　建筑物的地基变形允许值

变形特征	地基土类型	
	中、低压缩性土	高压缩性土
砌体承重结构基础的局部倾斜	0.002	0.003
工业与民用建筑相邻柱基的沉降差		
（1）框架结构	0.002l	0.003l
（2）砌体墙填充的边排柱子	0.0007l	0.001l
（3）当基础不均匀沉降时不产生附加应力的结构	0.005l	0.005l
单层排架结构（柱距为 6m）柱基的沉降量（mm）	（120）	200
桥式吊车轨面的倾斜（按不调整轨道考虑）		
纵向	0.004	
横向	0.003	

续表

变形特征	地基土类型	
	中、低压缩性土	高压缩性土
多层和高层建筑的整体倾斜 $H_g \leqslant 24$	0.004	
$24 < H_g \leqslant 60$	0.003	
$60 < H_g \leqslant 100$	0.0025	
$H_g > 100$	0.002	
体型简单的高层建筑基础的平均沉降（mm）	200	
高耸结构基础的倾斜 $H_g \leqslant 20$	0.008	
$20 < H_g \leqslant 50$	0.006	
$50 < H_g \leqslant 100$	0.005	
$100 < H_g \leqslant 150$	0.004	
$150 < H_g \leqslant 200$	0.003	
$200 < H_g \leqslant 250$	0.002	
高耸结构基础的沉降量（mm）$H_g \leqslant 100$	400	
$100 < H_g \leqslant 200$	300	
$200 < H_g \leqslant 250$	200	

注 1. 本表数值为建筑物地基实际最终变形允许值；

2. 有括号者仅适用于中压缩性土；

3. l 为相邻柱基中心距离（mm）；H_g 为自室外底面起算的建筑物高度（m）。

小 结

一、自重应力

1. 自重应力定义。

2. 自重应力计算公式。

3. 自重应力分布规律：

(1) 自重应力随深度增加而增大。在同一土层内呈直线分布；在不同土层内呈折线分布。

(2) 一般情况下自重应力不会引起建筑物的附加沉降。

(3) 自重应力随地下水位下降而增大，地下水位上升而减小。

二、基底压力

1. 基底压力的定义。

2. 基底压力的计算：

(1) 中心荷载作用下基底压力 $p=\dfrac{F+G}{A}$。

(2) 偏心受压基础 $p_{\min}^{\max}=\dfrac{F+G}{A}\pm\dfrac{M}{W}$。

三、附加应力

1. 附加应力的定义。

2. 矩形均布荷载角点下及任意点下附加应力的计算。

3. 附加应力的分布规律（应力扩散规律）：

（1）附加应力随深度增加而减小。

（2）附加应力与水位升降无关。

（3）附加应力引起建筑物的附加沉降。

（4）附加应力在基底下任意一点平面处距离荷载面越远附加应力越小。

四、土的压缩性

1. 压缩性的定义。

2. 土的压缩性指标（完全侧限条件下）及评定：

①压缩系数 $a=\tan\beta=\dfrac{\Delta e}{\Delta p}=\dfrac{e_1-e_2}{p_2-p_1}$

当＜0.1MPa^{-1}时，为低压缩性土；
当 $0.1\leqslant a_{1-2}<0.5\mathrm{MPa}^{-1}$时，为中压缩性土；
当 $a_{1-2}\geqslant 0.5\mathrm{MPa}^{-1}$时，为高压缩性土。

②压缩指数 $C_c=\dfrac{e_1-e_2}{\lg p_2-\lg p_1}$

当 $C_c>0.4$ 时属高压缩性土；$C_c<0.2$ 为低压缩性土。

五、地基最终沉降量计算

1. 分层总和法的计算步骤：

（1）计算基底的附加应力和自重应力。

（2）将压缩层范围内各土层划分成厚度为 $h_i\leqslant 0.4b$（b 为基础宽度）的若干薄土层，不同性质的土层面和地下水位面必须作为分层的界面；

（3）计算并绘出自重应力和附加应力分布图（各分层的分界面应标明应力值）。

（4）确定地基压缩层厚度，一般取对应 $\sigma_{zn}/\sigma_{czn}\leqslant 0.2$ 处的地基深度 σ_{zn} 作为压缩层计算深度的下限，当在该深度下有高压缩性土层时取 $\sigma_{zn}/\sigma_{czn}\leqslant 0.1$ 对应深度。

（5）按式 $\Delta s_i=\dfrac{\alpha_i\Delta p_i}{1+e_{1i}}h_i=\dfrac{\alpha_i}{1+e_{1i}}\bar{\sigma}_{zi}h_i=\dfrac{\bar{\sigma}_{zi}}{E_{si}}h_i$ 计算分层的压缩量。

（6）按式 $s=\sum\limits_{i=1}^{n}\dfrac{e_{1i}-e_{2i}}{1+e_{1i}}h_i=\sum\limits_{i=1}^{n}\dfrac{\bar{\sigma}_{zi}}{E_{si}}h_i$ 计算出基础总沉降量。

2.《建筑地基基础设计规范》法的计算步骤：

（1）计算基底附加应力。

（2）将地基土按压缩性分层（即按 E_{si} 分层）。

（3）计算各分层的沉降量。

（4）确定沉降计算深度。

（5）计算出基础总沉降量。

习　　题

1. 何为土的自重应力和附加应力？两者沿深度如何分布？

2. 地下水位的变化对土中自重应力和附加应力有何影响？

3. 何为基底压力和基底附加应力？两者有何区别？

4. 在不规则荷载作用下，土中的附加应力应如何计算？

5. 土中附加应力扩散有何规律？

6. 沉降计算中分层总和法与《建筑地基基础设计规范》（GB 50007—2002）方法有何异同？

训　练　题

1. 某场地的地质剖面如图 2-29 所示，试求 1、2、3、4 各点的自重应力，并绘出自重应力曲线。

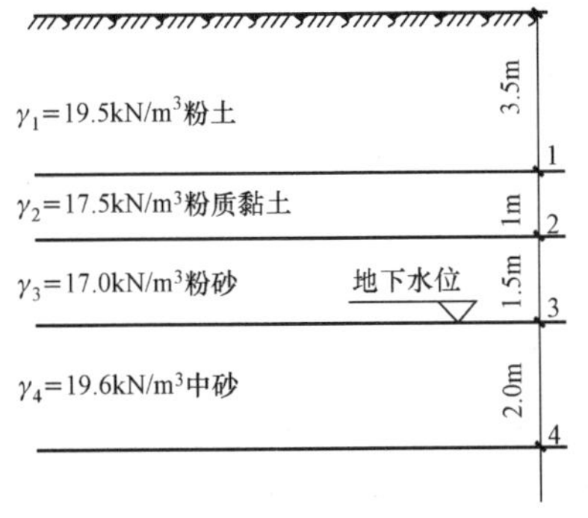

图 2-29 ［训练题 1］图

2. 已知均布受荷面积如图 2-30 所示，求深度 10m 处，A 点的竖向附加应力为中心 O 点的百分之几？

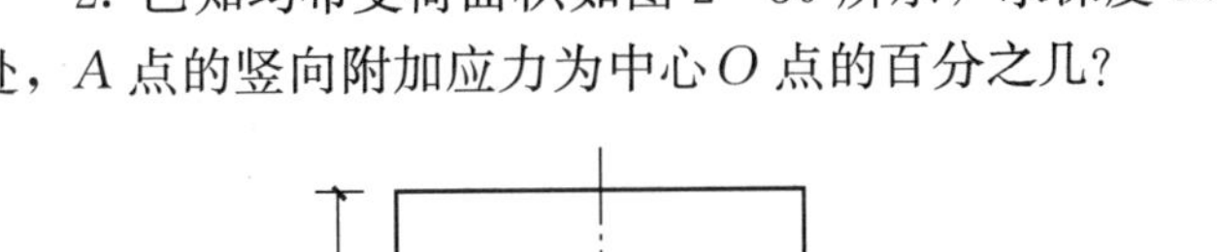

图 2-30　均布受荷面积

3. 某工程矩形基础，基底为 3.6m×2m，埋深为 1m，地面以上荷重 $F=900$kN；地基为均匀粉质黏土，$\gamma=16$kN/m^3，$e_1=1.0$，地基承载力标准值 $f_k=135$kN/m^2，压缩系数 $a=0.04\times10^{-2}$kPa^{-1}。试用《建筑地基基础设计规范》（GB 50007—2002）法计算基础的最终沉降量。

4. 某饱和黏土层厚 8m，在大面积荷载 $p=120$kPa 作用下。该土层 $e_0=1.0$，压缩系数 $a=0.3$MPa^{-1}，渗透系数 $k=1.8$mm/s，单面排水。试求：

（1）加荷 1 年时的沉降量；

（2）沉降量为 14cm 所需要的时间。

5. 关于自重应力叙述正确的是（　　）

A. 自重应力不受地下水升降的影响

B. 自重应力随着地形变化而变化，地形高处自重应力大

C. 自重应力不论建筑物存在修建与否，始终存在于地基中

D. 自重应力的存在对控制地基的变形不利

6. 关于压缩系数的说法哪个更正确（　　）

A. 压缩系数是个不变的量

B. 压缩系数越大，压缩性越小

C. 压缩系数随着压力取值范围变化而变化

D. 压缩系数与压缩模量成正比

7. 有一个基础埋设在透水的可压缩性的土层上，当地下水位上下发生变化时，对基础

沉降有什么影响？当基础底面下的土为不透水的可压缩性土层时，地下水位上下变化时，对基础沉降又有什么影响？

8. 两个基础，底面的附加应力相同，面积相同，但埋置深度不同，若压缩土层内土的性质相同，试问哪一个基础沉降大？若基础面积不同，但埋置深度相同，哪个基础的沉降大？为什么？

9. 一幢建筑物建造在深层的软土层上，为了加速地基固结，在基础下埋设了许多砂井，建筑物竣工后发现墙上的裂缝比不设砂井的严重得多，试分析造成事故的原因。

第三章　土的抗剪强度与地基的承载力

掌握：土的抗剪强度的库伦定律与抗剪指标的测定方法及影响因素。

熟悉：土的极限平衡理论及临塑荷载、临界荷载、极限荷载的概念。

了解：地基土变形的三个阶段及地基承载力确定的基本方法。

学习目的：通过本章学习达到理解临塑荷载及极限荷载的工程意义，应用地基剪切破坏的基本原理分析地基破坏的特点，学会确定地基承载力的各种方法。

能力培养：

（1）具备应用地基承载力确定方法合理地分析地基承载力的能力；

（2）能够应用抗剪强度理论对原位试验和室内土工试验成果进行分析和判断。

第一节　概　　述

在荷载作用和自重作用下，地基中产生剪应力，当土中剪应力超过土的抗剪强度时，土体将沿着某一滑裂面滑动，造成剪切破坏，当这种现象发生时就称地基丧失了稳定（图 3-1），地基稳定是土中剪应力造成的。在实践中，边坡、路基、水工构筑物丧失稳定的例子很多，而建筑物、构筑物地基失稳的事故也时有发生，为保证地基的稳定性，就必须使土中的剪应力不超过抗剪强度，使基础底面应力不超过地基承载力。

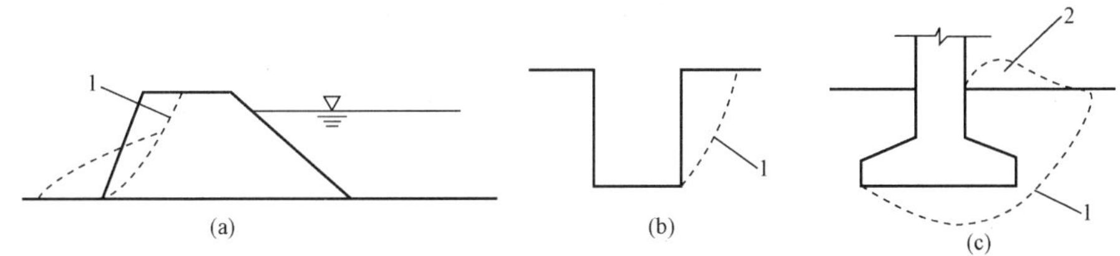

图 3-1　地基失稳示意图
(a) 土坝；(b) 基坑；(c) 柱基
1—滑裂面；2—地面隆起

第二节　土 的 抗 剪 强 度

土的抗剪强度就是土体发生剪切破坏时，沿其内部滑动面上抵抗剪切破坏的极限（最大）剪应力。

1776 年，法国学者库伦（Coulomb）根据砂土的试验结果［图 3-2（a）］，将土的抗剪强度表达为滑动面上法向应力的函数。即

$$\tau_f = \sigma \tan\varphi \qquad (3-1)$$

后来又根据黏性土的试验结果［图 3-2（b）］，提出了更普遍的抗剪强度表达式

$$\tau_f = \sigma \tan\varphi + c \qquad (3-2)$$

式中 τ_f——土的抗剪强度，kPa；

σ——滑动面上的法向应力，kPa；

c——土的黏聚力，kPa；

φ——土的内摩擦角，(°)。

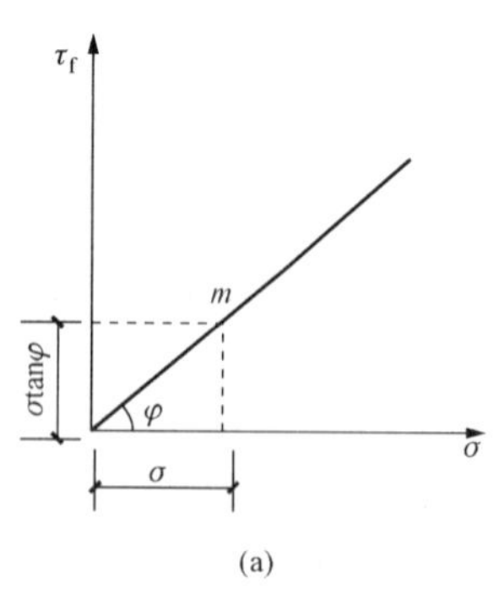

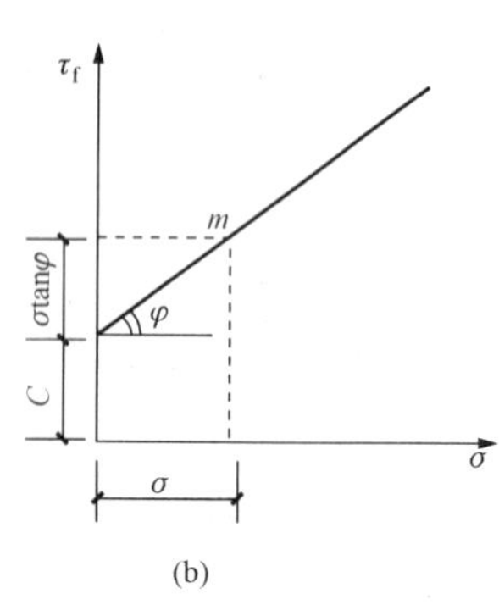

图 3-2 τ_f-σ 曲线

(a) 无黏性土；(b) 黏性土

公式 (3-1)、式 (3-2) 称为抗剪强度库伦定律。式中黏聚力 C 与内摩擦角 φ 称为抗剪强度指标。由公式 (3-1) 和式 (3-2) 可见，黏性土的正压应力 σ 与抗剪强度 τ_f 成直线关系。无黏性土的抗剪强度是由正压力产生的内摩擦力形成的；而黏性土抗剪强度是由正压应力产生的内摩擦力与土的黏聚力两部分形成的，在正压应力保持不变时，内摩擦系数，黏聚力越大土的抗剪强度就越大。

土的抗剪强度是土的重要力学性质之一，它受多种因素的影响，如土的组成，土的状态和土的结构，环境和应力历史等。土颗粒越粗，形状越不规则，表面越粗糙的土，其内摩擦力就越大，抗剪强度也大，砂土中随粗颗粒含量的增多，抗剪强度也随之提高；土的原始密度越大，土粒之间紧密接触，孔隙小，土颗粒间的表面摩擦力和咬合力就越大，剪切时需要克服的抗剪强度也大；随着土的含水量增多，土的抗剪强度随之降低；当土的结构受扰动时，其抗剪强度也随之降低；土的抗剪强度主要依靠室内试验和原位测试来确定，试验中仪器的种类和试验方法对确定土的强度也有很大的影响。

第三节 土的极限平衡条件

在荷载的作用下，地基内任一点都将产生应力，当通过该点某一方向的平面上剪应力等于土的抗剪强度时，即

$$\tau = \tau_f \tag{3-3}$$

此时，就称该点处于极限平衡状态。上式就称为土的极限平衡条件，也是土的剪切破坏条件。

一、土的一点的应力状态（莫尔应力圆）

工程实践中，若已知地基或结构的应力状态和抗剪强度指标，利用库伦定律，就可以判断土体所处的状态，通常以研究土体内任一微小单元体的应力状态为切入点。

为了求得实用的极限平衡条件表达式，先研究土中某点的应力状态。设从地基内任意点取出一微分体（垂直底面的方向和长度为 1），如图 3-3 所示。

微分体上作用着最大主应力 σ_1 和最小主应力 σ_3 现求在微分体内与最大主应力 σ_1 作用平面成任意角 α 的平面 mn 上的正应力 σ 和剪应力 τ。取角度为 α 的隔离体，如图 3-3 (b) 所示。根据隔离体的静力平衡条件，得

$$\sum X=0,\ \sigma_3\cdot ds\cdot \sin\alpha\times 1-\sigma\cdot ds\times 1\times \sin\alpha+\tau\cdot ds\times 1\times \cos\alpha=0$$

$$\sum Y=0,\ \sigma_1\cdot ds\cdot \cos\alpha\times 1-\sigma\cdot ds\times 1\times \cos\alpha-\tau\cdot ds\times 1\times \sin\alpha=0$$

联立两方程，即得到

$$\sigma=\frac{\sigma_1+\sigma_3}{2}+\frac{\sigma_1-\sigma_3}{2}\cos 2\alpha \qquad (3-4)$$

$$\tau=\frac{\sigma_1-\sigma_3}{2}\sin 2\alpha \qquad (3-5)$$

式中　σ 和 τ 就是斜面 mn 上的正应力和剪应力。

现消去式（3-4）和（3-5）中的 α，则得到

$$\left(\sigma-\frac{\sigma_1+\sigma_3}{2}\right)^2+\tau^2=\left(\frac{\sigma_1-\sigma_3}{2}\right)^2 \qquad (3-6)$$

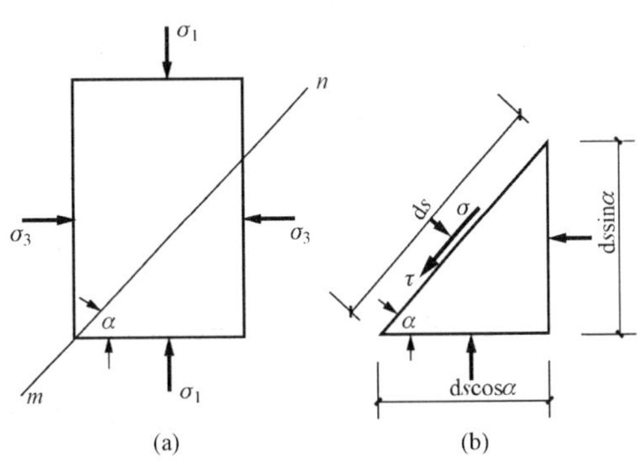

图 3-3　土中任一点的应力
（a）微分体上的应力；（b）隔离体上的应力

可见，在 $\sigma\sim\tau$ 坐标平面内，土单元体内应力的轨迹是一个圆（图 3-4），圆心落在 σ 轴上，与坐标原点的距离为$\frac{\sigma_1+\sigma_3}{2}$，半径为$\frac{\sigma_1-\sigma_3}{2}$，该圆称为莫尔应力图，若某单元土体的莫尔应力圆已经确定，那么该单元体的应力状态也就确定了。

二、土的极限平衡条件

土中某点的剪应力等于土的抗剪强度时，则该点处在极限平衡状态，此时应力圆称为莫尔极限应力圆。为了建立土的极限平衡状态条件，将土中某点的莫尔圆和土的抗剪强度与正应力关系画在同一坐标图上，它们的关系有 3 种情况出现，如图 3-5 所示。

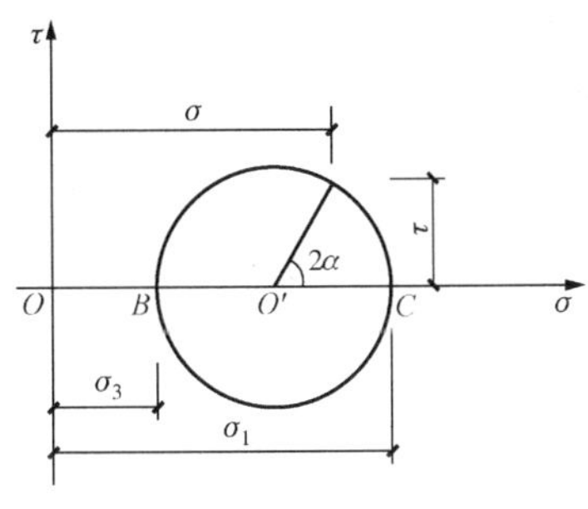

图 3-4　莫尔应力图

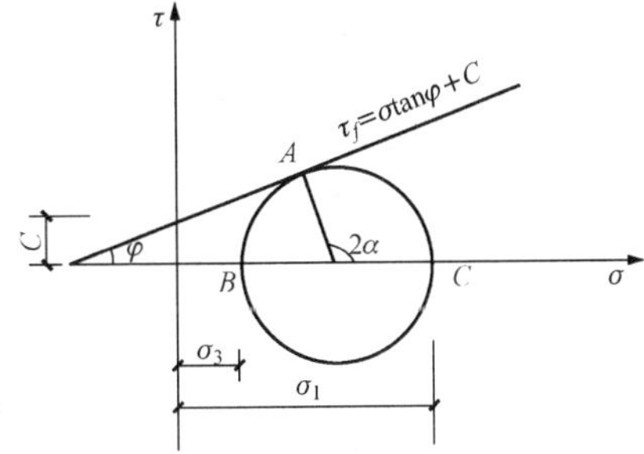

图 3-5　土体中某点达到极限平衡状态时的莫尔图

情况Ⅰ：直线与圆不相交，说明土中该点各斜截面的剪应力都小于抗剪强度，此时土处于弹性平衡状态，不会发生剪切破坏。

情况Ⅱ：直线与圆相切，说明土中切点 A 所代表的斜截面上，剪应力等于抗剪强度而处于极限平衡状态。

情况Ⅲ：直线与圆相交，说明土中该点某些斜截面上的剪应力已超过抗剪强度而破坏了。

由情况Ⅱ可知，根据莫尔圆与抗剪强度线的几何关系，就可建立极限平衡条件，如图 3-5 所示。

根据几何关系可得

$$\sin\varphi=\frac{(\sigma_1-\sigma_3)/2}{c\cdot \text{ctan}\varphi+\frac{1}{2}(\sigma_1+\sigma_3)}$$

经整理后可得

$$\sigma_1=\sigma_3\tan^2\left(45^\circ+\frac{\varphi}{2}\right)+2c\cdot\tan\left(45^\circ+\frac{\varphi}{2}\right) \tag{3-7}$$

或

$$\sigma_3=\sigma_1\tan^2\left(45^\circ-\frac{\varphi}{2}\right)-2c\cdot\tan\left(45^\circ-\frac{\varphi}{2}\right) \tag{3-8}$$

土处于极限平衡状态时破坏面与大主应力作用面的夹角为 α 且

$$\alpha=\frac{1}{2}\times(90^\circ+\varphi)=45^\circ+\frac{\varphi}{2}$$

上述各式是验算土体中某点是否达到极限平衡状态的基本表达式，由此可知，土的剪切破坏并不是由最大剪应力 $\tau_{max}=\frac{\sigma_1-\sigma_3}{2}$ 所控制，即剪切破坏并不产生于最大剪应力面，而与最大剪应力成 $\alpha_f=45^\circ+\frac{\varphi}{2}$ 的夹角。

【例 3-1】 已知砂土地基中某点的大主应力 σ_1 为 600kPa，小主应力 σ_3 为 200kPa，砂土的内摩擦角 φ 为 25°，黏聚力 c 为 0，求

（1）最大剪应力 τ_{max}。

（2）判断该点的应力状态。

解 （1）最大剪应力 τ_{max}。

由式（3-5），$\tau=\frac{(\sigma_1-\sigma_3)}{2}\sin2\alpha=\frac{(600-200)}{2}\sin2\alpha=200\sin2\alpha$

当 $\sin2\alpha=1$ 时，即 $2\alpha=90^\circ$，$\alpha=45^\circ$时，$\tau=\tau_{max}=200\text{kPa}$

（2）为加深对本节内容的理解，以下采用多种方法求解。

方法一：根据该点某一平面上的 τ 与 τ_f 的大小关系来判断。

根据式 $\alpha_f=45^\circ+\frac{\varphi}{2}$，极限平衡状态时破裂面与大主应面的夹角为 $\alpha_f=45^\circ+\frac{\varphi}{2}$将此角度值代入式（3-4）和式（3-5），可以求得破裂面上的法向应力 σ 和剪应力 τ。

$$\sigma=\frac{\sigma_1+\sigma_3}{2}+\frac{\sigma_1-\sigma_3}{2}\cos2\alpha=\frac{600+200}{2}+\frac{600-200}{2}\cos2\left(45^\circ+\frac{25^\circ}{2}\right)=315.48\text{kPa}$$

$$\tau=\frac{\sigma_1-\sigma_3}{2}\sin2\alpha_f=\frac{600-200}{2}\sin2\left(45^\circ+\frac{25^\circ}{2}\right)=181.26\text{kPa}$$

由库仑律式 $\tau_f=\sigma\tan\varphi$ 得：$\tau_f=\sigma\tan\varphi=315.48\tan25^\circ=147.11\text{kPa}<\tau$

由于破裂面上的剪应力 τ 大于抗剪强度 τ_f，故可判断该点已发生剪切破坏。

方法二：按莫尔应力圆与抗剪强度包线的位置关系来判断—图解法。

按一定的比例尺作出莫尔圆，圆心坐标为（400，0），直径为 400。按同样的比例绘出抗剪强度包线，如图 3-6 所示。由图可知，莫尔应力圆与抗剪强度包线相割，故可判断该点已发生剪切破坏。

方法三：按式 $\sigma_1=\sigma_3\tan^2\left(45^\circ+\frac{\varphi}{2}\right)$判断。

$$\sigma_1 = \sigma_3 \tan^2\left(45° + \frac{\varphi}{2}\right) = 200\tan^2\left(45° + \frac{25°}{2}\right)$$
$$= 492.78\text{kPa} < \sigma_1 = 600\text{kPa}$$

σ_{1f}小于该点的实际大主应力σ_1，极限应力圆半径小于实际应力圆半径，故该点已发生剪切破坏。

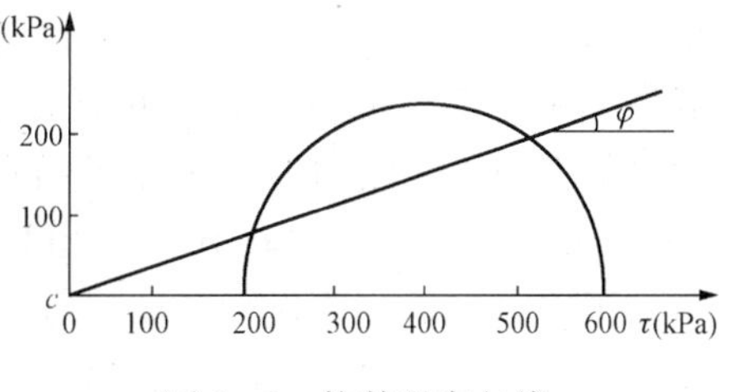

图 3-6　抗剪强度包线

方法四：按式$\sigma_3 = \sigma_1 \tan^2\left(45° - \frac{\varphi}{2}\right)$判断。

$$\sigma_3 = \sigma_1 \tan^2\left(45° - \frac{\varphi}{2}\right) = 600\tan^2\left(45° - \frac{25°}{2}\right) = 243.52\text{kPa} > \sigma_3 = 200\text{kPa}$$

σ_{3f}大于该点的实际小主应力σ_3，极限应力圆半径小于实际应力圆半径，故该点已发生剪切破坏。

【例 3-2】　设砂土地基中某点的大主应力σ_1为 300kPa，小主应力σ_3为 150kPa，砂土的内摩擦角φ为 30°，黏聚力c为 0，问该点处于什么状态？

解　已知$\sigma_1 = 300\text{kPa}$时，$\sigma_3 = 150\text{kPa}$，$\varphi = 30°$，$c = 0$可知：

$$\sigma_{3f} = \sigma_1 \tan\left(45° - \frac{\varphi}{2}\right) - 2c \cdot \tan\left(45° - \frac{\varphi}{2}\right)$$
$$= 300\tan30° - 0$$
$$= 100\text{kPa}$$
$$\sigma_{3f} < \sigma_3 < \sigma_1$$

故该点处于稳定状态。

第四节　土的剪切试验

测定土的抗剪强度指标的试验称为剪切试验。土的剪切试验既可在室内进行，也可在现场进行原位测试。

下面分别介绍工程上常用的土的抗剪强度试验方法。

一、直接剪切试验

直接剪切试验是测定土的抗剪强度指标的最简单的方法，直接剪切试验的仪器称直剪仪，可分为应变控制式和应力控制式两种，前者以等应变速率使试样产生剪切位移直至剪切破坏，后者是分级施加水平剪应力并测定相应的剪切位移。目前我国采用较多的是应变控制式直剪仪，见图 3-7，剪切盒由两个可互相错动的上、下金属盒组成。试验中若不允许试样排水，则以不透水板代替透水石。

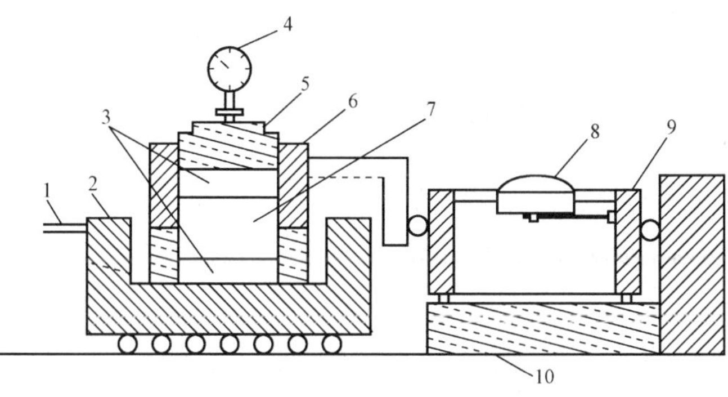

图 3-7　应变控制式直剪仪

1—轮轴；2—底座；3—透水石；4—测微表；5—加压顶盖；6—上盒；7—土样；8—测微表；9—量力环；10—下盒

试验时，首先通过加压盖板对试样施加某一竖向压力，然后等速推动下盒，直至试样沿上、下盒之间的水平交界面上剪切破坏。剪切面上的剪应力由试验中测得剪切力除以试样断面面积求得。根据试验记录数据可绘制竖向应力 σ 下的剪应力与剪切位移关系曲线，如图 3-8 所示。以曲线的剪应力峰值作为该级法向应力下土的抗剪强度。如果剪应力不出现峰值，则取某一剪切位移（如上述尺寸的试样，常取 4mm）相对应的剪应力作为它的抗剪强度。

为了确定土的抗剪强度指标，通常要取 4 组（4 组以上）相同的试样，分别施加不同的竖向应力，测出它们相应的抗剪强度，将结果绘在以竖向力 σ 为横轴、以抗剪强度 τ_f 为纵轴的坐标图上，通过图上各试验点可绘一直线，即为土的抗剪强度线，如图 3-9 所示。抗剪强度线与水平线的夹角为试样的内摩擦角 φ，直线与纵坐标的截距为试样的黏聚力 c。

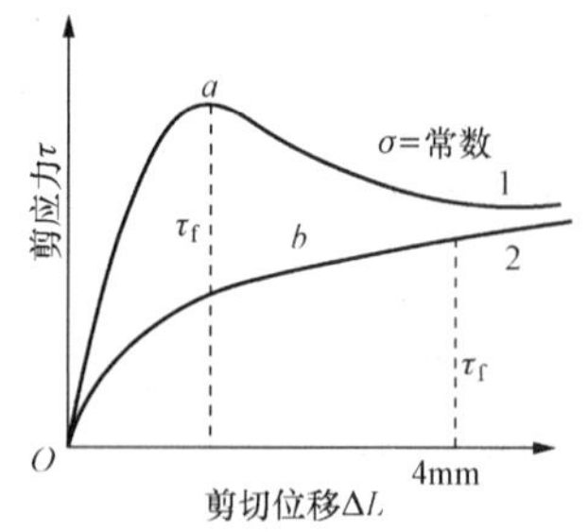

图 3-8 剪应力与剪切位移关系曲线

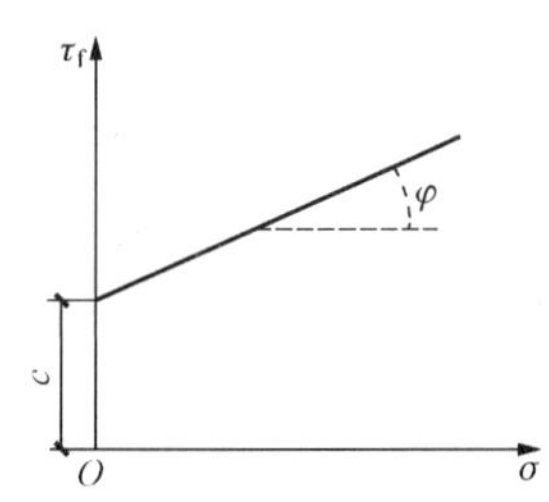

图 3-9 直剪试验结果图

为了近似模拟土体在现场受剪时的排水条件，通常将直剪试验按加荷速率的不同，分为快剪、固结快剪和慢剪三种，具体做法如下。

1. 快剪

竖向应力施加后立即进行剪切，剪切速率要快。如《土工试验方法标准》（GB/T 50123—1999）规定，要使试样在 3～5 分钟内剪破。

2. 固结快剪

竖向应力施加后，让试样充分固结。固结完成后，再进行快速剪切，其剪切速率与快剪相同。

以上两种方法适用于渗透系数小于 10^{-6}cm/s 的细粒土。

3. 慢剪

竖向应力施加后，允许试样排水固结。待固结完成后，施加水平剪应力，剪切速率放慢，使试样在剪切过程中有充分的时间产生体积变形和排水（对剪胀性土为吸水）。此方法适用于细粒土。

直接剪切试验已有上百年的历史，由于仪器简单、操作方便，至今在工程实践中仍被广泛应用。但该试验存在着以下不足：

（1）不能控制试样排水条件，不能量测试验过程中试件内孔隙水压力的变化。

（2）件内的应力状态复杂，剪切面上受力不均匀，试件先在边缘剪破，在边缘处发生应力集中现象。

（3）在剪切过程中，应变分布不均匀，受剪面减小，计算土的抗剪强度时未能考虑。

（4）人为限定上下盒的接触面为剪切面，该面未必是试样的最薄弱面。

二、三轴压缩试验

三轴压缩试验是直接量测试样在不同恒定周围压力下的抗压强度，然后利用莫尔—库仑破坏理论间接推求土的抗剪强度。它是较为完善的一种方法，适用于细粒土和粒径小于20mm的粗粒土。

三轴仪的压力室见图3-10。它是一个由金属上盖、底座和透明有机玻璃圆筒组成的密闭容器。试样为圆柱形，高度与直径之比一般采用2～2.5。试样用乳胶封裹，避免压力室的水进入试样。试样上、下两端可根据试验要求放置透水石或不透水板。试验中试样的排水情况可由排水阀控制。试样底部与孔隙水压力量测系统连接，可根据需要测定试验中试样的孔隙水压力值。

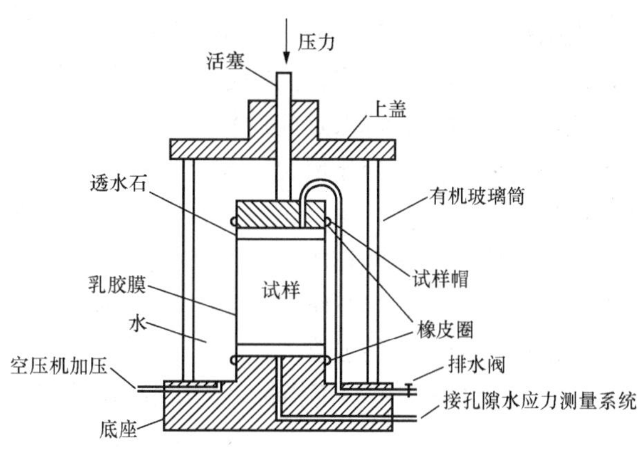

图3-10　三轴压力室示意图

三轴剪切试验的原理是在圆柱形土样上施加轴向主应力 σ_1 与水平向主应力 σ_3（也称围压)。保持其中之一不变（一般是 σ_3），改变另一个，使土样的剪应力逐渐加大，直至剪坏，由此求得抗剪强度。

根据三轴剪切试验结果绘制某 σ_3 作用下的主应力差（$\sigma_1-\sigma_3$）与轴向应变 ε 的关系图曲线，如图3-11。以曲线（$\sigma_1-\sigma_3$）（σ_3 下的抗压强度）作为该级 σ_3 的极限应力圆的直径。若不出现峰值，则取与某轴向应变（如15%）对应的主应力差作为极限应力圆的直径。

三轴剪切试验通常至少需要3～4个土样在不同的 σ_3 作用下进行剪切，得到3～4个不同的极限应力圆，绘出各应力圆的公切线，即为土的抗剪强度包线。由此可求得抗剪强度指标 c、φ 值，如图3-12所示。

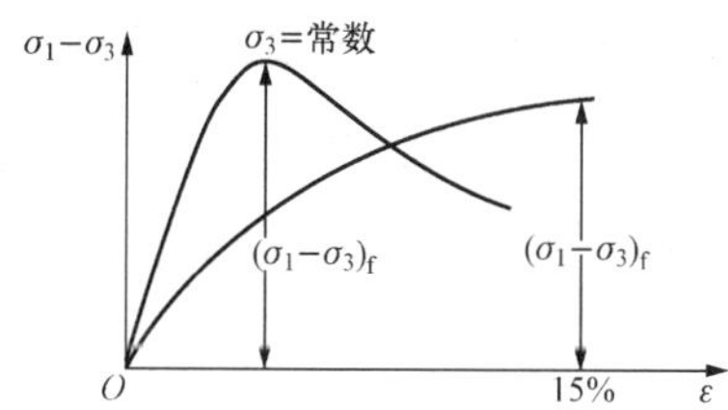

图3-11　主应力差（$\sigma_1-\sigma_3$）与轴向应变 ε 的关系曲线

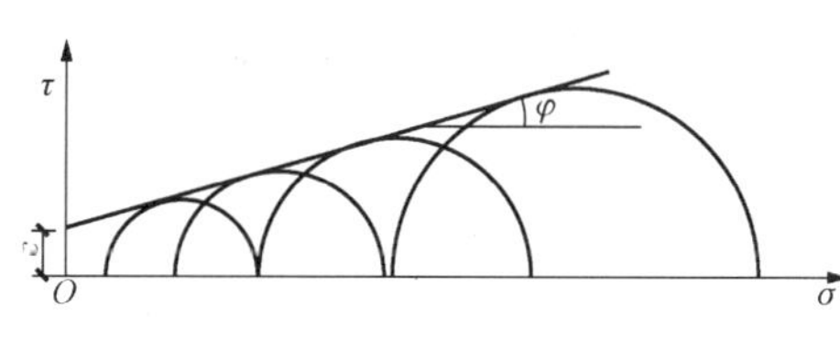

图3-12　土的抗剪强度包线

按照试样的固结排水情况，常规的三轴试验有三种方法。

1. 不固结不排水剪（UU）

不固结不排水剪，简称不排水剪。试验时，先施加周围压力 σ_3，然后施加轴向力（$\sigma_1-\sigma_3$）。在整个试验中，排水阀始终关闭，不允许试样排水，试样的含水量保持不变。适用于实际工程条件相当于饱和黏性土中快速加荷时的应力状况。

2. 固结不排水剪（CU）

试验时先施加 σ_3，打开排水阀，使试样排水固结。排水终止，固结完成，关闭排水阀。然后施加（$\sigma_1-\sigma_3$）直至试样破坏。在试验过程中，如需量测孔隙水压力，就可打开孔压量测系统的阀门。适用于实际工程条件相当于正常固结土层在竣工时、使用阶段受大量或快速活荷载作用以及新增的荷载作用等的应力状况。

3. 固结排水剪（CD）

固结排水剪简称排水剪。在 σ_3 和（$\sigma_1-\sigma_3$）施加的过程中，打开排水阀，让试样排水固结，放慢（$\sigma_1-\sigma_3$）加荷速率并使试样在孔隙水压力为零的情况下达到破坏。

三轴试验的主要特点是能严格地控制试样的排水条件，量测试样中孔隙水压力，定量地获得土中有效应力的变化情况，而且试样中的应力分布比较均匀，故三轴试验结果比直剪试结果更加可靠、准确。但该试验含仪器复杂，操作技术要求高，且试样制备也较麻烦；同时试件所受的应力是轴对称的，试验应力状态与实际有所差异。为此，现代的土工实验室发展了平面应变试验仪、真三轴试验仪、空心圆柱扭剪试验等，以便更好地模拟土的不同应力状态，更准确地测定土的强度。

剪切试验中取得的强度指标，因试验方法的不同须分别用不同的符号加以区分，见表 3-1。

表 3-1　　剪切试验成果表达

直接剪切		三轴剪切	
试验方法	成果表达	试验方法	成果表达
快　剪	c_q，φ_q	不排水剪	c_u，φ_u
固结快剪	c_{cq}，φ_{cq}	固结不排水剪	c_{cu}，φ_{cu}
慢　剪	c_s，φ_s	排水剪	c_d，φ_d

从试验结果可以发现，对于同一种土，施加相同的总应力时，抗剪强度并不相同，这与试样的固结与排水情况有关。因此，抗剪强度与总应力 σ 没有唯一的对应关系。

三、无侧限抗压强度试验

无侧限抗压强度试验实际上是三轴试验的一种特殊情况。试验中，对试样不施加周围应力 σ_3（$\sigma_3=0$），仅施加轴向力 σ_1 试样剪切破坏的轴向力以 q_u 表示，即 $\sigma_3=0$，$\sigma_{1f}=q_u$，此时给出一个通过坐标原点的极限应力圆（图 3-13），q_u 称为无侧限抗压强度。对饱和软黏土，可认为 $\varphi=0$，因此抗剪强度线为一水平线，$c_u=\dfrac{q_u}{2}$。所以，可根据无侧限抗压强度试验测得的抗压强度推求饱和土的不固结不排水抗剪强度 c_u。即

$$\tau_f=c_u=\frac{q_u}{2}$$

必须注意，由于取样过程中土样受到扰动，原位应力被释放，用这种土样测得的不排水强度并不完全代表土样的原位不排水强度。一般来说，它低于原位不排水强度。

四、十字板剪切试验

十字板剪切仪是一种使用方便的原位测试仪器，通常用以测定饱和黏性土的原位不排水强度，特别适用于均匀饱和软黏土。

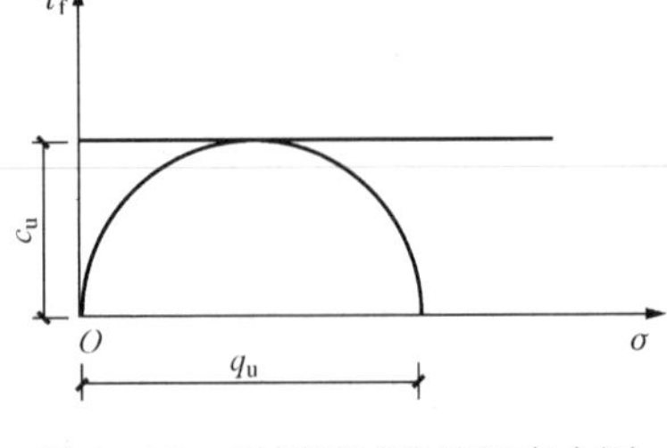

图 3-13　无侧限试验极限应力圆

现场十字板剪切仪主要由板头、扭力装置和量测装置三部分组成。板头是两片正交的金属板，厚 2mm，刃口成 60°，如图 3-14 所示。试验通常在钻孔内进行。先将钻孔钻至测试深度以上 75cm 左右。清孔底后，将十字板头压入土中至测试深度，然后通过安放在地面上的施加扭力装置，旋转钻杆以扭转十字板头，这时，板内

土体与其周围土体发生剪切，直至剪破为止。测出其相应的最大扭矩，根据力矩平衡关系，推算圆柱形土样的抗剪强度。

假定土的 $\varphi=0$，且剪应力在剪切面均匀分布，则抗剪强度 τ 与扭矩 M 的关系为

$$M_{\max}=\pi\tau\left(\frac{D^2H}{2}+\frac{D^3}{6}\right) \tag{3-9}$$

式中　D、H——十字板板头的直径与高。

由上式整理可得

$$c_u=\frac{2M_{\max}}{\pi D^2H\left(1+\frac{D}{3H}\right)} \tag{3-10}$$

十字板剪切试验所得结果相当于不排水抗剪强度。

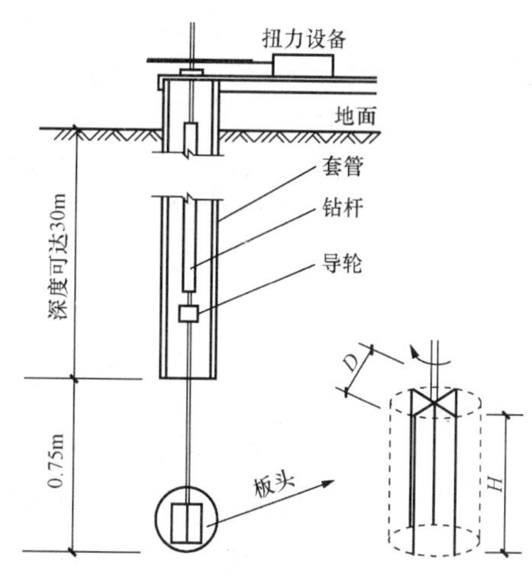

图 3-14　十字板试验装置示意图

土的抗剪强度指标 c 和 φ 是研究土的抗剪强度的关键问题。但是对于同一种土，用同一台仪器做试验，如果用的试验方法不同，特别是排水条件不同，测得的结果往往差别很大，有时甚至相差十分悬殊，这是土区别其他材料的一个重要特点。如果不理解土在剪切过程中的性状以及测得的指标意义，在工程应用中，可能导致地基或土工建筑破坏，造成工程事故。因此，阐明土的剪切性状以及各类指标的物理意义，对正确选用土的抗剪强度指标非常重要。

第五节　地基承载力的确定

为了保证建筑物的安全和正常使用，除了控制地基变形外，还须确保地基具有足够的承载力承受上部结构的荷载。地基承载力是指地基承受荷载的极限能力。要研究地基承载力，首先要研究地基在荷载作用下的变形特征。

一、地基变形的三个阶段

试验表明，地基从开始承受荷载到破坏，经历了三个变形发展阶段。如图 3-15 所示为载荷试验得到的 p-s 曲线，它反映了荷载 p 与沉降 s 之间的关系。

（一）直线变形阶段（压密阶段）

相应于 p-s 曲线的 OA 段，接近于直线关系。此阶段荷载较小（$p<p_{cr}$），地基中各点的剪应力均小于土的抗剪强度，地基处于弹性平衡状态。地基变形主要是由于土的孔隙体积减小而产生的压缩变形，此时土的沉降量很小［图 3-16（a）］。A 点所对应的荷载称为临塑荷载或比例极限，用 p_{cr}表示。

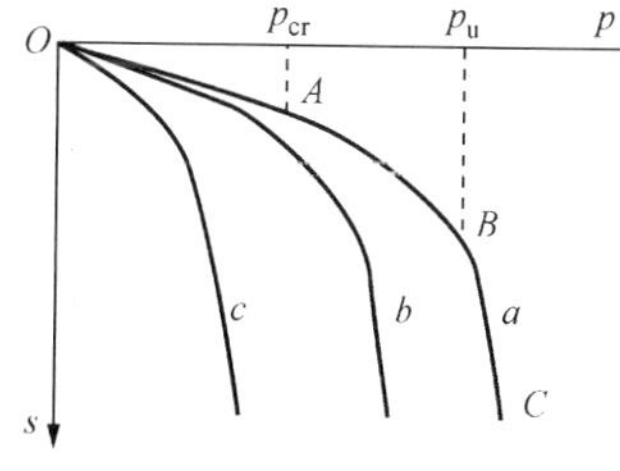

图 3-15　载荷试验 p-s 曲线

（二）塑性变形阶段

相应于 p-s 曲线的 AB 段。当荷载继续增加（$p_{cr}\leqslant p<p_u$）时，荷载与变形的关系不再是线性关系，曲线的斜率逐渐增大，曲线向下弯曲。其原因是地基土在局部区域内发生剪切破坏［图 3-16（b）］，土体出现塑性变形区。随着荷载的增加，塑性变形区的范围逐步扩大，土体沉降量显著增大。

所以这一阶段是地基由稳定状态向不稳定状态发展的过渡性阶段。B 点所对应的荷载称为极限荷载，用 p_u 表示。

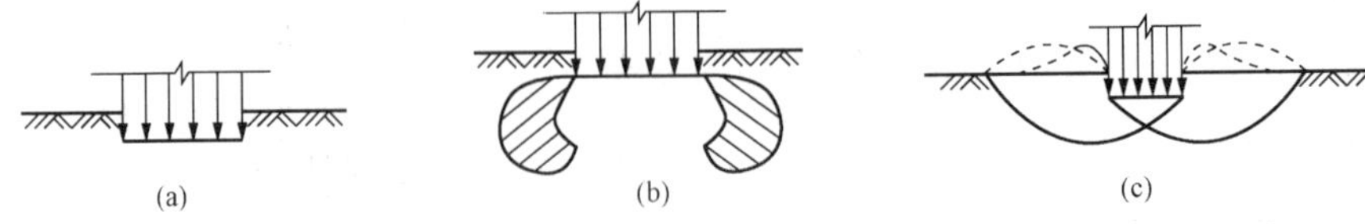

图 3-16 地基变形的三个阶段

(a) $p<p_{cr}$，直线变形阶段；(b) $p_{cr}\leqslant p<p_u$，塑性变形阶段；(c) $p\geqslant p_u$ 失稳阶段

（三）失稳阶段（完全破坏阶段）

相应于 p-s 曲线的 BC 段。当荷载继续增加（$p\geqslant p_u$）时，地基变形突然增大，说明地基中的塑性变形区已经形成与地面贯通的连续滑动面。土向基础的一侧或两侧挤出，地面隆起，地基丧失整体稳定性而破坏，基础也随之突然下陷［图 3-16（c）］。

二、地基破坏的三种形式

通过原位载荷试验和室内模型试验，我们可以发现地基发生破坏时的一些特征，如地基中滑动面的形式、荷载与沉降曲线的特点、基础两侧地面的变形情况和基础的位移方式等。地基可能有三种破坏形式：整体剪切破坏、局部剪切破坏及冲剪破坏。

（一）整体剪切破坏

如图 3-17 中曲线 a 所示，其破坏特征为：

（1）p-s 曲线上有两个明显的转折点，可以区分地基变形的三个阶段。

（2）地基内产生塑性变形区，随着荷载的增加，塑性变形区发展，并出现与地面贯通的连续滑动面。

（3）达到极限荷载后，地基土向两侧挤出，基础急剧下沉，并可能向一侧倾斜，基础两侧地面明显隆起，如图 3-17（a）所示。

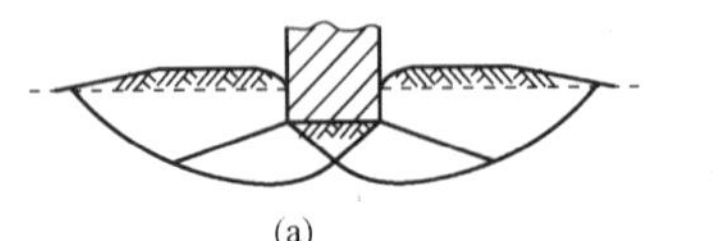

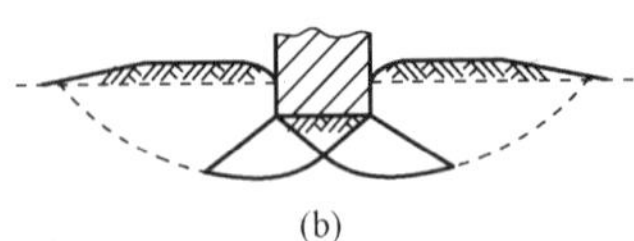

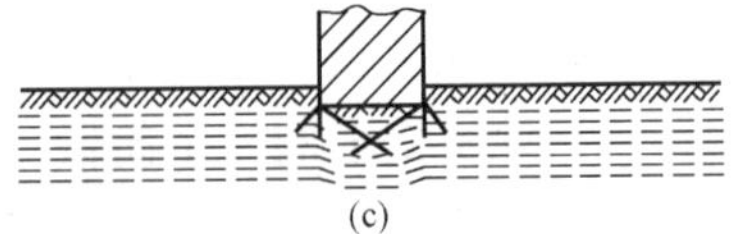

图 3-17 地基破坏的三种形式

(a) 整体剪切破坏；(b) 局部剪切破坏；(c) 冲剪破坏

（二）局部剪切破坏

如图 3-17 中曲线 b 所示，其破坏特征为：

（1）p-s 曲线的转折点不明显，没有明显的直线段。

（2）塑性变形区只在地基中的局部区域出现，不延伸到地面。

（3）达到极限荷载后，基础两侧地面微微隆起，如图 3-17（b）所示。

（三）冲剪破坏

如图 3-17 中曲线 c 所示，其破坏特征为：

（1）p-s 曲线没有明显的转折点。

（2）地基不出现明显的连续滑动面，土体发生垂直剪切破坏。

(3) 荷载达到极限荷载后，基础两侧地面不隆起，而是下陷，基础“切入”土中，如图3-17 (c) 所示。

地基发生何种破坏形式，主要与土体的压缩性有关。一般整体剪切破坏常发生在压缩性较低的较硬土地基中，如密实的砂土地基和坚硬的黏性土地基等；而在压缩性较高的软土地基中，如中密砂土、松砂和软黏土地基等，可能发生局部剪切破坏，也可能发生冲剪破坏。此外，地基的破坏形式还与受荷情况、基础的宽度、形状和埋深等因素有关。当基础埋深较大，无论是砂性土或黏性土地基，最常见的破坏形态是局部剪切破坏。

三、地基承载力的确定

(一) 按照土的强度理论确定地基承载力

确定地基承载力的主要依据为土的强度理论。地基承载力的理论计算，需要应用土的抗剪强度指标。

1. 临塑荷载

临塑荷载是指在外荷载作用下，地基中即将出现剪切变形（即塑性变形）时的基底压力。在 p-s 曲线上（图 3-17），由直线变形阶段转为塑性变形阶段的临界点 A 所对应的荷载即为临塑荷载。

临塑荷载是地基承载力确定的依据，可以按下式计算

$$p_{cr}=\frac{\pi(\gamma_m d+c\cot\varphi)}{\cot\varphi+\varphi-\frac{\pi}{2}}+\gamma_m d=N_d\gamma_m d+N_c c \tag{3-11}$$

式中　p_{cr}——地基的临塑荷载，kPa；

γ_m——基础底面以上土的加权平均重度，地下水位以下取浮重度，kN/m^3；

d——基础的埋置深度，m；

c——基础底面以下土的黏聚力，kPa；

φ——内摩擦角，(°)；

N_d、N_c——承载力系数，由内摩擦角 φ 按式（3-12)、式（3-13）计算

$$N_d=\frac{\cot\varphi+\varphi+\frac{\pi}{2}}{\cot\varphi+\varphi-\frac{\pi}{2}} \tag{3-12}$$

$$N_c=\frac{\pi\cot\varphi}{\cot\varphi+\varphi-\frac{\pi}{2}} \tag{3-13}$$

2. 临界荷载

工程实践表明，采用临塑荷载作为地基承载力往往偏于保守。因为在临塑荷载作用下，地基尚处于压密状态，并将要出现塑性变形区。对于一般地基土（软弱地基除处)，即使地基中存在局部塑性变形区，只要塑性变形区的范围不超过某一限度，就不致影响建筑物的安全。因此，可以适当提高地基承载力的数值，以节省造价。究竟允许地基中塑性变形区可以发展多大范围，这与建筑物的规模、重要性、荷载大小与性质、地基土的物理力学性质等因素有关。工程经验表明，中心荷载作用下，塑性变形区的最大深度可取基础宽度的 1/4，相应的临界荷载用 $p_{1/4}$ 表示；偏心荷载作用下，塑性变形区的最大深度可取基础宽度的 1/3，

相应的临界荷载作用 $p_{1/3}$ 表示，则

$$p_{1/4}=\frac{\pi\left(\gamma_{\mathrm{m}}d+c\cot\varphi+\frac{1}{4}\gamma b\right)}{\cot\varphi+\varphi-\frac{\pi}{2}}+\gamma_{\mathrm{m}}d=N_{1/4}\gamma b+N_{\mathrm{d}}\gamma_{\mathrm{m}}d+N_{\mathrm{c}}c \tag{3-14}$$

$$p_{1/3}=\frac{\pi\left(\gamma_{\mathrm{m}}d+c\cot\varphi+\frac{1}{3}\gamma b\right)}{\cot\varphi+\varphi-\frac{\pi}{2}}+\gamma_{\mathrm{m}}d=N_{1/3}\gamma b+N_{\mathrm{d}}\gamma_{\mathrm{m}}d+N_{\mathrm{c}}c \tag{3-15}$$

式中　b——条形基础宽度；矩形基础短边，圆形基础采用 $b=\sqrt{A}$，A 为圆形基础面积；

γ——基础底面以下土的容重，地下水位以下取浮重度，$\mathrm{kN/m^3}$；

$N_{1/4}$、$N_{1/3}$——承载力系数，由内摩擦角 φ 按式（3-16）、（3-17）计算

$$N_{1/4}=\frac{\pi}{4\left(\cot\varphi+\varphi-\frac{\pi}{2}\right)} \tag{3-16}$$

$$N_{1/3}=\frac{\pi}{3\left(\cot\varphi+\varphi-\frac{\pi}{2}\right)} \tag{3-17}$$

3. 极限荷载

极限荷载是指在外荷载作用下，地基即将丧失整体稳定性而破坏时的基底压力。在 p-s 曲线上（图 3-15），由塑性变形阶段转为失稳阶段的临界点 B 所对应的荷载即为极限荷载。

极限荷载的计算公式较多，常用的公式有太沙基公式

$$P_{\mathrm{u}}=\frac{1}{2}\gamma bN_{\mathrm{r}}+cN_{\mathrm{c}}+qN_{\mathrm{q}} \tag{3-18}$$

式中　P_{u}——地基极限荷载，kPa；

q——基底以上两侧土体均布荷载，其值为基础埋深范围土的自重压力 $q=\gamma_{\mathrm{m}}d$，kPa；

N_{r}、N_{c}、N_{d}——地基承载力系数，均为内摩擦角 φ 的函数，可直接计算或查有关图表确定。

N_{c}、N_{q}、N_{γ} 值可直接从图 3-18 或表 3-2 中查取。

太沙基公式适用于条形基础、方形基础和圆形基础；另外还有斯凯普顿公式，适用于内摩擦角 $\varphi=0$ 的饱和软土地基和浅基础；汉森公式，适用于倾斜荷载的情况，限于篇幅，在此不再详细介绍，读者可以参考有关资料。

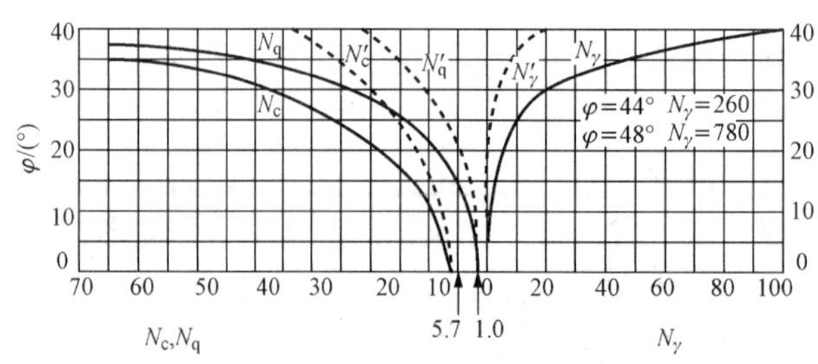

图 3-18　太沙基承载力系数

极限荷载是地基既将丧失整体稳定的荷载，在进行建筑物基础设计时，当然不能采用极限荷载作为地基承载力，必须有一定的安全系数 k。k 值的大小，应根据建筑工程的等级、规模与重要性及各种极限荷载公式的理论、假定条件与适用情况确定，通常取 $k=1.5\sim3.0$。

表 3-2　**太沙基承载力系数表**

φ/(°)	N_c	N_q	N_r	φ/(°)	N_c	N_q	N_r
0	5.7	1.00	0.00	24	23.4	11.4	8.6
2	6.5	1.22	0.23	26	27.0	14.2	11.5
4	7.0	1.48	0.39	28	31.6	17.8	15.0
6	7.7	1.81	0.63	30	37.0	22.4	20.0
8	8.5	2.20	0.86	32	44.4	28.7	28.0
10	9.5	2.68	1.20	34	52.8	36.6	36.0
12	10.9	3.32	1.66	36	63.6	47.2	50.0
14	12.0	4.00	2.20	38	77.0	61.2	90.0
16	13.0	4.91	3.00	40	94.8	80.5	130.0
18	15.5	6.04	3.90	42	119.5	109.4	
20	17.6	7.42	5.00	44	151.0	147.0	
22	20.2	9.17	6.50	45	172.0	173.0	326.0

（二）按照《建筑地基基础设计规范》（GB 50007—2002）确定地基承载力特征值

地基承载力特征值是指由载荷试验测定的地基土压力变形曲线性变形内规定的变形所对应的压力值，其最大值为比例界限值。

规范规定：地基承载力特征值可由载荷载试或其他原位测试、公式计算、并结合工程实践经验等方法综合确定。

1. 按载荷试验方法确定地基承载力特征值

对于设计等级为甲级的建筑物或地质条件复杂、土质不均匀的情况下，采用现场荷载试验法，可以取得较精确可靠的地基承载力数值。

（1）浅层平板载荷试验可适用于确定浅部地基土层的承压板下应力主要影响范围内的承载力。地基承载力特征值的确定应符合下列规定：

1）当 p-s 曲线上有比例界限时，取该比例界限所对应的荷载值。

2）当极限荷载小于对应比例界限的荷载值的 2 倍时，取极限荷载值的一半。

3）当不能按上述两条要求确定时，当压板面积为 0.25～0.5m^2，可取 s/b＝0.01～0.015（s 为沉降量，b 为承压板的宽度或直径）所对应的荷载，但其值不应大于最大加载量的一半。

4）同一土层参加统计的试验点不应少于三点，当试验实测值的极差不超过基平均值的30％时，取此平均值作为该土层的地基承载力特征值 f_{ak}。

（2）深层平板载荷试验适用于确定深部地基土层及大直径桩桩端土层在承压板下应力主要影响范围内的承载力。

（3）螺旋板载荷试验适用于深层地基土或地下水位以下的地基土。通过传力杆对螺旋形承压板施加荷载，并观测承压板的位移，以测定土层的荷载—变形—时间关系，确定地基承载力特征值。

2. 其他原位测试方法确定地基承载力特征值

（1）静力触探试验。静力触探试验适用于软土、一般黏性土、粉土、砂土和含少量碎石的土。利用贯入阻力与地基承载力之间的关系可以确定地基承载力。

（2）标准贯入试验。标准贯入试验适用于砂土、粉土、黏性土。利用标准贯入锤击数与地基承载力之间的相互关系，可以得到相应的地基承载力。

3. 按公式计算方法确定地基承载力特征值

当偏心距 e 小于或等于 0.033 倍基础底面宽度时，根据土的抗剪强度指标确定地基承载力特征值可按下式计算，并应满足变形要求

$$f_u = M_b \gamma b + M_d \gamma_m d + M_c C_k \tag{3-19}$$

式中 f_u——由土的抗剪强度指标确定的地基承载力特征值，kPa；

M_b、M_d、M_c——承载力系数，按表 3-3 确定；

γ——基础底面以下土的重度，地下水位以下取浮重度，kN/m^3；

γ_m——基础底面以上土的加权平均重度，地下水位以下取浮重度，kN/m^3；

C_k——基底下一倍短边宽深度内土的黏聚力标准值，kPa；

b——基础底面宽度，大于 6m 时按 6m 取值，对于砂土小于 3m 时按 3m 取值，m；

d——基础埋置深度，m，一般自室外地面标高算起。在填方整平地区，可自填土地面标高算起，但填土在上部结构施工后完成时，应从天然地面标高算起。对于地下室，如采用箱形基础或筏基时，基础埋置深度自室外在面标高算起；当采用独立基础或条形基础时，应从室内地面标高算起。

表 3-3　承载力系数 M_b、M_d、M_c

土的内摩擦角标准值 φ_k（°）	M_b	M_d	M_c
0	0	1.00	3.14
2	0.03	1.12	3.32
4	0.06	1.25	3.51
6	0.10	1.39	3.71
8	0.14	1.55	3.93
10	0.18	1.73	4.17
12	0.23	1.94	4.42
14	0.28	2.17	4.69
16	0.36	2.43	5.00
18	0.43	2.72	5.31
20	0.51	3.06	5.66
22	0.61	3.44	6.04
24	0.80	3.87	6.45
26	1.10	4.37	6.90
28	1.40	4.93	7.40
30	1.90	5.59	7.95
32	2.60	6.35	8.55
34	3.40	7.21	9.22
36	4.20	8.25	9.97
38	5.00	9.44	10.80
40	5.80	10.84	11.73

注　φ_k 为基底下一倍短边宽深度内土的内摩擦角标准值。

4. 按经验方法确定地基承载力

对于设计等级为丙级的次要的轻型建筑物，可根据临近建筑物的经验确定地基承载力特征值。

5. 地基承载力特征值的修正

规范规定：当基础宽度大于 3m 或埋置深度大于 0.5m 时，从载荷试验或其他原位测试、经验值等方法确定的地基承载力特征值，尚应按下式修正

$$f_u = f_{ak} + \eta_b \gamma (b-3) + \eta_d \gamma_m (d-0.5) \qquad (3-20)$$

式中　f_u——修正后的地基承载力特征值，kPa；

f_{ak}——地基承载力特征值，kPa；

b——基础底面宽度，m，当基宽小于 3m 按 3m 取值，大于 6m 按 6m 取值；

η_b、η_d——基础宽度和埋深的地基承载力修正系数，按基底下土的类别查表 3-4。

表 3-4　　承载力修正系数

土的类别		η_b	η_d
淤泥和淤泥质土		0.0	1.0
人工填土		0.0	1.0
e 或 I_L 大于等于 0.85 的黏性土			
红黏土	含水比 $a_w>0.8$	0.0	1.2
	含水比 $a_w\leqslant 0.8$	0.2	1.4
大面积压实填土	压实系数大于 0.95、黏粒含量 $p_c\geqslant 10\%$ 的粉土	0.0	1.5
	最大干密度大于 2.1t/m^3 的级配砂石	0.0	2.0
粉土	黏粒含量 $p_c\geqslant 10\%$ 的粉土	0.3	1.5
	黏粒含量 $p_c<10\%$ 的粉土	0.5	1.6
e 或 I_L 均小于 0.85 的黏性土		0.3	3.0
粉砂、细砂（不包括很湿与饱和时的稍密状态）		2.0	3.0
中砂、粗砂、砾砂和碎石土		3.0	4.4

注　1. 强风化和全风化的岩石，可参照所风化形成的相应土类取值，其他状态下的岩石不修正；
2. 地基承载力特征值按深层平板载荷试验定时 η_d 取 0。

小　　结

1. 土的抗剪强度

是指土体抵抗剪切破坏的极限能力，其数值等于土体发生剪切破坏时滑动面上的剪应力。黏性土的抗剪强度来源于土的黏聚力 c 和内摩擦力 $\sigma\tan\varphi$。工线实践中，土的抗剪强度主要应用于地基承载力的计算、地基稳定性分析、土坡稳定性分析、挡土结构的土压力计算等问题。

2. 土的极限平衡条件

当土中任意点在某一平面上的剪应力达到土的抗剪强度时（$\tau=\tau_f$），该点处于极限平衡状态，也是莫尔应力圆与抗剪强度包线相切时的应力状态。极限平衡条件（莫尔—库仑强度

理论），是目前判别土体所处状态的最常用或最基本的准则。

3. 抗剪强度指标的测定

土的抗剪强度指标可通过土工试验确定，但土的抗剪强度指标随试验方法、排水条件的不同而异。工程实际中应尽可能根据其受力条件和排水条件选用试验方法。

4. 地基承载力

地基承载力是指在保证地基稳定的条件下，地基单位面积上所能承受的最大应力。重点掌握地基承载力特征值的修正。根据地基三个变形阶段，可得到如下三个荷载：

（1）地基临塑荷载 p_{cr} 为地基即将出现塑性变形时的荷载。

（2）地基极限荷载 p_u 为地基丧失整体稳定时的荷载。

（3）地基临界荷载为地基塑性变形区发展深度 z_{max} 等于基础宽度的 1/4（或 1/3）时基底单位面积上的荷载，常用 $p_{1/4}$（或 $p_{1/3}$）表示。

它们在工程中的实用意义是确定地基承载力。如用临塑荷载作为地基承载力偏于保守；用临界荷载作为地基承载力比较合理，既安全、又能充分发挥地基的承载能力。如用极限荷载作为地基承载力，必须除以一个安全系数。实际工程中按地基规范规定，地基承载力特征值可由载荷试验或其他原位测试、理论公式计算并结合工程实践经验等方法综合确定。

习　　题

1. 何谓土的抗剪强度？同一种土的抗剪强度是不是一个定值？

2. 土的抗剪强度由哪两部分组成？什么是土的抗剪强度指标？

3. 影响土的抗剪强度的因素有哪些？

4. 土体发生剪切破坏的平面是否为剪应力最大的平面？在什么情况下，破裂面与最大剪应力面一致？一般情况下，破裂面与大主应力面成什么角度？

5. 什么是土的极限平衡状态？土的极限平衡条件是什么？

6. 如何从库仑定律和摩尔应力圆的关系说明：当 σ_1 不变时，σ_3 越小越易破坏；反之，σ_3 不变时，σ_1 越大越易破坏？

7. 为什么土的抗剪强度与试验方法有关？如何根据工程实际选择试验方法？

8. 地基变形分哪三个阶段？各阶段有何特点？

9. 临塑荷载、临界荷载及极限荷载三者有什么关系？

10. 什么是地基承载力特征值？怎样确定？地基承载力特征值与土的抗剪强度指标有何关系？

训　练　题

1. 某土样进行三轴剪切试验，剪切破坏时，测得 $\sigma_1=600$kPa，$\sigma_3=100$kPa，剪切破坏面与水平面夹角为 60°，求：

（1）土的 c、φ 值。

（2）计算剪切破坏面上的正应力和剪应力。

2. 某条形基础下地基土中一点的应力为：$\sigma_z=250\text{kPa}$，$\sigma_x=100\text{kPa}$，$\tau_{xz}=40\text{kPa}$。已知地基土为砂土，$\varphi=30°$，问该点是否发生剪式破坏？若σ_z、σ_x不变，τ_{xz}增至60kPa，则该点是否发生剪切破坏？

3. 已知某土的抗剪强度指标为$c=250\text{kPa}$，$\varphi=25°$。若$\sigma_3=100\text{kPa}$，求：

（1）达到极限平衡状态时的大主应力σ_1。

（2）极限平衡面与大主应力面的夹角。

（3）当$\sigma_1=300\text{kPa}$，试判断该点处应力状态。

第四章 岩 土 工 程 勘 察

掌握：常用的勘探方法，验槽的方法及要求。

熟悉：勘探的目的和要求，工程勘察报告的内容、阅读及使用。

了解：工程地质勘察程序及规定。

学习目的：通过本章学习能够达到熟悉地质勘查方法，熟读地质勘查报告，正确地选择地基持力层。

能力培养：

(1) 能够结合有关的规范正确安排勘察任务的能力；

(2) 具备正确阅读和使用工程地质勘察报告的能力。

第一节 岩土工程勘察简介

一、岩土工程勘察的目的和任务

岩土工程勘察的目的，是在建筑工程的设计与施工前必须按照基本建设程序进行岩土工程勘察，取得可靠的工程地质数据，以保证建筑工程设计与施工的质量，保证建筑物的正常使用与安全；结合工程设计、施工条件对建筑物场地的工程地质和水文地质条件、地质灾害进行技术论证和分析评价，提出解决岩土工程、地基基础工程中实际问题的建议，服务于工程建设的全过程。

《岩土工程勘察规范》(GB 50021—2001) 规定："各项工程建设在设计和施工之前，必须按基本建设程序进行岩土工程勘察"。我国的工程建设程序划分为：项目建议书、可行性研究、工程设计、建设准备、施工安装和竣工验收六个阶段，并且必须严格遵守基本建设程序和建设法规，坚持先勘察后设计、再施工的原则，不得搞边勘察、边设计、边施工的"三边工程"。

所有建筑物均以地基作为载体，地基上的工程性质直接影响建筑物的安全和正常使用。因此，建筑场地的工程地质勘察十分重要。岩土工程勘察的任务包括：

(1) 查明建筑物场地及其附近地段的工程地质和水文地质条件，对建筑物场地稳定性作出评价，为建筑工程选址定位、建设项目总平面布置提供建筑场地的施工条件。

(2) 查明建筑物地基的土层分布、密度、压缩性和地下水情况等，为建筑地基基础的设计与施工，从地基强度和变形两个方面提供可靠的计算参数。

(3) 对地基作出岩土工程评价，并对基础方案、地基处理、基坑支护、工程降水、不良地质作用的防治等提出解决建议，以保证工程安全，提高经济效益。

二、建筑工程勘察的阶段

岩土工程勘察有明确的工程针对性，要求项目建设单位，在勘察委托书中提供建设程序阶段项目的功能特点、结构类型、建筑物层数和使用要求，是否设有地下室以及地基变形限制等方面的资料。据此确定勘察阶段、勘察工作的内容和深度、岩土工程设计参数和提出建筑物地基基础设计与施工方案的建议。与工程建设程序相对应，岩土工程勘察划分相应的阶段，见表 4-1。

表 4-1 岩土工程勘察阶段

<table>
<tr><th colspan="2">工程建设阶段</th><th>岩土工程勘察阶段</th><th>勘察基本要求</th></tr>
<tr><td colspan="2">可行性研究</td><td>可行性研究勘察（选址勘察）</td><td>符合选择场址的要求，对拟建场地的稳定性和适宜性作出评价</td></tr>
<tr><td rowspan="2">设计</td><td>初步设计</td><td>初步勘察</td><td>符合初步设计的要求，对场地内拟建建筑地段的稳定性作出评价</td></tr>
<tr><td>施工图设计</td><td>详细勘察（地基勘察）</td><td>符合施工图设计的要求；对单体建筑或建筑群提出详细的岩土工程资料和设计、施工所需的岩土参数，对建筑地基作出岩土工程评价，并对地基类型、基础形式、地基处理、基坑支护、工程降水和不良地质作用的防治等提出建议</td></tr>
<tr><td colspan="2">施工安装</td><td>施工勘察</td><td>对场地条件复杂或有特殊要求的工程进行监测及提出评价</td></tr>
</table>

在城市居住区和工业园区，城市开发和旧城改造的工程，建筑物地和建筑平面布置已经确定，并且已积累了大量岩土勘察资料时，可根据实际情况直接进行详细勘察。对单项工程或项目扩建工程，勘察工作一开始便应按详细勘察进行；但是，对于高层建筑和其他重要工程，在短时间不易查明复杂的岩土工程条件并作出明确评价时，仍宜分阶段进行勘察。

三、基本规定

地基基础设计前应进行岩土工程勘察，应符合下列规定：

1. 岩土工程勘察报告应提供的数据

(1) 有无影响建筑场地稳定性的不良地质条件及其危害程度。

(2) 建筑物范围内的地层结构及其均匀性。

(3) 地下水埋藏情况、类型和水位变化幅度及规律，以及对建筑材料的腐蚀性。

(4) 在抗震设防区划分场地土类型和场地类别，并对饱和砂土及粉土进行液化判别。

(5) 对可供采用的地基基础设计方案进行论证分析，提出经济合理的设计方案建议。提供与设计要求相对的地基承载力及变形计算参数，并对设计与施工应注意的问题提出建议。

当工程需要时，尚应提供：

(1) 深基坑开挖的边坡稳定计算和支护设计所需的岩土技术参数，论证其对周围已有建筑物和地下设施的影响。

(2) 基坑施工降水的有关技术参数及施工降水方法的建议。

(3) 提供用于计算地下水浮力的设计水位。

2. 地基评价方法

地基评价宜采用钻探取样、室内土工试验、触探，并结合其他原位测试方法进行。

设计等级为甲级的建筑物应提供载荷试验指标、抗剪强度指标、变形参数指标和触探数据；设计等级为乙级的建筑物应提供抗剪强度指标、变形参数指标和触探数据；设计等级为丙级的建筑物应提供触探及必要的钻探和土工试验资料。

3. 建筑物地基均应进行施工验槽

如地基条件与原勘察报告不符时，应进行施工勘察。在天然地基浅基础施工中，基槽开挖后应由建设单位组织监理、勘察、设计、施工等诸单位，同时报告工程质量监督部门，共同参与基槽检验工作，验槽时应以观察、拍击、钎探为主，必要时采用轻型动力触探等方法，重点对地基持力层和浅部下卧层进行认真检查验收，将验槽成果与勘察报告提供的地质资料核对，鉴别是否存在较大偏差，以决定是否有必要进行施工勘察。《岩土工程勘察规范》（GB 50021—2001）规定：基坑或基槽开挖后，岩土条件与勘察资料不符或发现必须查明的异常情况时，应进行施工勘察。

第二节 岩土工程勘察方法

岩土工程勘察是指钻探、槽探、坑探、洞探以及物探、触探等工程勘察手段，是在工程地质测绘和调查所取得的各项定性资料的基础上，进一步对场地的工程地质条件进行定量评价。勘探的直接目的是为了查明岩土的性质和分布，采取岩土试样或进行原位测试。勘探方法的选取依据勘察目的和岩土的特性确定。

地基基础设计，需通过采用不同勘察方法获得的工程指标，如强度指标、压缩性指标、静力触探探头阻力、标准贯入试验锤击数、载荷试验承载力等其他特性指标。地基土工程特性指标的代表值应为标准值、平均值及特征值。抗剪强度指标应取标准值，压缩性指标应取平均值，载荷试验承载力应取特征值。

一、钻探

钻探是一种常用的勘探方法，采用机具在地层中钻孔或冲孔，以鉴别和划分土层及沿孔深采取原状土样，以供进行室内试验，确定土的物理力学性质。根据钻孔的深度不同，可使用工程钻机或手摇钻。在鉴别和划分土层时，钻杆下端装置螺旋钻头，通过对每次提钻所携带的土样，即可鉴别土的类别，确定土层的标高。这种仅为鉴别和划分土层的钻孔称为鉴别孔。若在钻杆下端换上取土器，便可在钻孔中取得原状土样，这样的钻孔称为技术孔。技术钻孔数一般占钻孔总数的1/3～2/3，且每个场地不少于2个。

二、井探

《岩土工程勘察规范》（GB 50021—2001）规定“当钻探方法难以准确查明地下情况时，可采用探井、探槽进行勘察”。井探适用于地质条件复杂的场地，当场地的土层中含有块石、漂石，钻探困难时可考虑采用井探。井探也称坑探或掘探，是指在场地有代表性的地段，以人工或机械挖掘井坑，取得原状土样和直接资料的一种勘察方法。探井（坑）深度为3～4m，有时可达5～6m，井探完成后，应分层回填与夯实。

三、物探（地球物理勘探）

岩土工程勘察中可在下列方面采用物探：

（1）作为钻探的先行手段，了解隐蔽的地质界线、界面或异常点。

（2）在钻孔之间增加地球物理勘探点，为钻探成果的内插、外推提供依据。

（3）作为原位测试手段，测定岩土体的波速、动弹性模量、动剪切模量、卓越周期、电阻率、放射性辐射参数、土对金属的腐蚀性等。

应用物勘方法时，应具备下列条件：

（1）被探测对象与周围介质之间有明显的物理性质差异。

（2）被探测对象具有一定的埋藏深度和规模，且地球物理异常有足够的强度。

（3）能抑制干扰，区分有用信号和干扰信号。

（4）在有代表性段进行方法的有效性试验。

第三节 岩土工程原位测试

原位测试是指在岩土体所处的位置，基本保持岩土原来的结构、湿度和应力状态，对岩土体进行的测试。原位测试包括标准贯入试验、圆锥动力触探试验、静力触探试验、载荷试验、十字剪切试验、旁压试验等方法。原位测试方法应根据岩土条件、设计对参数的要求、地区经验和测试方法的适用性等因素选用，其中地区经验的成熟程度最为重要。

一、标准贯入试验

1. 标准贯入试验设备

试验设备主要由贯入器（外径 51mm、内径 35mm、长度大于 500mm）、钻杆（直径 42mm）和穿心落锤（质量 63.5kg、落距 760mm）三部分组成。

2. 操作要点

（1）先用钻具钻至试验层标高以上约 150mm 处，以避免下层土受到扰动。

（2）贯入前，应检查触探杆的接头，不得松脱。贯入时，穿心锤落距为 760mm，使其自由下落，将贯入器竖直打入土层中 150mm。以后每打入土层 300mm 的锤击数，即为实测锤击数 N'。

（3）拔出贯入器，取出贯入器中的土样进行鉴别描述。

（4）若需继续进行下一深度的贯入试验时，即重复上述操作步骤进行试验。

标准贯入试验适用于砂土、粉土和一般黏性土。

3. 标准贯入试验主要应用

以贯入器采取扰动土样，鉴别和描述土类，按颗粒分析成果确定土类名称。

根据标准贯入试验击数和地区经验，判别黏性土的物理状态，评定砂土的密实度和相对密度；提供土的强度参数、变形参数和地基承载力；判定沉桩的可能性和估算单桩竖向承载力；判定地震作用饱和砂土、粉土液化的可能性及液化等级。

二、圆锥动力触探试验

圆锥动力触探试验是用一定质量的重锤，一定高度的落距，将标准规格的圆锥形探头贯入土中，根据打入土中一定深度的锤击数，判定土的力学特性，其具有勘探和测试双重功能。圆锥动力触探试验的类型及适用于土类见表 4-2。

根据圆锥动力触探试验指标和地区经验，可以进行划分地层，评定土的均匀性和物理性质（稠度状态、密实程度）、土的强度、变形参数、地基承载力、单桩承载力、查明土洞、潜在滑移面、软硬土层界面、检验地基处理效果等。

表 4-2 圆锥动力触探类型表

类型		轻型	重型	超重型
落锤	质量（kg）	10	63.5	120
	直径（mm）	500	760	1000
探头	直径（mm）	40	74	74
	锥角（°）	60	60	60
探杆直径（mm）		25	42	50～60
指标		贯入 300mm 的读数 N_{10}	贯入 100mm 的读数 $N_{63.5}$	贯入 100mm 的读数 N_{120}
主要适用岩土		浅部的填土、砂土、粉土、黏性土	砂土、中密以下的碎石土、极软岩	密实和很密的碎石土、软岩、极软岩

三、静力触探试验

1. 静力触探试验的设备

设备由加压系统、反力平衡系统和量测系统三部分组成。静力触探试验的原理是通过液压装置或机械装置，将一个贴有电阻应变片的、标准规格的圆锥形金属触探头以匀速垂直地压入土中，土层对探头的阻力利用电阻应变仪来量测微应变数值，并换算成探头所受到的贯入阻力，利用贯入阻力与土的物理力学指标或载荷试验指标的相应关系，间接测定土的力学特性，其具有勘探和测试双重功能。静力触探试验适用于软土、一般黏性土、粉土、砂土和含少量碎石的土。

2. 地质条件评价

结合地区经验和积累的静力触探试验资料，根据现场静力触探试验量测探头压入土中所受的阻力。绘制的试验曲线特征或数值变化幅度，可用于评价地质条件。

划分地层并确定其土类名称，了解地层的均匀性。

估算土的物理性质指标参数：稠度状态、密实程度。

评定土的力学性质指标参数：土的强度、压缩性、地基承载力以及压缩模量。

判定沉桩可能性、选择桩端持力层、估算单桩竖向极限承载力。

判别地震作用饱和砂土、粉土的液化。

估算土的固结系数和渗透系数。

四、载荷试验

载荷试验可用于测定承压板下应力主要影响范围内岩土的承载力和变形特性。浅层平板载荷试验适用于浅层地基土。当埋深≥3m 和地下水位以上的地基土应用深层平板载荷试验。而深层地基土或地下水位以下的地基土应采用螺旋板载荷试验。

1. 浅层平板载荷试验

浅层平板载荷试验的设备主要由四部分组成，如图 4-1 所示。

（1）承压板。承压板要求有足够的刚度，宜采用圆形，根据土的软硬或岩体裂隙密度选用合适的尺寸，面积不应小于 0.25m^2，对软土和粒径较大的填土不应于 0.5m^2。

（2）加荷系统。油压千斤顶及稳压系统。

（3）反力系统。堆载或地锚。

（4）观测系统。百分表及固定支架。

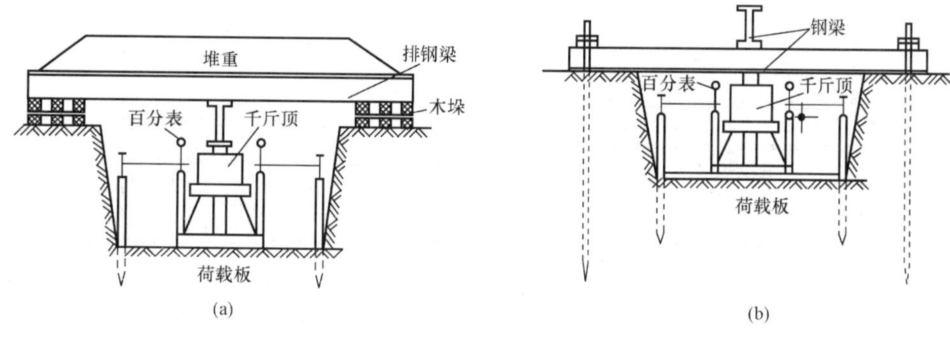

图 4-1　浅层平板荷载试验

(a) 堆重—千斤顶式；(b) 地锚—千斤顶式

《岩土工程勘察规范》(GB 50021—2001) 和《建筑地基基础设计规范》(GB 50007—2002) 给出浅层平板载荷试验和确定浅部地基承载力特征值的规定：

(1) 试验准备。试坑（或试井）的宽度（或直径）不应小于承压板宽度 b（或直径 d）的 3 倍，保持试验土层的原状结构和天然湿度，并在承压板下铺设不超过 20mm 厚的粗砂或中砂找平层，尽快安装试验设备。

(2) 加载方式。加载方式采用分级维持荷载沉降相对稳定法（常规慢速法），加载分级不应小于 8 级，最大加载量不应小于设计要求的 2 倍，每级加载后分别间隔 5、5、10、10、15min 测读一次沉降，以后每间隔 30min 测读一次沉降，当连续 2h 内沉降速率≤0.1mm/h 时，则视为沉降达到相对稳定，可施加下一级荷载。

(3) 终止试验标准。当出现下列情况之一即可终止试验，其前一级荷载为极限荷载。

1) 承压板周围的土明显被侧向挤出。

2) 本级荷载沉降量大于前一级荷载沉降量的 5 倍，荷载与沉降 p-s 曲线出现明显陡降。

3) 某级荷载下 24h 内沉降速率不能达到相对稳定标准。

4) 总沉降量与承压板宽度（或直径）之比大于或等于 0.06。

(4) 每个试验点试验实测值 f_{aki} 的确定标准。

1) 当 p-s 曲线有比例界限荷载时，取该比例界限所对应的荷载值。

2) 当极限荷载小于比例界限所对应的荷载值的 2 倍时，取极限荷载值的一半。

3) 当不能按上述两条确定时，取 s/b（或 s/d）$=0.010\sim0.015$ 所对应的荷载，但其值不应大于最大加载量的一半。

(5) 试验土层的地基承载力特征值 f_{ak} 的确定标准同一土层参加统计的试验点不应少于 3 点，当试验实测值的极差不超过其平均值的 30%时，取此平均值作为该土层的地基承载力特征值 f_{ak}。

2. 单桩竖向静载荷试验

单桩竖向静载荷试验的设备主要由四部分组成，如图 4-2 所示。

试柱：要求与工程中的桩同材料、同几何尺寸、同施工方法、同地基条件。

加荷系统：油压千斤顶及稳压系统。

反力系统：加载反力装置宜采用锚桩，也可采用堆载压重平台反力装置。

观测系统：百分表及固定支架。

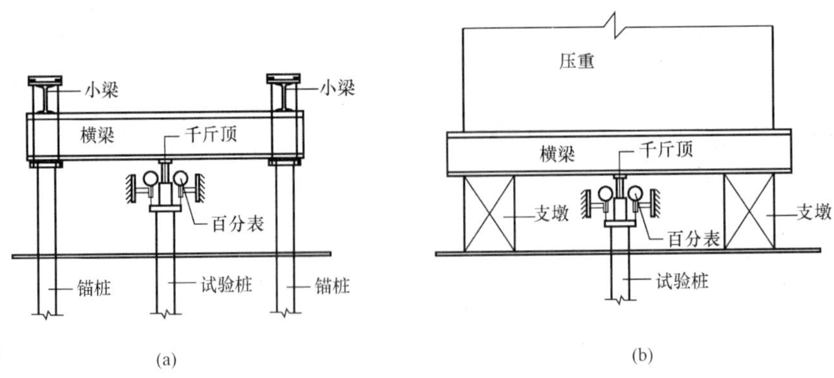

图 4-2 单桩竖向静载荷试验

《建筑地基基础设计规范》(GB 50007—2002) 给出单桩竖向静载荷试验确定单桩竖向承载力特征值的规定：

(1) 试验准备。

试桩施工完成后开始试验的时间规定见表 4-3。

表 4-3 试桩开始试验的时间

桩的施工类别	预　制　桩			灌 注 桩
地基土类别	砂土	黏性土	饱和软黏土	各 类 土
入土后 (d)	7	15	25	桩身混凝土达设计强度

试桩、锚桩和基准桩之间的中心距离规定见表 4-4。

表 4-4 试桩、锚桩和基准桩之间的中心距离

反力系统	试桩与锚桩（或与压重平台的支座墩边）	试验与基准桩	基准桩与锚桩（或与压重平台支座墩边）
锚桩横梁反力装置	≥4d，且大于 2.0m		
压重平台反力装置			

注　d 为试桩或锚桩的设计直径，取其较大者，如试桩或锚桩为扩底桩，试桩与锚桩的中心距离尚不应小于 2 倍扩大端直径。

(2) 加载方式。

按慢速维持荷载法，加荷分级不应小于 8 级，每级加载量宜为预估极限荷载的 1/8～1/10；每级加载后，第 5、10、15min 时各测读一次，以后每隔 15min 测读一次沉降，累计 1h 后每隔半小时读一次，当连续两次沉降速率小于 0.1min/h 时则视为沉降达相应对稳定，方可施加下一级荷载。

(3) 终止试验标准。

当出现下列情况之一，即可终止试验。

1) 当荷载～沉降 (p-s) 曲线上有可判定为极限承载力的陡降段，并且桩顶总沉降量超过 40mm。

2) $\frac{\Delta s_{n+1}}{\Delta s_n}\geqslant 2$，并且经 24h 尚未达稳定。

3）25m以上的非嵌岩桩，p-s 曲线呈缓变形时，桩顶总沉降量大于60～80mm。

4）在特殊条件下可根据具体要求，加载至桩顶总沉降量大于100mm。

5）桩端支承在坚硬岩（土）层上，桩的沉降量很小时，最大加载量不应小于设计荷载的2倍。

（4）每根试桩极限承载力 R_{ui} 的确定标准。

1）当荷载—沉降（p-s）曲线陡降段明显时，取相应于陡降段起点的荷载值。

2）当出现终止加载第二款情况时，取前一级荷载。

3）当荷载—沉降（p-s）曲线呈缓变形，取桩顶总沉降时 $s=40$mm所对应的荷载值。

4）对桩基沉降有特殊要求的，根据具体情况选取。

（5）单桩竖向极限承载力 R_u 的确定标准。

1）参加统计的试桩，当其极差不超过平均值的30%时，取其平均值。

2）当柱下承台桩数≤3根时，取最小值。

（6）单桩竖向承载力特征值 R_u 的确定标准。

单桩竖向极限承载力除以安全系数 $K=2$，即为单桩竖向承载力特征值

$$R_a = \frac{R_u}{K}$$

第四节 土的野外鉴别与描述

为了查明场地土层的变化情况，钻探取出土样随时加以鉴别和描述。

在野外鉴别土的名称时可参照表4-5～表4-10鉴别，对土描述时应描述的颜色、气味等。

表4-5 无黏性土鉴别法

鉴别方法	碎石土		砂土				
	卵（碎）石	角砾	砾砂	粗砂	中砂	细砂	粉砂
观察颗粒粗细	大部分（一半以上）颗粒超过10mm（蚕豆粒大小）	大部分（一半以上）颗粒超过2mm（小高粱粒大小）	约有四分之一以上的颗粒超过2mm（小高粱粒大小）	约有一半以上的颗粒超过0.5mm（细小米粒大小）	约有一半以上的颗粒超过0.25mm（鸡冠花籽粒大小）	颗粒粗细程度较精制食盐稍粗，与粗玉米粉近似	颗粒粗细程度较精制食盐稍细，与小米近似
干燥时的状态及强度	颗粒完全分散	颗粒完全分散	颗粒完全分散	颗粒完全分散，但有个别胶结在一起	颗粒完全分散，但有局部胶结在一起（但一碰即散开）	颗粒大部分分散，少量胶结（胶结部分稍加碰即散开）	颗粒小部分分散，大部分胶结在一起（稍加压力也可分散）
湿润时有手拍击	表面无变化	表面无变化	表面无变化	表面无变化	表面偶有水印	表面偶有水印（翻浆）	表面有翻浆现象
黏着程度	无黏着感觉	无黏着感觉	无黏着感觉	无黏着感觉	无黏着感觉	偶有轻微黏着感觉	有轻微黏着感觉

注 在观察颗粒粗细进行分类时，应将鉴别的土样从表中颗粒最粗类别逐级查时，当首先符合某一类土的条件时，即按该类土定名。

表 4-6 **一般黏土类鉴别法**

鉴别方法	用手搓时的感觉	湿土搓条情况	湿润时用刀切	天然土浸于水中	黏着程度	干燥后的强度
黏土	湿土用手捏摸有滑腻感觉，当水分较大时极为黏手，但感觉不到有颗粒存在	能搓成小于0.5mm的土条（长度至少不短于手掌），手持一端不致断裂	有明显的光滑面，对刀刃有黏滞阻力，切面非常规则	呈现一块滑腻的胶体，不易分散，土块表面的颗粒有少量分散，在水中呈悬浮状态，使水浑浊，且不能辨别出颗粒的存在	湿土极易黏着物体（包括金属与玻璃等），干燥后不易剥去，用水反复洗才能去掉	强度很大，呈现硬固体类，似陶器碎片，用力锤击方可打碎（用手不能折碎），其断口有棱角尖锐刺手
粉质黏土（重的）	仔细捏摸时感觉有极少的细颗粒存在，滑腻感觉比黏土差	能搓成小于0.5～1.0mm的土条（长度至少5cm），手持一端仍不断裂	有光滑面，切面规则	呈现一块胶体，不易分散，用力搅拌后，部分分散，使水浑浊，仔细观察偶能辨别出个别颗粒	易黏着物体（包括金属等），干燥后较黏土易于剥掉	强度较黏土小，用锤击散成块状，也有棱角，用手指很难压碎，但折断较易，断口有棱角，但不刺手
粉质黏土（中的）	仔细捏摸感觉有少量细颗粒，无滑腻感觉，仅有稍黏滞感觉	能搓成小于1～2mm的土条（长度较小），手持一端常会断裂	无光滑面，但切面仍平整	起步黏聚一起，但经历少许时间后略加搅拌即大部分分散，分散颗粒在水中有一部分可辨认	尚能黏着物体，但易于剥掉	强度较黏土更小，锤击时成很多小块，稍有棱角，但较平钝，用手可以拧断
粉质黏土（轻的）	容易感觉到有颗粒存在，且数量较多，但仍然有黏滞感觉	能搓成3mm的土条（长度较小），手持一端常会断裂	切面稍显粗糙	本来黏聚一起，但搅拌后即行分散，分散颗粒在水中大部分可以辨认	常不能黏着物体（除非有很多粗糙面的东西）	强度更差，锤击时有粉末出现，用手拧折易破碎，可用指压捏一部分成粉末

注 1. 这里的鉴别方法与标准很多是基于几种土相互比较的，故当某地区仅有一两种土质出现时，应该使用全部方法，从多方面加以验证，以求准确。

2. 这里的鉴别标准是指一般的正常土质（为黄、褐二色的混合颜色），至于含有特殊部分，如有机物质（呈黑灰色）等时，除以这些方法鉴别外，还应考虑其是否符合特殊土质的条件（详见表4-8）。

表 4-7 **新近沉积黏性土鉴别法**

沉积环境	颜　色	结构性	含有物
河滩及部分山前洪冲积扇（锥）的表层，古河道及已填塞的湖塘沟谷及河道泛滥区	颜色较深而暗，呈褐栗、暗黄或灰色，含有机物较多时呈灰黑色	结构性差，用手扰动原状土样进极易显著变软，塑性较低的土还有振动液化现象	在完整的剖视面中找不到淋滤或蒸发作用形成的粒状结核本，但可含有一定磨圆度的外来钙质结构体（如姜结石）及贝壳等。在城镇附近可能含有少量碎砖、瓦片、陶瓷及铜币、朽木等人类活动的遗物

表 4-8　**特殊土的鉴别法**

鉴别方法	灰砖填土	淤泥质土	黄土类土	腐植土
观察颜色	灰黑色	灰黑色	黄、褐二色的混合色	深灰或黑色
夹杂物质	砖瓦碎片、垃圾炉灰等	池沼中半腐朽的细小的动植物遗体，如草根小螺壳等	有白色的粉末出现在纹理之中	半腐朽的动植物遗体或其他污染物质（粪便等）
形　状（构造）	夹杂物质显露于外，构造无规律	夹杂物经仔细观察可以发觉，构造常呈层状，但有时不明显	夹杂物质常清晰显见，构造上有垂直大孔（肉眼可见），因而也有垂直纹理，在黄土地带常出现垂直陡壁，屹立不动	夹杂物质有时可见，构造无规律
浸入水中的现　象	浸水后大部分物质变为稀软的污泥，其余部分则为砖瓦炉灰渣在水中单独出现	由于淤泥质土在天然状态下的水分就很大，故在浸水后外观无显著变化，在水面出现气泡	浸水后即行崩散，而分成散的颗粒集团，在水面上出现很多白色液体	浸水后大部分物质变为稀软的污泥，其余部分为植物根、动物残体渣悬浮于水中
湿土搓条情　况	一般情况下能搓成3mm的土条，但容易断裂，遇有灰砖杂质甚多时，即不能搓条	一般淤泥质土接近中轻砂质黏土，故能搓成3mm的土条（长度至少3mm），容易断裂	搓条情况与正常的粉质黏土类似	一般情况下能搓成1～3mm的土条，但当动植物残渣甚多时，仅能搓成3mm以上的土条
干燥后的强　度	干燥后部分杂质脱落，故无定形，稍微施加压力即行破碎	一般淤泥土干燥后体积显著收缩，强度不大，锤击时呈粉末，用手指能捻散	一般黄土相当于重、中粉质黏土干燥后的强度	干燥大量收缩，部分杂质脱落，故有时无定形

表 4-9　**土的潮湿程度鉴别**

土的潮湿程度	鉴　别　方　法
稍 湿 的	经过扰动的土不易捏成团，易碎成粉末，放在手中不湿手，但感觉凉，而且觉得是湿土
很 湿 的	经过扰动的土能捏成各种形状，放在手中会湿手，在土面上滴水能慢慢渗入土中
饱 和 的	滴水不能渗入土中，可以看出孔隙中的水发亮

表 4-10　**黏性土的稠度鉴别**

稠度状态	鉴　别　特　征
坚　硬	人工小钻钻探时很费力，几乎钻不进去，钻头取出的土样用手捏不动，加力不能使土变形，只能破裂
硬　塑	人工小钻钻探时较费力，钻头取出的土样用手指捏时，要用较大的力才略有变形并即碎散

续表

稠度状态	鉴 别 特 征
可 塑	钻头取出的土样，手指用力不大就能按入土中。土可捏成各种形状
软 塑	可以把土捏成各种形状，手指按入土中毫不费力，钻头取出的土样还能成形
流 塑	钻进很容易，钻头不易取出土样，取出的土已不能成形，放在手中也不易成块

第五节 地 下 水

在地基勘察中，除了对土层的性质、分布情况进行描述外，对地下水埋藏条件、地下水位变化幅度，以及它对基础材料的侵蚀性，亦应查明并做出评价。

一、地下水的埋藏条件

地下水按其埋藏条件可分为以下3种类型，如图4-3所示。

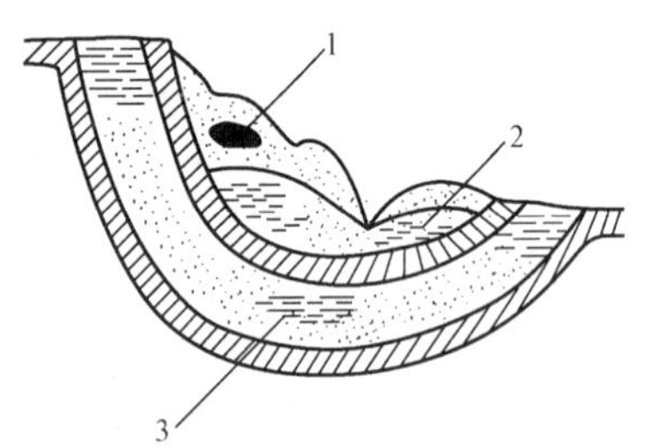

图4-3 不同类型地下水埋藏示意图
1—上层滞水；2—潜水；3—层间水

1. 上层滞水

上层滞水是当地表面的水在渗入土层过程中，被阻隔在局部隔水透镜体的上部，且具有自由水面的地下水。它的分布范围有限，随季节变化，来源主要是大气降水。

2. 潜水

潜水是埋藏在地表下第一个隔水层上具有自由水面的重力水。潜水由地表面雨雪水渗透或河流渗入土中得到补给，它的分布与气候条件有关，在丰水期潜水水位上升，枯水期潜水水位下降。潜水由高处向低处流动。

3. 层间水

层间水是埋藏在两个隔水层之间的地下水，当它完全充满两隔水层之间且自由水面时，则称为层间承压水，当两隔水层之间未充满地下水，而具有自由水面时，则称无压层间水。层间水受局部气候影响不明显。

二、地下水位及其变化幅度

在进行地基勘察时，要查明地下水的实测水位和历年最高水位。

实测水位是指勘察时实测稳定地下水位。而历年最高水位是根据多年地下水位观测记录曲线确定的极大值。该曲线的极大值和极小值之差是水位变化幅度。

地下水位的变化幅度是确定基础设计方案、施工方案的重要依据。当地下水在基础底面以下压缩层范围内发生变化，可能直接影响工程的安全。若地下水位在压缩层范围内上升，能浸湿和软化岩土，从而使地基的强度降低，压缩性增大，使建筑物产生过大沉降，当土质不均匀时可引起不均匀沉降。若地下水水位在压缩层范围内下降，能增加土的自重应力，引起基础的附加沉降。而当地下水位的升降只是在基础底面以上某一范围内变化时，对地基、基础影响不大。

三、地下水的侵蚀性

由于岩土自身成分和环境污染原因，使地下水中含有许多有害化学成分，当有害化学成分含量超过一定限度时，地下水就会对基础材料有侵蚀作用，危害建筑物、构筑物的基础。

第六节 岩土工程勘察报告及其应用

一、岩土工程勘察报告的内容

岩土工程勘察结果是以报告书的形式提出的，岩土工程勘察报告是指在原始资料的基础上进行整理、归纳、统计、分析、评价，提出工程建议，形成系统的为工程建设服务的勘察技术文件。报告由图表和文字阐述两部分组成，其中的图表部分给出场地的地层分布、岩土原位测试和室内试验的数据；文字阐述部分给出分析、评价和建议。

岩土工程勘察报告是给设计单位和施工单位提供依据的，其内容应以满足设计与施工的要求为原则，根据任务要求、勘察阶段、工程特点和地质条件等具体情况编写，并应包括下列内容。

1. 文字阐述部分

（1）勘察的目的、任务要求和依据的技术标准。

（2）拟建工程概况。

（3）勘察方法和勘察工作布置。

（4）场地地形、地貌、地层、地质构造、岩土性质及其均匀性。

（5）各项岩土性质指标、岩土的强度参数、变形参数、地基承载力的建议值。

（6）地下水埋藏情况、类型、水位及其变化。

（7）土和水对建筑材料的腐蚀性。

（8）对可能影响工程稳定的不良地质作用的描述和对工程危害的评价。

（9）场地稳定性和适宜性的评价。

2. 图表部分

（1）勘探点平面布置图。在建筑场地的平面图上，先画出拟建工程的位置，再将钻孔、试坑、原位测试点等各类勘探点的位置用不同的图例标出，给以编号，注明各类勘探点的地面标高和探深，并且标明勘探剖面图的剖切位置。

（2）工程地质柱状图。根据现场钻探或井探记录、原位测试和室内试验结果整理出来的，用一定比例尺、图例和符号绘制的某一勘探点地层的竖向分布图。图中自上而下对地层编号，标出各地层的土类名称、地质时代、成因类型、层面及层底深度、地下水位、取样位置。柱状图上可附有的主要物理力学性质指标及某些试验曲线。

（3）工程地质剖面图。根据勘察结果，用一定比例尺（水平方向和竖直方向可采用不同的比例尺）、图例和符号绘制的，某一勘探线的地层竖向剖面图，勘探线的布置应与主要地貌单元或地质构造相垂直，或与拟建工程轴线一致。

（4）原位测试成果图表。由原位测试成果汇总列表，绘制原位测试曲线。

（5）室内试验成果图表。各类工程均为室内试验测定土的分类指标和物理及力学性指标，将试验结果汇总列表，并绘制试验曲线。

二、岩土工程勘察报告实例

岩土工程勘察报告书

工程名称：东风街住宅　　工程编号：2005-DH18

委托单位：某省广电局　　勘察单位：某省勘察院

（一）勘察目的、任务要求和依据的技术标准

（1）勘察目的。为某省广电局东风街住宅工程的施工图设计和施工，提供建筑场地及地基的工程地质和水文地质条件。

（2）任务要求。按工程建设详细勘察阶段的要求，精心勘察，提供资料完整评价正确的岩土工程勘察报告书。

（3）依据的技术规范。《岩土工程勘察规范》（GB 50021—2001）；《建筑地基基础设计规范》（GB 50007—2002）；《建筑抗震设计规范》GB 50011—2001）；《地基基础工程施工质量验收规范》（GB 50202—2002）等。

（二）工程概况

建筑物性质：住宅楼；结构类型为砖混结构；层数为地上 6 层、地下 1 层；建筑面积：$1930m^2$。

（三）勘察日期、方法和工作量

勘察日期：2005 年 5 月 5 日～8 日。勘察方法以 DPP-100 型钻机现场钻探，钻孔：2 个；总进尺：26m；取样：14 筒；进行室内土工试验。

（四）场地的地形、地貌、地质条件

勘察地段地形平坦，钻孔地表高差仅为 0.30m。地貌单元为松花江漫滩；地层沉积成因除表层复杂填土外，其余均为第四纪冲击土，土层由上至下分述如下：

第一层为杂填土：含有碎砖、炉渣等，厚度为 1.20～1.50m，$\gamma=17kN/m^3$。

第二层为粉质黏土：黑褐色～黄褐色；埋深 1.20～1.50m，厚度 1.60～2.20m；物理及力学指标为 $\gamma=18.1kN/m^3$；$\omega=28.6\%$；$e=0.806$、$I_L=0.554$；$E_{s1-2}=14.8MPa$；$f_{ak}=150kPa$。

第三层为粉质黏土与粉砂交互层：灰黄色，以粉质黏土为主，含有粉砂薄层；埋深 3.10～3.40m，厚度 2.80～3.00m；粉质黏土的物理及力学指标为：$\gamma=19.1kN/m^3$；$\omega=24.10\%$；$e=0.700$、$I_L=0.408$；$E_{s1-2}=15.8MPa$；$f_{ak}=150kPa$。

第四层为细砂：灰色；埋深 6.10～6.20m，厚度 6.00～6.10m；中密饱和状态；$E_{s1-2}=25.1MPa$；$f_{ak}=165kPa$。

第五层为中砂：灰色；埋深 12.00～12.10m；中密饱和状态；$E_{s1-2}=35.0MPa$；$f_{ak}=250kPa$。勘探期间见有地下水，地下水位距地表 6.20m（海拔 93.90m），埋藏类型为潜水，无侵蚀性。

（五）结论与建议

（1）本场地的抗震设防烈度为 8 度，地段划分为有利地段，第四层细砂为非液化。

（2）无影响场地稳定的不良地质现象。

（3）本拟建工程两侧近邻存在原有建筑，设计及施工应考虑对周边原有建筑及街路的影响。

（4）本拟建工程设有地下室，建议采用天然地基上的筏形基础。

（六）勘察成果图件

（1）勘探点平面布置图（图 4-4）。

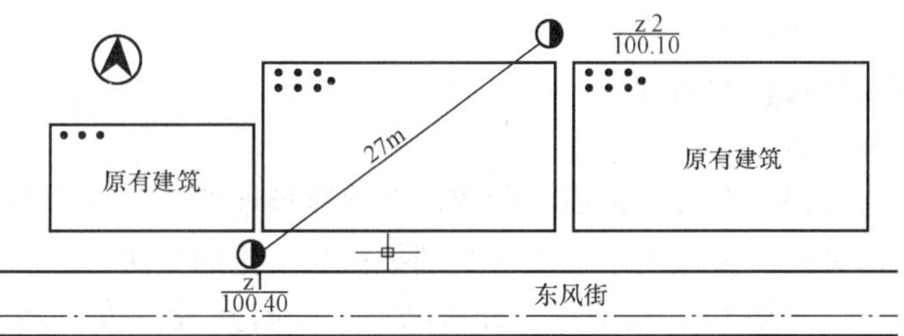

图 4-4　勘探点平面布置图

（2）钻孔柱状图（图 4-5）。

（3）工程地质剖面图（图 4-5）。

工程编号：2005—20；　　勘察日期：2005 年 5 月 5 日~8 日

工程名称：东风街住宅；　　比例尺：1∶100

<table>
<tr><td colspan="3">工程编号</td><td colspan="2">2005—20</td><td colspan="4" rowspan="3">钻孔柱状图</td><td colspan="2">孔口</td><td>100.40M</td></tr>
<tr><td colspan="3">工程名称</td><td colspan="2">东风街住宅</td><td colspan="2"></td><td></td></tr>
<tr><td colspan="3">钻孔编号</td><td colspan="2">z1</td><td colspan="2">钻孔日期</td><td>2005年5月6日</td></tr>
<tr><td>地质年代</td><td>地址编号</td><td>地质资料</td><td>地质名称</td><td>地层剖面</td><td>土层厚度(m)</td><td>土层深度(m)</td><td>各层标高(m)</td><td>地下水位(m)</td><td>稠度和密度</td><td>湿度</td><td>地层描述</td></tr>
<tr><td rowspan="5">第四纪(Q4)</td><td>1</td><td rowspan="5">冲击土Q4</td><td>杂填土</td><td></td><td>1.50</td><td>1.50</td><td>98.90</td><td></td><td></td><td></td><td>碎砖、炉渣等</td></tr>
<tr><td>2</td><td>粉质黏土</td><td></td><td>1.60</td><td>3.10</td><td>97.30</td><td></td><td>可塑</td><td>稍湿</td><td>黄褐色、含氧化铁</td></tr>
<tr><td>3</td><td>粉质黏土与粉砂</td><td></td><td>3.00</td><td>6.10</td><td>94.30</td><td></td><td>可塑
软塑
稍密</td><td>稍湿</td><td>灰黄色...粉质黏土含氧化铁质</td></tr>
<tr><td>4</td><td>细砂</td><td></td><td>6.00</td><td>12.10</td><td>88.30</td><td>−6.10
94.30</td><td>稍密</td><td>饱和</td><td>灰色</td></tr>
<tr><td>5</td><td>中砂</td><td></td><td>1.30</td><td>13.40</td><td>87.00</td><td></td><td>中密</td><td>饱和</td><td>灰色</td></tr>
</table>

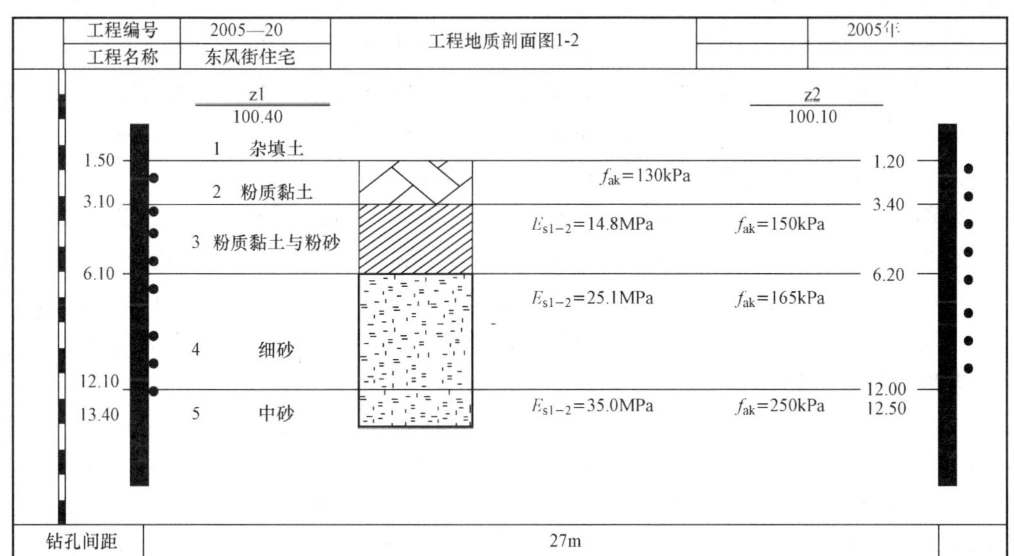

图 4-5　钻孔柱状图和工程地质剖面图

（4）室内土工试验成果表（略）。

三、岩土工程勘察报告的阅读和应用

（一）勘察报告的阅读

首先要细致地通读报告全文，读懂、读透，对建筑场地的工程地质和水文地质条件要有一个全面的认识，切忌只注重土的承载力等个别数据和结论的做法。

（1）根据工程设计阶段和工程特点，分析勘察工作特点及深度、勘探点布置、钻孔数量、钻探、取样、原位测试和室内试验是否符合《岩土工程勘察规范》（GB 50021－2001）规定；所提供的计算参数是否满足设计和施工的要求；勘察结论与建议是否对拟建工程具有针对性和关键性；有质疑可与勘察单位沟通，必要时向建设单位（或业主）申请补充勘察。

（2）注意场地内及附近地区有无潜在的不良地质现象，如地震、滑坡、泥石流、岩溶等。

（3）注意场地的地形变化，如高低起伏，局部凹陷、地面坡度等。

（4）相邻钻孔之间的土层分界是根据钻孔中采取的土样状推测出来的，当土层分布比较复杂，钻孔间距又较大时，可能与实际不符，设计与施工的技术人员对此应有足够的估计。注意土层厚度是否比较均匀，每一土层的物理及力学指标差异是否悬殊；尖灭层的坡度，有无透镜体夹层等。

（5）注意地下水的埋藏条件，水位、水质，是否与附近的地表水有联系，同时要注意勘察时间是在丰水季节还是枯水季节，水位有无升降的可能及升降的幅度。

（6）注意报告中的结论和建议对拟建工程的适用及正确程度。从地基的强度和变形两个方面，对持力层的选择、基础类型及与上部结构共同工作进行综合考虑。

（二）勘察报告的使用

建筑设计是以充分阅读和分析建筑场地的岩土工程勘察报告为前提的。建筑施工要实现建筑设计，一方面要深刻地理解设计意图；另一方面也必须充分阅读和分析勘察报告，正确应用勘察报告，针对工程项目的施工图纸，制订切实可行的建筑地基基础施工组织设计，对施工期间可能发生的岩土工程问题进行预测，提出监控、防范和解决问题的施工技术措施。

为了充分发挥勘察报告在设计和施工工作中的作用，必须重视对勘察报告的阅读和使用。熟悉勘察报告的主要内容，了解勘察结论和计算指标的可靠程度，从而判断报告中的建议对该项工程的适用性。在设计和施工时需要把场地和工程地质条件与拟建建筑物具体情况和要求联系起来进行综合分析，既要根据场地工程地质条件因地制宜，也要发挥主观能动性，充分地利用工程地质条件，采取效益较好的方案。

在阅读和使用勘察报告时，应该注意所提供的数据的可靠性。有时由于勘察的详细程度有限，以及勘探方法本身的局限性，勘察报告不可能充分或准确反映场地的主要特征，或者在测试工作中，由于现场取样、长途运输、试验操作等过程中出现误差或失误，所以应该注意分析发现问题，并对有疑问的关键问题设法进一步查清，以便不出差错，发掘地基潜力并确保工程质量。

1. 场地的稳定性评价

首先是根据勘察报告所提供的场地所在区域的地震烈度，场地按震害影响的类别，建筑地段按震害影响的类别，对饱和砂土和粉土地基的液化等级进行分析和评价；其次是根据勘察报告所提供的场地有无不良地质作用，例如岩溶、滑坡、危害崩塌、泥石流等潜在的地质灾害进行分析评价；对地震设防区域的建筑，必须按《建筑抗震设计规范》（GB 50011—2001）进行抗震设计，在施工中按施工图施工，保证工程质量；在不良地质现象发育、对场地稳定性有直接或潜在危害的，必须在设计与施工中采取可靠措施，防患于未然。

2. 地基地层的均匀性评价

施工的难与易，地基承载力高低和压缩性大小对建筑地基基础设计的影响，远不及地基土层均匀性的影响；从工程实践分析，造成上部结构梁柱节点开裂、墙体裂缝的原因，主要是由于地基的不均匀变形所致，而地基不均匀变形的原因，就地基条件而言即是地基土层的不均匀性，因此当地基中存在杂填土、软弱夹层及尖灭层，或各天然土层的厚度在平面分布上差异较大时，在地基基础设计与施工中，必须注意不均匀沉降的问题。

3. 地基中地下水的评价

当地基中存在地下水，且基础埋深低于地下水位时，对地基基础的设计与施工十分不利。地下水位以下的土方开挖及浅基础施工要求干作业施工条件，为此要考虑人工降低水位。采用明排水要考虑是否产生流沙；大幅度降水会导致周边原有建筑附加沉降和地表沉陷，为此要考虑是否设置挡水帷幕或回灌等技术措施。同时，基础设计要考虑地下水是否有腐蚀性，整体性空腹基础要考虑防水和抗浮等设计与施工技术措施。

4. 地基持力层的选择

建筑地基持力层选择的主要影响因素，首先是建筑设计是否有地下室，然后是地基土层的承载力和压缩性，在保证建筑安全稳定和满足建筑使用功能的前提下，天然地基上的浅基础设计，尤其是当地基中存在软弱下卧层的情况，持力层的选择宜使基础尽量浅埋。深基础持力层的选择主要是坚实的土层，不要过分在意该土层的深度，桩尖或地下边续墙底部以下应有 5 倍以上桩径或地下连续墙厚度的坚实土层；地基变形特征由设计计算控制，同时辅以加强基础及上部结构刚度。

5. 地基基础施工的环境效应影响

工程建设中大挖大填、卸载加载、排水蓄水等施工活动，在不同程度上干扰了建筑物场地原有的平衡状态，如果控制不利，对工程及其周边建筑产生危害；建筑地基基础施工直接或间接地要对周边环境产生影响，因此在分析、研究建筑场地的岩土工程勘察报告和施工方案时，要论证、评价建筑地基基础施工方案的环境效应影响。

第七节　验　　槽

验槽为基础施工现场基槽检验的简称。

一、天然地基浅基础验槽要点

对于天然土层为地基持力层的浅基础，基槽检验工作应包括下列内容。

（1）应做好验槽准备工作，熟悉勘察报告，了解拟建建筑物的类型和特点，研究基础设计图纸及环境监测资料。当遇有下列情况时，应列为验槽的重点：

1）当持力土层的顶面标高有较大的起伏变化时；

2）基础范围内存在两种以上不同成因类型的地层时；

3）基础范围内存在局部异常土质或坑穴、古井、老地基或古迹遗址时；

4）基础范围内遇有断层破碎带、软弱岩脉以及废河、湖、沟、坑等不良地质条件时；

5）在雨季或冬季等不良气候条件下施工，基底土质可能受到影响时。

（2）验槽应首先核对基槽的施工位置。平面尺寸和槽底标高的允许误差，可视具体的工程情况和基础类型确定。

验槽方法宜使用袖珍贯入仪等简便易行的方法为主，必要时可在槽底普遍进行轻便钎探，当持力层下埋藏有下卧砂层而承压水头高于基底时，则不宜进行钎探，以免造成涌砂。当施工揭露的岩土条件与勘察报告有较大差别或者验槽人员认为必要时，可有针对性地进行补充勘察工作。

(3) 基槽检验报告是岩土工程的重要技术档案，应做到资料齐全，及时归档。

二、观察验槽

首先，根据槽断面土层分布情况及走向，而后初步判明全部基底是否已挖至设计要求的土层，如图4-6所示。

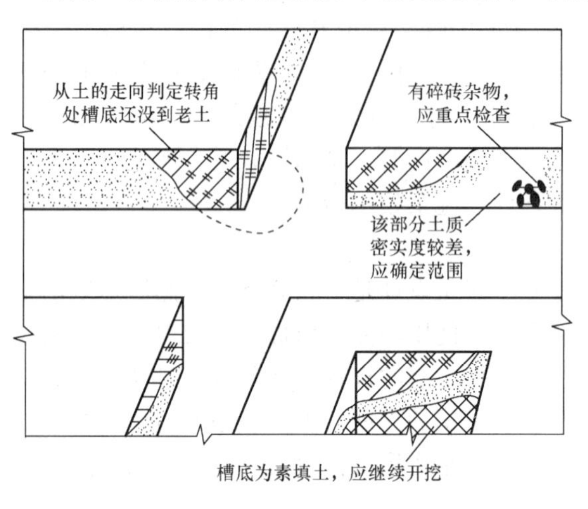

图4-6 基槽土质变化情况

其次，检查槽底，检查时应观察刚开挖的未受扰动的土的结构、孔隙、湿度、含有物等，确定是否为原设计所提出的持力层土质。为了使检验工作具有代表性和保证重点结构部位的地基土符合设计要求，验槽时应特别注意柱基、墙角、承重墙下或其他受力较大的部位。凡有异常现象的部位，都应该对其原因和范围调查清楚，以便为地基处理和变更设计提供详尽的资料。

现场初步鉴别土的名称和状态可参照表4-5～表4-10。

验槽虽能比较直观地对槽底进行详细检查，但只能观察基槽表土，而对槽底以下主要受力层范围内土的变化和分布情况，以及局部特殊土质情况，还无法清楚地探明。为此，还应该采用钎探等方法进一步检查。

三、钎探

钎探是将一定长度的钢钎打入槽底土层中根据每打入一定深度的锤击数来判断地基土质情况的一种简易勘探方法。

(一) 钢钎的规格和锤重

钢钎是直径ϕ22～25mm的钢筋制成。钎尖呈60°尖锥状。钢钎长度1.8～2.0m，如图4-7所示。

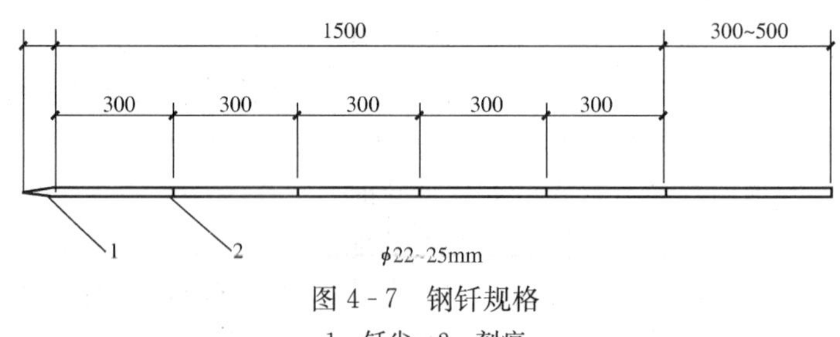

图4-7 钢钎规格
1—钎尖；2—刻痕

锤采用5磅或12磅的手锤。打锤时，举锤离钎顶500～700mm，使锤自由下落，以保持用力一致将钢钎竖直打入土中，并记录每打入土层300mm（通常为一步）的锤击数。

（二）钎孔布置和钎探深度

钎孔布置和深度应根据地基土质的复杂情况、基槽宽度、形状而定。对于土质情况简单的天然地基，钎孔间距和打入深度可参照表4-11选择，对于较软弱的新近沉积的黏性土和人工杂填土地基，钎孔间距不大于1.5m。

表4-11 **钎 孔 布 置**

槽宽	排列方式及图示	间距	钎探深度
小于0.8m	中心一排	1～2m	1.2m
0.8～2m	两排错开	1～2m	1.5m
大于2m	梅花形	1～2m	2.0m
柱基	梅花形	1～2m	＞1.5m并不浅于短边宽度

（三）钎探记录和结果分析

在钎探以前，需绘制基槽平面图，在图上根据要求确定钎探点的平面位置，并依次编号，绘成钎探平面图。钎探时按钎探平面图标定的钎探点顺序进行，并同时记录钎探结果。

当一栋建筑物钎探完成后，要全面地从上到下，逐层分析研究钎探记录，然后逐点进行比较，将锤击数过多或过少的钎孔在钎探平面图上加以标注，以备现场检查。

某工程的钎探记录和钎探平面图见图4-8和表4-12。

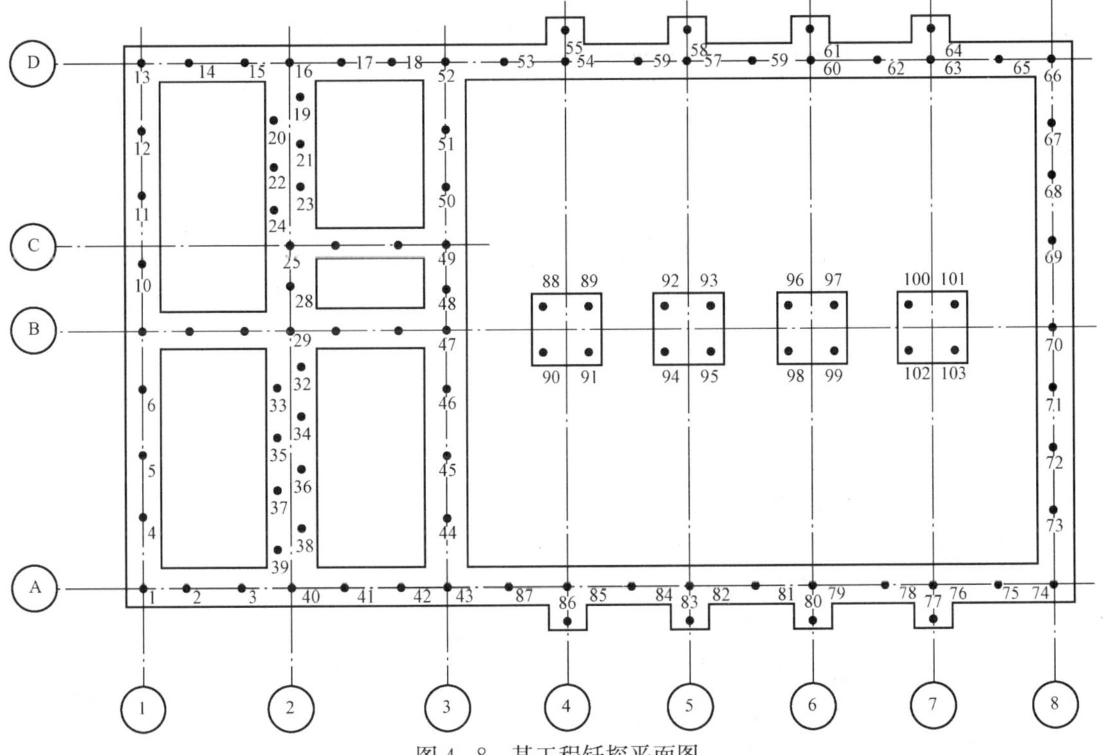

图4-8 某工程钎探平面图

表 4-12 钎探记录表

施工单位＿＿＿＿＿ 单位工程名称＿＿＿＿＿

钎探部位＿＿＿＿＿轴线 槽底标高＿＿＿＿＿

锤重＿＿＿＿＿磅 锤高度＿＿＿＿＿ cm 钎直径＿＿＿＿＿ cm

每步打入深度＿＿＿＿＿ cm 钎探日期＿＿＿＿年＿＿＿＿月＿＿＿＿日

顺序号	钎探步数					顺序号	钎探步数				
	第一步	第二步	第三步	第四步	第五步		第一步	第二步	第三步	第四步	第五步
1	10	14	24	26	26	52	12	18	28	28	31
2	9	15	27	28	31	53	9	17	21	29	28
3	9	13	23	25	29	54	10	14	21	24	29
4	8	16	20	28	27	(55)	7	8	8	11	26
5	11	11	20	22	30	(56)	7	9	8	15	29
(6)	5	7	7	9	7	(57)	8	6	7	19	29
7	10	15	22	23	24	53	12	13	23	29	32
8	11	17	27	27	30	…					
9	7	14	23	29	29	…					
10	9	13	23	25	26	95	10	14	22	29	32
11	12	14	25	29	32	96	12	13	21	28	35
12	10	13	22	30	30	97	12	15	29	30	36
(13)	9	4	6	6	27	98	11	16	24	28	32
14						(99)	4	13	25	25	30
15						(100)	3	17	26	29	29
…						101	12	19	22	26	29
…						102	13	18	27	29	31

施工负责人＿＿＿＿＿施工班＿＿＿＿＿记录人＿＿＿＿＿

小　结

了解工程地质勘察是基本建设程序中一个重要的环节，熟悉勘察的目的和要求，掌握常用的勘探方法，重点学习工程地质勘察报告的内容、阅读及使用，重点掌握验槽的方法及要求。

习　题

1. 工程地质勘察的目的是什么？
2. 工程地质勘察分哪几个阶段？每个阶段的任务是什么？
3. 常用的勘探方法有哪些？动力触探分几类？其要点是什么？
4. 地下水按埋藏条件不同可分为哪几类？何为实测水位？何为最高水位？
5. 工程地质勘察报告有哪些内容？
6. 验槽的目的是什么？如何进行验槽？
7. 简述观察验槽的步骤和方法。

8. 什么是钎探？钎探时，同一建筑场地可以采用不同重的锤吗？为什么？

训 练 题

1. 阅读一份当地的工程勘察报告，熟悉图中各符号图例的意义，根据地质条件，由实际结构形式或自我假定结构形式确定持力层，并讲明理由。

2. 参加当地一栋建筑物的验槽工作，学会实际操作方法。

第五章　土压力与边坡稳定

掌握：三种土压力的计算方法，重力式挡土墙设计原理。

熟悉：三种土压力的概念、产生的条件、计算原理，土坡稳定分析方法。

了解：不同情况下土压力的概念，朗肯土压力理论和库仑土压力理论。

学习目的：通过本章学习能对一般情况下土压力进行合理分析和正确计算。

能力培养：具备应用静止土压力、主动土压力的计算方法应用于工程实际的能力，如设计重力式挡土墙，学会简化计算各种情况下的土压力；具备土坡稳定性判断的能力。

第一节　概　　述

一、土压力的类型

挡土墙（或挡土结构）是防止土体坍塌的构筑物，在房屋建筑、水利、铁路工程以及桥梁中得到广泛应用，土压力是指挡土墙后的填土因自重或外荷载作用对墙背产生的侧向压力。由于土压力是挡土墙的主要外荷载，因此，设计挡土墙时首先要确定土压力的性质、大小、方向和作用点。土压力的计算是个比较复杂的问题。它随挡土墙可能位移的方向分为主动土压力、被动土压力和静止土压力，如图 5-1、图 5-2、图 5-3 所示。

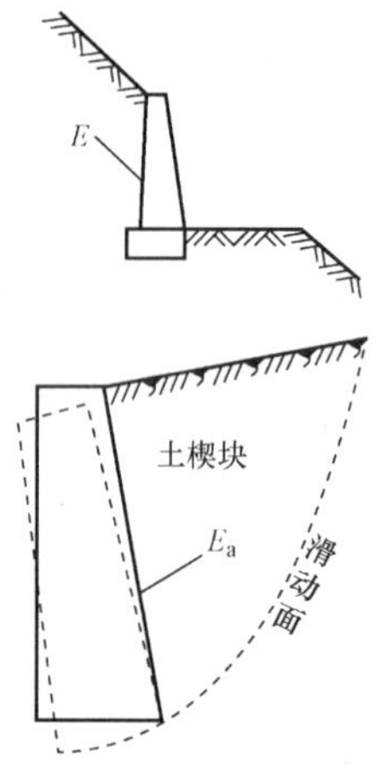

图 5-1　主动土压力

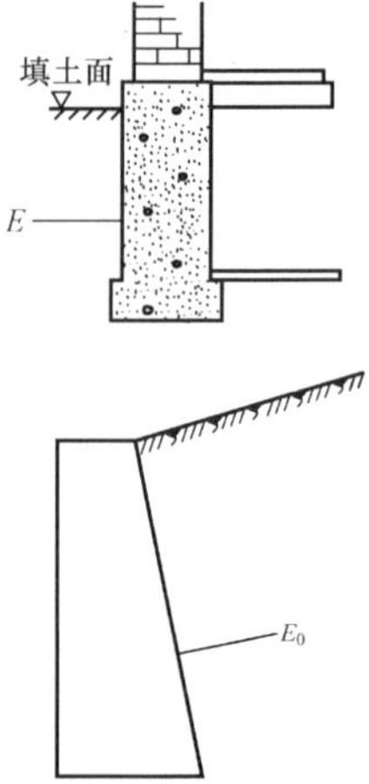

图 5-2　静止土压力

土压力的大小还与墙后填土的性质、墙背和填土面的倾斜方向等因素有关。

土压力
- 静止土压力——墙不动（如地下室侧墙）
- 主动土压力——土推墙（如重力式挡土墙等常用挡土墙）
- 被动土压力——墙推土（如桥台）

1. 静止土压力

挡土墙在土压力作用下不发生任何变形和位移（移动或转动），墙后填土处于弹性平衡状态，作用在挡土墙背的土压力称为静止土压力。

2. 主动土压力

挡土墙在土压力作用下离开土体向前位移（$-\delta$）或转动时，由于墙底以下的土有摩擦作用，不可能在整个填土中都达到极限平衡状态，墙后土体向墙一侧伸展，土压力从静止土压力值逐渐减少。当位移至一定数值时，墙后滑动土楔块范围内土体达到主动极限平衡状态（填土出现滑移面，滑动土楔块即将向下向前滑动）。此时，作用在墙背的土压力减少到最小，称为主动土压力。大多数挡土墙按主动土压力计算。图5-4是墙体位移与土压力的关系。

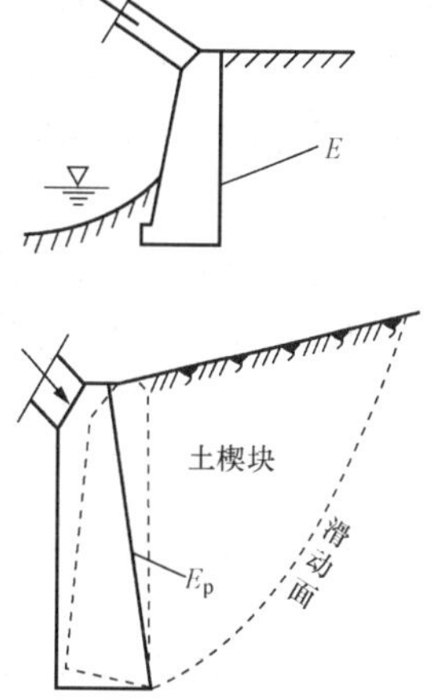

图5-3　被动土压力

3. 被动土压力

挡土墙在外力作用下推挤土体向后位移时（$+\delta$），作用在墙上的静止土压力值逐渐增大。当位移至一定数值时，墙后土体达到被动极限平衡状态（填土出现滑移面，滑动土楔块即将向上向后推出）。此时，作用在墙上的土压力增至最大值，称为被动土压力。

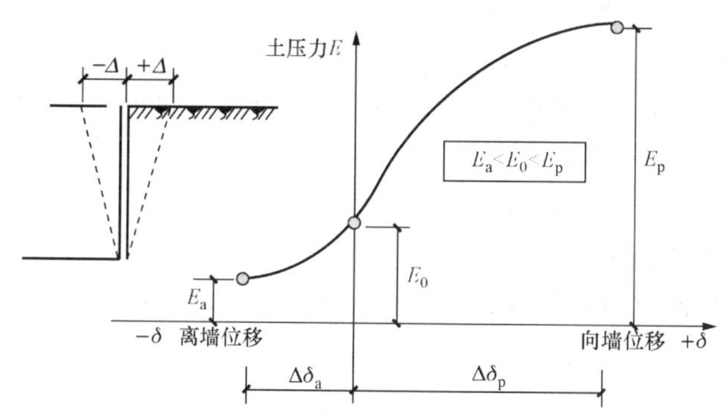

图5-4　墙体位移与土压力的关系

研究表明：在相同条件下，静止土压力大于主动土压力而小于被动土压力，即 $E_p > E_0 > E_a$。产生被动土压力时所需的位移量远远大于产生主动土压力时所需的位移量。

实际工程中应根据挡土结构的工作条件，主要是墙身的位移情况，决定采用哪种土压力作为计算依据。一般边坡挡墙在墙后填土的作用和地基变形，总要转动或向前移动，设计时多按主动土压力计算。拱桥桥台所承受的土压力从性质上讲是被动土压力，但如前所述，达到被动土压力时挡土墙将要产生较大的位移，而这样大的位移一般建筑物是不允许的，因此往往按主动土压力或被动土压力的某以百分数（30%～50%）来考虑。地下室墙的位移情况视其刚度和埋置深度而定，一般来说，地下室墙埋得较深，墙身刚度较大，还有刚性地板得侧向支撑，因而不可能有位移，可按静止土压力计算。

二、静止土压力

1. 产生的条件

墙体静止不动，墙后土体因墙背的侧限作用处于静止的弹性平衡状态时，此时作用于墙背上的土压力即为静止土压力。

2. 计算公式

作用在挡土结构物背面上的静止土压力可视为天然土层自重应力的水平分量，土在自重应力作用下，半空间弹性变形体无侧向变形时的水平侧压力。

如图5-5所示，在墙后填土体中任意深度z处取一微小单元体，作用于单元体水平面上的应力为γz，则该点的静止土压力，即侧压力强度为

$$\sigma_x = K_0 \gamma z \tag{5-1}$$

式中 γ——墙背填土的重度；

K_0——土的侧压力系数即静止土压力系数。与土的性质、密实程度等有关。对于砂土$K_0=0.36\sim0.40$，黏性土$K_0=0.6\sim0.7$。

静止土压力系数的确定方法：
- 可靠方法——通过实验测定
- 经验公式——$K_0=1-\sin\varphi$（适用于砂土）
- 直接采用经验值

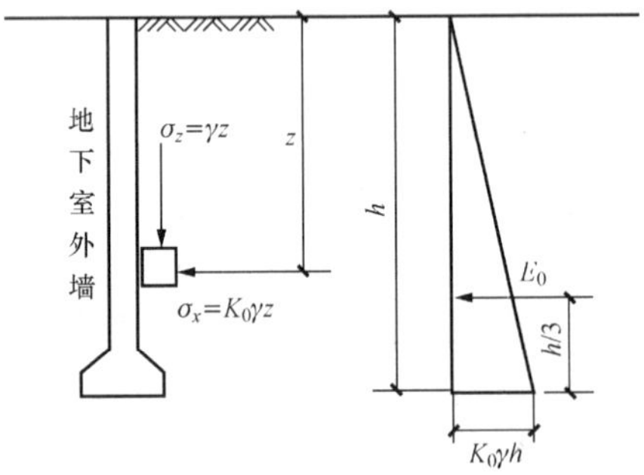

由（5-1）可知，静止土压力沿墙高为三角形分布，如图5-5所示，取单位墙长计算，则作用在墙上的静止土压力（静止土压力分布图面积，由土压力强度沿墙高积分得到）为

$$E_0 = \frac{1}{2} K_0 \gamma h^2 (\text{kN/m}) \tag{5-2}$$

式中 K_0——静止土压力系数，$0 \leqslant K_0 \leqslant 1$；

H——挡土墙高度，m。

土压力作用点距墙底$h/3$处，为静止土压力三角形分布的重心。

图5-5 静止土压力计算图

静止土压力的工程应用：
- 地下室、隧道、涵洞等侧墙
- 岩基挡土墙
- 拱座（没有位移）
- 水闸、船闸边墙（与闸底边连成整体）

第二节 朗肯土压力理论

一、极限平衡状态

朗肯土压力理论是根据土体在半空间极限应力状态下由平衡条件得出的土压力计算方法。分析时假设：

（1）墙背填土水平；

（2）墙背垂直于填土面；

（3）墙背光滑。

根据朗肯理论假设条件可知，由于墙背与填土之间没有摩擦力，土体的竖直面和水平面均没有剪应力，即为主应力面。水平面与垂直面上的正应力为大小主应力。竖直方向的应力即为土的竖向自重应力，也是大主应力（σ_z）。若挡土墙没有发生位移和转动，此时水平向的应力即为土的侧向自重应力，即静止土压力。

若挡土墙离开土体向前发生位移和转动，此时水平向的应力减小，而大主应力（σ_z）不变，当挡土墙填土达到极限状态形成滑移面时，作用于墙背的小主应力（σ_x）达到最低限，

就是主动土压力，此时则称为主动朗肯状态。由于墙背处任一点的大小主应力方向相同，故破裂面（滑移面）为平面，且与水平面（大主应力面）成 $\alpha=45°+\varphi/2$ 的角度。

若挡土墙向挤压土体的方向移动，侧向水平的应力增加，其数值超过竖向应力时，水平向应力（σ_x）达到最高限，成为大主应力。而 σ_z 成为小主应力。当挡土墙填土达到极限状态形成滑移面时，作用于墙背的大主应力就是被动土压力，此时则称为被动朗肯状态。破裂面（滑移面）与水平面（小主应力面）成 $\alpha=45°-\varphi/2$ 的角度，图 5-6 是极限平衡状态莫尔圆，图 5-7 是半空间内的单元体。

$$\sigma_1=\sigma_3\tan^2\left(45°+\frac{\varphi}{2}\right)+2c\cdot\tan\left(45°+\frac{\varphi}{2}\right)$$

$$\sigma_3=\sigma_1\tan^2\left(45°-\frac{\varphi}{2}\right)-2c\cdot\tan\left(45°-\frac{\varphi}{2}\right)$$

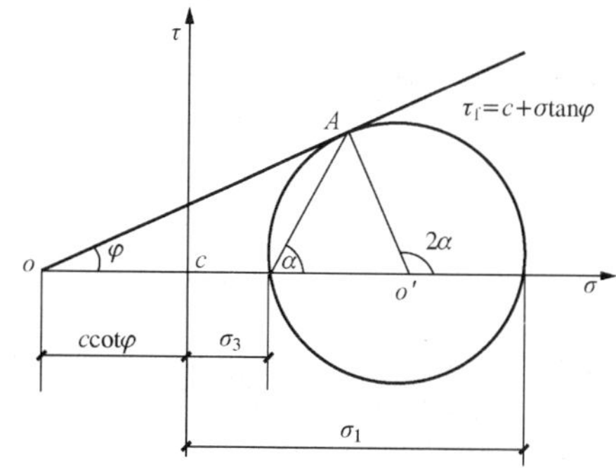

图 5-6　极限平衡状态莫尔圆

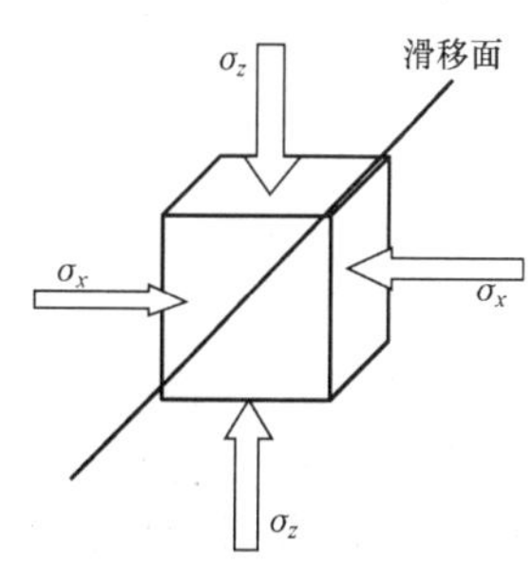

图 5-7　半空间内的单元体

二、主动土压力

1. 原理

（1）墙未开始位移前，墙后土体处于弹性平衡状态。此时土体应力状态为

$$\sigma_1=\sigma_z=\gamma z$$

$$\sigma_3=\sigma_x=K_0\gamma z$$

（2）挡土墙在土压力作用下产生背离土体的位移。此时土体应力状态为

竖向应力不变　$\sigma_1=\sigma_z=\gamma z$

水平应力减少　$\sigma_3=\sigma_x<K_0\gamma z$

（3）当挡土墙位移达到 $-\delta_a$（朗肯主动极限平衡状态）时，此时土体应力状态为

竖向应力不变　$\sigma_1=\sigma_z=\gamma z$

水平应力　$\sigma_3=\sigma_x=\sigma_a$

（4）利用土体极限平衡条件式可得

$$\sigma_3=\sigma_a=\gamma z\tan^2\left(45°-\frac{\varphi}{2}\right)\tag{5-3}$$

2. 无黏性土主动土压力计算

无黏性土土压力强度公式：$\sigma_a=\gamma zK_a$，因为 $c=0$，其分布如图 5-8（b）所示。无黏性土主动土压力强度与 z 成正比，沿墙高呈三角形分布，所以主动土压力为三角形（ABC）分布图面积，如取单位墙长计算，则总主动土压力计算公式为

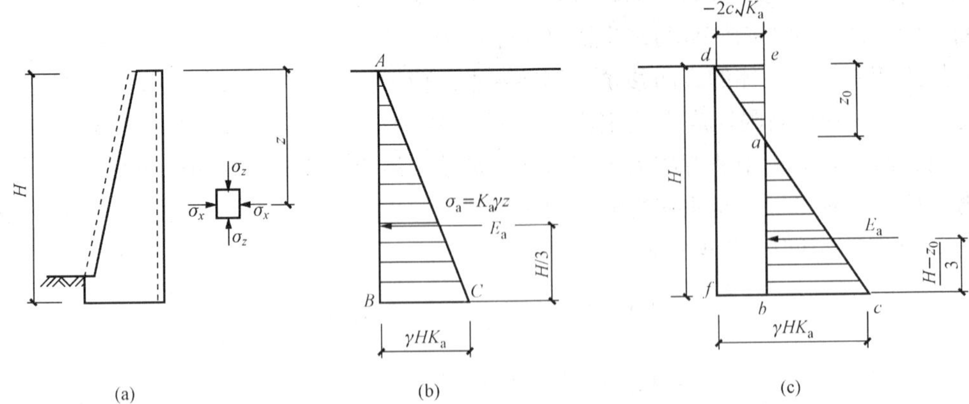

图 5-8 主动土压力分布

（a）主动土压力计算；（b）无黏性土；（c）黏性土

$$E_a=\frac{1}{2}\gamma H^2\tan^2\left(45°-\frac{\varphi}{2}\right) \tag{5-4}$$

或

$$E_a=\frac{1}{2}\gamma H^2K_a \tag{5-5}$$

位于三角形的形心，方向水平。

式中 K_a——朗肯主动土压力系数，$K_a=\tan^2\left(45°-\frac{\varphi}{2}\right)$；

γ——墙后填土厚度，kN/m³，地下水位以下采用浮重度；

H——挡土墙高，m；

Z——计算的点距填土表面的深度，m。

作用点位于三角形分布图底（挡土墙底）1/3 处，即 $h/3$。

当填土表面上有均布荷载 q 时，有两种算法：

（1）图 5-9（a）所示，将均布荷载换算成当量土重，把 q 变换成等效填土高度，然后以填土厚度为（$H+h$）按均质土计算土压力，均布荷载视为由假想的填土 γh 的自重产生的，虚构的填土高度 $h=q/\gamma$。

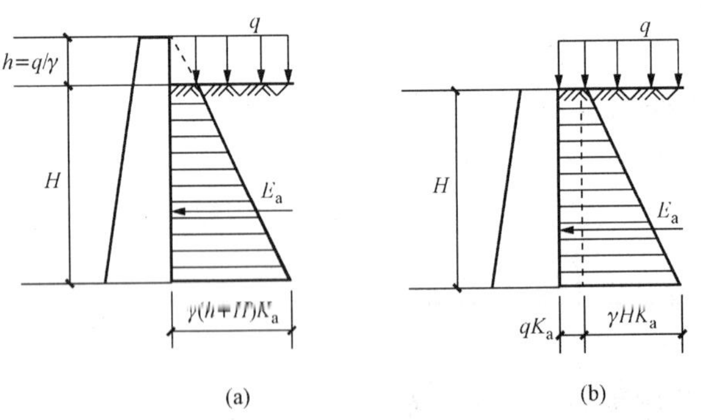

图 5-9 无黏性填土上有均布荷载主动土压力分布

（2）图 5-9（b）所示，主动土压力有两部分组成：一是均布荷载引起的，与深度无关，沿墙高呈矩形分布；一是由土自重引起，与深度呈正比，沿墙高呈三角形分布所示。作用于墙背上的总的主动土压力为梯形分布图的面积，作用在梯形的形心处。

如取单位墙长计算，则总主动土压力计算公式为

$$E_a = \frac{1}{2}\gamma H^2 K_a + qHK_a \tag{5-6}$$

3. 黏性土主动土压力计算

黏性土主动土压力由两部分组成：一部分是由黏聚力 c 引起的土压力 $2c\sqrt{K_a}$，但这部分侧压力为负值，另一部分是由土的自重引起的 γHK_a，这两部分土压力叠加的结果见图 5-8（c）。三角形 abc 为负侧压力，对墙背而言是拉力，由于墙背光滑，实际上墙与土在很小的拉力作用下就会分离。土与墙之间不可能产生拉应力，所以，在 z_0 深度范围内 σ_a 为负值，说明在 z_0 深度范围内，填土对挡土墙不产生土压力。从而造成土压力为零。因此，略去这部分土压力后，实际土压力分布为三角形 abc 的正侧压力

$$\sigma_a = \gamma z \tan^2\left(45° - \frac{\varphi}{2}\right) - 2c \times \tan\left(45° - \frac{\varphi}{2}\right) \tag{5-7}$$

或

$$\sigma_a = \gamma z K_a - 2c\sqrt{K_a} \tag{5-8}$$

a 点离填土面的深度 Z_0 称为临界深度，在填土面无荷载的条件下，可令 $\sigma_a=0$ 求得 Z_0 的值

$$\sigma_a = \gamma z K_a - 2c\sqrt{K_a} = 0$$

故临界深度

$$z = z_0 = \frac{2c}{\gamma\sqrt{K_a}} \tag{5-9}$$

如取单位墙长计算，则总的主动土压力 E_a 为

$$\begin{aligned} E_a &= \frac{1}{2}(H - z_0)(\gamma HK_a - 2c\sqrt{K_a}) \\ &= \frac{1}{2}\gamma H^2 K_a - 2cH\sqrt{K_a} + 2\frac{c^2}{\gamma} \end{aligned} \tag{5-10}$$

位于三角形（abc）的形心，方向水平。

式中　c——填土的黏聚力，kPa；

　　φ——填土的内摩擦角，度；

其余符号同前。

作用点位于三角形 abc 分布图底（挡土墙底）1/3 处，即 $(h-Z_0)/3$。

当填土表面上有均布荷载 q 时，主动土压力由三部分组成：①均布荷载引起的，与深度无关，沿墙高呈矩形分布；②凝聚力 c 引起的，与深度无关，沿墙高呈矩形分布；③土自重引起，与深度呈正比，沿墙高呈三角形分布［图 5-10（b）］。则主动土压力为

$$\sigma_a = \gamma z K_a + qKa - 2c\sqrt{K_a} \tag{5-11}$$

令 $\sigma_a=0$，得

$$z_0 = \frac{2c}{\gamma\sqrt{K_a}} - \frac{q}{\gamma} \tag{5-12}$$

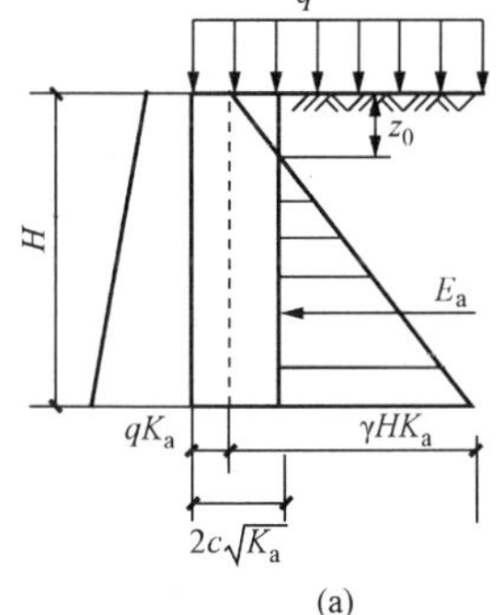

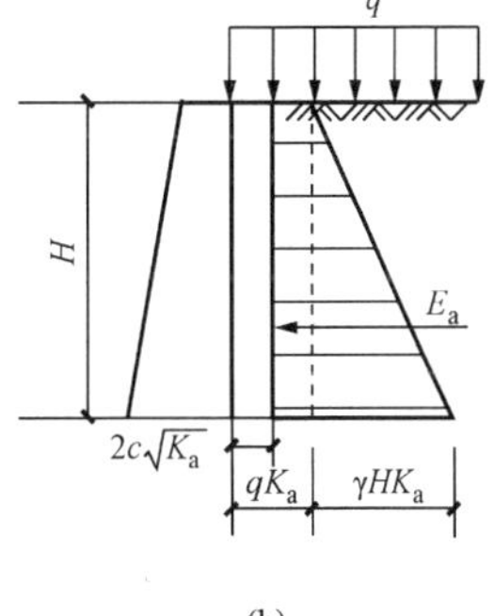

图 5-10　黏性填土上有均布荷载主动土压力分布

由于土不能承受拉力，因此注意两种情况：

（1）$z_0>0$ 时，在 z_0 深度内由凝聚力引起的拉力可消减自重引起的压力，此时作用于墙背的主动土压力为三角形分布，如图 5 - 8（c）和图 5 - 10（a）阴影部分，总的主动土压力为阴影三角形的面积，作用于三角形的形心，总的主动土压力为

$$E_a=\frac{1}{2}(H-z_0)(\gamma HK_a-2c\sqrt{K_a}+qK_a)$$

（2）$z_0<0$ 时，均布荷载引起的土压力使填土中不出现拉力区，此时作用于墙背的主动土压力为梯形分布［图 5 - 10（b）阴影部分］，总的主动土压力为阴影梯形的面积，作用于梯形的形心，总的主动土压力为

$$E_a=\frac{1}{2}\gamma H^2K_a+qHKa-2cH\sqrt{K_a} \tag{5 - 13}$$

三、被动土压力

由于出现被动土压力时需要的位移量相当大，实际工程中位移量过大会影响正常使用，因此许多结构设计中不容许采用由极限平衡条件导出的被动土压力计算公式。

1. 原理

（1）墙未开始位移前，墙后土体处于弹性平衡状态。此时土体应力状态为

$$\sigma_1=\sigma_z=\gamma z$$

$$\sigma_3=\sigma_x=K_0\gamma z$$

（2）挡土墙在土压力作用下产生挤向土体的位移。此时土体应力状态为

竖向应力不变　$\sigma_3=\sigma_z=\gamma z$

水平应力增加　$\sigma_1=\sigma_x>K_0\gamma z$

（3）当挡土墙位移达到 δ_a（朗肯被动极限平衡状态）时，此时土体应力状态为

竖向应力不变　$\sigma_3=\sigma_z=\gamma z$

水平应力　$\sigma_1=\sigma_x=\sigma_p$

（4）利用土体极限平衡条件式可得

$$\sigma_1=\sigma_p=\gamma z\tan^2\left(45^\circ+\frac{\varphi}{2}\right) \tag{5 - 14}$$

2. 无黏性土被动土压力计算

无黏性土土压力强度公式：$\sigma_p=\gamma zK_p$，因为 $c=0$，其分布如图 5 - 11（b）所示，无黏性土被动土压力与 z 成正比，沿墙高呈三角形分布，所以被动土压力为三角形分布图面积，

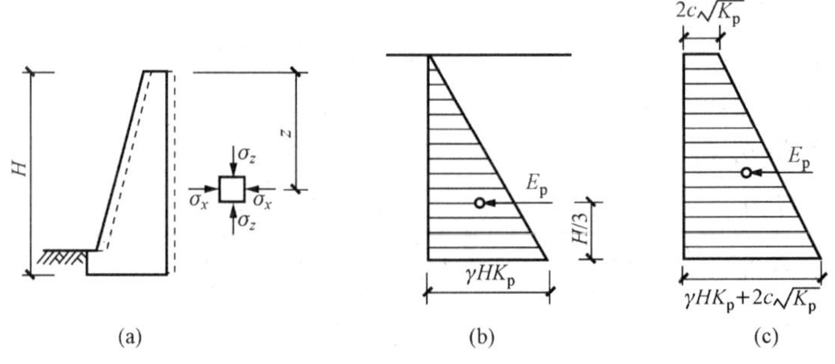

图 5 - 11　被动土压力分布图

（a）被动土压力计算；（b）无黏性土；（c）黏性土

如取单位墙长计算，则总被动土压力计算公式为

$$E_p = \frac{1}{2}\gamma H^2 \tan^2\left(45° + \frac{\varphi}{2}\right) \tag{5-15}$$

或

$$E_p = \frac{1}{2}\gamma H^2 K_p \tag{5-16}$$

位于三角形的形心，方向水平。

式中　K_p——朗肯被动土压力系数，$k_p = \tan^2\left(45° + \frac{\varphi}{2}\right)$；

γ——墙后填土厚度，kN/m^3，地下水位以下采用浮重度；

H——挡土墙高，m；

z——计算的点距填土表面的深度，m。

作用点位于三角形分布图底（挡土墙底）1/3 处，即 $H/3$。

当填土表面上有均布荷载 q 时，被动土压力有两部分组成：①均布荷载引起的，与深度无关，沿墙高呈矩形分布；②由土自重引起，与深度呈正比，沿墙高呈三角形分布，如图 5-12（a）所示。则作用于墙背的总的被动土压力为梯形分布图的面积，作用于梯形的形心。总的被动土压力为

$$E_p = \frac{1}{2}\gamma H^2 K_p + qHK_p \tag{5-17}$$

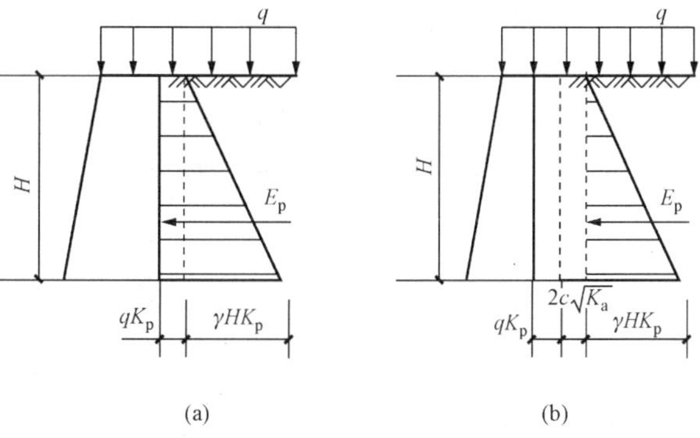

图 5-12　均布荷载作用被动土压力分布图
（a）无黏性土；（b）黏性土

3. 黏性土被动土压力计算

从朗肯土压力理论的基本原理可知，当土体处于被动极限平衡状态时，根据土的极限平衡条件式可得被动土压力强度 $\sigma_1 = \sigma_p = \sigma_x$，$\sigma_3 = \sigma_z = \gamma z$。黏性土被动土压力由两部分组成：①由黏聚力 c 引起的土压力 $2c\sqrt{K_p}$，②由土的自重引起的 γHK_p，这两部分土压力叠加的结果见图 5-11（c）。故实际土压力分布为梯形面积，被动土压力为

$$\sigma_p = \gamma z \tan^2\left(45° + \frac{\varphi}{2}\right) + 2c\tan\left(45° + \frac{\varphi}{2}\right) \tag{5-18}$$

或

$$\sigma_p = \gamma z K_p + 2c\sqrt{K_p} \tag{5-19}$$

如取单位墙长计算，则被动土压力可由下式计算

$$E_p = \frac{1}{2}\gamma H^2 K_p + 2cH\sqrt{K_p} \tag{5-20}$$

位于梯形压力分布图的形心，方向水平。

作用点通过梯形的形心。

当填土表面上有均布荷载 q 时，被动土压力由三部分组成：①均布荷载引起的，与深度无关，沿墙高呈矩形分布；②凝聚力 c 引起的，与深度无关，沿墙高呈矩形分布；③由土自

重引起，与深度呈正比，沿墙高呈三角形分布，如图 5-12（b）所示。则作用于墙背的总的被动土压力为梯形分布图的面积，作用于梯形的形心。总的被动土压力为

$$E_p = \frac{1}{2}\gamma H^2 K_p + 2cH\sqrt{K_p} + qHK_p \tag{5-21}$$

【例 5-1】 已知某挡土墙，墙高为 $H=6.0$m，墙背竖直、光滑，墙后填土表面水平，填土的重度 $r=18.5$kN/m³，内摩擦角 $\varphi=20°$，黏聚力 $c=19$kPa。试计算作用在此挡土墙上的静止土压力、主动土压力、被动土压力的大小及作用点，并绘出土压力分布图。

解题思路：

（1）计算土压力系数 $K_a=\tan^2\left(45°-\frac{\varphi}{2}\right)$、$K_p=\tan^2\left(45°+\frac{\varphi}{2}\right)$；

（2）计算临界深度 $z_0=\frac{2c}{\gamma\sqrt{K_a}}$；

（3）计算墙底处的土压力强度 $\sigma_a=\gamma z K_a-2c\sqrt{K_a}$、$\sigma_p=\gamma z K_p+2c\sqrt{K_p}$；

（4）绘制土压力分布图；

（5）计算总土压力（即计算分布图面积）及其作用点。

解 （1）静止土压力，取 $K_0=0.5$，$\sigma_0=rzK_0$

$$E_0 = \frac{1}{2}\gamma H^2 K_0 = \frac{1}{2}\times 18.5\times 6^2\times 0.5 = 166.5\text{kN/m}$$

E_0 作用点位于下$\frac{H}{3}=2.0$m 处，如图 5-13（a）所示。

（2）主动土压力。

根据朗肯主压力公式

$$\sigma_a = rzK_a - 2c\sqrt{K_a},\ K_a = \tan\left(45° - \frac{\varphi}{2}\right)$$

$$\begin{aligned}E_a &= \frac{1}{2}\gamma H^2 K_a - 2cH\sqrt{K_a} + \frac{2c^2}{\gamma}\\ &= 0.5\times 18.5\times 6^2\times \tan^2(45°-20°/2) - 2\times 19\times 6\times \tan(45°-20°/2) + 2\times 19^2/18.5\\ &= 42.6\text{kN/m}\end{aligned}$$

临界深度

$$Z_0 = \frac{2c}{\gamma\sqrt{K_a}} = \frac{2\times 19}{18.5\times\tan\left(45°-\frac{20°}{2}\right)} = 2.93\text{m}$$

E_a 作用点距墙底

$\frac{1}{3}(H-Z_0) = \frac{1}{3}(6.0-2.93) = 1.02$m 处，见图 5-13（b）所示。

（3）被动土压力。

$$\begin{aligned}E_p &= \frac{1}{2}\gamma H^2 K_p + 2cH\sqrt{K_p} = \frac{1}{2}\times 18.5\times 6^2\times\tan^2\left(45°+\frac{20°}{2}\right) + 2\times 19\times 6\tan\left(45°+\frac{20°}{2}\right)\\ &= 1005\text{kN/m}\end{aligned}$$

墙顶处土压力：$\sigma_a = 2c\sqrt{K_p} = 54.34$kPa

墙底处土压力为：$\sigma_a = \gamma HK_p + 2c\sqrt{K_p} = 280.78$kPa

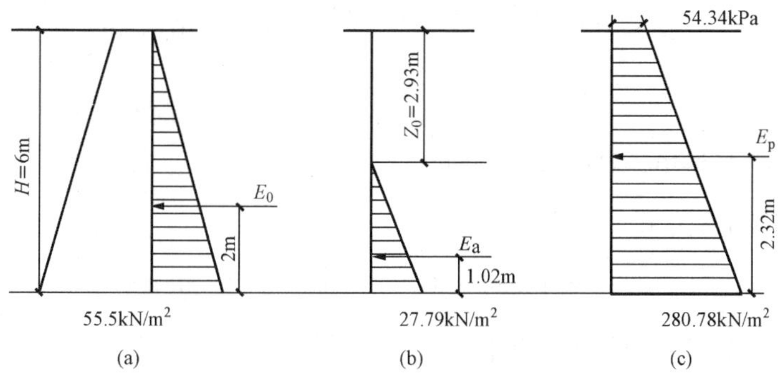

图 5-13　[例 5-1] 图

总被动土压力作用点位于梯形分布图的形心，距墙底 2.32m 处，如图 5-13（c）所示。

讨论：

（1）由此例可知，挡土墙尺寸和填土性质完全相同，但 $E_0=166.5\text{kN/m}$，$E_a=42.6\text{kN/m}$，即：$E_0\approx 4E_a$，或 $E_a=\dfrac{1}{4}E_0$。

因此，在挡土墙设计时，尽可能使填土产生主动土压力，以节省挡土墙的尺寸、材料、工程量与投资。

（2）$E_a=42.6\text{kN/m}$，$E_p=1005\text{kN/m}$，$E_p>23E_a$。因产生被动土压力时挡土墙位移过大为工程所不允许，通常只利用被动土压力的一部分，其数值已很大。

【例 5-2】 已知条件如图 5-14 所示，求：作用在墙上的主动土压力 E_a。

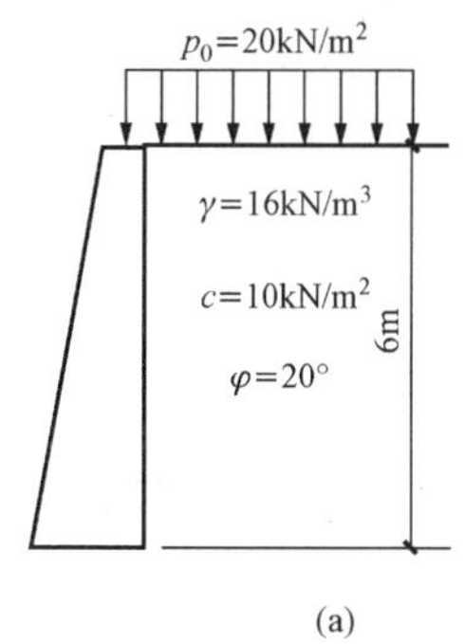

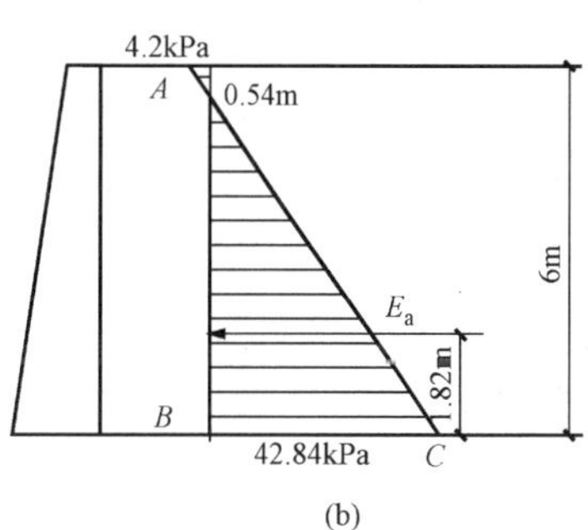

图 5-14　[例 5-2] 图

解　（1）土压力强度

$$K_a=\tan^2\left(45^\circ-\frac{\varphi}{2}\right)=\tan^2\left(45^\circ-\frac{20}{2}\right)=0.49$$

$$\sigma_a(A)=P_0K_a-2c\sqrt{K_a}=20\times 0.49-2\times 10\sqrt{0.49}=-0.42\text{MPa}$$

$$\sigma_a(B)=(P_0+\gamma h)K_a-2c\sqrt{K_a}=(20+16\times 6)\times 0.49-2\times 10\times\sqrt{0.49}=42.84\text{MPa}$$

（2）临界深度

$$(p_0+\gamma z_0)K_a-2c\sqrt{K_a}=0$$

$$z_0=\frac{2\times 10\times\sqrt{0.49}-20\times 0.49}{16\times 0.49}=0.54\text{m}$$

作用点

$\frac{1}{3}(6-0.54)=1.82\text{m}$　方向为水平向左

(3) 主动土压力合力 E_a

$$E_a=\frac{1}{2}\times 42.84\times(6-0.54)=116.95\text{kN/m}$$

四、几种常见情况下土压力的计算

1. 填土为成层土的情况

当填土由不同性质的土分层填筑时，第一层土按均质土方法计算。计算第二层土土压力时，将第一层土换算成与第二层土的性质指标相同的当量土层厚度 h，然后按换算后第二层土的厚度计算第二层土范围的土压力，如图 5-15 所示。

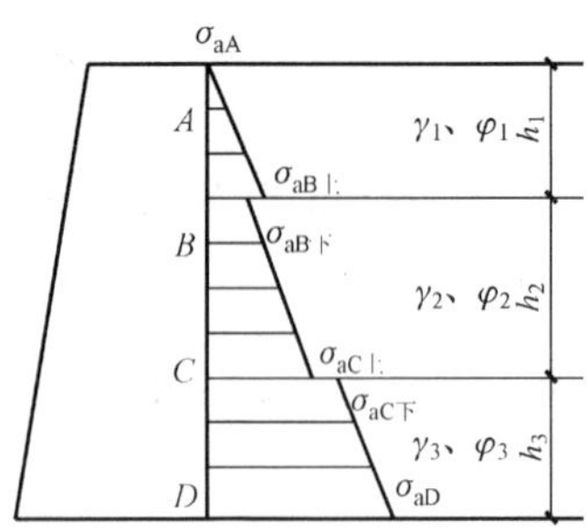

图 5-15　成层填土情况土压力计算

合力大小为分布图形的面积，作用点位于分布图形的形心处。

注意，如图 5-16 所示。

(1) 当上下层的 φ 值相同，而 γ 值不同时，土重 γh_1 在深度外的变化是连续的。但三角形的坡度不同。

(2) 当上下层的 γ 值相同，而 φ 值不同时，土重 γh_1 在深度外的变化有突变。

A 点　$\sigma_{aA}=0$

B 点上界面　$\sigma_{aB上}=\gamma_1 h_1 K_{a1}$

B 点下界面　$\sigma_{aB下}=\gamma_1 h_1 K_{a2}$

C 点上界面　$\sigma_{aC上}=(\gamma_1 h_1+\gamma_2 h_2)K_{a2}$

C 点下界面　$\sigma_{aC下}=(\gamma_1 h_1+\gamma_2 h_2)K_{a3}$

D 点　$\sigma_{aD}=(\gamma_1 h_1+\gamma_2 h_2+\gamma_3 h_3)K_{a3}$

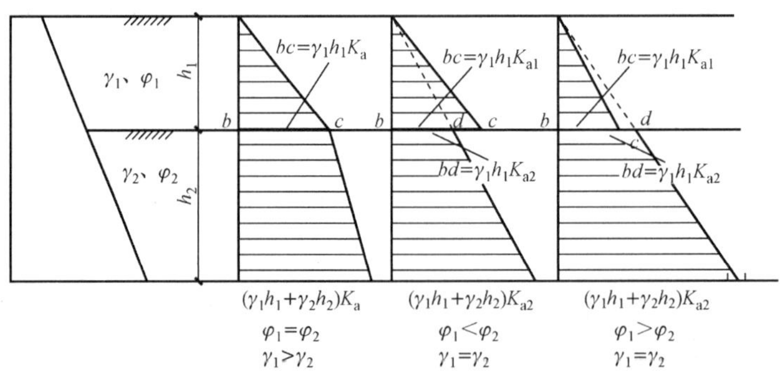

图 5-16　不同情况成层填土土压力计算

2. 填土内有地下水的情况

挡土墙后有地下水时，作用在墙背上的土侧压力包括土压力和水压力两部分，可分作两层计算，一般假设地下水位上下土层的抗剪强度指标相同。

当墙后填土中有地下水时，计算主动土压力时，在地下水位以下的 γ 应用 γ'，如图 5-17 所示。同时地下水对土压力产生影响，主要表现为：

（1）地下水位以下，填土重量将因受到水的浮力而减少。

（2）地下水对填土的强度指标 c 的影响，一般认为对砂性土的影响可以忽略；但对黏性填土，地下水使 c、φ 值减小，从而使土压力增大。

（3）地下水对墙背产生静水压力作用。

作用在墙背的总压力为土压力和水压力之和，作用于合力分布图形的形心处。

土压力计算：在地下水以下填土由于水的浮力，使容重减轻，故用浮重度计算。

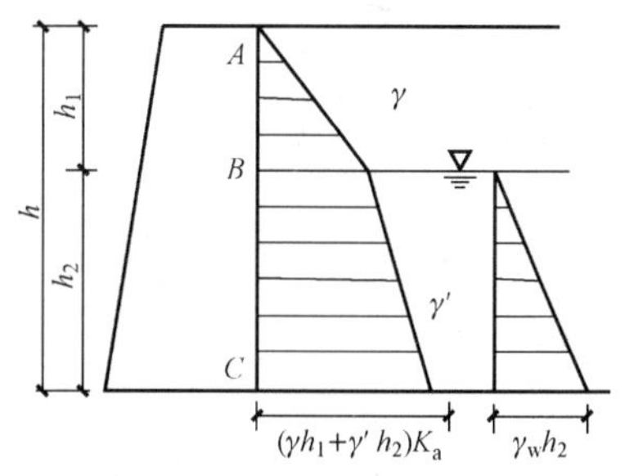

图 5-17　墙后填土有地下水时土压力计算

地下水对挡土墙产生静水压力，水压力计算按下式

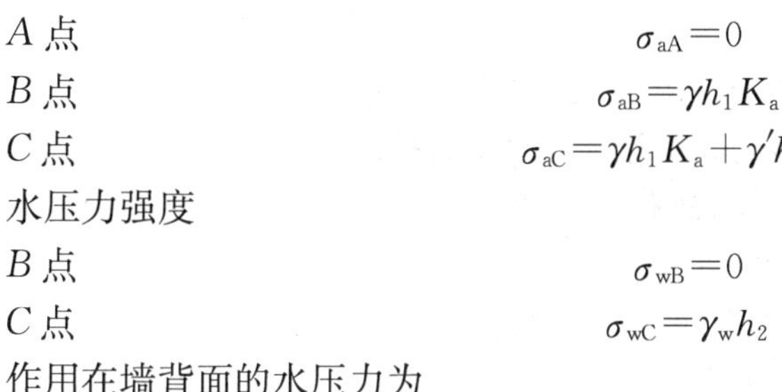

土压力强度

A 点　$$\sigma_{aA}=0$$

B 点　$$\sigma_{aB}=\gamma h_1 K_a$$

C 点　$$\sigma_{aC}=\gamma h_1 K_a+\gamma' h_2 K_a$$

水压力强度

B 点　$$\sigma_{wB}=0$$

C 点　$$\sigma_{wC}=\gamma_w h_2$$

作用在墙背面的水压力为

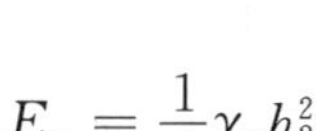

$$E_w=\frac{1}{2}\gamma_w h_2^2$$

作用在挡土墙上的总压力应为总土压力与水压力之和。

无黏性土（水土分算）

$$P=E_a+E_w=\frac{1}{2}\gamma h_1^2 K_a+\gamma h_1 K_a \cdot h_2+\frac{1}{2}\gamma' h_2^2 K_a+\frac{1}{2}\gamma_w h_2^2 \tag{5-22}$$

黏性土（水土合算）

$$P=E_a=\frac{1}{2}\gamma h_1^2 K_a+\gamma h_1 K_a \cdot h_2+\frac{1}{2}\gamma_{sat} h_2^2 K_a \tag{5-23}$$

作用方向垂直墙背，作用于压力分布图形心。可见，当墙后填土有水时，土压力部分将减小，但计入水压力后，总压力将增大，而且水位越高，总压力越大。所以，为保证挡土墙的安全，必须做好填土内的排水工作。

第三节　库仑土压力理论

一、公式推导

库仑理论的基本假设：

（1）墙后填土是理想的散粒体（$c=0$）；

（2）滑动破坏面为通过墙踵的平面；

(3) 滑动土楔为一个刚体，即本身无变形。

假定墙后土体处于极限平衡状态并形成一滑动楔体，然后从楔体静力平衡条件导出土压力计算方法，如图 5-18、图 5-19 所示。库仑土压力理论能够考虑墙背与填土之间存在的摩擦力以及墙背倾斜的影响，可以用数解法也可以用图解法。用图解法时，填土表面可以是任意形状，可以有任意分布的荷载，而且可以推广用于黏性土。

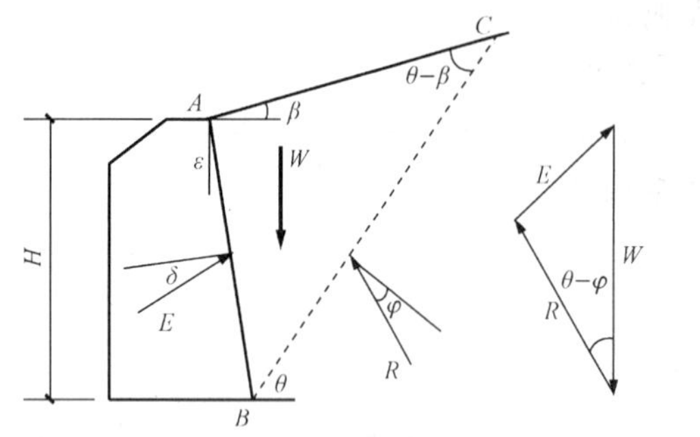

图 5-18 按库伦理论求主动土压力

库仑理论假设破坏面为平面，这样使计算工作大大简化，但计算精度却受到影响，尤其在被动土压力的情况，假定平面破坏与实际发生的破坏面相差甚远，由此引起的误差一般是不允许的，设计时必须注意。

二、主动土压力

图 5-18 所示墙背倾斜的挡土墙，墙背 AB 与竖直线的夹角为 ε，填土表面与水平面的夹角为 β，设填土与墙背之间的摩擦角为 δ。当墙向前移动时，假定破坏面为 BC，它与水平面的夹角为 θ。取滑动楔体 ABC 为隔离体进行受力分析，作用于土楔 ABC 上的力有：

(1) 破坏面 AC 上的反力 R，方向与破坏面的法线的夹角 φ；

(2) 滑动楔块 ABC 的自重 W，方向向下；

(3) 墙背 AB 对滑动楔块的反力 E（大小等于土压力），方向与墙背面法线夹角为 δ。

根据静力平衡条件，W、E、R 应相交于一点，构成平面力矢三角形，根据正弦定律可求出土压力表达式。

一般挡土墙的计算属于平面问题，故可沿墙的长度方向取 1m 进行分析。当墙向前移动或转动而使墙后土体沿某一破坏面破坏时，土楔向下滑动而处于主动极限平衡状态。

库伦主动土压力的一般表达式

$$E_a = \frac{1}{2}\gamma H^2 \frac{\cos^2(\varphi-\alpha)}{\cos^2\alpha \cdot \cos(\alpha+\delta)\left[1+\sqrt{\dfrac{\sin(\varphi+\delta)\cdot\sin(\varphi-\beta)}{\cos(\alpha+\delta)\cdot\cos(\alpha-\beta)}}\right]^2} \tag{5-24}$$

或

$$E_a = \frac{1}{2}\gamma H^2 K_a \tag{5-25}$$

库伦主动土压力强度沿墙高呈三角形分布，主动土压力的作用点在距墙底 $H/3$ 处。方向与墙背法线的夹角为 δ。

当墙背垂直、光滑，填土面水平时，库伦主动土压力的一般表达式成为

$$E_a = \frac{1}{2}\gamma H^2 \tan^2\left(45°-\frac{\varphi}{2}\right) \tag{5-26}$$

可见，在上述条件下，库伦主动土压力公式和朗肯公式相同。上式中，γ、H、β 和 φ、δ 都是已知的，而滑动面与水平面的倾角 θ 则是任意假定的。因此，假定不同的滑动面可以

得出一系列相应的土压力 E 值，也就是说，E 是 θ 的函数。E 的最大值 E_{max} 即为墙背的主动土压力 E_a。其所对应的滑动面即是土楔最危险的滑动面。

三、被动土压力

当墙受外力作用推向填土，直至土体沿某一破裂面 BC（假设）破坏时，土楔 ABC 向上滑动，并处于被动极限平衡状态（图 5－19）。此时土楔 ABC 在其自重 W 和反力 R 和 E 的作用下平衡，R 和 E 的方向都分别在 BC 和 AB 面法线的上方。采用与求主动土压力同样的原理，可求得被动土压力的库伦公式为

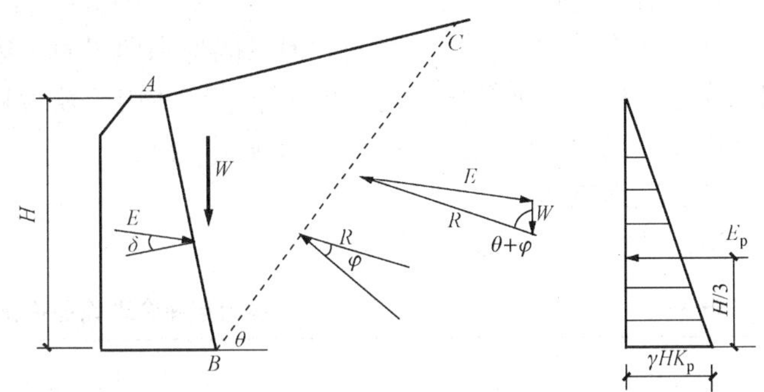

图 5－19　按库伦理论求被动土压力

$$E_p=\frac{1}{2}\gamma H^2\frac{\cos^2(\varphi+\alpha)}{\cos^2\alpha\cos(\alpha-\delta)\left[1-\sqrt{\frac{\sin(\varphi+\delta)\sin(\varphi+\beta)}{\cos(\alpha-\delta)\cos(\alpha-\beta)}}\right]^2} \tag{5-27}$$

或

$$E_p=\frac{1}{2}\gamma H^2K_p \tag{5-28}$$

库伦被动土压力强度沿墙高呈三角形分布，被动土压力的作用点在距墙 $H/3$ 处。方向与墙背法线的夹角为 δ。

被动土压力强度可按下式计算

$$\sigma_p=\gamma zK_p \tag{5-29}$$

当墙背垂直、光滑，填土面水平时，库伦被动土压力的一般表达式成为

$$E_p=\frac{1}{2}\gamma H^2\tan^2\left(45^\circ+\frac{\varphi}{2}\right) \tag{5-30}$$

第四节　库仑理论与朗肯理论的比较

朗肯和库仑两种土压力理论都是研究压力问题的简化方法，两者存在着异同。

一、分析方法的异同

1. 相同点

朗肯与库仑土压力理论均属于极限状态，计算出的土压力都是墙后土体处于极限平衡状态下的主动与被动土压力 E_a 和 E_p。

2. 不同点

(1) 研究出发点不同。

朗肯理论属于极限应力法，从研究土中一点的极限平衡应力状态出发，首先求出的是作用在土中竖直面上的土压力强度 σ_a 或 σ_p 及其分布形式，然后再计算出作用在墙背上的总土压力 E_a 和 E_p。

库伦理论属于滑动楔体法，库伦理论则是根据墙背和滑裂面之间的土楔，整体处于极限

平衡状态，用静力平衡条件，先求出作用在墙背上的总土压力 E_a 或 E_p，需要时再算出土压力强度 σ_a 或 σ_p 及其分布形式。

(2) 研究途径不同。

朗肯理论在理论上比较严密，但只能得到理想简单边界条件下的解答，在应用上受到限制。库伦理论是一种简化理论，但由于其能适用于较为复杂的各种实际边界条件，且在一定范围内能得出比较满意的结果，因而应用广泛。

二、适用范围

适用范围见表 5-1。

表 5-1 朗肯理论与库仑理论适用范围

朗肯理论	库仑理论
墙背光滑、垂直，填土水平	墙背、填土无限制，黏性土一般用图解
坦墙	坦墙
墙背垂直，填土倾斜	包括朗肯条件在内的各种倾斜墙背情况
无黏性土与黏性土均可用	较朗肯公式应用范围更广

三、计算误差

主动土压力系数：朗肯公式偏大，库仑理论稍小，但误差都很小，各种理论均可采用。

被动上压力系数：当 δ 很小时，各种理论均相近，因而当变形允许时，两种经典理论均可采用。当 δ 和 φ 较大时，误差都很大，均不宜采用。

一般墙背并非光滑。而墙背与填土之间存在摩擦力，计算结果与实际有出入，所得主动土压力值 E_a 偏小，被动土压力 E_p 偏大，因而用朗肯土压力理论计算偏于安全。

从理论上说，库仑公式只适用于无黏性填土。不过在工程实践中，对于黏性土，在应用库仑公式时，常把黏聚力视为零（$c=0$），而将内摩擦角增大，这样墙低时偏于安全，墙高时偏于危险。

另外，墙后填土达到极限平衡状态时，破裂面是一曲面。按库仑公式计算主动土压力时，可以满足工程所需要的精度（偏差 2%～10%）。但计算被动土压力时，其误差却较大，甚至很大（偏差 200%～300%）。

在实际工程问题中，土压力计算是比较复杂的。从上述计算公式可以看出，提高墙后填土的质量，使其抗剪强度指标 φ、c 值增加，有助于减小主动土压力和增加被动土压力。

第五节 挡土墙设计

一、概述

挡土结构是一种常见的岩土工程建筑物，它是为了防止边坡的坍塌失稳，保护边坡的稳定，人工完成的构筑物。它具有结构简单、占地少、施工方便和造价低廉等诸多优点。目前，不仅广泛应用于公路、铁路、城市建设，同时应用于水坝建设、河床整治、港口工程、水土保持、土地规划、山体滑坡防治等领域。

挡土墙的种类很多，按其结构特点可分为：板桩墙、重力式、加筋土、悬臂式、扶壁式、支撑式、锚定板等。可用块石、条石、砖、混凝土与钢筋混凝土等材料建筑，如图5-20所示。

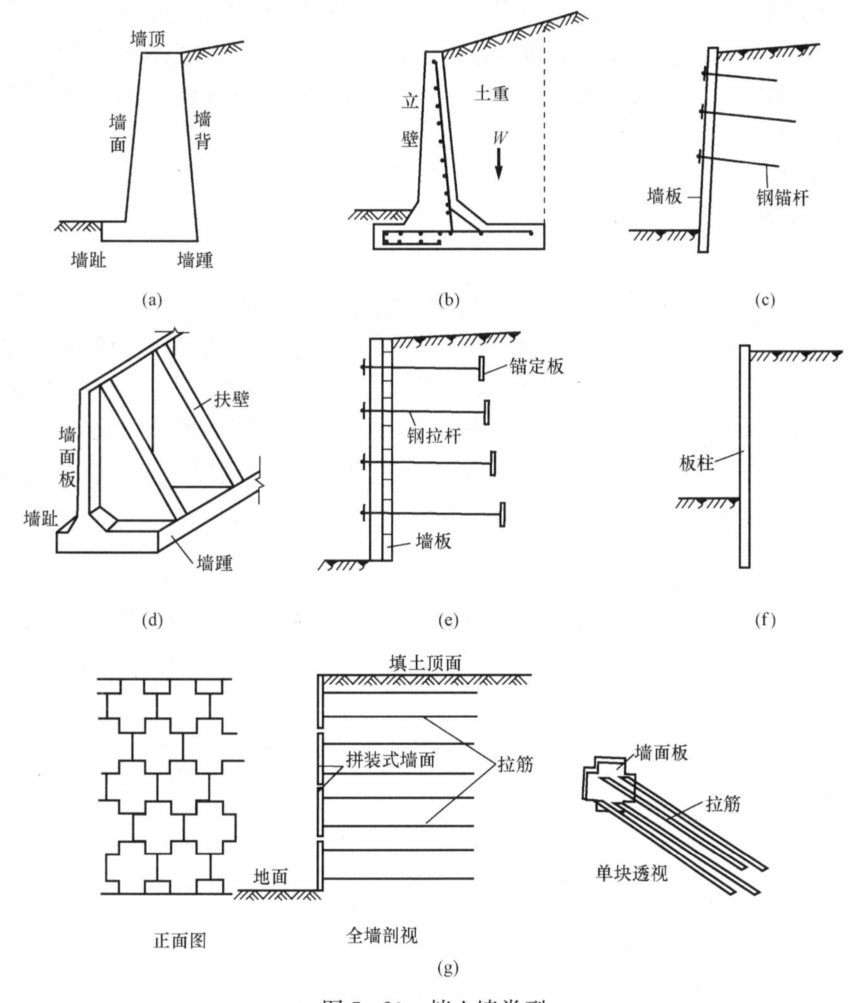

图5-20　挡土墙类型

(a) 重力式挡土墙；(b) 悬臂式挡土墙；(c) 锚杆挡土墙；(d) 扶臂式挡土墙；(e) 锚定板挡土墙；(f) 板桩挡土墙；(g) 加筋土挡土墙

挡土墙按其刚度和位移方式又分为刚性挡土墙、柔性挡土墙和临时支撑三类。常用的挡土墙型式有重力式、悬臂式、扶臂式三种。

重力式挡土墙是靠自重维持稳定，以墙自重产生的抗倾覆力矩来平衡墙背土压力所引起的倾覆力矩。一般用于低挡土墙，墙高小于5m。可用块石、砖、素混凝土等材料砌筑。

悬臂式挡土墙是靠墙踵悬臂上的土重维持稳定，墙体内的拉应力有钢筋承担。这种类型的挡土墙截面尺寸较小，墙高可大于5m。市政工程和厂矿储料库中采用较多。

扶臂式挡土墙是靠扶臂及扶臂间填土的重量维持稳定，当墙高大于10m，挡土墙受到的弯矩、产生的挠度都将增大，为了增加悬臂的抗弯刚度，沿墙长度方向每隔一定距离（一般0.8～1.0m）设置一道扶臂。扶臂间填土的重量可以增加抗滑移和抗倾覆稳定的作用。一般较重要的大型土建工程采用。

挡土墙的设计实质是合理处理好墙背土压力、墙与地面的摩擦力、墙体自重三者的关系，保证挡土墙安全有效使用。设计内容包括：墙型选择、作用在挡墙上力系计算、墙身强度及稳定性验算、墙后排水及填土质量要求。一般先根据经验初步拟定截面尺寸，然后进行验算。如不满足要求，则应改变截面尺寸或采取其他措施，再重新验算，直到满足要求为止。本节重点介绍重力式挡土墙的设计。

二、重力式挡土墙的设计

1. 挡土墙的型式、尺寸及构造

（1）挡土墙的型式。

选择挡土墙合理的型式，对设计具有重要的意义。重力式挡土墙按墙背的倾斜情况分为仰斜、俯斜和垂直三种（图 5-21），仰斜墙背主动土压力最小，墙身截面经济，墙背可与开挖的临时边坡紧密贴合，但墙后填土的压实较为困难，因此多用于支挡挖方工程的边坡；俯斜墙背主动土压力最大，但墙后填土施工较为方便，易于保证回填土质量而多用于填方工程；直立墙背介于前两者之间，且多用于墙前原有地形较陡的情况，如山坡上建墙，因此仰斜墙身较高而入土较浅，俯斜墙则土压力较大。

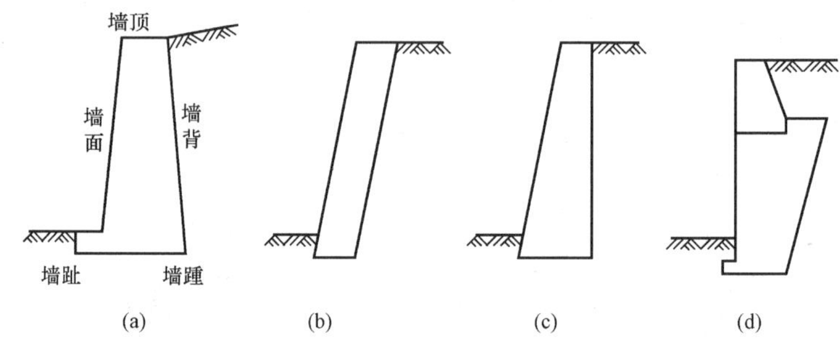

图 5-21　重力式挡土墙型式
(a) 俯斜；(b) 仰斜；(c) 直立；(d) 衡重

为了减小作用在挡土墙背上的主动土压力，除了可采用仰斜墙外，还可以从选择填料、墙身界面形状（特别是墙背形状和构造）以及新型墙体型式等方面来解决。如折线形墙背有利于减小主动土压力外，还可做成如图 5-20（d）所示的减压平台，平台以上部分所受主动土压力按前述方法计算，平台以下部分墙背所受的土压力只与平台以下填土的重量有关。减压平台一般设置在墙背中部，且向后伸得越远则减压作用越大，以伸到滑移面附近最好。

（2）挡土墙尺寸。

1）挡土墙的高度 H。

墙后被支挡的填土呈水平时为墙顶的高程。对长度很大的挡墙，也可使墙顶低于填土顶面，用斜坡连接，以节省工程量。

2）挡土墙的顶宽。

挡墙的顶宽为构造要求确定。对砌石重力式挡土墙，顶宽应大于 0.5m，对混凝土重力式挡墙顶宽也不应小于 0.5m。至于钢筋混凝土悬臂式或扶壁式挡土墙顶宽不小 300mm。

3）挡土墙的底宽。

挡墙的底宽由整体稳定性确定，初定挡墙底宽 $B\approx0.5H\sim0.7H$，挡墙底面为卵石、碎石时取小值，墙底为黏性土时取高值。

4）挡土墙的基础埋置深度。

如基地倾斜，埋置深度从最浅处的墙趾处计算。应根据持力层土的承载力、冻结深度、岩石裂隙发育及分化程度等因素确定。

挡土墙的断面尺寸必须符合强度和稳定性的要求。其断面尺寸是用试算法初定后，经强度和稳定性验算。必要时需对尺寸进行调整，直至满足设计要求为止。

（3）挡土墙构造措施。

1）墙后回填土的选择。

填土的重度越大，则主动土压力越大，而填土的内摩擦角越大，则主动土压力越小。所以，填土的选择应考虑容重和内摩擦角哪一个对减小主动土压力更有效。一般来说，卵石、砾石、粗砂、中砂的内摩擦角大，能显著减小主动土压力，为挡土墙后理想的回填土。而且它们的内摩擦角受浸水影响也小。所以墙后填土应选择透水性强的填料。

2）墙后排水措施（图 5－22）。

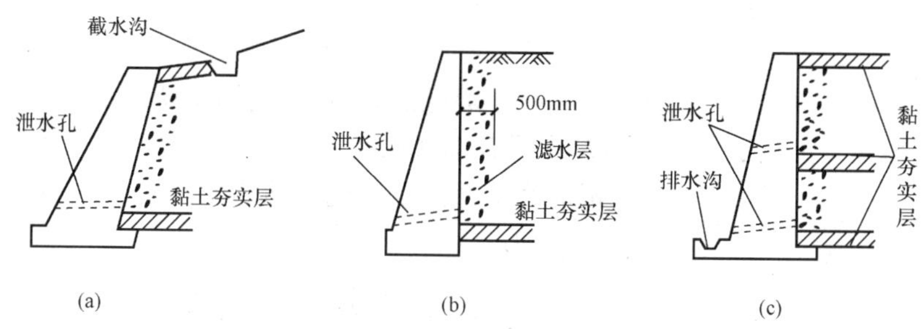

图 5－22　挡土墙背后排水反滤层示意图

当雨季或地面大量渗水时，墙背后填土容易积水。若挡土墙排水不畅，使土内含水量增加，导致抗剪强度降低、容重增加，从而使土压力增大，还会增加静水压力。为使墙后积水易于排出，应在墙后布置适当数量的泄水孔。并在墙后做约 500mm 的碎石滤水层，以利于和防止填土中细颗粒流失。墙身高大的，还应在中部设置盲沟。

3）为增加基础的抗滑稳定性常将基底做成逆坡，如图 5－23 挡土墙抗滑措施。

4）墙后填土必须分层夯实，保证质量。

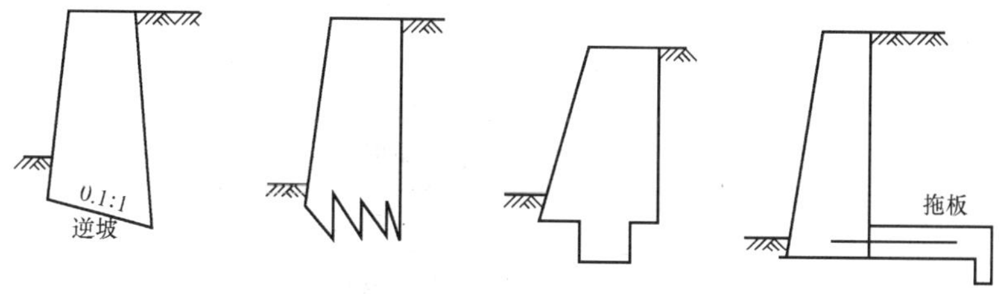

图 5－23　挡土墙抗滑措施

2. 挡土墙计算

挡土墙是防止边坡坍塌的支挡构筑物，因此，必须充分保证滑动和倾覆的稳定性以及墙体本身的强度，此外，还要保证基地压力小于或等于地基承载力特征值。

对于高大挡土墙来说，采用传统土压力理论计算的主动土压力偏小，而实际工程中不允许达到极限状态时的位移值，故《建筑地基基础设计规范》(GB 50007—2002) 建议在计算主动土压力时，计入增大系数 ψ_c。当墙高小于 5m 时取 1.0，当墙高为 5～8m 时取 1.1，当墙高大于 8m 时取 1.2。

作用在挡土墙上的力主要有三种：

(1) 墙身自重，墙身自重 W 竖直向下，作用在墙体重心。由挡土墙型式与尺寸确定。

(2) 土压力，墙体的主要荷载，由挡土墙位移确定。

(3) 基底反力，可分解为水平和法向分力。法向分力和偏心受压基底反力相同，呈梯形分布，作用在梯形的重心。若排水不良，需计算水压力。填土表面堆料及地震区还应计入相应的荷载。

挡土墙的计算包括滑动和倾覆的稳定性验算、地基承载力验算及墙身强度验算。一般主要进行稳定性验算。

(1) 抗滑稳定性验算。

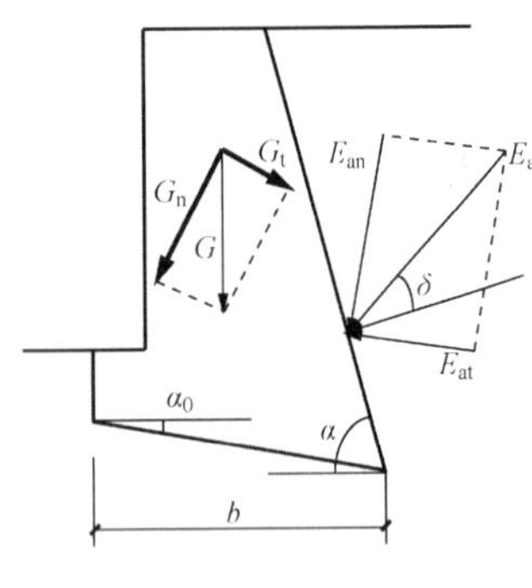

图 5-24 挡土墙抗滑稳定验算示意

如图 5-24 所示，将作用在挡土墙上的土压力分解为两个分力：平行于墙底的分力 E_{at} 使挡土墙滑动，垂直于墙底分力 E_{an} 和墙自重在墙底的摩擦力为抗滑力。

滑动稳定性是以抵抗滑动的力与引起滑动的力的比值 K_s 来表示。即

$$K_s = \frac{\text{抗滑力}}{\text{滑动力}} = \frac{(G_n + E_{an})\mu}{E_{at} - G_t} \geqslant 1.3 \tag{5-31}$$

$$G_t = G\sin\alpha_0$$

$$G_n = G\cos\alpha_0$$

$$E_{at} = E_a\sin(\alpha - \alpha_0 - \delta)$$

$$E_{an} = E_a\cos(\alpha - \alpha_0 - \delta)$$

式中 K_s——抗滑稳定系数；

α_0——挡土墙基底的倾角；

α——挡土墙墙背的倾角；

δ——土对挡土墙墙背的摩擦角，可按表 5-2 选用；

μ——土对挡土墙基底的摩擦系数，由试验确定，也可按表 5-3 选用。

表 5-2　土对挡土墙墙背的摩擦角

挡土墙情况	摩擦角 δ	挡土墙情况	摩擦角 δ
墙背平滑，排水不良	$(0\sim0.33)\ \varphi k$	墙背很粗糙，排水良好	$(0.50\sim0.67)\ \varphi k$
墙背粗糙，排水良好	$(0.33\sim0.50)\ \varphi k$	墙背与填土之间不可能滑动	$(0.67\sim1.00)\ \varphi k$

注　φk 为墙背填土的内摩擦角标准值。

表 5-3　　**土对挡土墙基底的摩擦系数 μ**

土的类别		摩擦系数 μ	土的类别	摩擦系数 μ
黏性土	可塑	0.25～0.30	中砂、粗砂、砾砂	0.40～0.50
	硬塑	0.30～0.35	碎 石 土	0.40～0.60
	坚硬	0.35～0.45	软 质 岩	0.40～0.60
粉　　土		0.30～0.40	表面粗糙的硬质岩	0.65～0.75

注　1. 对易风化的软质岩和塑性指数 I_p 大于 22 的黏性土，基底摩擦系数应通过试验确定；
2. 对碎石土，可根据其密实程度、填充物状况、风化程度等确定。

当验算结果不满足要求时，则采取下列措施（图 5-23）：

1）修改挡土墙的断面尺寸，可加大底宽，增加墙体自重。

2）在基底铺砂、碎石垫层，提高摩擦系数，增大抗滑力。

3）将基底做成逆坡，利用滑动面上部分反力抗滑。

4）在软土地基上，抗滑稳定安全系数相差很小，可在挡土墙踵后面加钢筋混凝土拖板，利用拖板上的填土重增大抗滑力。拖板和挡土墙之间用钢筋连接。

（2）抗倾覆稳定性验算。

如图 5-25 所示，抗倾覆稳定验算以墙趾 O 点取力矩进行计算。倾覆力矩为主动土压力的水平分力 E_{ax} 乘以力臂 z，抗倾覆力矩为主动土压力的竖向分力 E_{az} 乘以力臂 χ_f 和墙自重 G 乘以力臂 χ_0 之和。

倾覆稳定性是以稳定力矩与倾覆力矩之比 K_t 来表示。即

$$K_t = \frac{G \times \chi_0 + E_{az} \times \chi_f}{E_{ax} \times z_f} \geqslant 1.6 \qquad (5-32)$$

$$E_{ax} = E_a \sin(\alpha - \delta)$$

$$E_{az} = E_a \cos(\alpha - \delta)$$

$$\chi_f = b - z\cot\alpha$$

$$z_f = z - b\tan\alpha_0$$

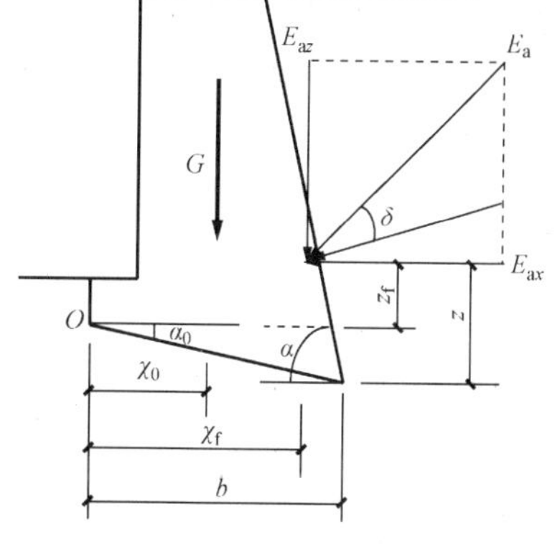

图 5-25　挡土墙抗倾覆稳定验算示意

式中　z——土压力作用点离墙踵的高度；

χ_0——挡土墙重心离墙趾的水平距离；

b——基底的水平投影宽度。

当验算结果不满足要求时，则采用下列措施：

1）修改墙的尺寸，加大墙底宽，增大墙自重，增大抗倾覆力矩；

2）伸长墙前趾（图 5-26）；

3）墙背做成倾斜，可减小上压力；

4）做卸载台，减小总的土压力而减小倾覆力矩。

（3）地基承载力的验算。

地基承载力的验算应同时满足下列要求外，基底合力的偏心距不应大于 0.25 倍基础的宽度。

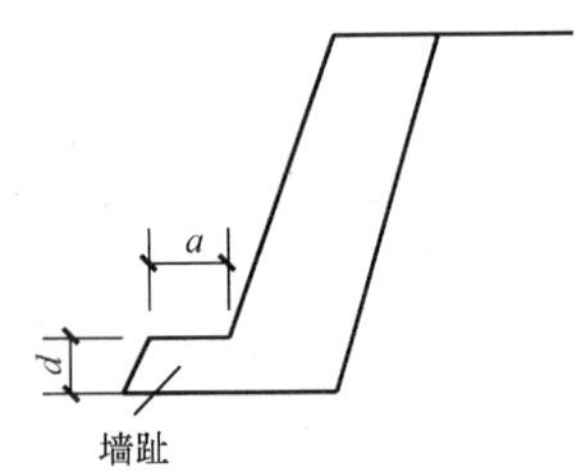

图 5-26　墙趾构造

$$\frac{1}{2}(p_{\text{kmax}}+p_{\text{kmin}})\leqslant f_{\text{a}} \tag{5-33}$$

$$p_{\text{kmax}}\leqslant 1.2f_{\text{a}}$$

$$p_{\text{kmin}}\geqslant 0$$

当地基承载力的验算不满足要求时，可设置墙趾台阶（图5-26），它有利于挡土墙的抗滑动和抗倾覆的稳定性。墙趾的高宽比可取 2∶1，且不得小于 20mm。

【例 5-3】 某挡土墙高为 6m，墙背直立，填土面水平，墙背光滑，用毛石和 M2.5 水泥砂浆砌筑，砌体重度 $\gamma=22\text{kN/m}^3$，填土内摩擦角 $\varphi=40°$、$c=0$、$\gamma=19\text{kN/m}^3$，基底摩擦系数 $\mu=0.5$，地基承载力特征值 $f_{\text{a}}=180\text{kPa}$，试设计此挡土墙。

解

（1）挡土墙断面尺寸的选择。

重力式挡墙的顶宽约 $H/12$，底宽取 $H/3-H/2$，初步确定顶宽 0.7m，底宽 2.5m。

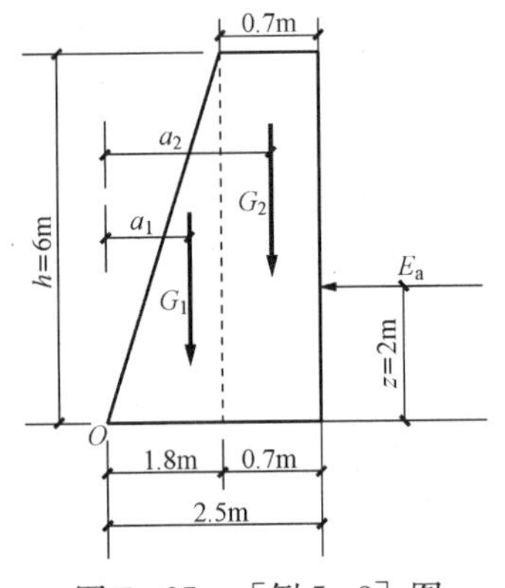

图 5-27　［例 5-3］图

（2）土压力计算。

$$E_{\text{a}}=\psi_{\text{c}}\frac{1}{2}\gamma h^2\tan^2\left(45°-\frac{\varphi}{2}\right)$$

$$=1.1\times\frac{1}{2}\times 19\times 6^2\times\tan^2\left(45°-\frac{40°}{2}\right)$$

$$=81.84\text{kN/m}$$

作用点高度 $z=2\text{m}$，方向水平。

（3）挡土墙自重。

$$G_1=\frac{1}{2}(2.5-0.7)\times 6\times 22=119\text{kN/m}$$

$$G_2=0.7\times 6\times 22=92.4\text{kN/m}$$

作用点距 O 点的距离

$$a_1=\frac{1}{3}\times 1.8=1.2\text{m}\quad a_2=1.8+\frac{1}{2}\times 0.7=2.15\text{m}$$

（4）抗倾覆稳定性验算。

$$K_{\text{t}}=\frac{G\chi_0+E_{\text{az}}\chi_{\text{f}}}{E_{\text{ax}}Z_{\text{f}}}=\frac{119\times 1.2+92.4\times 2.15}{81.84\times 2}=2.09\geqslant 1.6\quad\text{满足}$$

（5）抗滑移稳定性验算。

$$K_{\text{s}}=\frac{(G_{\text{n}}+E_{\text{an}})\mu}{E_{\text{at}}-G_{\text{t}}}=\frac{(119+92.4)\times 0.5}{81.84}=1.29\geqslant 1.3\quad\text{满足}$$

合力点距 O 点距离

$$c=\frac{G_1a_1+G_2a_2-E_{\text{a}}Z}{N}=\frac{119\times 1.2+92.4\times 2.15-81.84\times 2}{119+92.4}=0.84\text{m}$$

偏心距

$$e=\frac{b}{2}-c=\frac{2.5}{2}-0.915=0.335<\frac{b}{6}$$

基底压力

$$p=\frac{N}{b}=\frac{119+92.4}{2.5}=84.6\text{kPa}<f=180\text{kPa}$$

足够 $$p_{\min}=16.6>0$$

（7）墙身强度验算，略。

第六节 边坡稳定分析

一、概述

土坡稳定性分析的目的在于设计出土坡在给定条件下合理的断面尺寸或验算土坡已拟定的断面尺寸是否稳定和合理。它的分析方法主要有对比法和力学分析法。两种方法各有适用条件，具体工程中应该通过两种方法的合理应用，综合分析得到最后结论。

工程实际中的土坡包括天然土坡和人工土坡，天然土坡是指天然形成的山坡和江河湖海的岸坡，人工土坡则是指人工开挖基坑、基槽、路堑或填筑路堤、土坝形成的边坡。当土坡的顶面和底面都是水平，并延伸至无穷远，且土坡由均质土组成时，则成为简单土坡，如图5-28所示。

由于土坡表面倾斜，在土体自重和外荷载作用下，土体将出现自上而下的滑动趋势。土坡丧失原有的稳定性，一部分土体相对于另一部分土体沿某一明显界面发生剪切破坏向坡下滑动的现象，成为滑坡。土坡滑动失稳的原因一般有以下两类情况：

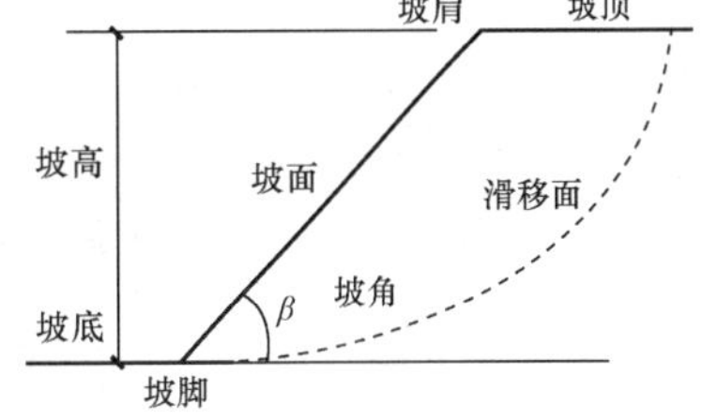

图5-28 边坡构造

（1）外界荷载作用或土坡环境变化等导致土体内部剪应力加大，破坏了土体内原来的应力平衡状态。如基坑或路堑的开挖、路堤的填筑、土坡顶面上作用外荷载、土体内水的渗流、降雨导致土体饱和增加重度、地震力的作用等也都会破坏土体内原有的应力平衡状态，导致土坡坍塌。

（2）土的抗剪强度由于受到外界各种因素的影响而降低，促使土坡失稳破坏。如外界气候等自然条件的变化、土坡附近因打桩、爆破或地震力的作用将引起土的液化或触变，使土的强度降低。

影响土坡稳定有多种因素，主要包括土坡的边界条件、土质条件和外界条件三方面。

（1）土坡坡度。

土坡坡度有两种表示方法：一种以高度与水平尺度之比来表示，例如1∶2表示高度1m，水平长度为2m的缓坡；另一种以坡角β表示，β越小土坡越稳定，但不经济。

（2）土坡高度。

土坡高度越小，土坡越稳定。

（3）土的性质。

如重度γ、摩擦角φ、黏聚力c等越大，土坡越稳定。

（4）气象条件。

降雨使φ降低或产生孔隙水压力。土体干燥的土体强度大，稳定性好。

(5) 地下水的渗透。

地下水位上升，土坡中有地下水渗透时，渗透力与滑动方向相反则安全，两者方向相同则危险。

(6) 强烈地震。

在地震区遇强烈地震，会使土的强度降低，且地震力或使土体产生孔隙水压力，则对土坡稳定性不利。

土坡稳定是高速公路、铁路、机场、高层建筑深基坑开挖及矿井、堤坝等工程建设中经常遇到的十分重要的问题。而且不同情况下形成的类型也不同（表 5-4）目前在土坡稳定性分析中还有许多不确定因素的影响有待进一步研究。本节介绍土坡稳定性的基本原理和方法。

表 5-4　边坡失稳的类型

类型		成因及特征
崩落		有张裂缝发展引起，为新挖方或河岸的短期破坏类型
旋转滑动	浅层滑动	宜发生在风化壳及冲积坡及黏土斜坡上
	圆弧形滑动	宜发生在相对均匀的黏性土挖方边坡或超固结的自然斜坡
	非圆弧形滑动	发生在具准平面型滑动面的超固结黏性土或构造上各向异性的基岩
平移滑动		当滑动旋转受到下卧岩层面或风化边界底面限制而发生的较浅层滑坡，分块体滑动和板状滑动
复合型滑动		经历了部分旋转、部分平移使边坡严重变形和破碎的滑动
滑移土流		在软化、风化岩屑中易于由长条形的旋转滑动发展而成其运动形式介于滑坡及泥石流之间
逐级滑动		由多个浅层旋转或平移滑动以规则或不规则的方式连接而成的阶梯状滑动
崩积层滑动		陡崖下堆积的风化或剥落物质由于基脚侵蚀产生滑移，也包括古滑坡的复活

二、无黏性土土坡稳定性分析

对于均质的无黏性土土坡，无论是干坡还是完全在浸水条件下，由于无黏性土颗粒之间没有黏聚力，所以位于无黏性土坡坡面上的各个土粒如能保持其稳定状态，不致滑落，则这个土坡就是稳定的。根据实际观测，由均质砂性土构成的土坡，破坏时滑动面大多近似于平面，成层的非均质的砂类土构成的土坡，破坏时的滑动面也往往近于一个平面，因此在分析无黏性土的土坡稳定时，一般均假定滑动面是平面。

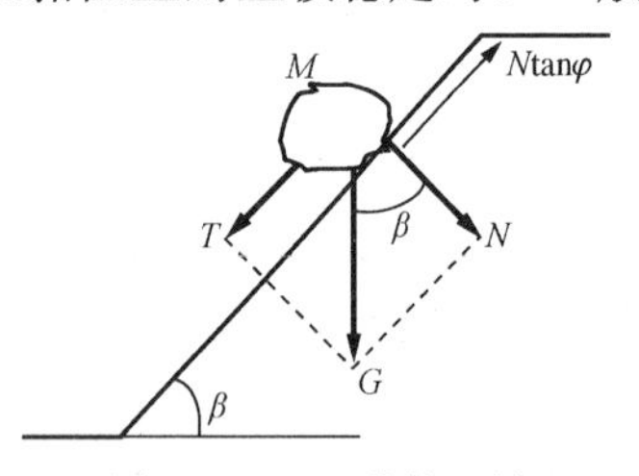

图 5-29　无黏性土坡稳定性分析

如图 5-29 所示一个无黏性土土坡，设坡面有一个土粒 M，自重为 G，它的切向分力（与坡面平行）$T=G\sin\beta$，它将促使土粒 M 沿坡面向下滑动；而它的法向分力（与坡面正交）$N=G\cos\beta$，却将产生一个摩擦力 $N\tan\varphi$（φ 是土的内摩擦角）来阻止它向下滑动。因此，要保持这个土粒不至于沿坡面向下滑动，只能是：

$$T \leqslant N\tan\varphi$$

或

$$G\sin\beta \leqslant G\cos\beta\tan\varphi$$

即

$$\tan\beta \leqslant \tan\varphi$$

或

$$\beta \leqslant \varphi$$

所以，如果位于土坡面上的土粒 M 能保持稳定，不滑下来，则土坡就是稳定的。

设 K_s 是无黏性土坡的稳定安全系数，则

$$K_s = \frac{\text{抗滑力}}{\text{滑动力}} = \frac{N\tan\varphi}{T} = \frac{G\cos\beta\tan\varphi}{G\sin\beta} = \frac{\tan\varphi}{\tan\beta} \tag{5-34}$$

可见，当 $K_s \geqslant 1$，即 $\tan\beta \leqslant \tan\varphi$ 或 $\beta \leqslant \varphi$，土坡就是稳定的，而且与坡高无关。当 $K_s = 1.0$ 时，土坡处于极限平衡状态，这时坡角 β 等于土的内摩擦角 φ，有称为休止角或天然坡度角。

三、黏性土土坡稳定性分析

黏性土由于颗粒之间存在黏聚力，发生滑坡时是整体土块向下滑动的，坡面上任一单元土体的稳定条件不能用来代表整个土坡的稳定条件。均质黏性土土坡在失稳破坏时，其滑动面常常是一曲面，在坡顶处滑动面接近于铅直，在接近于坡脚处则渐趋水平，为简化计算，常把它假定为个圆弧。对于非均质土坡，其滑动面不一定是圆弧，要按工程地质勘察给出的可能滑动面的不同形状进行验算。实际土坡在滑动时形成的滑动面与土性、坡角 β 以及硬层的埋置深度等有关，一般可形成坡脚圆、坡面圆、中点圆三种形式。由于计算时不能确定最危险面的位置，因此在分析时需要假设几个可能的滑动面进行试算，并确定相应的稳定安全系数，其中稳定安全系数最小的相应滑动面就是最危险滑动面。如果最危险滑动面的安全系数大于 1，则意味着所验算的土坡已经满足了稳定要求。

黏性土坡稳定性分析时，根据不同的假设（如滑动面的形状等）和简化，有多种方法。就按圆弧法来说，按其各种不同的假设，就有 $\varphi=0$、摩擦圆法、条分法等，目前应用最为广泛的是条分法（也称瑞典法）。

1. 土坡圆弧滑动体的整体稳定分析

对于均质简单土坡，其圆弧滑动体的稳定分析可采用整体稳定分析法进行。所谓简单土坡是指土坡顶面与底面水平，坡面 BC 为一平面的土坡，如图 5-30 所示。若可能的圆弧滑动面为 AD，其圆心为 o，滑动圆弧半径为 R。滑动土体 $ABCD$ 的重力为 W，它是促使土坡滑动的滑动力。沿着滑动面 AD 上分布土的抗剪强度 τ_f 将形成抗滑力。将滑动力 W 及抗滑力 τ_f 分别对滑动面圆心 o 取矩，得滑动力矩 M_s 及抗滑力矩 M_r 分别为

$$M_r = \tau_f \times L \times R \tag{5-35}$$

$$M_s = W \times d \tag{5-36}$$

式中　τ_f——土的抗剪强度，kPa；

L——滑动面滑弧长，m；

R——滑动面圆弧半径，m；

W——滑动土体的重力，kN/m；

d——W 对滑动面圆心 o 的力臂，m。

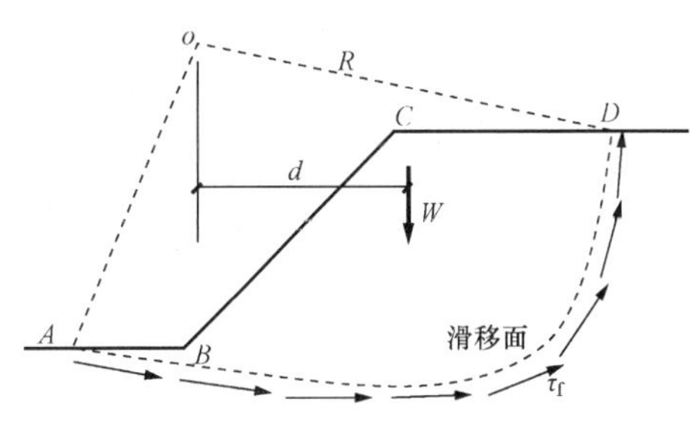

图 5-30　黏性土坡稳定性分析示意图

取抗滑力矩与滑动力矩的比值为土坡的稳定

安全系数 K_s，即

$$K_s = \frac{M_r}{M_s} = \frac{\tau_f \times L \times R}{W \times d}$$

若滑弧范围内土体是均匀的且内摩擦角 $\varphi=0$，则抗剪强度 $\tau_f = C_u$，有

$$K_s = \frac{M_r}{M_s} = \frac{C_u \times L \times R}{W \times d}$$

稳定安全系数 K 是对于某一个假定滑动面求得的，因此需要试算许多个可能的滑动面，相应于最小安全系数的滑动面即为最危险滑动面。

若土体 $\varphi \neq 0$，τ_f 与滑动面上的法向应力 N 有关，土坡的稳定性分析应采用条分法。

2. 条分法

用条分法分析黏性土坡的稳定性时，假定：①土是均质而又各向同性的；②滑动面是通过坡脚的坡脚圆；③滑动土体是一个刚体；④各土条间相互作用力的大小和位置为已知；⑤按平面问题考虑等。

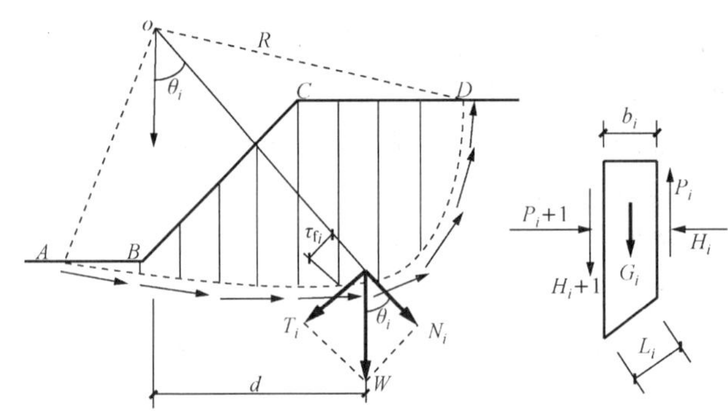

图 5-31 条分法稳定性分析示意图

如图 5-31 所示土坡，取单位长度土坡按平面问题计算。假设不考虑土条两侧的条间作用力效应。

计算步骤如下：

(1) 设可能的滑动面是一圆弧 AD，其圆心为 o，半径为 R。将滑动土体 $ABCD$ 分成许多竖向土条，土条宽度一般可取 $b_i = 0.1R$。

(2) 计算每个土条的重量 G_i，它与土条底层的径向分力 N_i 和切向分力 T_i 处于静力平衡，故

$$N_i = G_i \cos\theta_i$$

$$T_i = G_i \sin\theta_i$$

式中 θ_i——第 i 土条圆弧中点法线与铅直线的夹角，度。

(3) 以 o 点为转动的中心，计算圆弧面上各力对 o 点的滑动力矩

$$M_s = R\sum_{i=1}^{n} T_i = \sum_{i=1}^{n} G_i \sin\theta_i \tag{5-37}$$

应注意，T_i 的作用与它所处的位置有关，当它的方向与滑动方向相反时，应取负值。

(4) 以 o 点为转动的中心，计算圆弧面上各力对 o 点的抗滑动力矩，它由摩擦阻力 ($N_i \tan\varphi$) 和黏聚力（设它沿着圆弧均匀分布）所组成

$$\begin{aligned} M_r &= R\left(\sum_{i=1}^{n} N_i \tan\varphi + c\widehat{L}_{AC}\right) \\ &= R\left(\tan\varphi \sum_{i=1}^{n} G_i \cos\theta_i + c\widehat{L}_{AC}\right) \end{aligned} \tag{5-38}$$

式中 $\widehat{L}_{AC}$——圆弧 AC 的长度。

(5) 计算稳定安全系数 K_s

$$K_s=\frac{M_r}{M_s}=\frac{R(\tan\varphi\sum_{i=1}^{n}G_i\cos\theta_i+c\,\widehat{L}_{AC})}{R\sum_{i=1}^{n}G_i\sin\theta_i}$$

$$=\frac{\tan\varphi\sum_{i=1}^{n}G_i\cos\theta_i+c\,\widehat{L}_{AC}}{\sum_{i=1}^{n}G_i\sin\theta_i} \tag{5-39}$$

（6）假定几个其他可能的滑动面，按上述步骤（2）～（5）分别计算其相应滑动面的稳定安全系数。这样，最小的稳定安全系数所对应的滑动面就是最危险的滑动面，它应不小于有关规范要求的允许值，规范要求的允许值应根据土的特征、抗剪强度指标的可靠程度、建筑物的等级和地区经验等因素综合确定，当 $K_{min}>1$ 时，土坡是稳定的，根据工程性质，一般可取 1.1～1.5。

由上述可知，土坡稳定计算工作量较大。工程中的土坡稳定性计算主要有土的剪切强度指标的选用、安全系数的选用、成层土边坡的稳定安全系数计算、坡顶开裂时的稳定性、渗流对土坡稳定的影响、按有效应力分析土坡稳定、地震对土坡稳定的影响等。

当所求土坡的稳定安全系数不符合要求时，应重新进行计算。在给定的坡高和土质下，应考虑放缓坡度或改变土坡外形；如还不能满足要求，应根据具体情况采用打桩、设置挡土板、排水砂井等措施。为保证土坡的稳定性，还应注意采取恰当的施工方法和施工程序，加强施工观测，以便及时发现失稳现象（如坡面外鼓、坡脚地面以外隆起等），并采取放慢施工速度、削坡、坡脚压载、坡顶减载等措施。施工时不应超挖、在破脚掏挖和挖成陡坡，弃土应放在离坡肩外一定距离，且堆载不宜过高。

小　　结

土压力是支挡结构和其他地下结构中普遍存在的受力形式。土压力的大小与支挡结构位移有关，并由此形成了静止土压力、主动土压力和被动土压力。静止土压力的计算方法由水平向自重应力计算公式演变而来，而朗肯土压力计算公式是由土的极限平衡条件推导得出，库仑土压力公式则是由滑动土楔的静力平衡条件推导获得的。各种土压力公式都有其适用条件，在实际使用中对此应引起注意。

挡土墙的设计实质是合理处理好墙背土压力、墙与地面的摩擦力、墙体自重三者的关系，设计内容包括：墙型选择、作用在挡墙上力系计算、墙身强度及稳定性验算、墙后排水及填土质量要求。

滑坡是一种常见的边坡失稳现象，发生滑坡将会造成严重的工程事故，故需分析土坡失稳的机理、应用土坡整体稳定分析方法与工程实用分析方法对土坡进行稳定性验算，必要时采取适当的工程措施。

土坡失稳是土体内部应力状态发生显著改变的结果。对砂土土坡，其滑动面可假设为平面，通过滑动平面上的受力平衡条件导出其土坡稳定安全系数的验算公式；对均质黏土土坡可以采用圆弧滑动面假设用整体稳定分析方法进行验算；对成层土黏土土坡，一般可采用条分法进行分析计算。土坡稳定验算安全系数与滑动面位置有关，故需要求出最危险圆心位置对应的最小安全系数。

习 题

1. 为什么说朗肯土压力理论是库仑理论的一个特例？
2. 地下水位升降对土压力的影响如何？
3. 墙背积水对挡土墙有何影响？
4. 为什么说$E_a < E_0 < E_p$？
5. 如果墙后有均布荷载q，怎样求静止土压力？
6. 如果将黏聚力c引起的拉力计算在内，土压力增加还是减少？计算结果是否偏于安全？
7. 墙后填土设有反滤层，应选择填土的c值还是反滤层的c值进行计算土压力？
8. 朗肯土压力理论和库仑土压力理论的适用条件是什么？
9. 根据墙的位移情况和墙后土体所处的应力状态，分析土压力类型？
10. 挡土墙的抗滑移安全系数与哪些因素有关？
11. 重力式挡土墙的回填土最好采用什么材料？
12. 简述坡面加固的目的。

训 练 题

1. 某一高层建筑物拟建二层地下室，在设计地下室挡土墙时作用在使挡墙上的土压力应按（ ）计算。

A. 主动土压力　B. 被动土压力　C. 静止土压力　D. 自重应力

2. 对于砂土边坡下列说法哪些是不正确的（ ）

A. 稳定性随坡高增加而变危险　B. 稳定性随坡高增加而变安全

C. 其稳定性与坡高无关系　D. 其稳定性与坡角有关

E. 其稳定性随坡角增加而变危险

3. 关于朗肯理论与库仑理论下列说法哪些是正确的（ ）。

A. 朗肯理论是库仑理论的一种特例，库仑理论经适用范围更广

B. 库仑理论适合于墙背竖直的情况下

C. 朗肯理论适合于挡土墙背光滑的情况下

D. 库仑理论比朗肯理论计算的结果要准确

E. 朗肯与库仑理论各有千秋，要区别对待

4. 关于挡土墙的形式对主动土压力的影响，下列哪些说法是正确的（ ）。

A. 倾斜的P_a比竖直的P_a要大　B. 俯斜的P_a比竖直的P_a要大

C. 俯斜的P_a比倾斜的P_a要大　D. 俯斜的P_a比竖直的P_a要小

E. 倾斜最小，俯斜的最大

5. 挡土墙墙后填土的内摩擦角对土压力大小的影响，下列说法中哪个是正确的（ ）。

A. 内摩擦角越大，被动土压力越大　B. 内摩擦角越大，被动土压力越小

C. 内摩擦角的大小对被动土压力无影响　D. 内摩擦角越大，主动土压力越大

6. 由于朗肯土压力理论忽略了墙背与填土之间的摩擦影响，因此计算结果与实际有出

入，下列关于朗肯土压力计算结果说法正确的是（　　）。

A. 主动土压力偏小，被动土压力偏大　　B. 主动土压力偏大，被动土压力偏小

C. 主动土压力和被动土压力都偏大　　D. 主动土压力和被动土压力都偏小

7. 应用朗肯土压力理论计算图 5-32 中土质条件下作用于挡土墙上的主动土压力及水压力，并画出分布图。

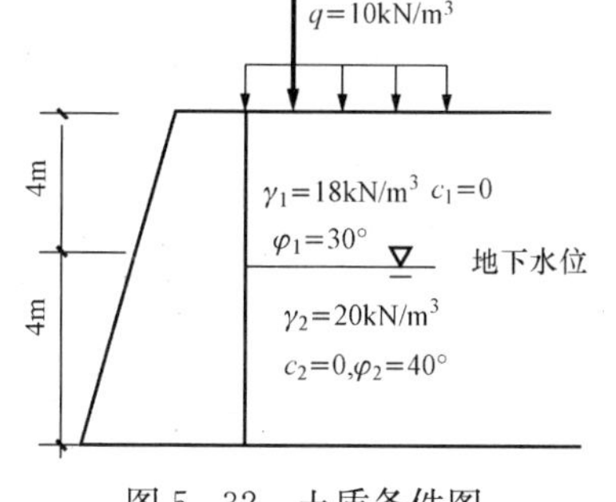

图 5-32　土质条件图

8. 见图 5-33 若挡土墙的墙背竖直且光滑，墙后填土面水平，黏聚力 $c=0$，按库伦土压力理论，如何确定主动状态的滑动土楔范围？

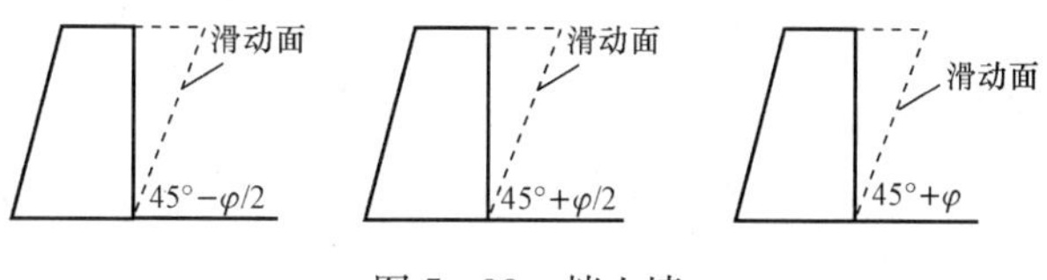

图 5-33　挡土墙

9. 如图 5-34 所示，垂直光滑挡土墙，墙高 5m，墙后填土表面水平，填土为砂，其容重 $\gamma=17\text{kN/m}^3$，内摩擦角 $\varphi=35°$。饱和容重 $\gamma_{sat}=20\text{kN/m}^3$，地下水位在填土表面以下 2m。墙后填土表面超载 $q=50\text{kN/m}$。试求作用于墙背上的主动土压力 P_a 及水压力 P_w，并作出土压力 p_a 和水压力 p_w 的分布图。

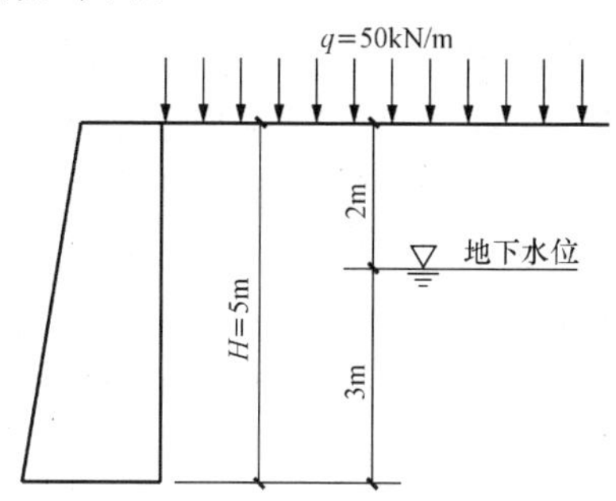

图 5-34　垂直光滑挡土墙

第六章　浅基础设计

掌握： 基础埋置深度的选择，地基承载力特征值的确定方法，按照地基强度和变形计算基础底面尺寸的方法。

熟悉： 无筋扩展基础及扩展基础的设计方法及步骤；浅基础的类型及其使用条件；减轻不均匀沉降危害的措施。

了解： 浅基础的设计原则；钢筋混凝土梁、板式基础的简化计算方法。

学习目的： 通过学习本章内容，能合理选择基础类型，掌握基础埋深、地基承载力和基底面积确定的方法。

能力培养： 具备基础埋置深度和地基承载力特征值确定的能力；具备按照地基强度和变形计算基础底面尺寸的能力。能合理有效地采取减轻不均匀沉降措施的能力。

第一节　概　　述

地基基础设计必须根据建筑物的用途、安全等级、使用要求、上部结构类型，建筑场地和地基岩土条件，以及施工条件、工期、造价等各方面的要求，合理选择地基基础的方案，因地制宜、精心设计，以保证建筑物的安全和正常使用。

地基基础的设计和计算应满足下列三项基本原则。

（1）对防止地基土体剪切破坏和丧失稳定性方面，应具有足够的安全度。

（2）应控制地基变形量，使之不超过建筑物的地基变形允许值，以免引起基础和上部结构的损坏或影响建筑物的使用功能和外观。

（3）基础的形式、构造和尺寸，除应能适应上部结构、符合使用要求、满足地基承载力和变形要求外，还应满足对基础结构的强度，刚度和耐久性的要求。

如果基础直接建造在未经加固处理的天然地层上，这种地基称为天然地基。若天然地层较软弱，不足以承受建筑荷载，而需要经过人工加固，才能在其上建造基础，这种地基称为人工地基。人工地基造价高，施工复杂。因此，一般情况下应尽量采用天然地基。

在施工实践中，基础可分为浅基础和深基础两大类，如果说深基础主要作用是把所承受的荷载相对集中地传递到地基深部，那么，浅基础则是通过基础底面把荷载扩散分布于浅部地层。选择地基基础方案时，基础设计应保证上部结构的安全与正常使用的前提下，使基础的费用尽可能经济合理。当浅基础难以满足要求时，才考虑深基础或人工处理地基等地基基础方案。

、地基基础设计的基本规定

（一）地基基础设计等级

《建筑地基基础设计规范》（GB 50007—2002）根据地基复杂程度、建筑物规模和功能特征，以及由于地基问题可能造成建筑物破坏或影响正常使用的程度，将地基基础分为三个设计等级，设计时应根据具体情况，按表 6 - 1 选用。

表 6-1 建筑地基基础设计等级

设计等级	建筑和地基类型
甲级	重要的工业与民用建筑物 30 层以上的高层建筑 体型复杂、层数相差超过 10 层的高低层连成一体的建筑物 大面积的多层地下建筑物（如地下车库、商场、运动场等） 对地基变形有特殊要求的建筑物 复杂地质条件下的坡上建筑物（包括高边坡） 对原有工程影响较大的新建筑物 场地和地基条件复杂的一般建筑物 位于复杂地质条件及软土地区的二层及二层以上地下室的基坑工程
乙级	除甲级、丙级以外的工业与民用建筑物
丙级	场地和地基条件简单、荷载分布均匀的七层及七层以下民用建筑及一般工业建筑次要的轻型建筑物

（二）对地基与基础设计的要求

为了保证建筑物的安全与正常使用，根据建筑物地基基础设计等级及长期荷载作用下地基变形对上部结构影响程度，地基基础设计应符合下列规定：

（1）所有建筑物的地基计算均应满足承载力计算的有关规定。

（2）设计等级为甲级、乙级的建筑物，均应按地基变形设计。

（3）表 6-2 所列范围内设计等级为丙级的建筑物可不作变形验算，但如有下列情况之

表 6-2 可不作变形验算的设计等级为丙级的建筑物

地基主要受力层情况	地基承载力特征值 f_{ak}(kPa)			$60\leqslant f_{ak}<80$	$80\leqslant f_{ak}<100$	$100\leqslant f_{ak}<130$	$130\leqslant f_{ak}<160$	$160\leqslant f_{ak}<200$	$200\leqslant f_{ak}<300$
	各土层坡度（%）			≤5	≤5	≤10	≤10	≤10	≤10
建筑类型	砌体承重结构、框架结构（层数）			≤5	≤5	≤5	≤6	≤6	≤7
	单层排架结构（6m 柱距）	单跨	吊车额定起重量（t）	5～10	10～15	15～20	20～30	30～50	50～100
			厂房跨度（m）	≤12	≤18	≤24	≤30	≤30	≤30
		多跨	吊车额定起重量（t）	3～5	5～10	10～15	15～20	20～30	30～75
			厂房跨度（m）	≤12	≤18	≤24	≤30	≤30	≤30
	烟囱	高度（m）		≤30	≤40	≤50	≤75		≤100
	水塔	高度（m）		≤15	≤20	≤30	≤30		≤30
		容积（m^3）		≤50	50～100	100～200	200～300	300～500	500～1000

注 1. 地基主要受力层是指条形基础底面下深度为 $3b$（b 为基础底面宽度），独立基础下 $1.5b$，且厚度均不小于 5m 的范围（二层以下一般的民用建筑除外）；

2. 地基主要受力层中如有承载力特征值小于 130kPa 的土层时，表中砌体承重结构的设计，应符合《建筑地基基础设计规范》（GB 50007—2002）第七章的有关要求；

3. 表中砌体承重结构和框架结构均指民用建筑，对于工业建筑可按厂房高度、荷载情况折合成与其相当的民用建筑层数；

4. 表中吊车额定起重量、烟囱高度和水塔容积的数值是指最大值。

一时，仍应作变形验算：

1）地基承载力特征值小于 130kPa，且体形复杂的建筑；

2）在基础上及其附近有地面堆载或相邻基础荷载差异较大，可能引起地基产生过大的不均匀沉降时；

3）软弱地基上的建筑物存在偏心荷载时；

4）相邻建筑距离过近，可能发生倾斜时；

5）地基内有厚度较大或厚薄不均的填土，其自重固结未完成时。

（4）对经常承受水平荷载作用的高层建筑、高耸结构和挡土墙等，以及建造在斜坡上或边坡附近的建筑物和构筑物，尚应验算其稳定性。

（5）基坑工程应进行稳定性验算。

（6）当地下水埋藏较浅，存在地下水上浮问题时，尚应进行抗浮验算。

（三）荷载取值

地基基础的设计，所采用的荷载效应最不利组合与相应的抗力限值符合《建筑地基基础设计规范》（GB 50007—2002）的规定：

（1）按地基承载力确定基础底面积及埋深或按单桩承载力确定桩数时，传至基础或承台底面上的荷载效应应按正常使用极限状态下荷载效应的标准组合。相应的抗力应采用地基承载力特征值或单桩承载力特征值。

（2）计算地基变形时，传至基础底面上的荷载效应应按正常使用极限状态下荷载效应的准永久组合，不应计入风荷载和地震作用。相应的限值应为地基变形允许值。

（3）计算挡土墙压力、地基或斜坡稳定及滑坡推力时，荷载效应应按承载能力极限状态下荷载效应的基本组合，但其荷载分项系数均为 1.0。

（4）在确定基础或桩承台高度、支挡结构截面、计算基础或支挡结构内力、确定配筋和验算材料强度时，上部结构传来的荷载效应组合和相应的基底反力，应按承载能力极限状态下荷载效应的基本组合，采用相应的荷载分项系数。

当需要验算基础裂缝宽度时，应按正常使用极限状态荷载效应标准组合。

（5）基础设计安全等级、结构设计使用年限、结构重要性系数应按有关规范的规定采用，但结构重要性系数 γ_0 不应小于 1.0。

（四）两种极限状态与承载力计算

1. 承载力极限状态

保证地基具有足够的强度和稳定性。

当轴心荷载作用时，应符合下式要求

$$p_k \leqslant f_a \tag{6-1}$$

式中 p_k——相应于荷载效应标准组合时，基础底面处的平均压力值，kPa；

f_a——修正后的地基承载力特征值，kPa。

当偏心荷载作用时，除符合式（6-1）要求外，尚应符合下式要求

$$p_{jmax} \leqslant 1.2 f_a \tag{6-2}$$

式中 p_{jmax}——相应于荷载效应标准组合时，基础底面边缘的最大压力值，kPa；

2. 正常使用极限状态

保证地基的变形值控制在建筑物所允许的范围内。所谓建筑物允许的变形值是指地基在

荷载及其他因素影响下，基础所产生的均匀沉降或不均匀沉降不致于影响建筑物的安全和正常使用；不能妨碍其设计功能的发挥。

地基的变形值应符合下式要求

$$S \leqslant [S] \tag{6-3}$$

式中　S——建筑物的地基变形计算值，m；

$[S]$——建筑物的地基变形允许值，m。

二、地基基础设计资料准备与设计步骤

1. 设计资料

在一般情况下，进行地基基础设计时，需具备下列资料：

(1) 建筑场地的地形图。

(2) 建筑场地的工程地质勘察资料。

(3) 建筑物的平面、立面、剖面图及使用要求，作用在基础上的荷载、设备基础以及各种设备管道的布置和标高。

(4) 建筑材料的供应情况。

2. 地基基础设计步骤

天然地基浅基础的设计，应根据上述资料和建筑物的类型、结构特点，按下列步骤进行：

(1) 分析建筑场地地质勘察资料，掌握工程地质、水文地质状况。

(2) 选择基础的材料和构造形式。

(3) 确定基础的埋置深度。

(4) 确定地基土的承载力特征值。

(5) 确定基础底面尺寸，压缩层范围内有软弱土层时应进行下卧层强度验算。

(6) 对设计等级为甲级、乙级的建筑物，以及不符合表 6-2 的丙级建筑物，进行地基变形验算。

(7) 对建于斜坡上的建筑物和构建物及经常承受较大水平荷载的高层建筑和高耸结构，进行地基稳定性验算。

(8) 确定基础的剖面尺寸，进行基础结构计算。

(9) 绘制基础施工图，编写施工说明。

第二节　浅基础的类型

基础可按基础材料、构造类型、受力特点进行分类。分类的目的主要是为了更好地了解各种类型基础的特点及其适用范围，以便在设计时合理地选择。

一、无筋扩展基础

无筋扩展基础系指由砖、毛石、混凝土或毛石混凝土、灰土和三合土等材料组成的，且不需配置钢筋的墙下条形基础或柱下独立基础，无筋扩展基础的类型及特点见表 6-3。

以上这些基础都具有较好的抗压性能，但抗拉、抗剪强度却不高。因此，通过对基础构造的限制来保证基础内的拉应力和剪应力不超过相应的材料强度设计值。

表 6-3 **无筋扩展基础的类型及特点**

特点及要求 \ 基础类型	砖基础	毛石基础	混凝土和毛石混凝土基础	灰土基础	三合土基础
所用材料	为保证耐久性，砖的强度等级不低于 MU10，砌筑砂浆不低于 M5	毛石不低于 MU20，砂浆强度等级不低于 M5	混凝土或在混凝土内掺入 15%～25%（体积比）的毛石做成毛石混凝土	灰土是用熟化石灰和粉土或黏性土拌和而成。按体积配合比为 3∶7或 2∶8 加适量水拌和均匀而成	用石灰、砂、碎砖或碎石按体积比为 1∶2∶4 或 1∶3∶6 配成，经加入适量水拌和而成
特　点	优点是可就地取材，砌筑方便，但强度低且抗冻性差。因此，在寒冷而又潮湿地区采用不理想	抗冻性较好	强度、耐久性和抗冻性均较好	灰土基础造价低，可节约水泥和砖石材料，此外，灰土的抗冻性能较差，所以灰土基础应设置在冰冻线以下	造价低，抗冻性能较差
适用范围	多用于低层建筑的墙下基础	在寒冷潮湿地区可用于 6 层以下建筑物基础	当荷载较大或基础位于地下水位以下	多用于五层及五层以下的民用建筑	适用于地下水位较低的四层及四层以下的民用建筑工程和墙承重的轻型厂房
构造要求	剖面一般砌成阶梯形，通常称其为大放脚。采用两皮一收与一皮一收相间砌筑（即二、一间隔收砌筑法），每砌一阶，基础两边各收 1/4 砖长。一皮即一层砖，标志尺寸为 60mm	毛石基础每台阶高度不小于 400mm，每阶两边各伸出宽度不大于 200mm。石块应错缝搭砌，缝内砂浆应饱满，且每步台阶不应少于两皮毛石	基础台阶高度不小于 300mm，混凝土强度等级可采用 C15	分层夯实。每层虚铺 220～250mm 厚，夯实至 150mm 为一步，一般可铺 2～3 步，在再上做大放脚	分层夯实至设计标高，在最后一遍夯打时．宜浇浓灰浆，待表面灰浆略风干后，再铺上很薄一层砂子，最后整平夯实，然后在它上面砌大放脚
图　例	图 6-1（a）	图 6-1（b）	图 6-1（d）	图 6-1（c）	图 6-1（c）

二、扩展基础

扩展基础包括柱下钢筋混凝土独立基础和墙下钢筋混凝土条形基础。这类基础抗弯、抗剪强度都很高，耐久性和抗冻性都较理想。特别适用于荷载大，土质较软弱时，并且需要基底面积较大而必须浅埋的情况。

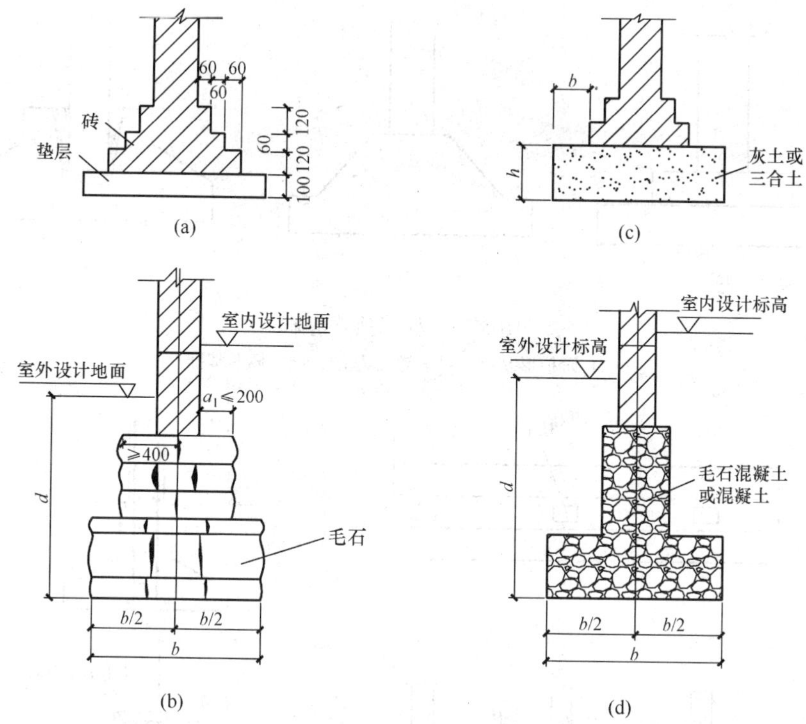

(a) (c)

(b) (d)

图 6-1 无筋扩展基础类型

(a) 砖基础；(b) 毛石基础；(c) 灰土、三合土基础；(d) 混凝土、毛石混凝土基础

（一）墙下钢筋混凝土条形基础

条形基础是承重墙下基础的主要形式。当上部结构荷载较大而地基土质又较弱时，可采用墙下钢筋混凝土条形基础。这种基础一般做成无肋式，如图 6-2（a）所示；如果地基土质分布不均匀，在水平方向压缩性差异较大，为了减小基础的不均匀沉降，增加基础的整体性，可做带肋式的条形基础［图 6-2（b）］。

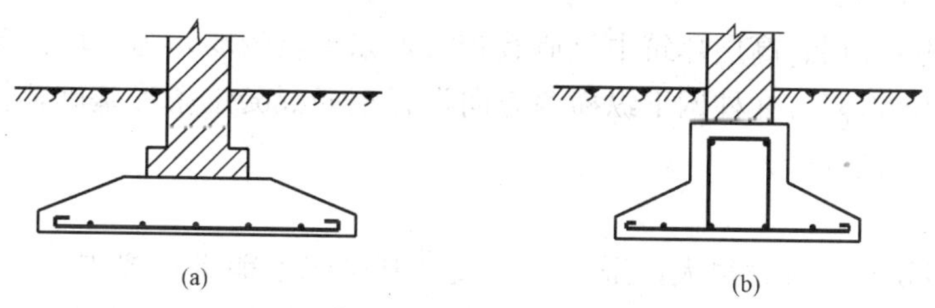

(a) (b)

图 6-2 墙下钢筋混凝土条形基础

(a) 无肋式；(b) 有肋式

（二）柱下独立基础

当地基条件较好时，独立柱下常采用这类基础。现浇柱下独立基础截面可做成阶梯形［图 6-3（a）］和锥形［图 6-3（b）］；预制柱一般采用杯形基础［图 6-3（c）］。

三、柱下钢筋混凝土条形基础

当柱承受荷载较大而地基土软弱，采用柱下独立基础，基础底面积很大而几乎相互连接，为增加基础的整体性和抗弯刚度，可将同一柱列的柱下基础连通做成钢筋混凝土条形基础（图 6-4）。这种基础常在框架结构中采用。

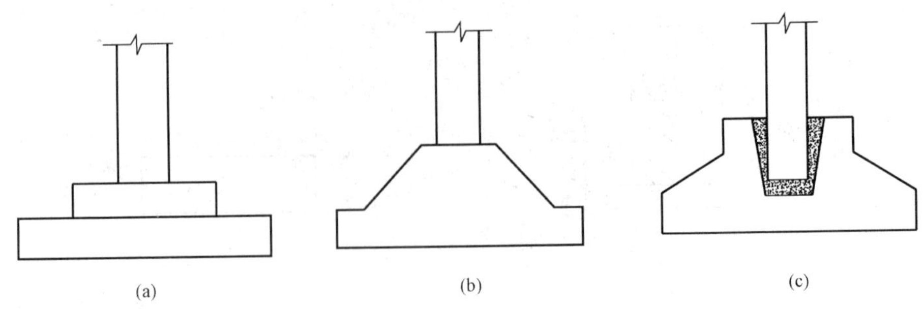

图 6-3 柱下独立基础

(a) 阶梯形基础；(b) 锥形基础；(c) 杯形基础

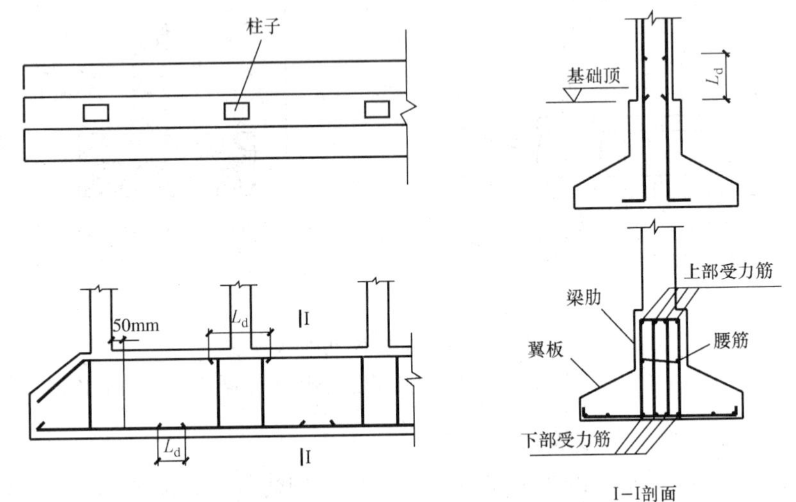

图 6-4 柱下条形基础

四、柱下交叉基础

在框架结构的多层、高层建筑中，荷载较大，如土质较弱，为了增强基础的整体刚度，调整地基的不均匀沉降，在柱网下纵横两方向设置钢筋混凝土条形基础，柱子设在交叉点，即十字交叉基础（图 6-5）。

五、片筏基础

如果地基很软弱，荷载很大，采用十字交叉基础仍不能满足要求；或相邻基础距离很小，或设置地下室时，可将基础底板连成一片而成为片筏基础。按构造不同，它可分为平板式和梁板式两类。平板式形如一倒置的无梁楼盖，柱子直接支承在底板上［图 6-6（a）］，一般在柱网均匀且柱距较小情况下采用。梁板式则形如倒置的肋形楼盖，肋可在板的下方或上方［图 6-6（b）］。

六、箱形基础

箱形基础是用钢筋混凝土底板、顶板和纵横交叉的隔墙构成（图 6-7），三部分共同工作形成很大的刚度。基础中空部分可作地下室，与实体基础相比可减小基底反力，较适合于地基软弱，平面形状简单的高层建筑物，对不均匀沉降有严格要求的设备或构筑物也可采用箱形基础。但基础的钢筋水泥用量很大，造价较高，施工技术要求也高。

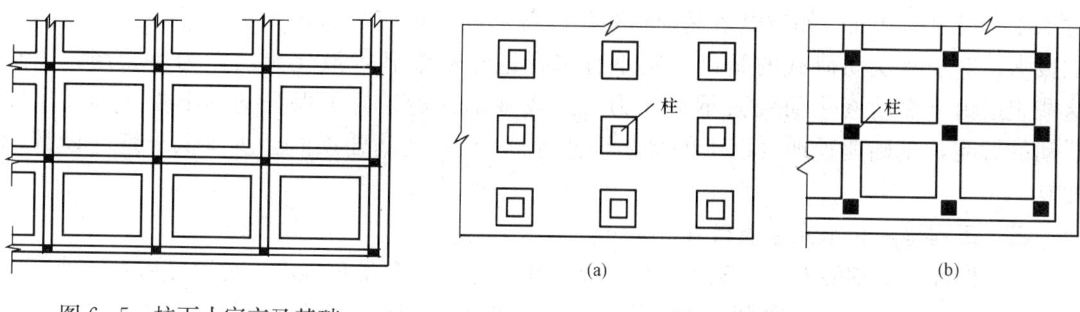

图 6-5　柱下十字交叉基础

图 6-6　筏形基础
(a) 平板式；(b) 梁板式

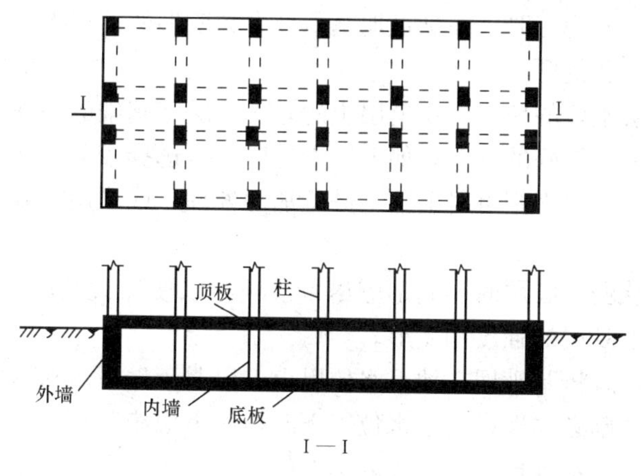

图 6-7　箱形基础

第三节　基础埋置深度的确定

基础的埋置深度一般是指室外设计地面至基础底面的距离。基础埋置深度的选择就是选择合适的地基持力层，因为它关系到地基是否可靠、施工的难易、工程造价的高低、工期的长短以及保证建筑物的安全性、正常使用都有着十分密切的关系。在确定基础埋置深度时，应主要考虑以下几个因素。

一、建筑物的类型和使用要求

某些建筑物需要具备一定的使用功能或宜采用某种基础型式，这些要求常成为基础埋深的先决条件，例如必须设置地下室、设备基础或地下设施时的建筑物，往往要求局部或整体加大基础的埋置深度。

有的建筑物对不均匀沉降要求很严格，如高层建筑不允许地基有较大的倾斜，多层框架结构在基础有不均匀沉降时会产生很大内力，这时就要求基础应埋置在较好的土层上，即便好土层埋藏较深，基础也应随之加深。

二、荷载的大小和性质

荷载大小不同，对地基土的要求也不同。某一深度的土层，对荷载小的基础可能是很好的持力层，而对荷载大的基础可能就不宜作为持力层。荷载的性质对基础的埋置深度也有着明显的影响，对于承受较大水平荷载的基础，必须有足够的埋置深度，保证基础的稳定性。

对承受上拔力的基础，如输电塔基础和某些设备基础，也应具有较大的埋深以提供所需的抗拔力。对于承受动荷载的基础，则不宜选择饱和粉细砂等液化土层作为持力层，以免这些土层由于振动液化而失去承载能力，造成基础失稳。为了保证基础不受人类及生物活动的影响，基础埋置地表以下的最小埋深为 0.5m，且基础顶面至少应低于室外设计地面 0.1m。

三、工程地质和水文地质条件

为了保证建筑物的安全，从工程地质条件出发选择具有足够强度，稳定性可靠的地基作为持力层。根据土层的承载力大小、压缩性高低和分布的均匀程度，可将地基大致分成以下三种典型情况来考虑基础的埋置深度。

（1）在深度方向土质均匀时，在满足地基承载力和变形的前提下，基础应尽量浅埋，这样施工方便，基础工程造价低。

（2）上层土差下层土好的地基，视上层土的厚度，决定基础的埋深。如果上层差的土层薄时，应将基础埋于下层较好的土上；如上层土较厚，若选择较大埋深时，应考虑施工是否方便，基础造价是否经济，否则可对上层土进行加固处理，或采用桩基，把荷载传递到较深的好土层上。

（3）当基础存在软弱下卧层时，基础应尽量浅埋，以便加大基底至软弱层顶面的距离，此外，还应验算软弱下卧层的强度和变形。

如果存在地下水，宜将基础埋在地下水位以上，以避免地下水对基坑开挖、基础施工和使用期间的影响。若基础必须埋在地下水位以下时，应考虑施工期间的基坑降水、坑壁支撑以及是否会产生流沙、涌水等现象。需采取必要的施工措施，保护地基土不受扰动。对于有侵蚀性的地下水，应采取防止基础受侵蚀破坏的措施。对位于江河岸边的基础，其埋深应考虑流水的冲刷作用，施工时宜采取相应的保护措施。

四、相邻建筑物对基础埋深的影响

新基础靠近原有建筑物基础时，为了保证原有建筑物的安全和正常使用，一般新建筑物基础埋深不宜大于相邻原有建筑物基础。如不能满足以上要求时，相邻两基础之间应保持一定的距离，其数值应根据原有建筑荷载大小和土质情况确定，且不宜小于该相邻基础底面高差的1～2 倍，如图 6 - 8。若不能满足上述要求，在施工过程中应采取有效措施，如分段施工、设置临时支撑、打板桩、采用地下连续墙或加固原有建筑为地基等，以保证原有建筑物的安全。

此外，当墙下条形基础有不同埋深时，应沿基础纵向做成台阶形，并由深到浅逐渐过渡，台阶做法如图 6 - 9 所示。在使用期间，还要注意由于新基础的荷载作用，是否将引起原有建筑物产生不均匀沉降。

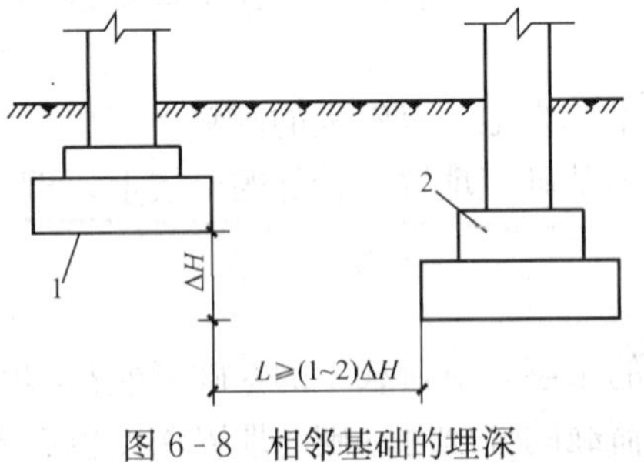

图 6 - 8　相邻基础的埋深
1—原有基础；2—新基础

五、地基冻融条件

冻土可分为季节性冻土和多年冻土两类：季节性冻土指地表层冬季冻结、夏季全部融化的土；多年冻土则是指冻结状态持续 2 年或 2 年以上的土。土的冻结不一定是冻胀，冻胀是指土冻结后其体积增大的现象。而冻土融化后引起的地基沉陷的现象称为融陷。当冻胀区内的基础受到的冻胀力大于基底以上的荷重，基础就会有被抬起的可能，当土层解冻融陷时，建筑物又随之下沉。地基土的冻胀和融陷一般是不均匀的，容易导致建筑物开裂损坏。

《建筑地基基础设计规范》(GB 50007—2002) 将地基的冻胀类别根据冻土层的平均冻胀率 η 的大小分为五类：不冻胀、弱冻胀、冻胀、强冻胀、特强冻胀，对于不冻胀土的基础埋深，可不考虑冻深的影响，可按表 6-4 查取。当冻深范围内地基由不同冻胀性土层组成时，基础最小埋深可按下层土确定，但不宜浅于下层土的顶面。

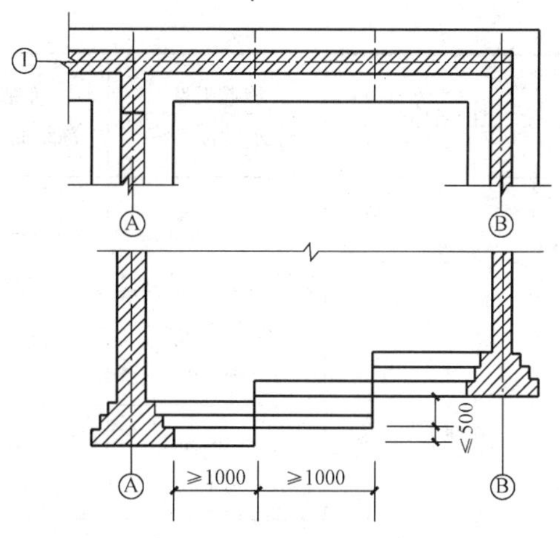

图 6-9　墙下基础埋深变化时台阶做法

表 6-4　**地基土的冻胀性分类**

土的名称	冻前天然含水量 ω (%)	冻结期间地下水位距冻结面的最小距离 h_w (m)	平均冻胀率 η (%)	冻胀等级	冻胀类别
碎（卵）石、砾、粗、中砂（粒径小于 0.075mm 颗粒含量大于 15%），细砂（粒径小于 0.075mm 颗粒含量大于 10%）	$\omega \leq 12$	>1.0	$\eta \leq 1$	Ⅰ	不冻胀
		≤1.0	$1<\eta \leq 3.5$	Ⅱ	弱冻胀
	$12<\omega \leq 18$	>1.0			
		≤1.0	$3.5<\eta \leq 6$	Ⅲ	冻胀
	$\omega>18$	>0.5			
		≤0.5	$6<\eta \leq 12$	Ⅳ	强冻胀
粉　砂	$\omega \leq 14$	>1.0	$\eta \leq 1$	Ⅰ	不冻胀
		≤1.0	$1<\eta \leq 3.5$	Ⅱ	弱冻胀
	$14<\omega \leq 19$	>1.0			
		≤1.0	$3.5<\eta \leq 6$	Ⅲ	冻胀
	$19<\omega \leq 23$	>1.0			
		≤1.0	$6<\eta \leq 12$	Ⅳ	强冻胀
	$\omega>23$	不考虑	$\eta>12$	Ⅴ	特强冻胀
粉　土	$\omega \leq 19$	>1.5	$\eta \leq 1$	Ⅰ	不冻胀
		≤1.5	$1<\eta \leq 3.5$	Ⅱ	弱冻胀
	$19<\omega \leq 22$	>1.5			
		≤1.5	$3.5<\eta \leq 6$	Ⅲ	冻胀
	$22<\omega \leq 26$	>1.5			
		≤1.5	$6<\eta \leq 12$	Ⅳ	强冻胀
	$26<\omega \leq 30$	>1.5			
		≤1.5	$\eta>12$	Ⅴ	特强冻胀
	$\omega>30$	不考虑			

续表

<table>
<tr><th>土的名称</th><th>冻前天然含水量 ω（%）</th><th>冻结期间地下水位距冻结面的最小距离 h_W（m）</th><th>平均冻胀率 η（%）</th><th>冻胀等级</th><th>冻胀类别</th></tr>
<tr><td rowspan="9">黏性土</td><td rowspan="2">$\omega \leqslant \omega_p+2$</td><td>$>2.0$</td><td>$\eta \leqslant 1$</td><td>Ⅰ</td><td>不冻胀</td></tr>
<tr><td>$\leqslant 2.0$</td><td rowspan="2">$1<\eta \leqslant 3.5$</td><td rowspan="2">Ⅱ</td><td rowspan="2">弱冻胀</td></tr>
<tr><td rowspan="2">$\omega_p+2<\omega \leqslant \omega_p+5$</td><td>$>2.0$</td></tr>
<tr><td>$\leqslant 2.0$</td><td rowspan="2">$3.5<\eta \leqslant 6$</td><td rowspan="2">Ⅲ</td><td rowspan="2">冻胀</td></tr>
<tr><td rowspan="2">$\omega_p+5<\omega \leqslant \omega_p+9$</td><td>$>2.0$</td></tr>
<tr><td>$\leqslant 2.0$</td><td rowspan="2">$6<\eta \leqslant 12$</td><td rowspan="2">Ⅳ</td><td rowspan="2">强冻胀</td></tr>
<tr><td rowspan="2">$\omega_p+9<\omega \leqslant \omega_p+15$</td><td>$>2.0$</td></tr>
<tr><td>$\leqslant 2.0$</td><td rowspan="2">$\eta>12$</td><td rowspan="2">Ⅴ</td><td rowspan="2">特强冻胀</td></tr>
<tr><td>$\omega>\omega_p+15$</td><td>不考虑</td></tr>
</table>

注 1. ω_p 是塑限含水量（%）；ω 是在冻层内冻前天然含水量的平均值；
2. 盐渍化冻土不在表列；
3. 塑性指数大于 22 时，冻胀性降低一级；
4. 粒径小于 0.005mm 的颗粒含量大于 60%时，为不冻胀土；
5. 碎石类土当充填物大于全部质量的 40%，其冻胀性按充填物土的类别判断；
6. 碎石土、砾砂、粗砂（粒径小于 0.075mm 颗粒含量不大于 15%），细砂（粒径小于 0.075mm 颗粒含量不大于 10%）均按不冻胀考虑。

为了使建筑物免遭冻害，对于埋置在冻胀土中的基础，应保证基础有相应的最小埋置深度 d_{min} 以消除基底冻胀力。基础最小埋深按下式计算

$$d_{min}=z_d-h_{max} \tag{6-4}$$

式中 h_{max}——基础底面下允许残留冻土层的最大厚度，m，按表 6-8 查取；

z_d——设计冻深，m，若当地有多年实测资料时，可按 $z_d=h'-\Delta z$，h' 和 Δz 分别为实测土层厚度和地表冻胀量；当无实测资料时，z_d 应按下式计算

$$z_d=z_0\psi_{zs}\cdot\psi_{zw}\cdot\psi_{ze} \tag{6-5}$$

式中 z_0——标准冻深，m。系采用在地表平坦、裸露、城市之外的空旷场地中不少于 10 年实测最大冻深的平均值，m。当无实测资料时，按《建筑地基基础设计规范》(GB 50007—2002) 附录 F 采用；

ψ_{zs}——土的类别对冻深的影响系数，按表 6-5 查取；

ψ_{zw}——土的冻胀性对冻深的影响系数，按表 6-6 查取；

ψ_{ze}——环境对冻深的影响系数，按表 6-7 查取。

表 6-5 土的类别对冻深的影响系数

土的类别	影响数 ψ_{zs}	土的类别	影响系数 ψ_{zs}
黏性土	1.00	中、粗、砾砂	1.30
细砂、粉砂、粉土	1.20	碎石土	1.40

表 6-6 **土的冻胀性对冻深的影响系数**

冻胀性	影响系数 ψ_{zw}	冻胀性	影响系数 ψ_{zw}
不冻胀	1.00	强冻胀	0.85
弱冻胀	0.95	特强冻胀	0.80
冻　胀	0.90		

表 6-7 **环境对冻深的影响系数**

周围环境	影响系数 ψ_{ze}	周围环境	影响系数 ψ_{ze}
村、镇、旷野	1.00	城市市区	0.90
城市近郊	0.95		

注 环境影响系数，当城市市区人口为 20～50 万时，按城市近郊取值；当城市市区人口大于 50 万小于或等于 100 万时，按城市市区取值；当城市市区人口超过 100 万时，按城市市区取值，5km 以内的郊区按城市近郊取值。

表 6-8 **建筑基底允许残留冻土层厚度 h_{max}** m

冻胀性	基础形式	采暖情况 \ 基底平均压力（kPa）	90	110	130	150	170	190	210
弱冻胀土	方形基础	采暖	—	0.94	0.99	1.04	1.11	1.15	1.20
		不采暖	—	0.78	0.84	0.91	0.97	1.04	1.10
	条形基础	采暖	—	>2.50	>2.50	>2.50	>2.50	>2.50	>2.50
		不采暖	—	2.20	2.50	>2.50	>2.50	>2.50	>2.50
冻胀土	方形基础	采暖	—	0.64	0.70	0.75	0.81	0.86	—
		不采暖	—	0.55	0.60	0.65	0.69	0.74	—
	条形基础	采暖	—	1.55	1.79	2.03	2.26	2.50	—
		不采暖	—	1.15	1.35	1.55	1.75	1.95	—
强冻胀土	方形基础	采暖	—	0.42	0.47	0.51	0.56	—	—
		不采暖	—	0.36	0.40	0.43	0.47	—	—
	条形基础	采暖	—	0.74	0.88	1.00	1.13	—	—
		不采暖	—	0.56	0.66	0.75	0.84	—	—
特强冻胀土	方形基础	采暖	0.30	0.34	0.38	0.41	—	—	—
		不采暖	0.24	0.27	0.31	0.34	—	—	—
	条形基础	采暖	0.43	0.52	0.61	0.70	—	—	—
		不采暖	0.33	0.40	0.47	0.53	—	—	—

注 1. 本表只计算法向冻胀力，如果基侧存在切向冻胀力，应采取防切向力措施；
2. 基础宽度小于 0.6m 时不适用，矩形基础取短边尺寸按方形基础计算；
3. 表中数据不适用于淤泥、淤泥质土和欠固黏土；
4. 表中基底平均压力数值为永久荷载标准值乘以 0.9，可以内插。

第四节 基础底面尺寸的确定

在选择了基础类型和埋深以后，就可以根据地基土的承载力和作用在基础上的荷载计算出基础底面的尺寸，然后进行必要的验算，包括持力层和软弱下卧层的地基承载力和变形的验算。

一、按持力层的承载力计算基底尺寸

（一）中心荷载作用下

根据作用在基础底面的压力应小于或等于修正后的地基土承载力特征值的条件确定基底的面积。

对于柱下独立基础，即

$$p_k = \frac{F_k + G_k}{A} \leqslant f_a$$

把 $G_k = \gamma_G A d$ 代入上式，由此可得基础底面积为

$$A = l \cdot b \geqslant \frac{F_k}{f_a - \gamma_G d} \tag{6-6}$$

对条形基础，通常沿墙纵向取单位长度（l=1m）为计算单元，F_k 即为每延长米的荷载（kN/m），则条形基础宽度为

$$b \geqslant \frac{F_k}{f_a - \gamma_G d} \tag{6-7}$$

由式（6-6）和式（6-7）可看出，求基底宽度 b 时需要知道修正后的地基承载力特征值 f_a，而 f_a 又与 b 有关，所以设计时应采用试算法，即先假定 b 大于 3m，这时只进行深度修正，然后按式（6-6）或式（6-7）算出基础宽度，如 $b \leqslant 3$m，表示假设正确，算得的基础宽度即为所求，否则再重新假设 b，通过反复验算取得满意结果。

【例 6-1】 墙下条形基础，作用在基础顶面上的轴向力 F_k=240kN/m，基础埋深 d=2m，室内外高差 0.45m，地基持力层为粉质黏土（η_b=0.3，η_d=1.6），基础埋深范围内土的重度 γ=18kN/m^3，地基承载力特征值 f_{ak}=190kPa，求该条形基础宽度。

解 （1）求修正后的地基承载力特征值。

假定基础宽度 $b<3$m，因埋深 $d>0.5$m，故仅进行地基承载力深度修正。

$$\begin{aligned} f_a &= f_{ak} + \eta_d \gamma_m (d - 0.5) \\ &= 190 + 1.6 \times 18 \times (2 - 0.5) = 233.2\text{kPa} \end{aligned}$$

（2）求基础宽度。

因为室内外高差 0.45m，故基础自重计算高度

$$d = 2 + \frac{0.45}{2} = 2.23\text{m}$$

基础宽度

$$b \geqslant \frac{F_k}{f_a - \gamma_G d} = \frac{240}{233.2 - 20 \times 2.23} = 1.27\text{m}$$

取 b=1.3m，由于与假定相符，最后取 b=1.3m。

（二）偏心荷载作用下

在偏心荷载作用下，基底的边缘最大和最小压力按第二章的公式计算。即

$$\begin{matrix} p_{max} \\ p_{min} \end{matrix} = \frac{F_k + G_k}{A} \pm \frac{M_k}{W}$$

或

$$\begin{matrix} p_{max} \\ p_{min} \end{matrix} = \frac{F_k + G_k}{bl}\left(1 \pm \frac{6e}{l}\right)$$

当 $e > \frac{l}{6}$ 时，p_{max} 按第二章相应公式计算。

基础底面积通常采用试算的方法确定，其具体步骤如下：

（1）按中心荷载作用时的公式（6-6）计算基础底面积 A。

（2）然后再考虑偏心荷载的影响，将基底面积 A 扩大 10%～40%。

（3）对于矩形基础，取基底长短边之比 $l/b=1.5\sim2.0$，以保证独立基础的刚度，初步确定基底的长短边尺寸，并计算基底边缘的最大和最小压力，要求最大压力应满足：$p_{max} \leqslant 1.2f_a$，同时要求基底平均压力应满足：$p_k \leqslant f_a$。

如果不满足地基承载力要求，需重新调整基底尺寸，直至符合要求为止。

【例 6-2】 已知某厂房柱下矩形单独基础如图 6-10 所示。已知传至基础顶面的内力值 $F_k=670\text{kN}$，$V_k=45\text{kN}$，$M_k=120\text{kN}\cdot\text{m}$；地基为黏土，其重度 $\gamma=19\text{kN/m}^3$，地基承载力特征值 $f_{ak}=180\text{kPa}$（$\eta_b=0.3$，$\eta_d=1.6$），基础埋深 $d=1.8\text{m}$，试确定基础底面尺寸。

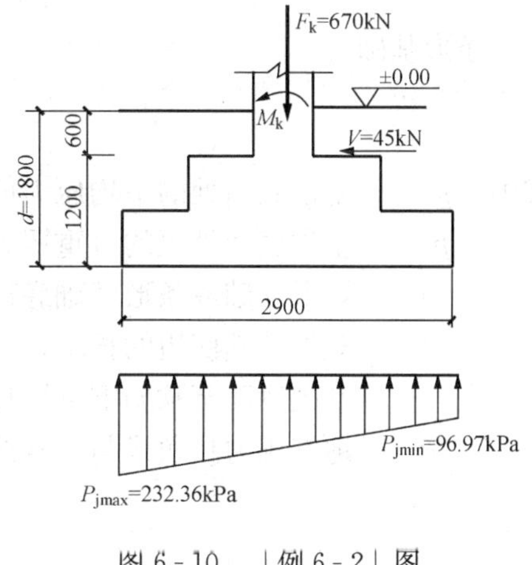

图 6-10　[例 6-2] 图

解　（1）求修正后的地基承载力特征值。

先假定基础宽度 $b<3\text{m}$，则

$$\begin{aligned} f_a &= f_{ak} + \eta_d \gamma_m (d - 0.5) \\ &= 180 + 1.6 \times 19 \times (1.8 - 0.5) \\ &= 219.5\text{kPa} \end{aligned}$$

（2）初步按轴心受压基础估算基底面积。

$$A_0 = \frac{F_k}{f_a - \gamma_G d} = \frac{670}{219.5 - 20 \times 1.8} = 3.65\text{m}^2$$

考虑偏心荷载的影响，将基底面积增大 40%，则 $A=3.65\times1.4=5.11\text{m}^2$。取基底长短边之比 $l/b=1.6$，得 $b=\sqrt{\frac{5.11}{1.6}}=1.79\text{m}$，取 $b=1.8\text{m}$，$l=2.9\text{m}$。

（3）验算地基承载力。

基础及其台阶上土重

$$G_k = \gamma_G A d = 20 \times 2.9 \times 1.8 \times 1.8 = 187.92\text{kN}$$

基底处力矩

$$M_k = 120 + 45 \times (1.8 - 0.6) = 174\text{kN}\cdot\text{m}$$

偏心距

$$e = \frac{M_k}{F_k + G_k} = \frac{174}{670 + 187.92} = 0.20 < \frac{l}{6} = 0.48\text{m}$$

基底边缘最大压力

$$\left.\begin{matrix}p_{\text{jmax}}\\p_{\text{jmin}}\end{matrix}\right\} = \frac{F_k + G_k}{A}\left(1 \pm \frac{6e}{l}\right) = \frac{670 + 187.92}{1.8 \times 2.9}\left(1 \pm \frac{6 \times 0.20}{2.9}\right) = \begin{cases}232.36\text{kPa}\\96.97\text{kPa}\end{cases}$$

$$p_{\text{jmax}} < 1.2f_a = 1.2 \times 219.5 = 263.4\text{kPa}$$

$$\frac{p_{\text{jmax}} + p_{\text{jmin}}}{2} = \frac{232.36 + 96.97}{2} = 164.67\text{kPa} < f = 219.5\text{kPa}$$

故基底尺寸宽 b=1.8m，长 l=2.9m 满足要求。

二、软弱下卧层承载力验算

当基底尺寸按持力层强度初步确定后，如果地基变形深度范围内有软弱下卧层时，还需验算作用在下卧层顶面处的附加应力与自重应力之和不超过下卧层顶面处的承载力，即

$$p_z + p_{cz} \leqslant f_{az} \tag{6-8}$$

式中 p_z——相应于荷载效应标准组合时，软弱下卧层顶面处的附加压力值，kPa；

p_{cz}——软弱下卧层顶面处土的自重应力值，kPa；

f_{az}——软弱下卧层顶面处经深度修正后地基承载力特征值，kPa。

对矩形基础和条形基础，式（6-8）中的 p_z 值可按下列公式简化计算

矩形基础

$$p_z = \frac{lb(p_k - p_c)}{(b + 2z\tan\theta)(l + 2z\tan\theta)} \tag{6-9}$$

条形基础

$$p_z = \frac{b(p_k - p_c)}{b + 2z\tan\theta} \tag{6-10}$$

式中 p_k——基础底面处的平均压力值，kPa；

p_c——基础底面处土的自重压力值，kPa；

b——矩形基础或条形基础底边的宽度，m；

l——矩形基础底边的长度，m；

z——基础底面至软弱下卧层顶面的距离，m；

θ——地基压力扩散线与垂直线的夹角如图 6-11 所示，可按表 6-9 采用。

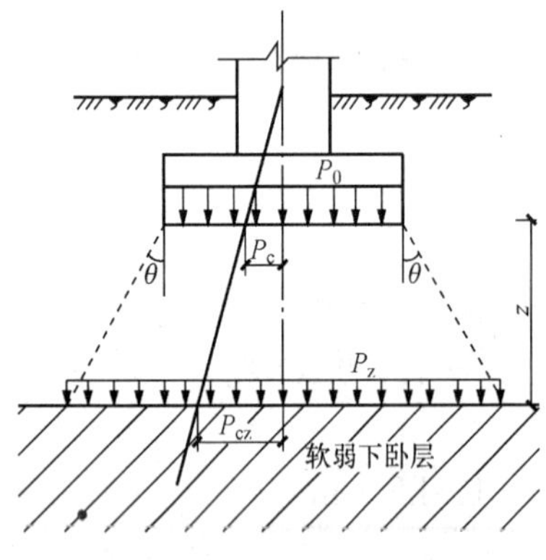

图 6-11 软弱下卧层承载力验算

表 6-9 地基压力扩散角 θ

E_{s1}/E_{s2}	z/b	
	0.25	0.50
3	6°	23°
5	10°	25°
10	20°	30°

注 1. E_{s1} 为上层土压缩模量；E_{s2} 为下层土压缩模量；
2. z/b<0.25 时，取 θ=0°，必要时，宜由试验确定；z/b>0.50 时，θ 值不变。

三、地基变形验算

基础按地基的承载力确定了基底尺寸后，对设计等级为甲级、乙级的建筑物及表 6-2

所列以外的丙级建筑物等，还应进行变形计算，要求建筑物的地基变形计算值不应大于地基允许变形值。

第五节 基 础 设 计

按前一节方法确定的基底面积，只能保证地基的强度和变形满足要求。为了满足基础本身的强度，刚度和耐久性要求，应按基础的受力性能对基础进行结构受力计算。

一、无筋扩展基础设计

无筋扩展基础在地基反力作用下，基础 ACE 部分（图 6-12）有向上弯曲的趋势。显然，基础外伸悬臂长度越大，基础越容易因弯曲而拉裂。所以必须减少外伸悬臂长度或增加基础高度，使基础宽高比 b_2/H_0 减少而刚度增大。

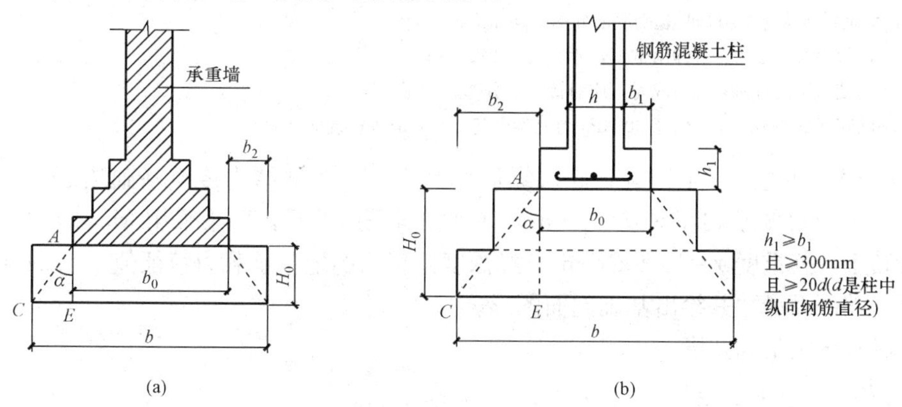

图 6-12 无筋扩展基础构造示意图

对无筋扩展基础当材料及基础底面积确定后，只要限制基础每个台阶宽高比小于表 6-10 允许值要求，同时限制基础底面宽度和高度基础高度应满足式（6-11）要求，就可以保证基础不会因受弯、受剪而破坏。b_2/H_0 的比值，就是基础斜面 AC 与垂直直线 AE 所构成的角度 α 的正切值（图 6-12）。

$$H_0 \geqslant \frac{b-b_0}{2\tan\alpha} \tag{6-11}$$

式中 b——基础底面宽度，m；

b_0——基础顶面的墙体宽度或柱脚宽度，m；

H_0——基础高度，m；

$\tan\alpha$——基础台阶宽高比 b_2/H_0（基础台阶宽度，m），与材料的基底压力有关，其允许值可按表 6-10 选用。

表 6-10　　无筋扩展基础台阶宽高比的允许值表

基础材料	质量要求	台阶宽高比的允许值		
		$p_k \leqslant 100$	$100 < p_k \leqslant 200$	$200 < p_k \leqslant 300$
混凝土基础	C15 混凝土	1∶1.00	1∶1.00	1∶1.25
毛石混凝土基础	C15 混凝土	1∶1.00	1∶1.25	1∶1.50

续表

基础材料	质量要求	台阶宽高比的允许值		
		$p_k \leqslant 100$	$100 < p_k \leqslant 200$	$200 < p_k \leqslant 300$
砖基础	砖不低于 MU10、砂浆不低于 M5	1∶1.50	1∶1.50	1∶1.50
毛石基础	砂浆不低于 M5	1∶1.25	1∶1.50	—
灰土基础	体积比为 3∶7 或 2∶8 的灰土，其最小干密度： 粉土 1.55t/m^3 粉质黏土 1.50t/m^3 黏土 1.45t/m^3	1∶1.25	1∶1.50	—
三合土基础	体积比 1∶2∶4～1∶3∶6 （石灰∶砂∶骨料），每层约虚铺 220mm，夯至 150mm	1∶1.50	1∶2.00	—

注 1. p_k为荷载效应标准组合时基础底面处的平均压力值，kPa；
2. 阶梯形毛石基础的每阶伸出宽度，不宜大于 200mm；
3. 当基础由不同材料叠合组成时，应对接触部分作用抗压验算；
4. 基础底面处的平均压力值超 300kPa 的混凝土基础，尚应进行抗剪计算。

【例 6-3】 某地区学生宿舍，底层纵墙厚 0.37m，上部结构传至基础顶面处竖向力值 $F_k=350\text{kN/m}$，已知基础埋深 $d=2.0\text{m}$，基础材料采用毛石，砂浆采用 M5 水泥砂浆砌筑，地基土为黏土，其重度 $\gamma=18.9\text{kN/m}^3$，经深度修正后的地基承载力特征值 $f_a=240\text{kPa}$，试确定毛石基础剖面尺寸并绘出基础剖面图形。

解 （1）确定基础宽度。

$$b \geqslant \frac{F_k}{f_a-\gamma_G d}=\frac{350}{240-20\times 2.0}=1.75\text{m}，取 b=1.8\text{m}$$

（2）确定台阶宽高比允许值。

$$基底压力 \quad p_k=\frac{F_k+G_k}{A}=\frac{350+20\times 1.8\times 1.0\times 2}{1.8\times 1.0}=234.44\text{kPa}$$

由表 6-10 查得毛石基础台阶宽高比允许值为 1∶1.5。

（3）毛石基础所需台阶数（要求每台阶宽≤200mm）。

$$n=\frac{b-b_0}{2}\times\frac{1}{200}=\frac{1800-370}{2}\times\frac{1}{200}=3.57 \quad 需设四步台阶。$$

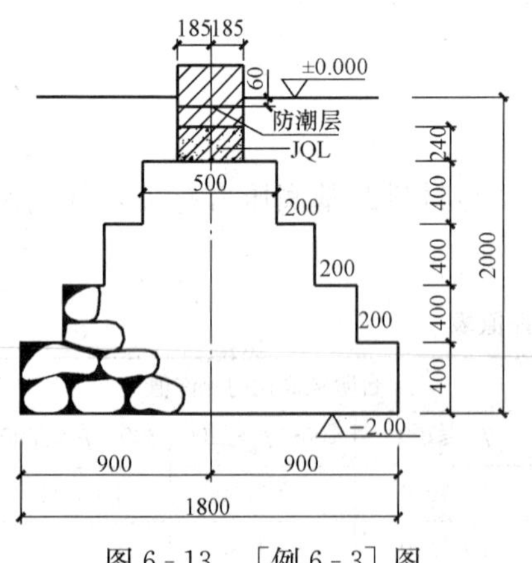

图 6-13 ［例 6-3］图

（4）确定基础剖面尺寸并绘图（图 6-13）。

（5）验算台阶宽高比。

基础宽高比

$$\frac{b_2}{H_0}=\frac{(1800-370)/2}{1600}=\frac{1}{2.2}<\frac{1}{1.5}$$

每阶宽高比

$$\frac{b_2}{H_0}=\frac{200}{400}=\frac{1}{2}<\frac{1}{1.5} \quad 满足要求。$$

二、扩展基础设计

扩展基础是指柱下钢筋混凝土独立基础和墙下钢筋混凝土条形基础。

（一）扩展基础的构造要求

1. 现浇柱基础

（1）锥形基础的截面形式如图 6-14 所示。锥形基础的边缘高度不宜小于 200mm；顶部做成平台，每边从柱边缘放出不少于 50mm，以便于柱支模。

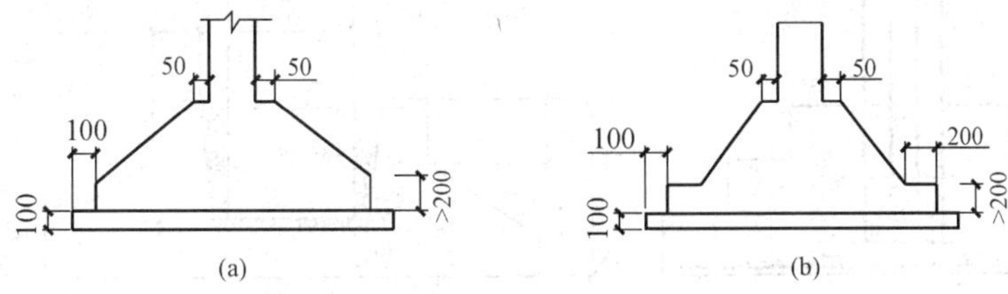

图 6-14 现浇柱锥形基础形式

（2）阶梯形基础的每阶高度宜为 300～500mm。当基础高度 $h \leqslant 500$mm 时，宜用一阶；阶梯形基础尺寸一般采用 50mm 的倍数。由于阶梯形基础的施工质量容易保证，宜优先考虑采用。

（3）扩展基础底板受力钢筋最小直径不宜小于 10mm；间距不宜大于 200mm；也不宜小于 100mm。基础垫层的厚度不宜小于 70mm；垫层混凝土强度等级为 C10。

（4）扩展基础混凝土强度等级不应低于 C20。

（5）当柱下钢筋混凝土独立基础的边长大于或等于 2.5m 时，底板受力钢筋的长度可取边长或宽度的 0.9 倍，并宜交错布置［图 6-15（a）］。

（6）钢筋混凝土条形基础底板在 T 形及十字交叉形交接处，底板横向受力钢筋仅沿一个主要受力方向通长布置，另一方向的横向受力钢筋可布置到主要受力方向底板宽度 1/4 处［图 6-15（b）］。在拐角处底板横向受力钢筋应沿两个方向布置［图 6-15（c）］。

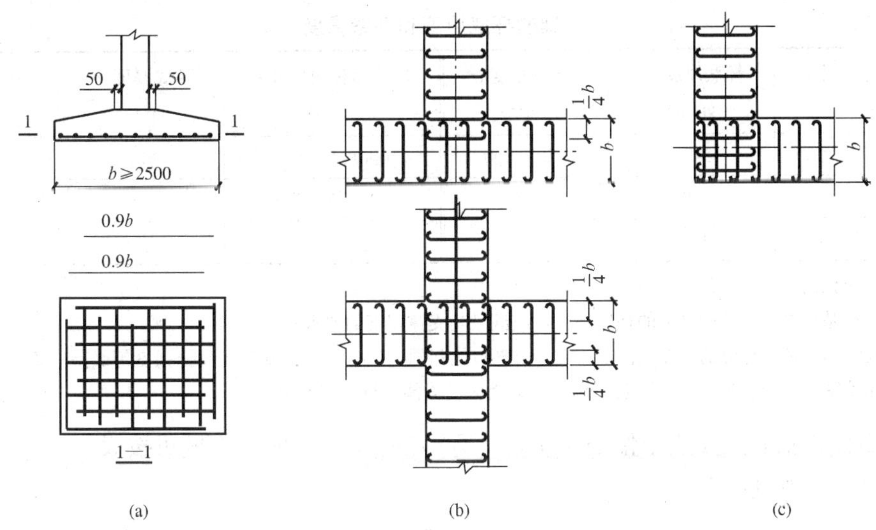

图 6-15 扩展基础底板受力钢筋布置示意图

（7）钢筋混凝土柱和剪力墙纵向受力钢筋在基础内的锚固长度 l_a 应根据钢筋在基础内的最小的保护层厚度，按《混凝土结构设计规范》（GB 50010—2002）的有关规定确定：有抗震设防要求时，纵向钢筋最小锚固长度 l_{aE}应按规范要求增加。

（8）现浇柱的基础插筋，其数量、直径以及钢筋种类应与柱内纵向受力钢筋相同。插筋的下端宜作成直钩放在基础底板钢筋网上（图 6-16）。

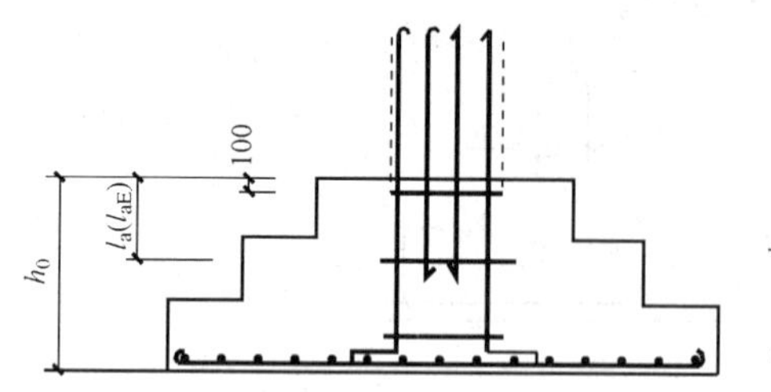

图 6-16 现浇柱的基础中插筋构造示意

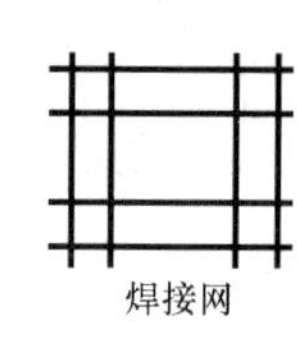

图 6-17 预制钢筋混凝土柱独立基础示意

2. 预制柱杯形基础

如图 6-17 所示预制柱与杯形基础的连接，应符合下列要求：

（1）柱插入杯口深度，可按表 6-11 选用，并应满足钢筋锚固长度要求及吊装时柱的稳定性。

（2）基础的杯底厚度和杯壁厚度，可按表 6-12 选用。

表 6-11　　柱的插入深度 h_1　　mm

矩形或工字形柱				双肢柱
$h<500$	$500\leqslant h<800$	$800\leqslant h<1000$	$h>1000$	
1～1.2h	h	0.9h 且≥800	0.8h 且≥1000	$(1/3\sim2/3)h_a$ $(1.5\sim1.8)h_b$

注 1. h 为柱截面长边尺寸；h_a为双肢柱全截面长边尺寸；h_b为双肢柱全截面短边尺寸；

2. 柱轴心受压或小偏心受压时，h_1可适当减小，偏心距大于 $2h$ 时，h_1应适当加大。

表 6-12　　基础的杯底厚度和杯壁厚度

柱截面长边尺寸 h (mm)	杯底厚度 a_1 (mm)	杯壁厚度 t (mm)	柱截面长边尺寸 h (mm)	杯底厚度 a_1 (mm)	杯壁厚度 t (mm)
$h<500$	≥150	150～200	$1000\leqslant h<1500$	≥250	≥350
$500\leqslant h<800$	≥200	≥200	$1500\leqslant h<2000$	≥300	≥400
$800\leqslant h<1000$	≥200	≥300			

注 1. 双肢柱的杯底厚度值，可适当加大；

2. 当有基础梁时，基础梁下的杯壁厚度，应满足其支撑宽度的要求；

3. 柱子插入杯口部分的表面应凿毛，柱子与杯口之间的空隙，应用比基础混凝土强度等级高一级的细石混凝土充填密实，当达到材料设计强度的 70%以上时，方能进行上部吊装。

（3）当柱为轴心受压或小偏心受压且 $0.5\leqslant t/h_2<0.65$ 时，杯壁可按表 6-13 构造配筋；其他情况下，应按计算配筋。

表 6-13　　杯壁构造配筋

柱截面长边尺寸（mm）	$h<1000$	$1000\leqslant h<1500$	$1500\leqslant h<2000$
钢筋直径（mm）	8～10	10～12	12～16

注 表中钢筋置于杯口顶部，每边两根（图 6-19）。

（4）双杯口基础（图 6-18）用于厂房伸缩缝处的双柱下，或者考虑厂房扩建而设置的预留杯口情况。

3. 高杯口基础

高杯口基础是带有短柱的杯形基础，其构造形式，如图 6-19 所示。一般用于土层较软弱或有空穴、井等不宜作持力层以及必须将基础深埋的情况。

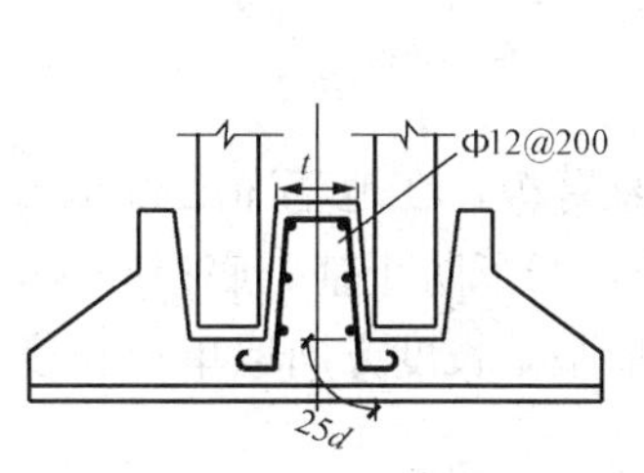

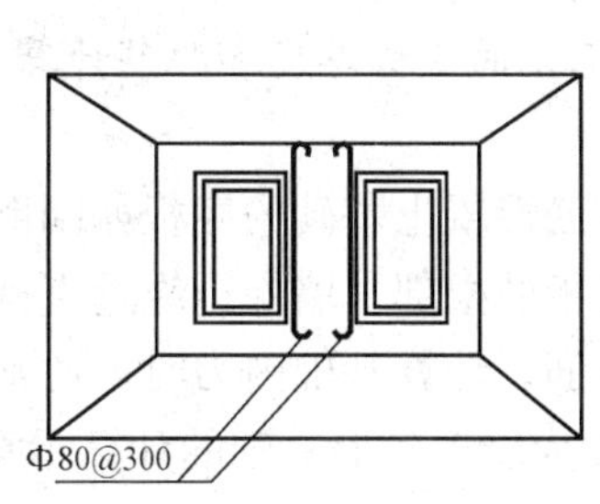

图 6-18　双杯口基础中间杯壁构造配筋示意

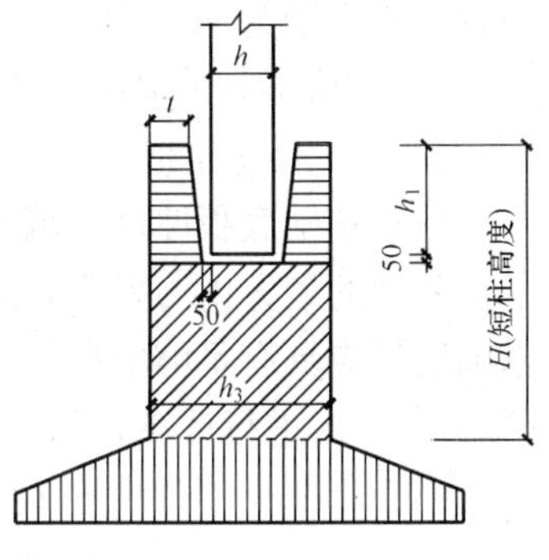

图 6-19　高杯口基础

高杯口基础构造要求如图 6-20 所示。

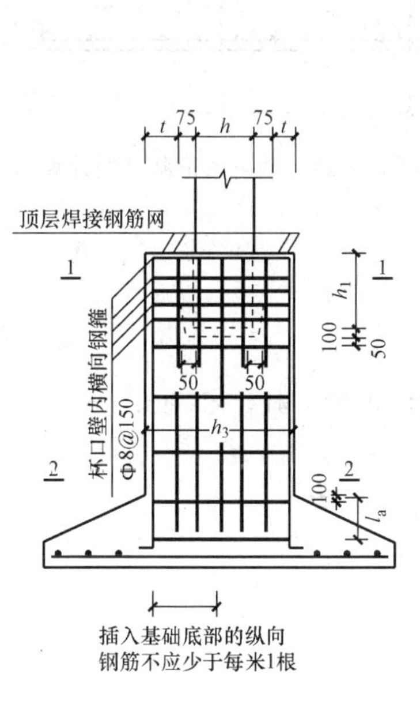

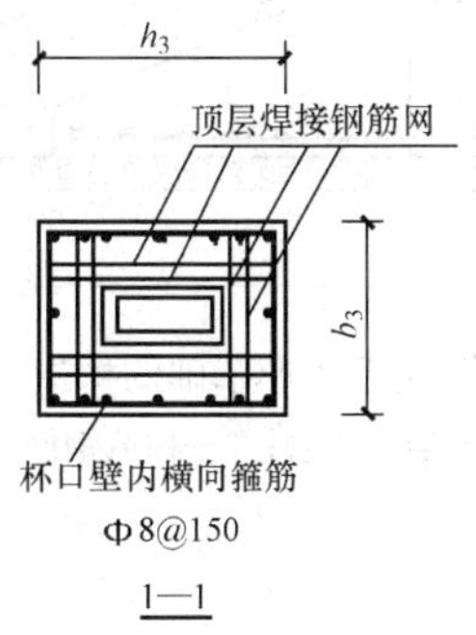

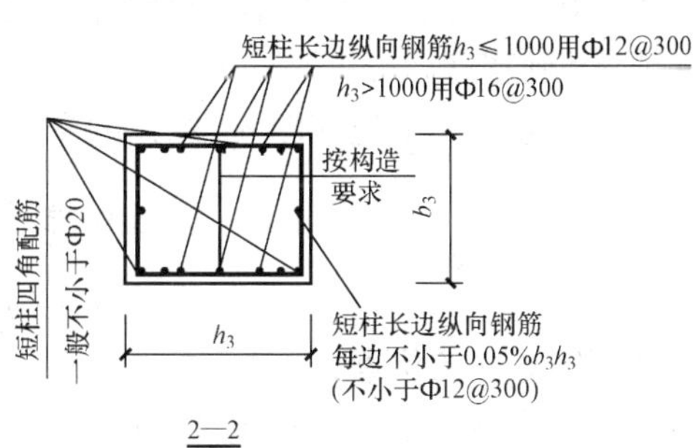

图 6-20　高杯口基础构造配筋示意

4. 墙下钢筋混凝土条形基础

（1）墙下钢筋混凝土条形基础的构造如图 6-21 所示。当基础高度 $h>250$mm，截面采用锥形，其边缘高度不宜小于 200mm。当基础高度 $h\leqslant 250$mm 时，宜采用平板式。

（2）墙下钢筋混凝土条形基础纵向分布钢筋的直径不小于 8mm；间距不大于 300mm；

每延米分布钢筋的面积应不小于受力钢筋面积的 1/10。基础有垫层时，钢筋保护层不小于 40mm；无垫层时不小于 70mm。

（3）墙下钢筋混凝土条形基础的宽度大于或等于 2.5m 时，底板受力钢筋的长度可取宽度的 0.9 倍，并且交错布置（图 6-15）。

（4）墙下条形基础的钢筋一般采用 HPB235 级钢筋，受力钢筋在横向（基础宽度方向）布置，其直径为 $\phi 8 \sim \phi 16$，纵向分布钢筋通常采用 Φ6～Φ8@250mm 或 300mm。

（二）墙下钢筋混凝土条形基础的底板厚度和配筋计算

1. 轴心荷载作用

（1）基础底板厚度。墙下钢筋混凝土基础的底板如同倒置的悬臂板，在地基净反力作用下，基础的最大内力发生在悬臂板的根部（墙外边缘垂直截面处），为了防止基础底板破坏，基础底板应具有足够的厚度和配筋。计算基础内力时，通常沿条形基础长度方向取单位长度（即 l=1m）进行计算，图 6-22 为墙下条形基础的计算示意图。

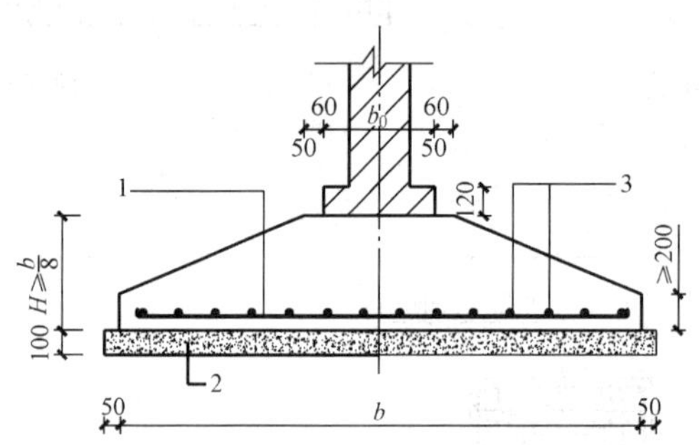

图 6-21 墙下钢筋混凝土条形基础的构造

1—受力钢筋；2—C10 混凝土垫层；3—构造钢筋

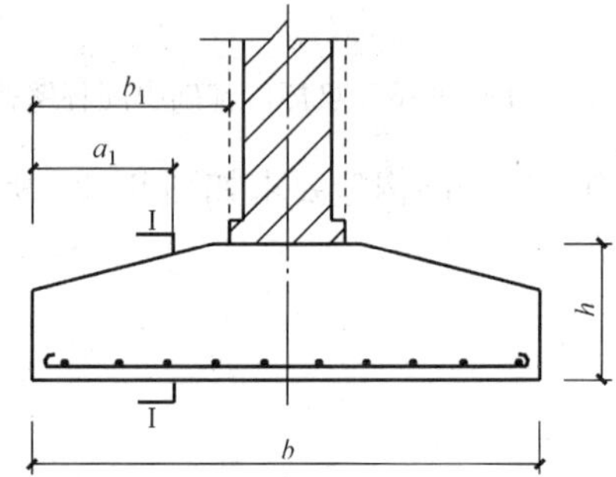

图 6-22 墙下条形基础的计算示意

地基净反力 p_j 为

$$p_j = \frac{F}{b} \tag{6-12}$$

式中 F——相应于荷载效应基本组合时作用在基础顶面上的荷载，kN/m；

b——基础宽度，m。

基础任意截面Ⅰ—Ⅰ处（图 6-22）的弯矩 M 和剪力 V 为

$$M = \frac{1}{2} p a_1^2 \tag{6-13}$$

$$V = p_j a_1 \tag{6-14}$$

其最大弯矩截面的位置：

当墙体材料为混凝土时，取 $a_1 = b_1$；

如为砖墙且大放脚不大于 1/4 砖长时，取 $a_1 = b_1 + 1/4$ 砖长。

条形基础底板厚度（即基础厚度）的确定，有下列两种方法：

根据经验，一般取 $h = b/8$（b 为基础宽度）进行抗剪验算，即 $V \leqslant 0.7\beta_{hs} f_t b h_0$；

②根据剪力 V 值，按受剪承载力条件，求得条形基础的截面有效高度 h_0，即

$$h_0 \geqslant \frac{V}{0.7\beta_{hs} f_t b} \tag{6-15}$$

式中 b——对于条形基础通常沿基础长边方向取 1m；

f_t——混凝土轴心抗拉强度设计值，N/mm^2；

β_{hs}——受剪承载力截面高度影响系数，$\beta_{hs}=\left(\frac{800}{h_0}\right)^{\frac{1}{4}}$，当 h_0 小于 800mm 时，取 800mm，h_0 大于 2000mm 时，取 2000mm。

(2) 基础底板配筋。基础底板配筋按下式计算

$$A_s=\frac{M}{0.9h_0f_y} \tag{6-16}$$

式中 A_s——条形基础每米长基础底板受力钢筋截面面积，mm^2/m；

f_y——钢筋抗拉强度设计值，N/mm^2。

2. 偏心荷载作用

基础在偏心荷载作用下，基底净反力一般呈梯形分布，如图 6-23 所示。

计算基底偏心距。

$$e_0=\frac{M}{F} \tag{6-17}$$

基底边缘处的最大和最小净反力

$$\begin{matrix}p_{jmax}\\p_{jmin}\end{matrix}=\frac{F}{b}\left(1\pm\frac{6e_0}{b}\right) \tag{6-18}$$

悬臂支座处Ⅰ—Ⅰ截面的地基净反力为

$$p_{jⅠ}=p_{jmax}+\frac{b-a_1}{b}(p_{jmax}-p_{jmin}) \tag{6-19}$$

Ⅰ—Ⅰ截面处的弯矩 M 和剪力 V

$$M=\frac{1}{4}(p_{jmax}+p_{jⅠ})a_1^2 \tag{6-20}$$

$$V=\frac{1}{2}(p_{jmax}+p_{jⅠ})a_1 \tag{6-21}$$

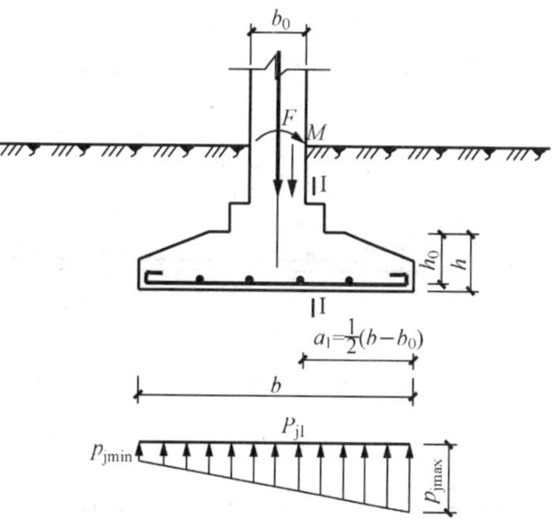

图 6-23 墙下条形基础受偏心荷载作用

【例 6-4】 某住宅楼砖墙承重，底层墙厚 0.37m，作用基础顶面上的荷载 $F=200kN/m$，基础埋深 $d=1.0m$，地基承载力设计值 $f=120kPa$，基础材料采用 C15 混凝土，$f_t=0.91N/mm^2$，HPB235 钢筋（$f_y=210N/mm^2$）。试确定墙下钢筋混凝土条形基础的底板厚度及配筋。

解 (1) 确定基础宽度。

$$b\geqslant\frac{F_k}{f_a-\gamma_G d}=\frac{200}{120-20\times1.0}=2.0m$$

(2) 地基净反力。

$$p_j=\frac{F}{b}=\frac{200}{2}=100kPa$$

(3) 计算基础悬臂部分最大内力。

$$a_1=\frac{2-0.37}{2}=0.815m$$

$$M=\frac{1}{2}p_ja_1^2=\frac{1}{2}\times100\times0.815^2=33kN\cdot m=33\times10^6N\cdot m$$

$$V=p_ja_1=100\times0.815=81.5kN$$

（4）初步确定基础底板厚度。

一般先按 $h=b/8$ 的经验值，先取然后再进行抗剪验算。

$$h=\frac{b}{8}=\frac{2.0}{8}=0.25\text{m}$$

取 $h=0.3\text{m}=300\text{mm}$，$h_0=300-40=260\text{mm}$。

（5）受剪承载力验算。

$$\begin{aligned}0.7\beta_{hs}f_t bh_0 &= 0.7\times1.0\times0.91\times1000\times260\\ &=165\ 620\text{N}=165.620\text{N}>V=81.5\text{kN}\end{aligned}$$

（6）基础底板配筋。

$$A_s=\frac{M}{0.9h_0f_y}=\frac{33\times10^6}{0.9\times260\times210}=671.55\text{mm}^2$$

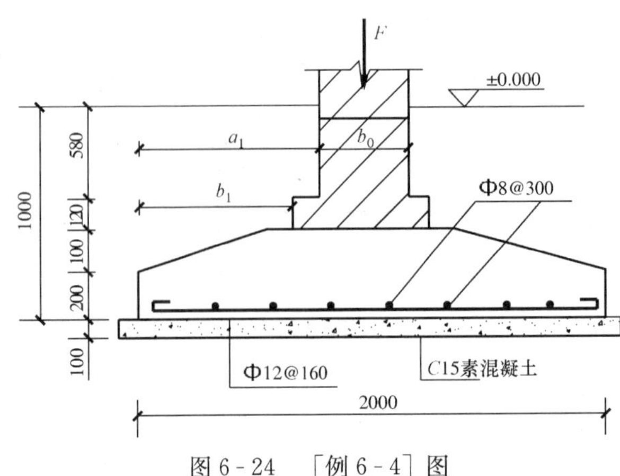

图 6-24 ［例 6-4］图

选用 Φ12@160（$A_s=707\text{mm}^2$），分布钢筋选用 Φ8@300（图 6-24）。

（三）柱下钢筋混凝土单独基础的底板厚度和配筋计算

根据实验，柱下独立钢筋混凝土基础有两种破坏形式：其一当基础的底板面积较大而厚度（即基础高度）较薄时，在柱轴心荷载作用下，将沿柱周边（或基础变阶处）产生冲切破坏，形成45°斜裂面的锥体，为防止这种破坏，基础底板要有足够的厚度；其二在基底净反力作用下，基础在两个方向均发生向上的弯曲，底部受拉，顶部受压，当危险截面内的弯矩设计值超过底板的抗弯刚度时，底板就会发生弯曲破坏，因此需在底板下部配置钢筋。

1. 基础底板厚度

为防止基础发生冲切破坏，由冲切破坏锥体以外的地基净反力所产生的冲切力应小于冲切面处混凝土的抗冲切能力。

对矩形截面柱的矩形基础，应验算柱与基础交接处以及基础变阶处的受冲切承载力。

阶梯形基础，尚需验算变阶处的受冲切承载力，此时可将上阶底周边视为柱周长，用台阶的平面尺寸代替柱截面尺寸 $h_c\times a_t$，当基础底面在45°冲切破坏线以内时，可不进行冲切验算。

2. 基础底板的配筋

基础底板的配筋，应按受弯承载力确定。一般柱下单独基础的长短边尺寸较为接近，故基础底板为双向弯曲，其内力可采用简化的方法计算。即将单独基础的底板视为嵌固在柱子周边的梯形悬臂板，近似地将基底面积按对角线划分成四块梯形面积，计算截面取柱边或基础变阶处（阶梯形基础）。矩形基础沿基础长短两个方向的弯矩，等于梯形面积上的地基净反力的合力对柱边或基础变阶处截面的力矩。

一般情况下最大弯矩产生在沿柱边截面处，阶梯形基础尚需计算变阶处的弯矩及其配筋，此时只要用台阶平面尺寸代替柱截面尺寸即可，计算方法同前。

当扩展基础的混凝土强度等级小于柱的混凝土强度等级时，尚应验算柱下扩展基础顶面的局部受压承载力。

第六节 减轻不均匀沉降危害的措施

由于建筑物荷载的作用，使地基土改变了原有的受力状态，从而产生了一定的压缩变形，导致建筑物随之沉降，地基的过量变形将使建筑物损坏或影响其使用功能。特别是高压缩性土、膨胀湿陷性黄土以及软硬不均等不良地基上的建筑物。因此，为保证建筑的安全和正常作用，应采取合理的建筑措施、结构措施及施工措施，减少基础的不均匀沉降。

一、建筑措施

1. 建筑体型力求简单

建筑物平面和立面上的轮廓形状，构成了建筑物的体型。复杂的体型常常是削弱建筑物整体刚度和加剧不均匀沉降的重要因素。因此，地基条件不好时，在满足使用要求的前提下，应尽量采用简单的建筑物体型。

平面形状复杂的建筑物（如 L 型、T 型、工字型等），在其纵横单元相交处，基础密集，地基中由各单元荷载产生的附加应力相互叠加，必然出现比别处大的沉降，使附近墙体出现裂缝。尤其在建筑平面的突出部位更易开裂，因此建筑物平面以简单为宜。

若建筑物高低变化太大（立面有较大高差），地基各部分所受的荷载轻重不同，将使建筑物高低相接处产生沉降差而导致轻低部分损坏，所以建筑立面高差不宜悬殊。

2. 设置沉降缝

用沉降缝将建筑物（包括基础）分隔为两个或多个独立的沉降单元，可有效地防止地基不均匀沉降产生的损害。

图 6-25 为北京某办公大楼框架结构的柱网布置图，该结构共 15 层、高 60.8m，为装配整体式钢筋混凝土框架结构。由于竖向荷载差异较大，整个结构设两条沉降缝，分成三个结构单元。

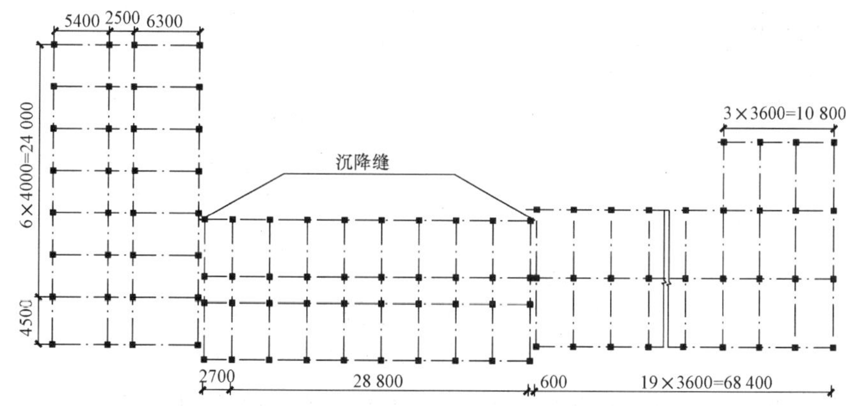

图 6-25 北京某办公大楼框架结构的沉降缝布置

建筑物的下列部位宜设置沉降缝：

(1) 长高比过大的建筑物的适当部位；

(2) 建筑平面的转折部位；

(3) 地基土的压缩性有显著差异处；

(4) 高度差异或荷载差异较大处；

(5) 分期建造房屋的交界处；

(6) 建筑结构或基础类型不同处。

基础沉降缝做法根据房屋结构类型及基础类别不同，一般采用悬挑式［图 6-26 (a)、(b)］，跨越式［图 6-26 (c)］，平行式［图 6-26 (d)］等。对于刚度较大的筏形基础沉降缝做法如图 6-26 (e) 所示。

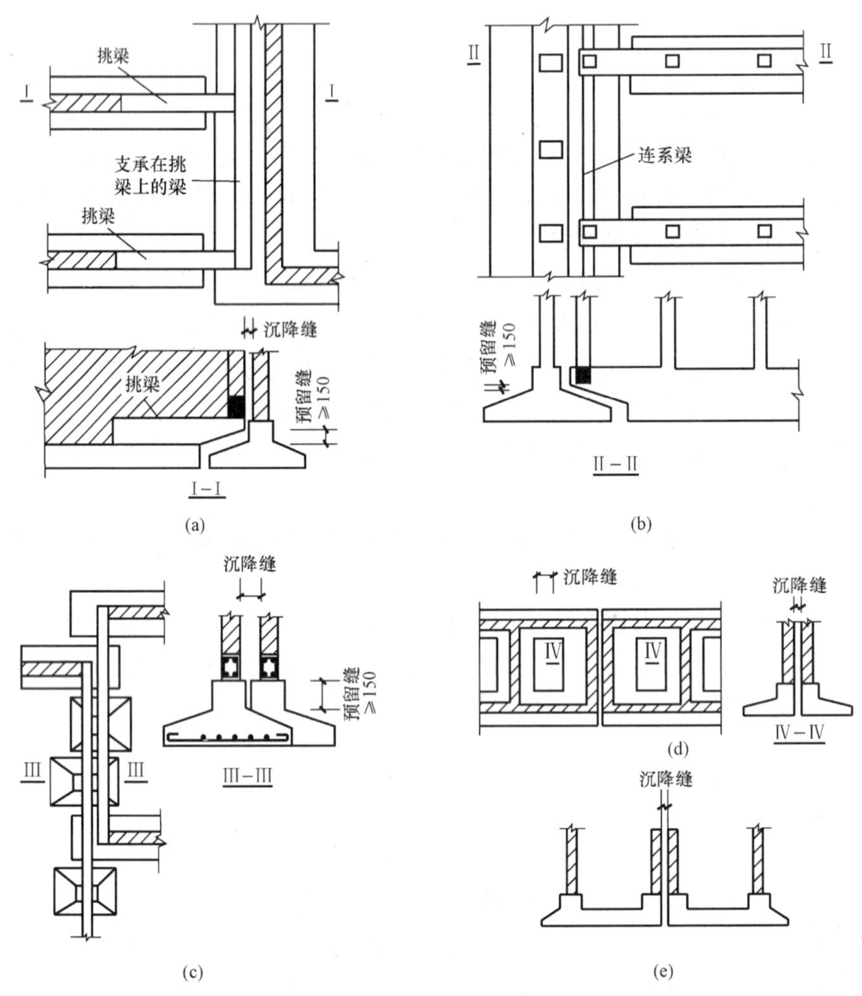

图 6-26　基础沉降缝做法

(a) 混合结构沉降缝；(b) 柱下条形基础沉降缝；(c) 跨越式沉降缝；
(d) 偏心基础沉降缝；(e) 筏形基础沉降缝

单元之间仅有一缝之隔，沉降太大时，不免要在彼此影响下互倾，所以沉降缝应有足够的宽度，以防止基础不均匀沉降引起房屋碰撞。其缝宽可按表 6-14 选用。

表 6-14 **房屋沉降缝的宽度**

房屋层数	沉降缝宽度（mm）	房屋层数	沉降缝宽度（mm）
二～三	50～80	五层以上	不小于 120
四～五	80～120		

3. 相邻建筑物基础间的净距考虑

由于地基附加应力的扩散作用，使得相邻建筑物的沉降互相影响。这种影响主要表现为：①重高建筑物基础影响轻低建筑物基础；②原有建筑物基础受新建筑物基础的影响。所以，相邻建筑物之间（尤其是在软弱地基上）应保留一定的净距，可按表 6-15 选用。

表 6-15 **相邻建筑物基础间的净距** m

被影响建筑的长高比 / 影响建筑的预估平均沉降量 s(mm)	$2.0\leqslant\frac{L}{H_f}<3.0$	$3.0\leqslant\frac{L}{H_f}<5.0$
70～150	2～3	3～6
160～250	3～6	6～9
260～400	6～9	9～12
>400	9～12	≥12

注 1. 表中 L 为建筑物长度或沉降缝分隔的单元长度，m；H_f 为自基础底面标高算起的建筑物高度，m；
2. 当被影响建筑的长度为 $1.5<L/H_f<2.0$ 时，其间净距可适当缩小。

4. 控制建筑物标高

建筑物的沉降改变了原有的标高，严重时将影响建筑物的使用功能，采取的措施有：

(1) 根据预估沉降量事先提高室内地坪或地下设施的标高；

(2) 建筑物各部分（或设备之间）有联系时，可将沉降较大者标高提高；

(3) 建筑物与设备之间，应留有足够的净空。

(4) 有管道穿过建筑物时，应预留孔洞，或采用柔性的管道接头等。

二、结构措施

1. 减轻结构自重

建筑物的自重在基底压力中占有较重的比例，一般工业建筑中约占 1/2，民用建筑中可高达 3/5。因此，减少基础不均匀沉降应首先考虑减轻结构的自重。

(1) 减少墙体的重量。采用轻质材料，如空心砖、空心砌块或其他轻质墙等；

(2) 先用轻型结构，如轻钢结构，预应力混凝土结构以及各种轻型空间结构；

(3) 减轻基础及其回填土的重量，可选用自重轻、回填土少的基础型式，如浅埋钢筋混凝土条形基础、壳体基础等，如要求大量抬高室内地坪时，采用架空地板代替室内填土。

2. 加强基础整体刚度

对于建筑物体型复杂、荷载差异较大的框架结构及地基比较软弱时，可采用桩基、筏基、箱基等。这些基础整体性好、刚度大，可以调整和减少基础的不均匀沉降。

3. 控制建筑物的长高比

建筑物的长高比是建筑物的长度 L 与建筑物总高度 H_f（从基础底面算起）之比。长高比 L/H_f 越大，建筑物整体刚度越差，纵墙很容易因挠曲过度而开裂。因此，现行《建筑地基基础设计规范》(GB 50007—2002) 规定对于三层和三层以上房屋的长度比，并应控制其内横墙间距或增强基础刚度和强度。当房屋的预估最大沉降量小于或等于 120mm 时，其长度高比可不受限制。

4. 设置圈梁和钢筋混凝土的构造柱

墙体内宜设置钢筋混凝土圈梁或钢筋砖圈梁，以增加房屋的整体性，提高砌体结构的抗震能力，防止或延缓墙体出现裂缝及阻止裂缝开展。

如在墙体转角及适当部位，设置现浇钢筋混凝土构造柱，并用锚筋与墙体拉结，可更有效地提高房屋的整体刚度和抗震能力。

圈梁的设置及构造要求详见有关规定。

三、施工措施

在软弱地基上进行工程建设，应合理地安排施工顺序。当拟建的相邻建筑物之间轻(低) 重(高) 悬殊时，先施工重、高建筑物，后施工轻、低建筑物；或先施工主体部分，再施工附属部分，可调整一部分沉降差。

应尽量避免在新建基础及新建筑物侧边堆放大量土方、建筑材料等重物，以免地面堆载引起建筑物产生附加沉降。

淤泥及淤泥质土，其强度低、渗透性差，压缩性高。因而施工时应注意不要扰动其原状土。在开挖基槽时，可以暂不挖至基底标高，通常在基底保留 200mm 厚的土层，待基础施工时再挖除。如发现槽底土已被扰动，应将扰动的土挖掉，并用砂、石回填分层夯实至要求的标高。

第七节　补偿性基础概要

建筑物地基在基底附加压力的作用下，改变了原有的应力状态，便会出现与工程安全有关的变形和强度问题。不妨设想，假使基础有足够的埋深，使得基底的实际压力等于该处原有的土体自重压力；亦即开挖基坑移去的土体重量，补偿了建筑物的全部重量，这样，就不会改变地基内原有的应力状态，此时，纵使地基极其软弱，似乎也无需担心会有沉降和剪切破坏的问题。这种设想，理论上是成立的，但必须面对两个实际问题：

(1) 一般的实体基础，不论埋得多深，开挖基坑移去的土量，始终还不够补偿基础及其上土的重量。

(2) 任何建筑物总有一个施工的过程，在建筑物重量产生的基底压力与原有土体的自重应力之间，不可能直接的及时替换。如用开挖基坑的方式建造基础时，地基必然要经历卸荷、再加荷的中间过程。在这一过程中，地基内的应力状态将发生一系列的变化，也就相应带来了各种需要加以研究的土的变形和强度问题。

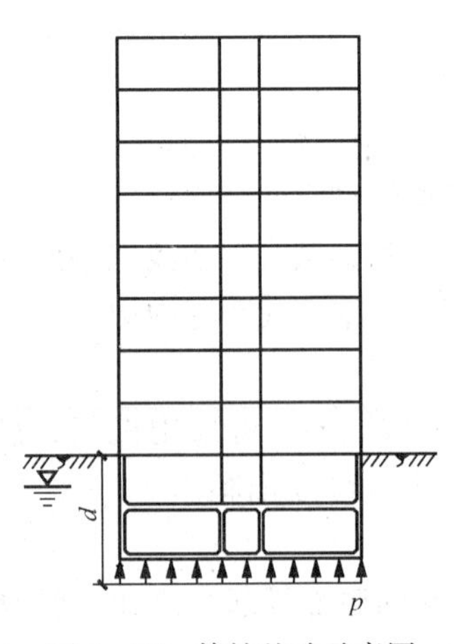

图 6-27　偿性基础示意图

上面第一个问题是不难解决的。例如只要基础或建筑物的地下部分具有中空、封闭的形式，免去大量的回填土，就可以用来补偿上部结构的全部或部分重量(图 6-27)，实际上，箱形基础或地下室的筏板基础，便是理想的形式。

关于第二个问题。企图完全消除中间过程中地基应力状态的变化是不可能的。也就是说，不存在那种全无沉降和强度问题的理想情况。但是，现在已经在设计和施工上采用必要的措施，来减小施工过程中地基应力状态变化的程度，使之不产生有危害性的影响。这样做的结果，虽然建筑物不免还有沉降，但已大为减小；地基的强度安全，也很容易获得保证。达到上述目的的地基基础设计，可称为补偿性设计，这样设计的基础，称补偿性基础。

小结

建筑物的建造使地基中原有应力状态发生变化。这就必须运用力学方法来研究荷载作用下地基土的变形和强度问题，以便使地基基础设计满足两个基本条件：

（1）要求作用于地基的荷载不超过地基的承载能力，保证地基在防止整体破坏方面有足够的安全储备。

（2）控制基础沉降使之不超过允许值，保证建筑物不因地基沉降而损坏或者影响其正常使用。

基础结构的形式很多。通常把埋置深度不大（一般浅于5m），只需经过挖槽、排水等普通施工程序就可以建造起来的基础统称为浅基础（各种单独和连续的基础）。反之，浅层土之不良，而需把基础埋置于深处的好地层时，就要借助于特殊的施工方法，建造各种类型的深基础（桩基础、沉井和地下连续墙等）了。设计时应根据上部结构、场地工程地质条件、使用要求、地基基础设计两项基本条件来选择技术上合理的基础结构方案。

习题

1. 地基基础的设计有哪些要求和基本规定？
2. 浅基础的类型有哪些？各自的特点是什么？
3. 影响基础埋深的主要因素有哪些？
4. 在中心荷载及偏心荷载作用下，基础底面积如何确定？
5. 为什么要验算地基的软弱下卧层？
6. 无筋扩展基础有哪些类型？主要应满足哪些构造要求？
7. 何谓扩展基础？它们的基础高度如何确定？
8. 减少基础不均匀沉降应采取哪些有效措施？

训练题

1. 在多层建筑中，地基主要受力层的定义应为（　　）。

A. 直接与建筑基础底面接触的土层

B. 直接与建筑基础底面接触的土层和桩端持力层

C. 条形基础底面下深度为$3b$（b为基础底面的宽度），独立基础底面下深度为$1.5b$，且厚度一般均不小于5m范围内的土层

D. 地基沉降计算深度范围内的土层

2. 计算地基变形时，传至基础底面的荷载应为（　　）。

A. 短期效应组合

B. 短期效应组合，计入风荷载和地震作用

C. 长期效应组合，且计入风荷载和地震作用

D. 长期效应组合，不计入风荷载和地震作用

3. 基础埋深 D 与冻结深度 z_0 的关系可以是（　　）。

①$D<z_0$　②$D>z_0$　③$D=z_0$　④$D<z_0$，且需切断毛细水。

A. ①②　　B. ①③　　C. ②④　　D. ③④

4. 地基承载力的深度修正、宽度修正条件是（　　）。

①$d>0.5$m　②$b>3$m　③$d>1$m　④$3\text{m}<b<6$m

A. ①②　　B. ①④　　C. ②③　　D. ③④

5. 偏心荷载作用下，在满足 $p_{jmin}>0$ 条件时，计算结果应满足（　　）。

①$p_{jmax}\leqslant 1.2f_a$　②. $\overline{p_k}\leqslant f_a$　③$\overline{p_k}\leqslant 1.2f_a$　④$p_{jmax}\leqslant f_a$

A. ①②　　B. ①③　　C. ②④　　D. ③④

6. 在比较均匀的地基上，上部结构刚度较好，荷载分布较均匀，且基础梁的高度大于 $\frac{1}{6}$ 柱距，计算柱下条形基础梁内力的实用方法为（　　）。

A. 按弹性地基梁计算　　B. 考虑上部结构刚度的有限元法

C. 按连续梁计算　　D. 静力平衡法

7. 某办公楼柱下单独基础，已知传至基础顶面的内力值 $F_k=300$kN，$M_k=40$kN·m，地基土为黏土，其重度 $\gamma=19\text{kN/m}^3$，地基承载力特征值 $f_{ak}=180$kPa（$\eta_b=0.3$，$\eta_d=1.6$），基础埋深 $d=1.9$m，室内外高差 900mm。试确定基础底面积尺寸。

8. 某柱下单独基础底面尺寸 $l\times b=1.6\text{m}\times 2\text{m}$，上部结构传来的轴向力 $F_k=220$kN，基础埋深 1.8m，室内外高差 0.6m，地基土为黏土（$\eta_b=0$，$\eta_d=1.1$），重度 $\gamma=18\text{kN/m}^3$，地基承载力特征值 $f_{ak}=105$kPa，试求修正后的地基承载力特征值，并验算地基承载力是否满足？

9. 某住宅砖墙承重，外墙厚 0.37m，上部结构传来轴向力 $F_k=210$kN，基础埋深 $d=1.6$m，室内外高差为 0.3m，地基土为粉土，其重度 $\gamma=18\text{kN/m}^3$，经修正后的地基承载力特征值 $f_a=210$kPa，基础材料采用毛石，砂浆采用 M5，试设计此墙下条形基础，并绘出基础剖面图形。

10. 某承重墙厚度为 370mm，承受上部结构传来轴向力 $F_k=260$kN/m，基础埋深 $d=1.2$m，采用混凝土强度等级 C15，HPB235 钢筋，试验算基础宽度及底板高度，并计算底板钢筋面积（图 6-28）。

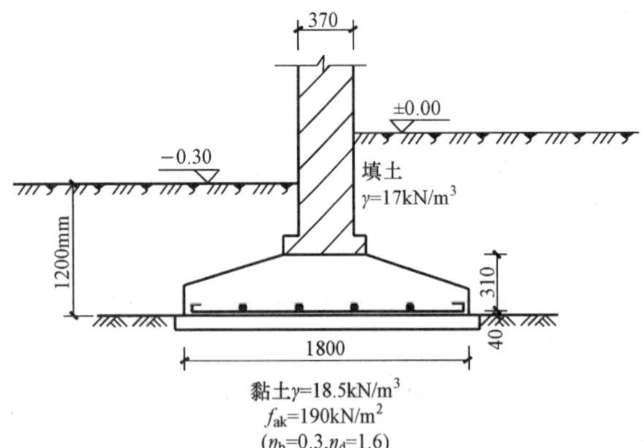

图 6-28　某承重墙

11. 组织能力讨论题（选作）。

（1）工程概况。

呼和浩特市某大厦，该工程为地下

一层（六级人防）、主楼十二层、群房三层框架结构，建筑面积 1.2 万 m^2，室内外高差为 0.45m。该大厦位于呼和浩特市繁华中心地段，该工程南临锦泉大厦（十六层框剪结构），据该大厦仅 3.5m，北邻供销大楼，西靠实验小学教学楼，东侧为沿江北路。

（2）地址概况。

根据地质报告，本建筑场地属中硬场地土类型，本地区抗震设防烈度为 8 度，场地类别为Ⅱ类，场地内不存在可产生砂土液化的土层，地下水主要分为上、下两层，上层地下水主要埋藏在①杂填土和②黏土层的孔隙中，属上层滞水，水量不大；下层地下水主要埋藏在③含泥粗砂和⑤含泥砾粗砂层中，地下水水量较丰富，地下水位埋藏深度 4.80～5.0m。各土层从上到下分布详见表 6-16。

（3）试根据有关知识分析及回答下列问题。

1）根据工程地质报告，邻近建筑物的关系，地下室的使用功能，基础采用梁式片筏基础，基础持力层选在含泥粗砂层③上。根据建筑功能要求，地下室层高为 4.7m，考虑到基梁高度，经计算，基础埋深超过邻近锦泉大厦基底 0.10m，如采用上述做法，基坑开挖时，势必对邻近锦泉大厦的基础产生影响，特别是基坑降水时，对锦泉大厦的沉降影响更大。从改变室内外高差方面试分析如何解决此问题？

2）由于主楼与群房相差 9 层，应如何从设计方面着手解决荷载相差带来的主楼与裙房基础沉降差的问题？

3）结合施工知识，论述此工程在基坑施工时应如何降水。

表 6-16　地基土层主要物理力学性质指标及承载力标准值

层序	层　厚（米）	土层名称	天然重度	压缩系数	压缩模量	承载力特征值
			γ	a_{1-2}	E_s	f_a
			kN/m^2	MPa^{-1}	MPa	kPa
①	2.40～5.60	杂填土	17.2	—	—	—
②	0.20～3.50	黏　土	17.81	0.79	2.5	140
③	5.10～5.60	含泥粗砂	20.4	—	16	250
④	1.10～1.25	黏　土	17.80	0.79	2.5	100
⑤	10.0～11.5	含泥砾粗砂	21.6	—	20	300
⑥	1.50～2.50	含卵石砾粗砂	—	—	25	350
⑦	0～16	残积黏性土	25.4	0.54	8.14	250
⑧	未穿透	强风化花岗岩				

第七章　桩基础及其他深基础

掌握：单桩竖向承载力的确定方法。

熟悉：熟悉桩基础的类型及适用范围。

了解：桩基础的作用及其他深基础。

学习目标：通过对本章的学习能达到正确确定单桩竖向承载力及合理选择桩基础的目的。

能力培养：具备通过分析工程实际情况，明确桩基础选择的条件及合理选择桩基础的能力；具备确定单桩竖向承载力的能力。

第一节　概　　述

一、桩基础的适用性

当采用天然地基上的浅基础不能满足地基基础设计的承载力和变形要求时，可采用地基加固，或采用桩基础将荷载传至承载力高的深部土层。桩基础具有较大的整体性和刚性，承载力高、稳定性好、沉降量小而均匀、便于机械化施工、适应性强等特点。能适应高、重、大的建筑物的要求。下述情况，一般可考虑选用桩基础方案：

（1）地基上层土的土质太差而下层土的土质较好；或地基土软硬不均；或荷载不均，不能满足上部结构对不均匀变形限制的要求。

（2）地基软弱或地基土性特殊，如存在较深厚的软土、可液化土层、自重湿陷性黄土、膨胀土及季节性冻土等，采用地基改良和加固措施不合适。

（3）除承受较大竖向荷载外，尚有较大的偏心荷载、水平荷载、动力或周期性荷载作用。

（4）上部结构对基础的不均匀沉降相当敏感；或建筑物受到大面积地面超载的影响。

（5）地下水位很高，采用其他基础型式施工困难；或位于水中的构筑物基础，如桥梁、码头、采油平台等。

（6）需要长期保存、具有重要历史意义的建筑物。

通常，当软弱土层很厚，桩端达不到良好地层时，桩基设计时应考虑基础沉降问题。目前，桩基设计思想正在由过去单纯的承载力控制向承载力和变形双控制过渡，按地基容许沉降量大小设计桩基的思想正在逐步得到推广。

二、高层建筑桩基础

高层建筑的特点是高，由此导致一方面竖直荷载大而集中；另一方面重心高，对倾斜十分敏感，且在风荷载和地震水平荷载作用下会产生巨大的倾覆力矩，故其对基础的承载力、稳定性和差异沉降要求很高。因此，在松软深厚地基上建造高层建筑时，若采用天然地基上的浅基础，即使整板基础亦往往不能满足上述要求，而桩基础则以其巨大的承载潜力和抵御复杂荷载特殊能力以及对各种地质条件的良好适应性，而成为高层建筑的理想基础形式。目前，国内已建成的最高建筑—上海浦东 88 层高 420.5m 的金贸大厦，桩基础的桩入土深度超过 80m；已建成世界第一高楼—上海浦东 94 层高 460m 的环球金融中心，也采用桩基础。事实上，桩基础已经成为松软深厚地基上高层建筑的主要基础形式。桩基工程是否能实现其预定功能，并达到技术先进、经济合理，完全取决于设计与施工质量。

高层建筑对桩基础的基本要求是：超常的竖向与水平向承载力和刚度，以及良好的整体性。考虑到高层建筑桩基础比一般建筑桩基础要复杂得多，适应性强。因此，本章从高层建筑桩基础的特点与要求出发，结合现行相关设计规范和最新研究成果，阐述桩型选择、桩基的结构型式、工作性状、设计原理与计算方法。

1. 高层建筑桩基础的作用特点

(1) 桩支承于坚硬的（基岩、密实的卵砾石层）或较硬的（硬塑黏性土、中密砂等）持力层，具有很高的竖向单桩承载力或群桩承载力，足以承担高层建筑的全部竖向荷载（包括偏心荷载）。如深圳国际贸易中心大厦，筒中筒结构，50 层，高 160.5m，折算基底压力达 752.5kPa，只用了 58 根人工挖孔桩，桩长 20.0～28.0m，桩径 3100、2600、2200mm 三种，桩底嵌固于凝灰质微风化砂岩，其允许抗压强度为 7500kPa，因而单桩允许承载力极高，ϕ3100mm 桩为 40 205kN，ϕ2600mm 桩为 27 457kN，ϕ2200mm 桩为 108 632kN。

(2) 桩基具有很大的竖向单桩刚度（端承型桩）或群桩刚度（摩擦型桩），在建筑物自重或相邻荷载影响下，不会产生过大的不均匀沉降，并能确保建筑物的倾斜不超过允许范围。

(3) 凭借巨大的单桩侧向刚度（大直径桩）或群桩基础的侧向刚度及其整体抗倾覆能力，能抵御风和地震引起的水平荷载与力矩荷载，保证高层建筑的抗倾覆稳定性。

箱、筏承台底土分担上部结构荷载。如德国法兰克福展览会大楼，筒中筒结构，桩筏基础，56 层，高 256m，仅用 64 根 ϕ1300mm 钻孔桩，长度 26.9～34.9m，建筑物总重 1880MN，筏底土分担 25%的荷载。

桩身穿过可液化土层而支承于稳定的坚实土层或嵌固于基岩，在地震引起浅层土液化与震陷的情况下，桩基凭靠深部稳固土层仍具有足够的抗压与抗拔承载力，从而确保高层建筑的稳定，且不产生过大的沉陷与倾斜。

2. 高层建筑桩基础的基本型式

桩基础的结构型式主要取决于两方面：上部结构的型式与布置；地质条件与桩型。由于高层建筑结构体系多种多样，地基条件千变万化，桩工技术不断进步，从而使得高层建筑桩基础的结构型式也灵活多样。归纳起来，主要有以下几种：桩柱基础、桩梁基础、桩墙基础、桩筏基础和桩箱基础。

(1) 桩柱基础。

桩柱基础即柱下独立桩基础，可采用一柱一桩或一柱数桩基础。为了加强基础结构的整体性，特别是提高桩基抵御水平荷载的能力，在各个桩柱基础之间通常设置拉梁，或将地下室底板适当加强。

桩柱基础是框架结构或框剪结构、框筒结构等高层建筑的一种造价较低的基础形式。

单桩柱基一般只适用于端承桩，群桩桩基主要用于摩擦型桩的情况，且须谨慎。一般仅当持力层比较坚硬且无软弱下卧层的地质条件下采用，以免产生过大的沉降与差异沉降。

（2）桩梁基础。

桩梁基础系指框架柱荷载通过基础梁（或称承台梁）传递给桩这种型式的桩基础。沿柱网轴线布置一排或多排桩，桩顶用刚度大的基础梁相连，以便将柱网荷载较均匀地分配给每根桩。它比桩柱基础具有较高的整体刚度和稳定性，在一定程度上具有调整不均匀沉降的能力。

一般地，桩梁基础主要适用于端承型桩的情况。

（3）桩墙基础。

桩墙基础系指剪力墙或实腹筒壁下的单排或多排桩基础。剪力墙可视为深梁，以其巨大的刚度足以把荷载较均匀地传给各支承桩，无需再设置基础梁；但因剪力墙厚度较小（一般为200～800mm），筒壁厚度也不大（一般为500～1000mm），而桩径则一般大于1000mm，甚至大于3000mm，为了保证桩与墙体或筒体很好地共同工作，通常需在桩顶做一条形承台，其尺寸按构造要求。桩墙基础亦常用于筒体结构。

（4）桩筏基础。

当受地质条件限制，单桩承载力不很高，而不得不满堂布桩或局部满堂布桩才足以支承建筑荷载时，常通过整块钢筋混凝土板把柱、墙（筒）集中荷载分配给桩。习惯上将这块板称为筏，故称这类基础为桩筏基础。

桩筏基础主要适用于软土地基上的筒体结构、框剪结构和剪力墙结构，以便借助于高层建筑的巨大刚度来弥补基础刚度的不足。不过，若为端承桩基，则可用于框架结构。

（5）桩箱基础。

桩箱基础系由具有底、顶板、外墙和若干纵横内隔墙构成的箱型结构把上部荷载传递给桩的基础形式。由于其刚度很大，具有调整各桩受力和沉降的良好性能，因此，在软弱地基上建造高层建筑时较多地采用桩箱基础。它适用于包括框架在内的任何结构型式。采用桩箱基础的框剪结构高层建筑的高度可达100m以上。

应注意形似桩箱实为桩筏的基础形式。主要区别在于是否按箱基要求设置纵横贯通的内隔墙，桩—“箱”结构能否形成整体刚度。

第二节　桩基的基本要求与桩基概率极限状态设计

一、桩基的基本要求

建筑桩基设计的基本要求，具体包括：

1. 桩基形式的合理选择

桩基形式选择合理与否，对高层建筑的安全、功能与造价影响很大。桩基形式的选择，应考虑以下几个方面：一是地质条件。当有条件做成大直径端承桩时（基岩或密实的卵石层埋藏较浅时），采用单桩支承的柱基和单排桩支承的墙基是最为经济合理的；当端承桩的直径和承载力受到限制时，采用多桩支承的柱基和多排桩支承的墙基亦属经济合理；在深厚软土地区只能采用各种摩擦型桩基础。二是建筑的体型与结构特点。体型较规则且高度不很高（如30层以下住宅）的高层建筑，可考虑采用小群桩的桩柱基础和桩梁基础；当体型复杂而又地基条件不好时，可考虑采用桩筏或桩箱基础。三是建筑功能对地下空间利用的方式，对桩基类型的选择也是一个重要的、有时甚至是一个不可更改的限制条件。如地下停车场和金融中心的地下室库房，则决定了承台结构必须分别采用筏基和箱基形式。

2. 持力层与桩长的合理选择

可作为持力层的土层，通常不止一层土。对一栋建筑的桩基础，有时既可用长桩，也可用短桩；既可用端承型桩，也可用摩擦型桩。持力层的选择应考虑下列因素：一是能提供足够大的单桩承载力。所选持力层一般应为中密以上的非液化砂层、比较坚硬的黏土层或卵、砾石层，以至基岩。二是保证建筑物不产生过大的沉降与差异沉降，并往往成为控制因素。因此，要求持力层必须具有足够的厚度，或其下不存在软弱下卧层；或者虽然持力层下存在软弱下卧层，但分布比较均匀，除满足强度验算要求外，沉降和差异沉降计算的结果都在允许的范围以内。三是考虑单方混凝土所提供的承载力。单方混凝土提供的承载力越大，桩基造价越低。由于桩侧表面积为桩径的一次函数，桩体积（混凝土用量）为桩径的二次函数。因此，在提供同样大小承载力的情况下，摩擦桩宜用细长桩，即桩径小、持力层深为宜。四是考虑施工技术的可能性。

3. 桩的布置是否合理

在桩数相同的情况下，在不同布桩方式下，桩基的承载力与所发挥的作用是不一样的。对于桩箱基础，宜将桩布置于墙下；对于带梁（肋）桩筏基础，宜将桩布置于梁（肋）下。这对底板的计算十分有利，大大减小箱基或筏板的底板厚度。对于满堂布桩的桩箱、桩筏基础，通常为“内疏外密”布桩，即中间少布桩、布小桩，周边多布桩、布大桩；但“均匀布桩”也是常用的布桩方式。采用“内疏外密”布桩主要是基于基础及上部结构具有较大的刚度，基础底面仍保持平面状态，上部结构的荷载传至地基时周边大中间小，从而角桩、边桩荷载大，中央桩荷载小的考虑。然而，采用“外疏内密”，可能更为经济，即减小外围桩的数量（桩距大），减小外围桩的桩径和桩长；中间部分桩间距相对较小，桩长较长。从而减小了外围桩的刚度，加大了中间桩的刚度，使得内外桩分担荷载趋于均衡，箱、筏底板各点沉降趋于一致，降低了底板的内力，大大减小底板厚度和用钢量。因此，从桩的受力特性看，宜采用“外疏内密”布桩。

4. 桩基水平承载力是否满足

高层建筑基底水平剪力和倾覆力矩，主要由地震和风所引起，一般地，地震作用为控制因素，地震引起的基底水平剪力一般不超过高层建筑总重的5%。但因高层建筑上部结构的重心远高于基础底面，因此还会引起很大的倾覆力矩，在地震区这些作用都必须加以考虑。但在沿海地区，由于海洋风暴的侵扰，风的影响可能甚于地震。对超高层建筑，风引起的基底水平剪力和倾覆力矩可能接近甚至远超过地震引起的结果，成为设计中的控制因素。因此，高层建筑桩基础，必须有足够的抵御水平荷载和倾覆力矩的能力。

5. 桩基适用范围

建筑桩基的施工和使用不能对周围环境造成不良的影响，并应技术先进，造价经济合理。高层建筑多建在建筑物密集、交通繁忙、地下管线交错的繁华城区，一般不宜采用挤土桩。

二、桩基的极限状态

1. 桩基的极限状态

《建筑桩基技术规范》（JGJ 94—2008）将桩基极限状态分为两类：桩基承载能力极限状态和桩基正常使用极限状态。

承载能力极限状态：对应于桩基达到最大承载能力或整体失稳或发生不适于继续承载的变形；正常使用极限状态：对应于桩基达到建筑物正常使用所规定的变形限值或达到耐久性要求的某项限值。根据承载能力极限状态和正常使用极限状态的要求，桩基需进行下列计算和验算。

（1）所有桩基均应进行承载能力极限状态的计算，应采用基本组合和地震作用效应组合，计算内容包括：

1）根据桩基的使用功能和受力特征进行桩基的竖向（抗压或抗拔）承载力计算和水平承载力计算；对于某些条件下的群桩基础宜考虑由桩群、土、承台相互作用产生的承载力群桩效应；

2）对桩身及承台承载力进行计算；对于桩身露出地面或桩侧为可液化土、极限承载力小于 50kPa（或不排水抗剪强度小于 10kPa）土层中的细长桩尚应进行桩身压屈验算；对混凝土预制桩尚应按施工阶段的吊装、运输和锤击作用进行强度验算；

3）当桩端平面以下存在软弱下卧层时，应验算软弱下卧层的承载力；

4）对位于坡地、岸边的桩基应验算整体稳定性；

5）按现行《建筑抗震设计规范》（GB50011—2001）规定应进行抗震验算的桩基，应验算抗震承载力。

（2）按正常使用极限状态验算桩基沉降时应采用荷载的长期效应组合；验算桩基的水平变位、抗裂、裂缝宽度时，根据使用要求和裂缝控制等级应分别采用作用效应的短期效应组合或短期效应组合考虑长期荷载的影响。

桩基在竖向或横向荷载下的破坏由以下两种强度之一的破坏状态引起：地基土强度破坏或桩身强度破坏。通常竖向承载桩和横向承载短桩的破坏多由地基土强度破坏而引起；而横向承载长桩的破坏则多由桩的材料强度破坏所引起。这种以地基土或桩结构丧失稳定性的极限状态即为桩基承载力极限状态。

2. 建筑桩基安全等级

根据桩基损坏造成建筑物的破坏后果（危及人的生命、造成经济损失、产生社会影响）的严重性，采用三级划分，见表 7 - 1。

表 7 - 1　　建筑桩基安全等级与重要性系数

安全等级	破坏后果	建筑物类型	重要性系数 γ_0
一级	很严重	重要的工业与民用建筑；对桩基变形有特殊要求的工业建筑	1.1（1.2）
二级	严　重	一般的工业与民用建筑	1.0（1.1）
三级	不严重	次要的建筑	0.9（1.0）

注　表中括号中数值为柱下单桩基础采用。

对于 20 层以上的高层建筑应列入重要建筑物。对于有纪念意义的或供群众性集会的民用建筑，经济意义重大的工业建筑也应列入重要建筑物。

3. 桩基计算的荷载效应组合

根据《建筑地基基础设计规范》（GB 50007—2002）进行设计时：

（1）按单桩承载力确定桩数时，传至承台底面上的荷载效应按正常使用极限状态下荷载效应的标准组合；相应的抗力采用单桩承载力特征值。

（2）计算地基变形时，传至承台底面上的荷载效应按正常使用极限状态下荷载效应的准永久组合；相应的限值为地基变形允许值。

（3）确定桩承台高度、配筋和验算桩身材料强度时，上部结构传来的荷载效应组合按承载能力极限状态下荷载效应的基本组合，采用相应的分项系数。

（4）验算桩台或桩身的裂缝宽度时，按正常使用极限状态下荷载效应的标准组合。

第三节　桩　的　分　类

桩是设置于土中的柱状构件。桩与连接桩顶的承台组成深基础，简称桩基，如图 7-1 所示。桩的作用是将上部结构的荷载通过桩身传递到深部较坚硬的、压缩性较小的土层或岩层上。在钻孔灌注桩出现之前，由于打桩机械能力的限制，桩的直径较小；钻孔灌注桩出现以后，桩的直径日益增大。

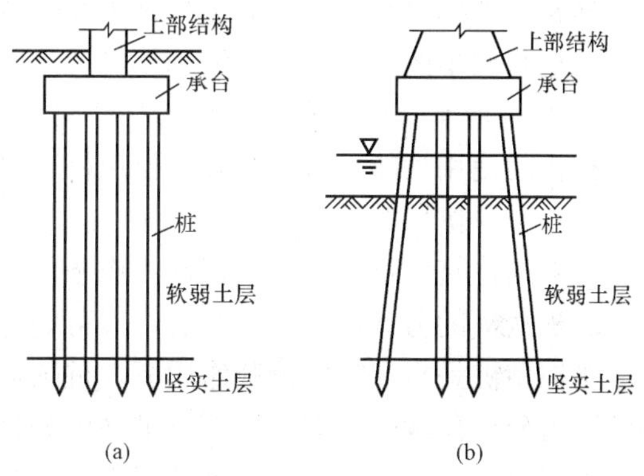

图 7-1　桩基础示意图

（a）低承台桩基础；（b）高承台桩基础

桩的分类，根据不同目的可以有不同的分类法。

1. 按成桩方法对土层的影响分类

不同成桩方法对桩周围土层的扰动程度不同，将影响到桩承载力的发挥和计算参数的选用。一般可分为挤土桩、部分挤土桩和非挤土桩三类。

（1）挤土桩。

挤土桩也称为排土桩，在成桩过程中，桩周围的土被压密或挤开，因而使周围土层受到严重扰动，土的原始结构遭到破坏，土的工程性质有很大改变（与原始状态相比）。这类桩主要有打入或压入的预制木桩和混凝土桩，打入的封底钢管桩和混凝土管桩，以及沉管式就地灌注桩等。

（2）部分挤土桩。

部分挤土桩也称为少良排土桩，在成桩过程中，桩周围的土受到相对较少的扰动，土的原状结构和工程性质的变化不明显。这类桩主要有打入小截面的 I 型和 H 型钢桩、钢板桩和螺旋桩等。

（3）非挤土桩。

非挤土桩也称为非排土桩，在成桩过程中，将与桩体积相同的土挖出，因而桩周围的土受到较轻的扰动，但有应力松弛现象。这类桩主要有各种形式的挖孔或钻孔桩、井筒管柱和预钻孔埋桩等。

2. 按桩的材料分类

根据桩的处理，可分为天然材料桩、混凝土桩、钢桩、水泥土桩、砂浆桩等。

（1）天然材料桩。

按桩的制作方式，天然材料桩可分为预制桩和现场灌注桩，包括石桩、砂桩、石灰桩、木桩和碎石桩等。这类桩大多用于地基处理，形成复合地基。

（2）混凝土桩。

混凝土桩是当前使用最广泛的桩，可分为预制混凝土桩和现场灌注桩混凝土、预制—灌注组合混凝土桩三大类。

预制混凝土桩多为钢筋混凝土桩，可以在预制工厂生产，也可以在场地附近预制。

（3）钢桩。

钢桩一般为预制桩，包括型钢和钢管两大类，主要有钢管桩、钢板桩和H型钢桩。

（4）水泥土桩。

水泥土桩采用现场搅拌成桩，用于地基处理，形成复合地基，包括深层粉体喷射搅拌桩、深层水泥搅拌桩、旋喷桩和加筋水泥搅拌桩。

通常，天然材料桩、水泥土桩称为柔性桩，一般用于地基处理；混凝土桩、钢桩称为刚性桩，桩基础中的桩一般应采用刚性桩。

3. 按桩的承载性状和使用功能分类

按桩的使用功能，可分为竖向抗压桩、侧向受荷桩、竖向抗拔桩和复合受荷桩。

（1）竖向抗压的桩。

一般的建筑工程桩基，在正常工作条件下，主要承受从上部结构传下来的竖向荷载。竖向抗压桩从桩的荷载传递机理来看，又可划分为摩擦型桩和端承型桩两大类。

摩擦型桩是指在竖向荷载作用下，桩顶荷载全部或主要由桩侧摩阻力承担的桩。根据桩侧摩阻力分担荷载的比例，摩擦型桩又可分为摩擦桩和端承摩擦桩两类。摩擦桩是指桩顶荷载绝大部分由桩侧阻力承担、桩端阻力可忽略不计的桩。端承摩擦桩是指桩顶荷载由桩侧摩阻力和桩端阻力共同承担、但桩侧摩阻力分担荷载比较大的桩。

端承型桩是指在竖向荷载作用下，桩顶荷载全部或主要由桩端阻力承担、桩侧摩阻力相对于桩端阻力可忽略不计的桩。根据桩端阻力分担荷载的比例，端承型桩又可分为端承桩和摩擦端承桩两类。端承桩指桩顶荷载绝大部分由桩端阻力承担、桩侧摩阻力可忽略不计的桩。摩擦端承桩是指桩顶荷载由桩端阻力和桩侧摩阻力共同承担、但桩端阻力分担荷载比较大的桩。

（2）侧向受荷桩。

港口码头工程中的桩、基坑工程中的桩等，都是主要承受作用在桩上的侧向荷载。

（3）抗拔桩。

抗拔桩是指主要抵抗拉拔荷载的桩，如抗浮桩、板桩墙后的锚桩等。拉拔荷载依靠桩侧摩阻力来承担。

（4）复合受荷桩。

在桥梁工程中，桩除了要承担较大的竖向荷载外，往往由于波浪、风、地震动、船舶的撞击力以及车辆荷载的制动力等使桩承受较大的侧向荷载，从而导致桩的受力条件更为复杂，尤其是大跨径桥梁更是如此。像这样一类桩基就是典型的复合受荷桩。

4. 按成桩方法分类

随着科学技术和施工机械的发展，不断出现一些新的成桩方法和施工工艺。按成桩方法和工艺对桩的分类如图7-2所示。

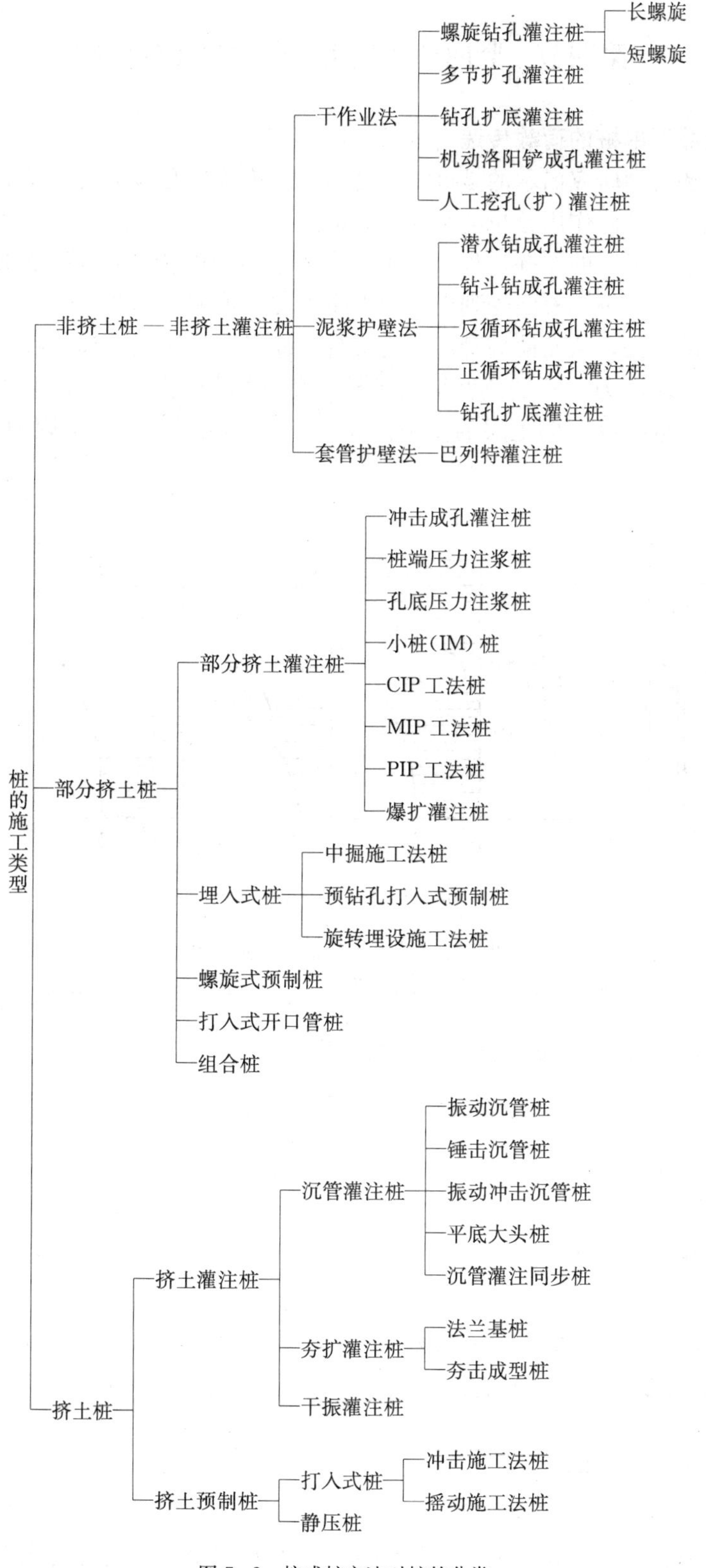

图7-2 按成桩方法对桩的分类

第四节 竖向荷载作用下的单桩工作性状

一、竖向荷载下单桩的荷载传递

桩的荷载传递机理研究揭示的是桩—土之间力的传递与变形协调的规律，因而它是桩的承载力机理和桩—土共同作用分析的重要理论依据。

桩侧阻力与桩端阻力的发挥过程就是桩—土体系荷载的传递过程。桩顶受竖向荷载后，桩身压缩而向下位移，桩侧表面受到土的向上摩阻力，桩侧土体产生剪切变形，并使桩身荷载传递到桩周土层中去，从而使桩身荷载与桩身压缩变形随深度递减。随着荷载增加，桩端出现竖向位移和桩端反力。桩端位移加大了桩身各截面的位移，并促使桩侧阻力进一步发挥。一般说来，靠近桩身上部土层的侧阻力先于下部土层发挥，而侧阻力先于端阻力发挥出来。

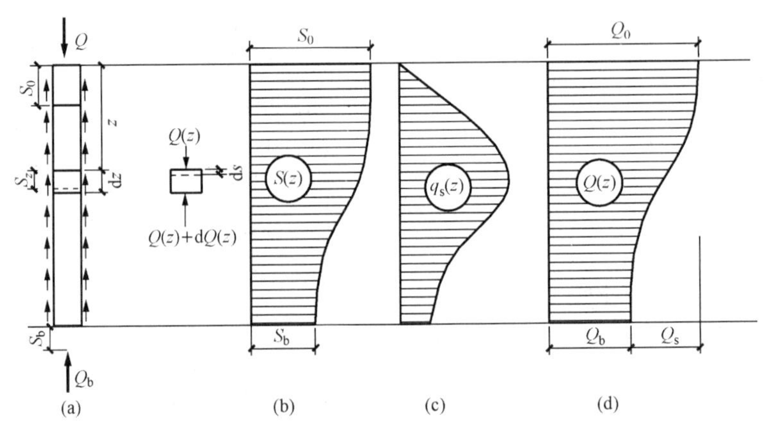

图 7 - 3 桩土体系荷载传递分析

(a) 轴向受压的桩；(b) 截面位移；(c) 摩阻力分布；(d) 轴力分布

由图 7 - 3 看出，任一深度 z 桩身截面的荷载为

$$Q(z) = Q_o - u\int_o^z q_s(z)\mathrm{d}z \tag{7 - 1}$$

根据力的竖向平衡，有

$$Q = Q_s + Q_p \tag{7 - 2}$$

式中 Q_s——桩侧总摩阻力；

Q_p——桩端总阻力。

根据 Q_s/Q 和 Q_p/Q 的大小，定性地将桩分为摩擦桩（Q_s/Q 大致在 0.8 以上）、端承摩擦桩（Q_s/Q 大致在 0.6～0.75 左右）、端承桩（Q_p/Q 大致在 0.8 以上）和摩擦端承桩（Q_p/Q 大致在 0.6～0.75 左右）。

二、桩侧负摩阻力问题

1. 产生桩侧负摩阻力的条件

当土体相对于桩身向下位移时，土体不仅不能起扩散桩身轴向力的作用，反而会产生下拉的摩阻力，使桩身的轴力增大，如图 7 - 4 所示。该下拉的摩阻力称为负摩阻力。负摩阻力的存在，增大了桩身荷载和桩基的沉降。在桩身某一深度处的桩土位移量相等，该处称为中性点。中性点是正、负摩阻力的分界点。

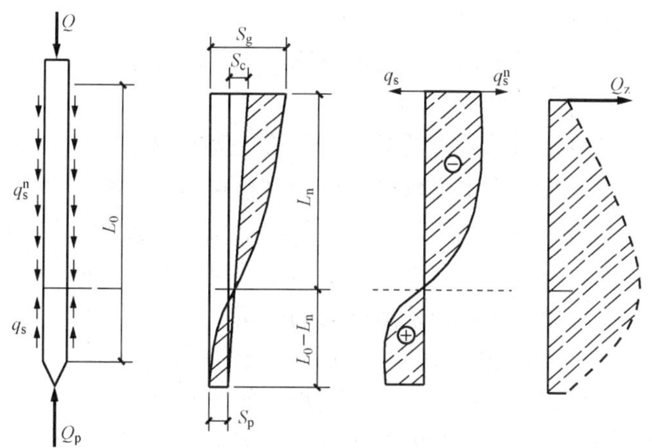

图 7-4　桩的负摩阻力中性点示意图

S_g—地表沉降量；S_p—桩端沉降量；L_0—压缩土层厚度

L_n—中性点深度；S_c—桩顶沉降量；Q_z—桩身轴向力

产生负摩阻力的条件，可归纳为三类情况：第一类情况为桩周土在自重作用下固结沉降或浸水导致土体结构破坏、强度降低而固结（湿陷），如桩穿越较厚松散填土、自重湿陷性黄土、欠固结土层进入相对较硬土层；第二类情况为外界荷载作用导致桩周土固结沉降，如桩周存在软弱土层，邻近桩侧地面承受局部较大的长期荷载或大面积地面堆载（包括填土）；第三类情况为因降水导致桩周土中有效应力增大而固结。软土地区由密集桩群施工造成的土隆起和随后的再固结，也会产生桩侧负摩阻力。

负摩阻力对于桩基承载力和沉降的影响随桩侧阻力与桩端阻力分担荷载比、建筑物各桩基周围土层沉降的均匀性、建筑物对不均匀沉降的敏感程度而定，因此，对于考虑负摩阻力验算承载力和沉降也应有所区别。

2. 考虑桩侧负摩阻力的桩基承载力和沉降问题

对于摩擦型桩基，当出现负摩阻力对桩体施加下拉荷载时，由于持力层压缩性较大，随之引起沉降。桩基沉降一出现，土对桩的相对位移便减小，负摩阻力便降低，直至转化为零。因此，一般情况下对摩擦型桩基，可近似视（理论）中性点以上侧阻力为零计算桩基承载力。

对于端承型桩基，由于其桩端持力层较坚硬，受负摩阻力引起下拉荷载后不致产生沉降或沉降较小，此时负摩阻力将长期作用于桩身中性点以上侧表面。因此，应计算中性点以上负摩阻力形成的下拉荷载 Q_n，并以下拉荷载作为外荷载的一部分验算其承载力。

第五节　竖向荷载作用下单桩承载力的确定方法

一、单桩竖向承载力

1. 单桩承载力的破坏模式

单桩承载力的破坏模式是指其达到破坏时所表现出的特征，它取决于桩身的强度、土的工程性质及构造、桩底沉淀等因素。主要有五种特征：

（1）桩身材料屈服（压屈），端承桩和超长摩擦桩都可能发生这种破坏。

（2）持力层土整体剪切破坏，当桩穿过软弱土层支承于较硬持力层时易发生这种破坏。

（3）刺入剪切破坏，常见于均质土中的摩擦桩。

（4）沿桩身侧面纯剪切破坏，当桩底软弱不能提供承载力，仅靠桩侧摩阻力承担荷载的纯摩擦桩的破坏模式。

(5) 在拔力作用下沿桩身侧面纯剪切破坏。

2. 单桩极限承载力

单桩极限承载力是指一根桩在上述破坏模式下，任何破坏发生之前所能承受的最大荷载。桩的承载力主要取决于桩的材料强度和土的支承能力两个方面。

当桩身强度足够时，桩的竖向承载力取决于土对桩的支承能力，包括由土的强度条件决定的对桩的支承力和由土的变形条件决定的桩所能承受的支承力。

二、单桩竖向极限承载力的确定

单桩竖向极限承载力可通过静载试验法、经验参数法、静力触探法和动力法等方法确定。

考虑到近年来大直径桩及长桩的普遍应用及受力特性，对单桩静载试验结果的极限承载力可根据沉降随荷载的变化特征、沉降量、沉降随时间的变化特征等确定极限承载力。

三、竖向荷载作用下单桩沉降

在竖向荷载作用下，桩基础沉降变形可以用沉降变形指标：沉降量、沉降差和倾斜来表示。

单桩受到荷载作用后，其沉降量由下述三个部分组成：

(1) 桩本身的弹性压缩量。

(2) 由于桩侧摩阻力向下传递，引起桩端下土体压缩所产生的桩端沉降。

(3) 由于桩端荷载引起桩端下土体压缩所产生的桩端沉降。

单桩沉降组成不仅同桩的长度、桩与土的相对压缩性、土层剖面及性质有关，还与荷载水平、荷载持续时间有关。目前，单桩沉降计算方法主要有：

(1) 荷载传递分析法。

(2) 弹性理论法。

(3) 剪切变形传递法。

(4) 有限单元分析法。

(5) 各种简化分析法。

第六节 竖向荷载作用下群桩的工作性状

一、群桩的荷载传递特征

高层建筑桩基通常为低承台式，群桩基础受竖向荷载后，承台、桩群与土形成一个相互作用、共同工作体系，其变形和承载力均受相互作用的影响。

1. 端承型群桩

由端承桩组成的群桩基础，通过承台传递到各桩顶的竖向荷载，其大部分由桩身直接传递到桩端。因此，端承型群桩中基桩（桩群中的单桩）与（独立）单桩相近，桩与桩的相互作用、承台与土的相互作用，都小到可忽略不计，端承型群桩的承载力可近似取为各单桩承载力之和。由于端承型群桩的桩端持力层比较刚硬，因此其沉降也不致因桩端应力的重叠效应而显著增大，一般无需计算沉降。

2. 摩擦型群桩

由摩擦型桩组成的群桩，在竖向荷载作用下，其桩顶荷载的大部分通过桩侧阻力传递到桩侧和桩端土层中，其余部分由桩端承受。由于桩端的贯入变形和桩身弹性压缩，对于低承台群桩，承台底土也产生一定反力，使得承台底土、桩间土、桩端土都参与工作，形成承台、桩、土共同工作，群桩中基桩的工作性状明显不同于（独立）单桩，群桩承载力不等于各单桩承载力之和，群桩的沉降也明显地超过单桩。这称之为群桩效应。

影响群桩效应的主要因素有两组。一组是群桩自身的几何特征：承台的设置方式（高、低承台）、桩间距 S_a、桩长 l 及桩长与承台宽度比 l/B_c、桩的排列形式、桩数；另一组是桩侧及桩端的土性及其分布、成桩工艺。群桩效应具体反映在以下几个方面：群桩的侧阻力、群桩的端阻力、承台土反力、桩顶荷载分布、群桩的破坏模式、群桩的沉降及其随荷载的变化。现就其一般规律简述如下。

（1）桩侧阻力的群桩效应及群桩侧阻的破坏。

桩间土竖向位移受相邻桩影响而增大，桩土相对位移随之减小，这使得在相同沉降条件下，群桩侧阻力发挥值小于单桩。在桩距很小时，即使发生很大沉降，群桩中各基桩的侧阻力也不能充分发挥。因此，桩距的大小不仅制约桩土相对位移，影响发挥侧阻所需群桩沉降量，而且影响侧阻的破坏性状与破坏值。

对于砂土、粉土、非饱和松散黏性土中的挤土型（打入、压入桩）群桩，在较小桩距（$S_a \leqslant 3d$）条件下，群桩侧阻一般呈整体破坏，即桩、土形成整体，桩侧阻力的破坏面发生于桩群外围［如图 7-5（a）］；当桩距较大时，则一般呈非整体破坏，即各桩的桩、土间产生相对位移，各桩的侧阻力剪切破坏发生于各桩桩周土体中或桩土界面［如图 7-5（b）］。

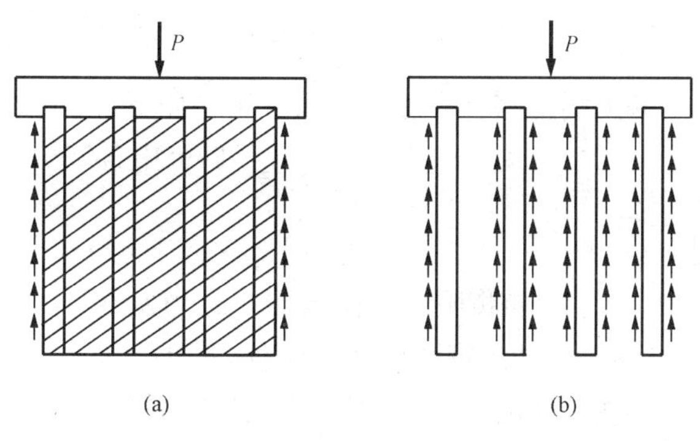

图 7-5　群桩侧阻力破坏模式
（a）整体破坏；（b）非整体破坏

（2）端阻力的群桩效应及桩端阻的破坏。

一般情况下，由于邻桩的桩侧剪应力在桩端平面上重叠，导致桩端平面的主应力差减小，以及桩端土的侧向变形受到邻桩逆向变形的制约而减小，使得桩端阻力随桩距减小而增大。

桩距对端阻力的影响程度与持力层土层的性质和成桩工艺有关。在相同成桩工艺下，群桩端阻力受桩距的影响，黏性土较非黏性土大、密实土较非密实土大。

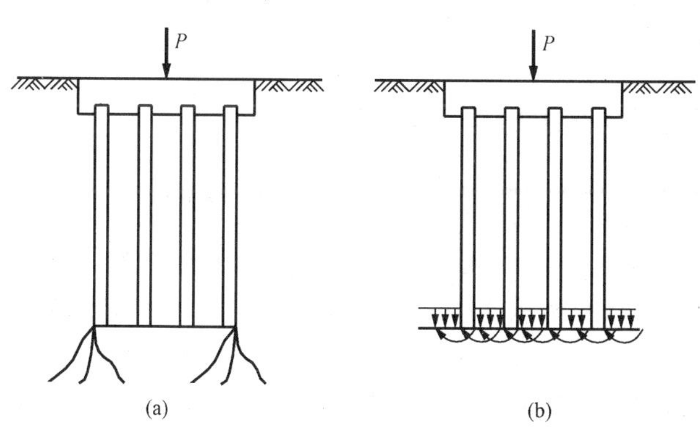

图 7-6　群桩端阻的破坏模式

群桩端阻的破坏与侧阻的破坏模式有关。在群桩侧阻呈整体破坏的情况下，桩端演变底面积与桩群投影面积相等的单独实体墩基［图 7-6（a）］。由于基底面积大，埋深大，一般不发生整体剪切破坏。当桩很短且持力层为密实土层时才可能出现整体剪切破坏。当存在软弱下卧层时，有可能由于软卧层产生侧向挤出而引起群桩整体失稳。当群桩侧阻呈单独破坏时，各桩端阻的破坏与单桩相似，但因桩侧剪应力的重叠效应、相邻桩桩端土逆向变形的制约效应和承台的增强效应而使破坏承载力提高［如图 7-6（b)］。

3. 承台土反力及承台分担荷载的计算

摩擦型桩基，当其承受竖向荷载而沉降时，承台底一般会产生土反力，从而分担一部分荷载，桩基的承载力随之提高。

桩基承台分担荷载的比率随承台底土性、桩侧与桩端土性、桩径与桩长、施工工艺等诸多因素而变化。根据现有试验与工程实测资料，承台分担荷载比率可由零至 60%～70%。

4. 侧阻和端阻群桩效应系数

侧阻群桩效应系数 η_s 和端阻群桩效应系数 η_p 定义如下

$$\eta_s = \frac{\text{群桩中基桩平均极限侧阻力}}{\text{单桩平均极限侧阻力}} \tag{7-3}$$

$$\eta_p = \frac{\text{群桩中基桩平均极限端阻力}}{\text{单桩平均极限端阻力}} \tag{7-4}$$

侧阻端阻综合群桩效应系数定义如下

$$\eta_{sp} = \frac{\text{群桩中各基桩平均极限承载力}}{\text{单桩极限承载力}} \tag{7-5}$$

则

$$\eta_{sp} = \eta_s \cdot \alpha_s + \eta_p \cdot \alpha_p = \alpha_s \eta_s + (1-\alpha_s)\eta_p \tag{7-6}$$

式中 α_s——桩侧阻分担荷载比，$\alpha_s = Q_{sk}/Q_{ik}$；

α_p——桩端阻分担荷载比 $\alpha_p = Q_{pk}/Q_{uk}$。

显然 $\alpha_s + \alpha_p = 1$。《建筑桩基技术规范》（JGJ 94—2008）根据上述各式，以及假定 $\alpha_s = 0.85$ 和 $\alpha_p = 0.15$，得到群桩效应系数 η_s、η_p 和 η_{sp}。当实际工程中 α_s 和 α_p 不是 0.85 和 0.15 时，应根据实际的 α_s 和 α_p 及 η_s、η_p 计算 η_{sp} 值。

二、群桩的沉降特性

由摩擦桩与承台组成的群桩，在竖向荷载作用下，其沉降的变形性状是桩、承台、地基土之间相互影响的综合结果，群桩沉降及其性状同孤立单桩有明显不同。

群桩沉降由桩间土压缩和桩端以下土压缩变形所组成。从现有试验研究结果看，这两种变形占群桩沉降的比例同土质条件、桩距大小、荷载水平、成桩工艺（挤土桩和非挤土桩）以及承台设置方式（高、低承台）等因素有密切关系。

第七节 群桩的竖向承载力计算

群桩的工作性状取决于承台和群桩的几何尺寸与材料性质，以及一定范围内土介质（桩间土与桩底土）的分布与性质。因此，群桩的竖向承载力这一概念实际上有两种含义。首先，是指将群桩和一定范围内的土视为整体时所能承受的竖向总荷载；当桩下一定深度内存在软弱土层时应校核其强度；群桩中各桩应正常工作，即对单桩承载力进行校核。其次，是指所产生沉降小于允许沉降量的竖向荷载，即沉降要求不仅是校核条件，而且也是确定承载力的依据。

一、群桩的整体竖向承载力计算

1. 单桩承载力的简单累加法

假定群桩的极限承载力为 P_u，单桩的极限承载力为 Q_u，则

$$P_u = nQ_u \tag{7-7}$$

式中　n——桩数。

式（7-7）仅适用于端承群桩，以及按《建筑桩基技术规范》（JGJ 94—2008）规定，满足桩数 $n \leqslant 3$ 的摩擦桩。

对大多数建筑的摩擦桩基不能采用上述简单累加法。

2. 以土强度为参数的极限平衡理论法

群桩侧阻力破坏分为桩、土整体破坏和非整体破坏（各桩单独破坏）；群桩端阻力的破坏可能呈整体剪切、局部剪切和冲剪（刺入剪切）破坏。

二、群桩软弱下卧层的承载力验算

在土层竖向分布不均匀的情况下，为减小桩长、节约投资，或由于沉桩（管）穿透硬层的困难，可将桩端设置于存在软弱下卧层的有限厚度硬层上。该有限厚度硬层是否可作为群桩的可靠持力层，是设计中要考虑的重要问题。设计不当，可能招致两种后果，一是较薄的持力层因冲剪破坏而使桩基整体失稳，如图7-7所示。二是因软弱下卧层的变形而使桩基沉降过大。

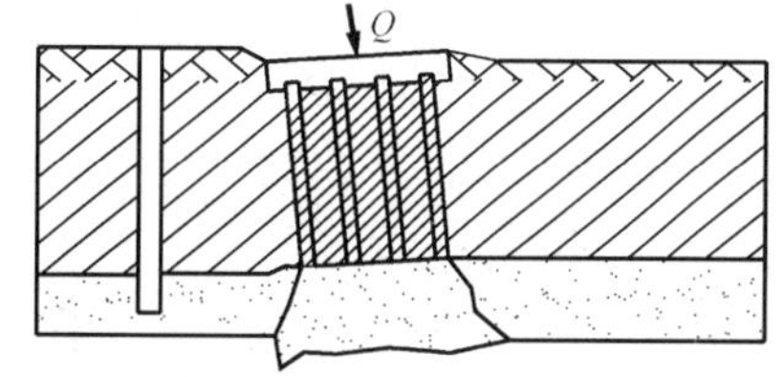

图7-7　桩基受软弱下卧层影响发生冲剪破坏

上述现象的出现与下列因素有关：①软弱下卧层的强度和压缩性；②硬持力层的强度、压缩性和厚度；③群桩的桩距、桩数；④承台的设置方式（高低承台）及低承台底面下土的性质；⑤桩基的荷载水平。

1. 整体冲剪破坏

在下列情况下，桩基持力层呈整体冲剪破坏［图7-8（a）］。整体冲剪表现为桩群、桩间土形成如同实体深基础对硬持力层发生冲剪破坏。产生整体冲剪破坏的具体情况为：①桩距较小（$S_a \leqslant 6d$）；②桩端硬持力层与软弱下卧层的压缩性相差较大（$E_{s1}/E_{s2} \geqslant 3$）；各基桩桩端冲剪锥体扩散线在硬持力层中相交重迭；③桩端持力层为砂、砾层的挤土型低承台群桩，桩距虽较大（$S_a > 6d$），由于成桩挤密效应和承台效应，导致桩端持力层的刚度提高和桩土整体性加强，也可能发生整体冲剪破坏。

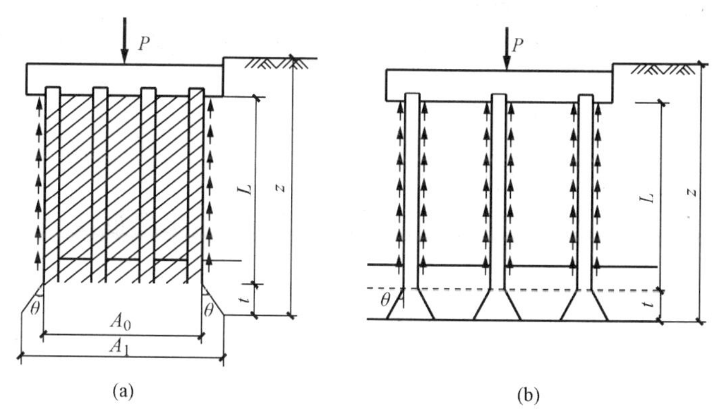

图7-8　软弱下卧层承载力验算
（a）整体冲剪破坏；（b）基桩冲剪破坏

2. 各基桩单独冲剪破坏

对于桩距 $S_a > 6d$ 且硬持力层厚度 $t < (S_a - D_e) \cdot \cot\theta/2$（$D_e$ 为桩端等代直径）的群桩基

础［图 7-8（b)］，以及单桩基础按单独冲剪破坏验算软弱下卧层的承载力。

三、群桩基础的沉降计算

桩基因其稳定性好，沉降小而均匀，且收敛也快，故很少作沉降计算。均以承载力计算作为桩基设计的主要控制条件，而以变形计算作为辅助验算。

《建筑地基基础设计规范》（GB 50007—2002）规定对以下建筑物的桩基应进行沉降验算：

（1）地基基础设计等级为甲级的建筑物桩基。

（2）体型复杂、荷载不均匀或桩端以下存在软弱土层的设计等级为乙级的建筑物桩基。

（3）摩擦型桩基。

同时规定：

（1）对嵌岩桩、设计等级为丙级的建筑物桩基、对沉降无特殊要求的条形基础下不超过两排的桩基、吊车工作级别 A5 及 A5 以下的单层工业厂房桩基（桩端下为密实土层），可不进行沉降验算。

（2）当有可靠地区经验时，对地质条件不复杂、荷载均匀、对沉降无特殊要求的端承型桩基也可不进行沉降验算。

桩基础的沉降不得超过建筑物的沉降允许值。

第八节　桩基础设计

桩基础的一般设计内容和步骤（程序）如下。

（1）调查研究，收集设计资料。需要掌握的资料有：

1）建筑物上部结构的类型、平面尺寸、构造及使用上的要求；

2）上部结构传来的荷载大小及性质；

3）工程地质勘察资料，在提出勘察任务书时。必须说明拟议中的桩基方案，以便勘察工作符合有关规范的一般规定和桩基工程的专门要求；

4）当地的施工技术条件，包括成桩机具、材料供应、施工方法及施工质量；

5）施工现场的交通、电源、邻近建筑物、周围环境及地下管线情况；

6）当地及现场周围建筑基础工程设计及施工的经验教训等。

（2）选择桩的类型及其几何尺寸，包括桩的材料、顶底标高（即承台埋深）、持力层的选定。

（3）确定单桩承载力设计值。

（4）确定桩的数量及平面布置，包括承台的平面形状尺寸。

（5）确定群桩或单桩基础的承载力，必要时验算群桩地基强度和变形（沉降量）。

（6）桩身构造设计与强度计算。

（7）承台设计，包括构造和受弯、冲切、剪切计算。

（8）绘制桩基础施工图。

一、选择桩的类型及几何尺寸

1. 选择桩的类型，要根据前段所列设计资料综合考虑确定，同时应作具体的技术与经济分析。必要时可考虑爆扩桩、组合式桩或结合采用某些低级处理方法。

端承桩应在下列情况下选用：地层中有坚实的土层（砂、砾石、卵石、坚硬老黏土）或岩层，需要桩底扩大时应按端承桩设计。

摩擦桩应在下列情况下选用：地层中无坚实的土层作持力层，切不宜扩底时；虽有较坚实土层，但埋深大时；灌注桩桩底沉渣较厚难以清底，或预制桩打入时挤土现象严重，出现上涌使桩端阻力无法充分发挥时，宜按摩擦桩进行设计。

预制钢筋混凝土桩适于下列情况下选用：持力层顶面起伏不大，且穿越土层为高、中压缩性土或需贯穿厚度不大的中密砂层及不含大卵石或漂石的碎石类土；周围建筑物或地下管线对沉桩挤土效应不敏感或无打桩振动、噪声污染限制；除桩尖外不需要桩进入坚实持力层以及单桩设计承载力不大于 3000kN。

钢管桩目前在我国只宜在极少数深厚软土层上的高层建筑物或海洋平台基础中选用。

灌注桩宜在下列情况下选用：桩端持力层顶面起伏和坡角变化较大，土层厚度不均、地层成因及构造复杂；桩基需埋深很大，预制桩难以施工；持力层为基础，桩端需嵌入基岩；地基土为黏性、粉土、碎石土或基岩；根据土层情况和荷载分布，需要不同的桩长或桩径，需要扩底或变化截面及配筋率的桩；高重建筑物承载力很大的一柱一桩等。

2. 正确地选择桩基持力层，对发挥桩基的效益十分重要。有坚实土层和岩层作持力层最好。

桩端进入持力层的深度，对于黏性土和粉土不宜小于 $2d$；对于砂土不宜小于 $1.5d$；对于碎石类土不宜小于 $1d$。当存在软弱下卧层时，桩基以下硬持力层厚度不宜小于 $4d$。

3. 桩的尺寸主要是桩长和截面尺寸（桩径或边长）。桩长（一般只桩身长度，不包括桩尖）为承台底面标高与桩端标高之差。在确定持力层及其进入深度后，就要拟定承台底面标高，即承台埋置深度。

承台底面标高的选择应考虑上部建筑物的使用要求、柱下或墙下的桩基有无地下室箱形基础、承台或筏板基础的预估厚度以及季节性冻土的影响等。一般应使承台顶面低于室外地面 100mm 以上；如有基础梁、筏板、箱基等，其厚（高）度应考虑在内；在季节性冻土地区，应按浅基础埋置深度的确定原则防止土的冻胀影响；为便于开挖施工，应尽量将承台埋置于地下水位以上。

桩截面尺寸（桩径或边长）的确定，要力求既满足使用要求，又能充分发挥地基土的承载性能；既符合成桩技术的现实工艺水平，又能满足工期要求和降低造价。

桩径（边长）的确定，首先要考虑不同桩型（或施工技术）的最小直径要求，例如：钢筋混凝土方桩边长不小于 250mm；干作业钻孔桩和振动沉管灌注桩不小于 300mm；泥浆护壁回转或冲击钻孔桩不小于 500mm；人工挖孔桩不小于 1m；钢管桩不小于 400mm 等。摩擦桩为获得较大比表面（桩侧表面积与体积之比），宜采用细长桩，不宜用短粗桩。端承桩的持力层强度低于桩材强度而地基土层又适宜时，应优先考虑采用扩底灌注桩。

桩径的确定，还要考虑单桩承载力的需求和布桩的构造要求。

桩基础的设计应力求选型恰当、经济合理、安全适用，桩和承台应有足够的强度、刚度和耐久性，地基则应有足够的承载力和不产生过大的变形。

二、桩数及桩位布置

1. 桩的数量

根据前述方法确定出单桩的承载力设计值后，在初步确定桩数时，可暂不考虑群桩效应

和承台底面处地基土的承载力。当桩基为轴心受压时，桩数 n 可按下式估算

$$n > \frac{F}{R} \tag{7-8}$$

式中　F——作用在承台上的竖向力设计值。

偏心受压时，对于偏心距固定的桩基，如果桩的布置使得群桩横截面的形心与上部结构荷载合力作用点重合，桩数仍可按上式确定。否则，应将上式确定的桩数增加 10%～20%。所选的桩数是否合适，尚待验算各桩受力决定。

承受水平荷载的桩基，桩数的确定还应满足对桩的水平承载力的要求。此时，可以简单地以各单桩水平承载力之和作为桩基的水平承载力。这样处理是偏于安全的。

在灵敏度高的软弱黏土中，宜采用桩距大、桩数少的桩基。

2. 桩的间距

桩的间距过大，会增加承台的体积，造价提高；桩的间距过小，将给桩基的施工造成困难，并使桩的承载力得不到充分的发挥。《建筑桩基技术规范》(JGJ 94—2008) 规定，一般桩的最小中心距应满足表 7-2 的要求。对于大面积的群桩，尤其是挤土桩，还应根据表列数值适当加大。

表 7-2　　桩的最小中心距

土类与成桩工艺		桩排数≥3 且桩根数≥9 的摩擦桩	其他情况
非挤土和部分挤土灌注桩		$3.0d$	$2.5d$
挤土灌注桩	穿越非饱和土	$3.5d$	$3.0d$
	穿越饱和土	$4.0d$	$3.5d$
挤土预制桩		$3.5d$	$3.0d$
打入式敞口管桩和 H 型钢桩		$3.5d$	$3.0d$
钻、挖孔扩底灌注桩		$1.5d_b$ 或 d_b+1 (m)（当 $d_b>2$m 时）	
沉管夯扩灌注桩		$2.0d_b$	

注　1. d_b 为桩扩大端的直径；
　　2. d 为圆桩直径或方桩边长。

3. 桩位的布置

桩在平面内可布置成方形或矩形、三角形和梅花形 [图 7-9 (a)]，条形基础下的桩，可采用单排或双排布置 [图 7-9 (b)]，也可采用不等距布置。

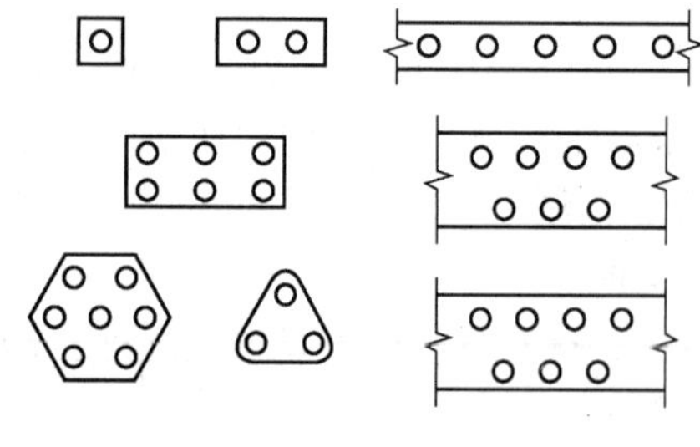

图 7-9　桩的平面布置示例
(a) 柱下桩基；(b) 墙下桩基

为了使桩基中各桩受力比较均匀，布置时应尽可能使上部荷载的中心与桩群的形心重合或接近。当作用在承台底面的弯矩较大时，应增加桩基横截面的惯性矩。对墙下柱基，可在外纵墙之外布设一至二根“探头”桩（图 7-10）。

三、桩身截面强度计算

1. 钢筋混凝土预制桩

预制桩的混凝土强度等级不应低于 C30，采用静压法沉桩时，可适当降低，但不宜低于 C20；预应力混凝土桩的混凝土强度等级不应低于 C40。图

7-11为方形截面的钢筋混凝土预制桩的构造示意图。预制桩的主筋（纵向）应按计算确定，并根据断面的大小及形状选用4～8根$\phi14\sim\phi25$的钢筋，箍筋采用$\phi6\sim\phi8$、间距不大于200mm，在桩顶和桩尖处应适当加密。用打入法沉桩时，直接受到锤击的桩顶应放置三层钢筋网。桩尖处所有主筋应焊接在一根圆钢上，或在桩尖处用钢板加强。计算主筋配筋量时，除首先满足工作条件下桩的承载力或抗裂性要求外，还应验算桩在起吊、运输、吊立和锤击打入时的应力。桩的混凝土强度必须达到设计强度的70%时才可起吊，达到100%才时可搬运。

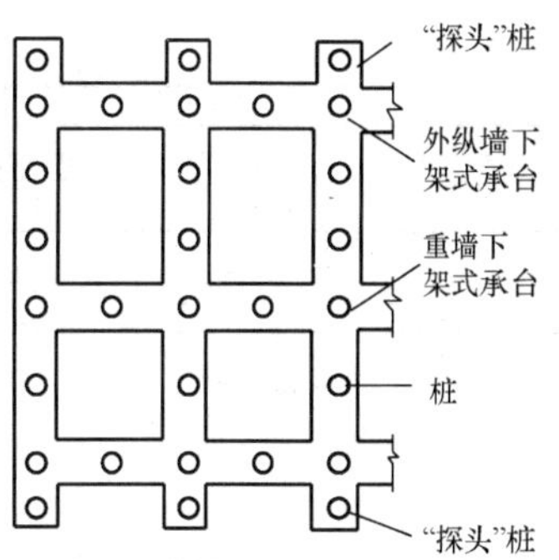

图7-10 横墙下"探头"桩的布置

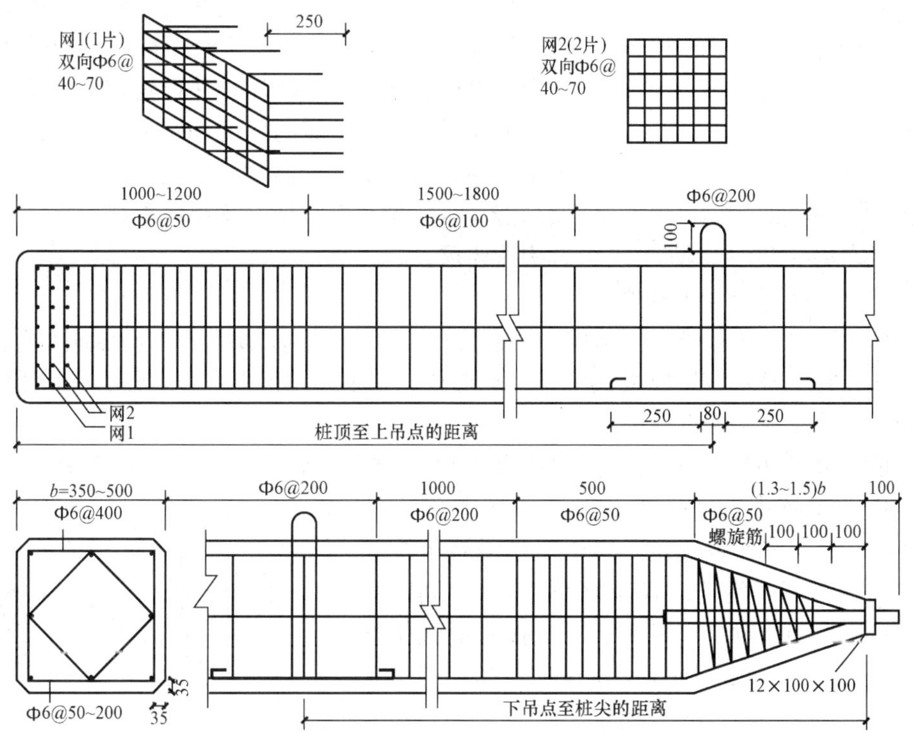

图7-11 混凝土预制桩

在吊运和吊立时，桩在自重作用下产生的弯曲应力与吊点的数量和位置有关。桩长在18m以下者，起吊时一般用双点吊或单点吊；在打桩架龙门吊立时，采用单点吊。吊点位置应按吊点间的正弯矩和吊点处的负弯矩相等的条件确定，如图7-12所示，图中，q为桩单位长度的重力，K为考虑桩在吊运过程中可能受到的冲击和振动而取的动力系数，可取1.3。桩在运输或堆放时的支点应放在起吊吊点处。计算表明：普通混凝土桩的配筋常由起吊和吊立的强度计算控制。

锤击法沉桩时，冲击产生的应力以应力波的形式传到桩端，然后又反射回来。在周期性的拉压应力作用下，桩身上端常出现环向裂缝。设计时，一般要求锤击过程中产生的压应力

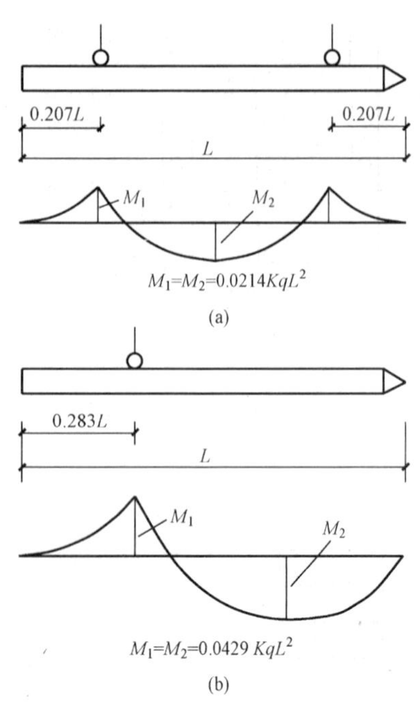

图 7-12 预制桩的吊点位置和弯矩图
(a) 双点起吊；(b) 单点起吊

小于桩身材料的抗压强度设计值；拉应力小于桩身材料的抗拉强度设计值。设计时常根据实测资料确定锤击拉压应力值。当无实测资料时，可按《建筑桩基技术规范》(JGJ 94—2008) 建议的经验公式及表格取值。

2. 灌注桩

灌注桩的混凝土强度等级一般应不低于 C15，水下浇灌时应不低于 C20，混凝土预制桩尖不应低于 C30。当桩顶轴向压力和水平力经计算满足《建筑桩基技术规范》(JGJ 94—2008) 规定时，可按构造要求配制桩身的钢筋。

四、桩基承台设计

桩基承台可分为柱下独立承台、柱下或墙下条形承台（梁式承台），以及筏板承台和箱形承台等。承台的作用是将桩联结成一个整体，并把建筑物的荷载传到桩上，因而承台应有足够的强度和刚度。承台设计包括确定承台的材料、形状、高度、底面标高、平面尺寸，以及局部受压、受冲切、受剪及受弯承载力计算，并应符合构造要求。

1. 承台的外形尺寸及构造要求

承台的平面尺寸一般由上部结构、桩数及布桩形式决定。通常，墙下桩基做成条形承台即梁式承台；柱下桩基宜做成板式承台（矩形或三角形），如图 7-13 所示，其剖面形状可做成锥形、台阶形或平板形。

承台的厚度及边缘挑出长度按构造要求初步确定。承台的混凝土强度等级不宜小于 C15，采用Ⅱ级钢筋时，混凝土强度等级不宜小于 C20。承台的配筋按计算确定，对于矩形承台板配筋宜按双向均匀配置，钢筋直径不宜小于 $\phi10$，间距应满足 100～200mm；对于三桩承台，应按三向板带均匀配置，最里面的三根钢筋相交围成的三角形应位于柱截面范围以内。承台梁的纵向主筋不应小于 $\phi12$。承台的钢筋的混凝土保护层厚度不宜小于 70mm。

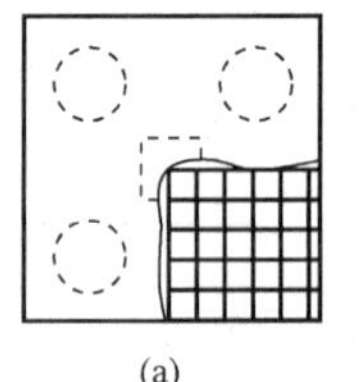

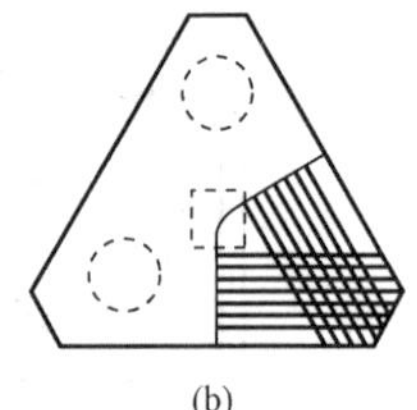

图 7-13 柱下独立桩基承台配筋示意图
(a) 矩形承台；(b) 三桩承台

为了保证群桩与承台之间联结的整体性，桩顶应嵌入承台一定长度，对大直径桩不宜小于 100mm；对中等直径桩不宜小于 50mm。混凝土桩的桩顶主筋应伸入承台内，其锚固长度不宜小于 30 倍主筋直径，对于抗拔桩基不应小于 40 倍主筋直径。

承台埋深应不小于 600mm。在季节性冻土、膨胀土地区，承台宜埋设在冰冻线、大气影响线以下，但当冰冻线、大气影响线深度不小于 1m 且承台高度较小时，则应视土的冻胀性、膨胀性等级，分别采取换填无黏性土垫层、预留空隙等隔胀措施。

2. 承台的内力计算

大量模型试验表明，柱下独立承台将产生弯曲破坏，其破坏特征呈梁式破坏。例如，四桩承台破坏时屈服线如图 7-14 所示，最大弯矩产生于屈服线处。

3. 承台厚度及强度计算

承台厚度可按冲切及剪切条件确定。一般可先经验估计承台厚度，然后再校核冲切和剪切强度，并进行调整。承台强度计算包括受冲切、受剪切、局部承压及受弯计算。

(1) 受冲切计算。

承台有效高度不足，将产生冲切破坏。其破坏方式可分为沿柱（墙）边的冲切和单一基桩对承台的冲切两类。柱边冲切破坏锥体斜面与承台底面的夹角大于等于45°，该斜面的上周边位于柱与承台交接处或承台变阶处，下周边位于相应的桩顶内边缘处（图7-15）。

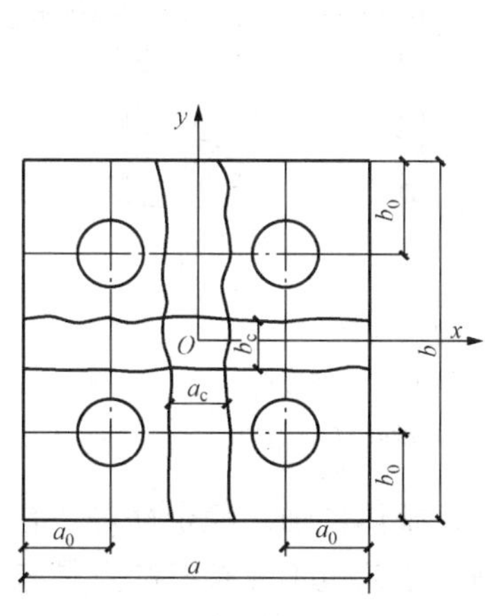

图7-14　四桩承台弯曲破坏模式

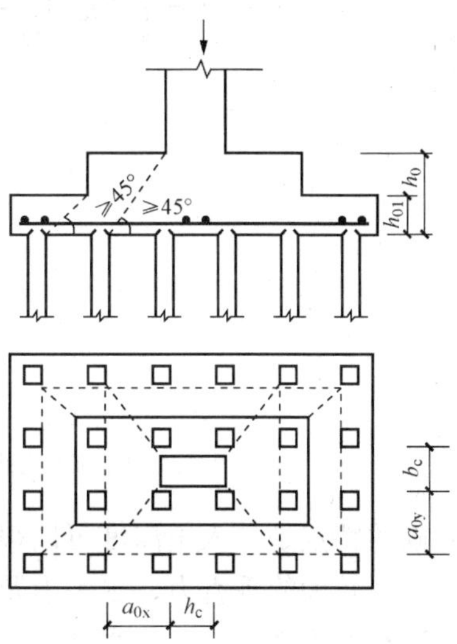

图7-15　柱下承台的冲切

(2) 受剪切计算。

桩基承台斜截面受剪承载力计算同一般混凝土结构，但由于桩基承台多属小剪跨比（λ<1.40）情况，故需将混凝土结构所限制的剪跨比（1.40～3.0）延伸到0.3的范围。

桩基承台的剪切破坏面为一通过柱（墙）边与桩边连线所形成的斜截面（图7-16）。当柱（墙）外有多排桩形成多个剪切斜截面时，对每一个斜截面都应进行受剪承载力计算。

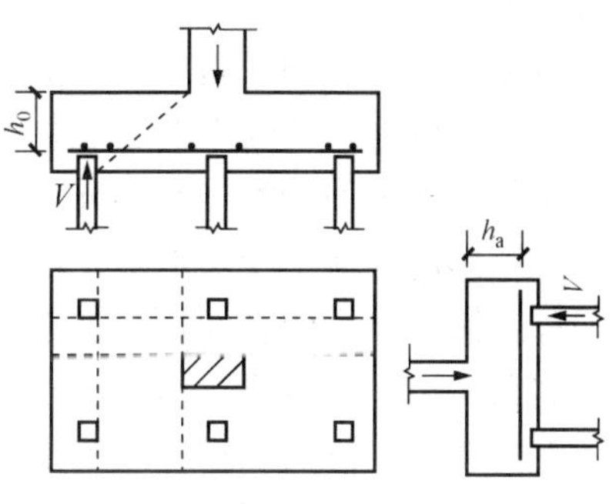

图7-16　承台斜截面受剪承载力计算

第九节　其他深基础简介

深基础除了最常见的桩基础，还有沉井基础、地下连续墙、墩基础等其他型式。

一、沉井基础

(一) 沉井的基本概念

沉井基础是一种历史悠久的基础型式之一，适用于地基浅层较差而深部较好的地层，既可以用作陆地基础，也可用作较深的水中基础。所谓沉井基础，就是用一个事先筑好的以后能充当桥梁墩台或结构物基础的井筒状结构物，一边井内挖土，一边靠它的自重克服井壁摩阻力后不断下沉到设计标高，经过混凝土封底并填塞井孔，浇筑沉井顶盖，沉井基础便告完成。然后即可在其上修建墩身，沉井基础的施工步骤如图 7-17 所示。

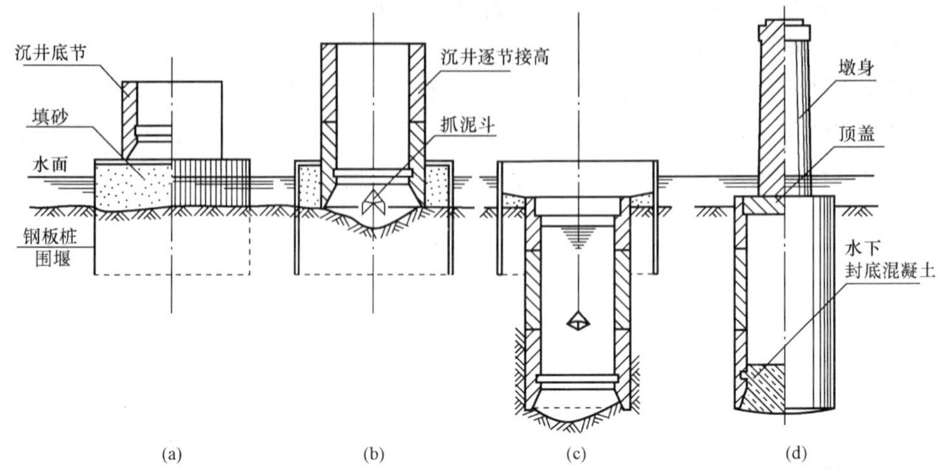

图 7-17 沉井基础施工步骤图

(a) 沉井底节在人工筑岛上灌筑；(b) 沉井开始下沉及接高；
(c) 沉井已下沉至设计标高；(d) 进行封底及墩身等工作

沉井基础的特点是其入土深度可以很大，且刚度大、整体性强、稳定性好，有较大的承载面积，能承受较大的垂直力、水平力及挠曲力矩，施工工艺也不复杂。缺点是施工周期较长；如遇到饱和粉细砂层时，排水开挖会出现翻砂现象，会造成沉井歪斜；下沉过程中，如遇到孤石、树干、溶洞及坚硬的障碍物及井底岩层表面倾斜过大时，施工有一定的困难，需做特殊处理。

遵循经济上合理、施工上可能的原则，通常在下列情况下，可优先考虑采用沉井基础：

(1) 在修建负荷较大的建筑物时，其基础要坐落在坚固、有足够承载能力的土层上；当这类土层距地表面较深（8～30m），天然基础和桩基础都受水文地质条件限制时。

(2) 山区河流中浅层地基土虽然较好，但冲刷大，或河中有较大卵石不便桩基施工时。

(3) 倾斜不大的岩面，在掌握岩面高差变化的情况下，可通过高低刃脚与岩面倾斜相适应或岩面平坦且覆盖薄，但河水较深采用扩大基础施工围堰有困难时。

沉井有着广泛的工程应用范围，不仅大量用于铁路及公路桥梁中的基础工程；市政工程中给、排水泵房，地下电厂，矿用竖井，地下贮水、贮油设施；而且建筑工程中也用于基础或开挖防护工程，尤其适用于软土中地下建筑物的基础。

（二）沉井的类型及一般构造

1. 沉井的分类

(1) 按沉井施工方法分。可分为就地制作下沉沉井、浮运沉井和气压沉箱。

(2) 按沉井的外观形状分。

按沉井的横截面形状可分为：圆形、圆端形和矩形等。根据井孔的布置方式，又有单孔、双孔及多孔之分，见图 7-18。

1) 圆形沉井。

圆形沉井在下沉过程中垂直度和中线较易控制，较其他形状沉井更能保证刃脚均匀作用在支承的土层上。

2）矩形沉井。

矩形沉井具有制造简单、基础受力有利、较能节省圬工数量的优点，并符合大多数墩（台）的平面形状，能更好地利用地基承载力，但四角处有较集中的应力存在，且四角处土不易被挖除，井角不能均匀的接触承载土层，因此四角一般应做成圆角或钝角。

3）圆端形沉井。

圆端形沉井控制下沉、受力条件、阻水冲刷均较矩形者有利，但沉井制造较复杂。

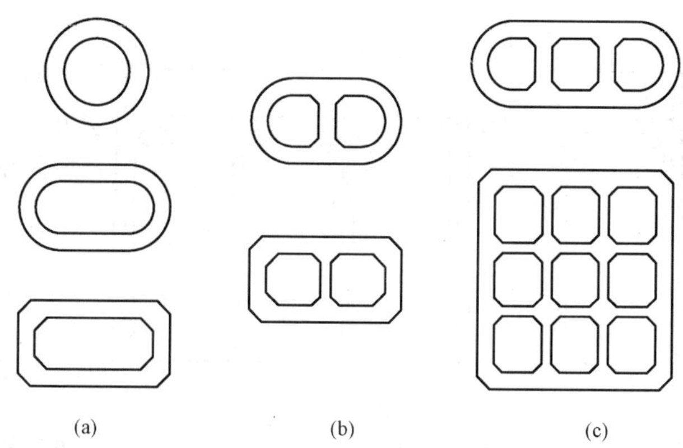

图 7-18　沉井平面形式

(a) 单孔沉井；(b) 双孔沉井；(c) 多孔沉井

其他异型沉井，如椭圆形、菱形等，应根据生产工艺和施工条件而定。

(3) 按沉井的竖向剖面形状可分为：①柱形；②锥形；③阶梯形，见图 7-19。

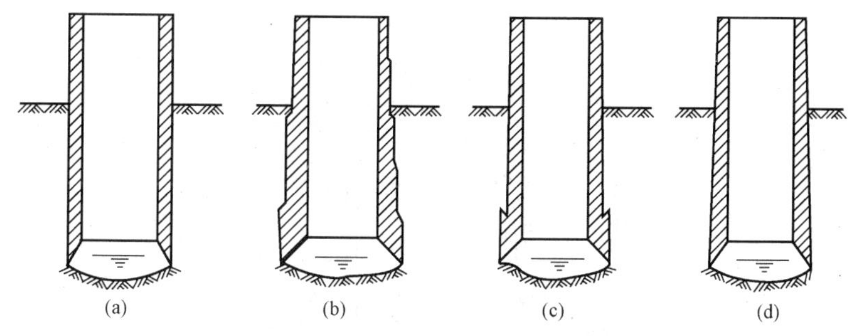

图 7-19　沉井竖直剖面形式

(a) 外壁直立无台阶；(b)、(c) 台阶式；(d) 外壁倾斜式

柱形的沉井在下沉过程中不易倾斜，井壁接长较简单，模板可重复使用。因此当土质较松软，沉井下沉深度不大时，可以采用这种形式。而锥形及阶梯形井壁可以减小土与井壁的摩阻力，其缺点是施工及模板制造较复杂，耗材多，同是沉井在下沉过程中容易发生倾斜。因此在土质较密实，沉井下沉深度大，要求在不太增加沉井本身重量的情况下沉至设计标高，可采用此类沉井。锥形的沉井井壁坡度一般为 1/20～1/40，阶梯型井壁的台阶宽度约为 100～200cm。

(4) 按沉井的建筑材料分。可分为混凝土沉井、钢筋混凝土沉井和钢沉井等。

2. 沉井基础的一般构造

沉井基础的形式虽有所不同，但在构造上主要有由外井壁、刃脚、隔墙、井孔、凹槽、射水管、封底及盖板等组成，一般构造如图 7-20 所示，至于沉井基础的特殊构造，可参考有关资料。

(1) 外井壁。

井壁是沉井的主体部分，在沉井下沉过程中起挡土、挡水及利用本身重量克服土与井壁之间的摩阻力的作用。当沉井施工完毕后，它就成为基础或基础的一部分而将上部荷载传到

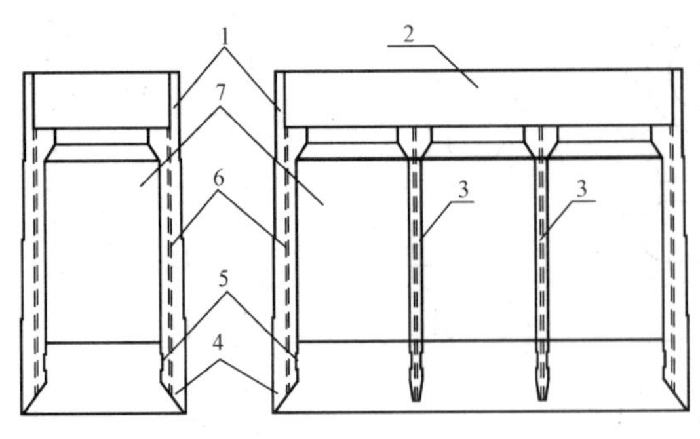

图 7-20 沉井构造

1—井壁；2—顶盖和封底；3—隔墙；4—刃脚；5—凹槽；6—射水管；7—井孔图

地基。因此，井壁必须具有足够的强度和一定的厚度。根据井壁在施工中的受力情况，可以在井壁内配置竖向及水平向钢筋，以增加井壁强度。井壁厚度按下沉需要的自重、本身强度以及便于取土和清基等因素而定，一般为 0.8～1.20m。

（2）刃脚。

井壁下端形如楔状的部分称为刃脚。其作用是在沉井自重作用下易于切土下沉。刃脚是根据所穿过土层的密实程度和单位长度上土作用反力的大小，以切入土中而不受损坏来选择的。刃脚踏面宽度一般采用 10～20cm，刃脚的斜坡度 α 应大于或等于 45°；刃脚的高度为 0.7～2.0m，视其井壁厚度而定。沉井下沉深度较深，需要穿过坚硬土层或到岩层时，可用型钢制成的钢刃尖刃脚，[图 7-21（b）]；沉井通过紧密土层时可采用钢筋加固并包以角钢的刃脚，见图 7-21（c）；地质构造清楚，下沉过程中不会遇到障碍时可采用普通刃脚，如图 7-21（a）。

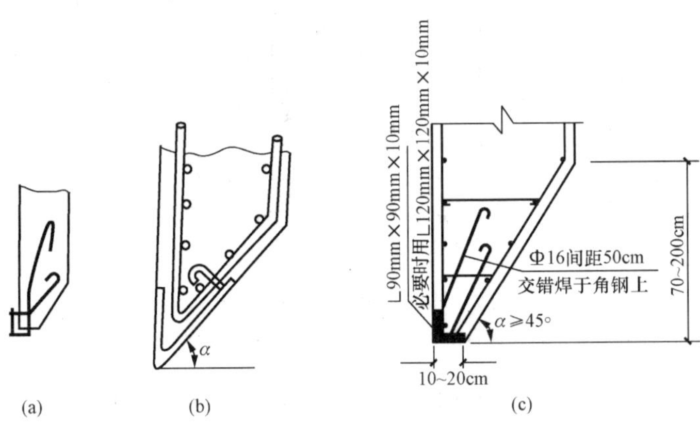

图 7-21 刃脚构造图

（a）普通刃脚；（b）钢刃尖刃脚；（c）钢筋加固包有角钢刃脚

（3）隔墙。

沉井隔墙系大尺寸沉井的分隔墙，是沉井外壁的支撑。其厚度多为 0.8～1.2m，底面要高出刃脚 50cm 以上，避免妨碍沉井下沉。

（4）井孔。

井孔是挖土排土的工作场所和通道。其大小视取土方法而定，宽度（直径）最小不小于 2.5m。平面布局是以中心线为对称轴，便于对称挖土使沉井均匀下沉。

（5）射水管。

射水管同空气幕一样是用来助沉的，多设在井壁内或外侧处，并应均匀布置。在下沉深度较大、沉井自重力小于土的摩阻力时，或所穿过的土层较坚硬时采用。射水压力视土质而定，一般水压不小于 600kPa。射水管口径为 10～12mm，每管的排水量不小于

0.2m^3/min。

(6) 顶盖板。

顶盖板是传递沉井襟边以上荷载的构件，不填芯沉井的沉井盖厚度约为1.5～2.0m。其钢筋布设应按力学计算要求的条件进行。

(7) 凹槽。

凹槽是为增加封底混凝土和沉井壁更好地联结而设立的。如井孔为全部填实的实心沉井也可不设凹槽。凹槽深度约为0.15～0.25m，高约为1.0m。

(8) 封底混凝土。

封底混凝土是传递墩（台）全部荷载于地基的承重结构，其厚度依据承受压力的设计要求而定，根据经验也可取不小于井孔最小边长的1.5倍。封底混凝土顶面应高出刃脚根部不小于1.5m，并浇灌到凹槽上端。封底混凝土必须与基底及井壁都有紧密的结合。封底混凝土对岩石地基用C15，一般地基用C20。

(三) 沉井施工的一般规定

1. 掌握地质及水文资料

沉井施工前，应详细了解场地的地质和水文等条件，并据以进行分析研究，确定切实可行的下沉方案。

2. 注意附近地区构、建造物影响

沉井下沉前，须对附近地区构、建筑物和施工设备采取有效的防护措施，并在下沉过程中，经常进行沉降观测。出现不正常变化或危险情况，应立即进行加固支撑等，确报安全，避免事故。

3. 针对施工季节、航行等制定措施

沉井施工前，应对洪汛、凌汛、河床冲刷、通航及漂流物等作好调查研究，需要在施工中渡汛、渡凌的沉井，应制定必要的措施，确报安全。

4. 沉井制作场地与方法的抉择

沉井位于浅水或可能被水淹没的岸滩上时，宜就地筑岛制作沉井；在制作及下沉过程中无被水淹没可能的岸滩上时，可就地整平夯实制作沉井；在地下水位较低的岸滩，若土质较好时，可开挖基坑制作沉井。

位于深水中的沉井，可采用浮运沉井。根据河岸地形、设备条件，进行技术经济比较，确保沉井结构、制作场地及下水方案。

二、地下连续墙基础

(一) 地下连续墙的特点

地下连续墙是利用特殊的挖槽设备在地下构筑的连续墙体，常用于挡土、截水、防渗和承重等。

地下连续墙得到广泛的应用与发展，因为其具有如下的优点：

(1) 减少工程施工对环境的影响。施工时振动少，噪声低；能够紧邻相邻的建筑物及地下管线施工，对沉降及变位较易控制。

(2) 地下连续墙的墙体刚度大、整体性好，结构和地基的变形都较小，既可用于超深围护结构，也可用于主体结构。

(3) 地下连续墙为整体连续结构，加上现浇墙壁厚度一般≥60cm，钢筋保护层较大，耐久性好，抗渗性能也较好。

(4) 可实行逆作法施工，有利于施工安全，加快施工速度，降低造价。

地下连续墙也有自身的缺点和尚待完善的方面，主要有：

(1) 弃土及废泥浆的处理。除增加工程费用外，若处理不当，会造成新的环境污染。

(2) 地质条件和施工的适应性。地下连续墙最适应的地层为软塑、可塑的黏性土层。当地层条件复杂时，还会增加施工难度和影响工程造价。

(3) 槽壁坍塌。地下水位急剧上升、护壁泥浆液面急剧下降、有软弱疏松或砂性夹层、泥浆的性质不当或已经变质、施工管理不当等，都可引起槽壁坍塌。槽壁坍塌轻则引起墙体混凝土超方和结构尺寸超出允许的界限，重则引起相邻地面沉降、坍塌，危害邻近建筑和地下管线的安全。

(二) 地下连续墙的适用条件

地下连续墙是一种比钻孔灌筑桩和深层搅拌桩造价昂贵的结构形式，其在基础工程中的适用条件有：

(1) 基坑深度≥10m。

(2) 软土地基或砂土地基。

(3) 在密集的建筑群中施工基坑，对周围地面沉降、建筑物的沉降要求须严格限制时，宜用地下连续墙。

(4) 围护结构与主体结构相结合，用作主体结构的一部分，对抗渗有较严格要求时，宜用地下连续墙。

(5) 采用逆作法施工，内衬与护壁形成复合结构的工程。

(三) 地下连续墙的分类

地下连续墙按其填筑的材料，分为土质墙、混凝土墙、钢筋混凝土墙（现浇和预制）和组合墙（预制钢筋混凝土墙板和现浇混凝土的组合，或预制钢筋混凝土墙板和自凝水泥膨润土泥浆的组合）；按其成墙方式，分为桩排式、壁板式、桩壁组合式；按其用途，分为临时挡土墙、防渗墙、用作主体结构兼作临时挡土墙的地下连续墙。

(1) 桩排式地下连续墙，实际就是钻孔灌注桩并排连接所形成的地下连续墙。其设计与施工可归类于钻孔灌注桩，本章不作详细讨论。

(2) 壁板式地下连续墙，采用专用设备，利用泥浆护壁在地下开挖深槽，水下浇筑混凝土，形成地下连续墙。

(3) 桩壁组合式地下连续墙，即将上述桩排式和壁板式地下连续墙组合起来使用的地下连续墙。

三、墩基础

墩基础是在就地成孔后浇灌混凝土而成的深基础，一般只在重型或高层建筑物的基础工程中使用。

墩基础的特点是截面尺寸大（通常大于1m），因而承载能力比桩基大得多。这样，上部结构的荷载只需通过单个或少数几个墩基础，能比较直接地传递给场地下部的坚实土层或岩层。因此，墩基础所需的承台面积很小，这对于处理荷载大而集中的建筑物地基基础问题是很有利的。从荷载传递性质来看，墩基础与桩基有些相似，但在作用机理上存在一些差异。这两类基础的最大区别在于施工方法不同。

（一）墩基的构造

（1）墩身混凝土强度等级不宜低于 C20。

（2）墩身采用构造配筋时，纵向钢筋不小于 8Φ12，且配筋率不小于 0.15%，纵筋长度不小于三分之一墩高，箍筋 Φ8@250mm。

（3）对于一柱一墩的墩基，柱与墩的连接以及墩帽（或称承台）的构造，应视设计等级、荷载大小、连系梁布置情况等综合确定，可设置承台或将墩与柱直接连接。当墩与柱直接连接时，柱边至墩周边之间最小间距应满足国家标准《建筑地基基础设计规范》（GB 50007—2002）表 8.2.5-2 杯壁厚度的要求，并进行局部承压验算。

（4）墩基成孔宜采用人工挖孔、机械钻孔的方法施工。墩底扩底直径不宜大于墩身直径的 2.5 倍。

（5）相邻墩墩底标高一致时，墩位按上部结构要求及施工条件布置，墩中心距可不受限制。持力层起伏很大时，应综合考虑相邻墩墩底高差与墩中心距之间的关系，进行持力层稳定性验算，不满足时可调整墩距或墩底标高。

（6）墩底进入持力层的深度不宜小于 300mm。当持力层为中风化、微风化、未风化岩石时，在保证墩基稳定性的条件下，墩底可直接置于岩石面上，岩石面不平整时，应整平或凿成台阶状。

（二）墩基的施工

早期的墩基础施工以人工开挖孔坑，用木板或钢圈支承孔壁，随着开挖工作的进展，支撑系统也不断向下设置。这种施工方法在未遇到地下水时尚无问题，只是较费时费工。当穿越地下水位以下的粉砂土或粉土层时，常发生流砂现象，造成施工的困难。

当墩基础的数量很少或施工设备有限时，如在墩基础埋深范围内无地下水存在或便于降低地下水位时，也可考虑采用敞坑开挖的施工方法。用这种方法建造的墩基础可以采用砖石材料，也能做成实心或空心的各种形状。

目前，墩基础的施工已广泛采用钻、挖、冲等成孔机械（钻孔墩），因而墩基础和直径钻孔灌注桩之间也没有明显界限了。近年来，钻孔墩的直径和长度已大大增加，甚至出现底部直径扩大到 7.5m 的墩基础以及支承在岩层上承受荷载高达 70MPa 的钻孔墩。

墩基础施工要认真进行，具体过程包括：准确定位桩，开挖成孔要规整、足尺，清除桩底虚土，验孔，安放钢筋笼，装导管，连续浇筑混凝土。若采用人工挖桩孔应注意安全，预防孔壁坍塌；同时应有通风设备，防止中毒。每一根桩都必须有施工的详细记录，确保质量。

小　　结

1. 桩的类型

（1）按成桩方法分为非挤土桩、部分挤土桩、挤土桩。

（2）按桩身材料分为天然材料桩、混凝土桩、钢桩、水泥土桩、砂浆桩、特种（改良）型桩。

（3）桩按使用功能分为竖向抗压桩、侧向受荷桩、竖向抗拔桩和复合受荷桩。

（4）按桩成桩方法分类见图 7-1 所示。

2. 单桩承载力的计算方法

(1) 单桩竖向承载力的概念和确定原则。

1) 按《建筑地基基础设计规范》(GB 50007—2002) 确定单桩竖向承载力特征值。

2) 按《建筑桩基技术规范》(JGJ 94—2008) 确定单桩竖向极限承载力。

(2) 单桩竖向极限承载力的确定方法。

1) 按静载试验确定单桩极限承载力标准值。

2) 按静力触探方法确定单桩极限承载力标准值。

3) 按土的物理指标确定单桩极限承载力标准值。

3. 竖向荷载作用下单桩沉降计算

在竖向荷载作用下，桩基础沉降变形可以用沉降变形指标来表示：沉降量、沉降差、倾斜、局部倾斜。单桩沉降计算方法主要有：

(1) 荷载传递分析法。

(2) 弹性理论法。

(3) 剪切变形传递法。

(4) 有限单元分析法。

(5) 各种简化分析法。

4. 群桩承载力计算

影响群桩承载力和沉降量的因素较多，除了土的性质之外，主要是桩距、桩数、桩的长径比、桩长与承台宽度比、成桩方法等。按《建筑桩基技术规范》计算桩基竖向承载力设计值。

5. 水平荷载作用下桩基的承载力

桩的水平承载力设计值一般采用现场静荷载试验和理论计算两类方法确定。

6. 桩基础设计计算

(1) 选择桩的类型及几何尺寸。

(2) 桩数及桩位布置。

(3) 桩身截面强度计算。

(4) 桩基承台设计。

明确桩承台的作用，选择桩承台的种类以及所用材料和施工方法，初步确定桩承台的尺寸并进行承台局部受压、受冲切、受剪及受弯的强度验算，使桩承台的尺寸满足上述各项验算要求。

7. 其他深基础主要包括沉井基础、地下连续墙基础和墩基础。

习　　题

1. 高层建筑基础的特点、基本型式及应用范围如何？
2. 桩基础的定值设计法与概率极限状态设计法有何异同点？
3. 如何确定单桩极限承载力？
4. 单桩和群桩的工作性状有何差异？
5. 如何确定群桩承载力？

6. 群桩沉降计算有哪些方法？各方法的基本假定是什么？有何特点？

7. 如何计算单桩水平承载力和变位？其基本思想是什么？

8. 如何计算群桩水平承载力？其基本思想是什么？

训　练　题

1. 沉管式灌注桩在灌注施工时易出现________现象。

A. 地面隆起　B. 缩颈　C. 塌孔　D. 断管

2. 桩通过极软弱土层，端部打入岩层面的桩可视作________。

A. 摩擦桩　B. 摩擦端承桩　C. 端承摩擦桩　D. 端承桩

3. 下列工程地质条件，________不适合选桩基础。

A. 电视塔

B. 四十层建筑物

C. 地基浅层土质太差，不能满足浅基础设计要求，而深层土质较好；

D. 地基浅层土质较好，能满足浅基础设计要求，而深层土质也较好。

4. 桩顶嵌入承台的长度不宜小于________。

A. 100mm　B. 150mm　C. 70mm　D. 50mm

5. 某校教师住宅为6层砖混结构，横墙承重。作用在横墙墙脚底面荷载重为165.9kN/m。横墙长度为10.5m，墙厚37cm。地基土表层为中密杂填土，层厚 $h_1=2.2$m，桩侧阻力特征值 $q_{sa1}=11$kPa；第二层为流塑淤泥，层厚 $h_2=2.4$m，$q_{sa2}=8$kPa；第三层为可塑粉土，层厚 $h_3=2.6$m，$q_{sa3}=25$kPa，第四层为硬塑粉质黏土，层厚 $h_4=6.8$m，$q_{sa4}=40$kPa，桩端阻力特征值 $q_{pa}=1800$kPa。试设计横墙桩基础。

6. 试讨论建造在人工填土地基上出现损坏的建筑采取补救措施。

第八章　特殊土地基

掌握：膨胀土、湿陷性黄土地基、冻土的特性。

熟悉：膨胀土、湿陷性黄土地基、冻土的特性判别。

了解：膨胀土、红黏土、湿陷性黄土地基、冻土、山区地基等特性的成因及地基设计和施工要点。

学习目的：通过本章学习达到合理分析膨胀土、湿陷性黄土地基、冻土的特性并准确判别的目的。

能力培养：具备应用通过特殊土的表观现象和试验数据，分析和判断膨胀土、红黏土、湿陷性黄土地基、冻土地基特性的能力。

我国土地辽阔，分布着多重多样的土。其中某些土类，由于所处的地理环境和气候条件差异，形成的地质成因和历史过程不同，以及组成地质成分和次生变化等特点，具有与一般土显然不同的工程性质。这些具有特殊工程性质的土类称为特殊土。由于天然形成的特殊土的地理分布，具有一定规律性，表现出一定区域特点，所以又称为区域性特殊土。我国区域性特殊土主要有膨胀土、红黏土、湿陷性黄土、软土、多年冻土等。当这些土作为建筑物地基时，应该注意到这些土的特殊性，避免可能引起的工程事故。

第一节　膨胀土地基

一、膨胀土的特征

膨胀土具有显著的吸水膨胀和失水收缩的变形特征，是具有较大反复膨缩变形的高塑性黏土。干时土质坚硬，易胀裂，具有明显的裂缝，土浸湿后，裂缝回缩变窄或闭合，有些地区也称之为"裂隙黏土"。

膨胀土一般情况下强度较高，压缩性低，呈坚硬或硬塑状态，易被误认为是建筑性能较好的地基土。但由于具有膨胀和收缩体积变形的特性，当利用这种土作为建筑物的地基时，或在设计和施工中没有采取必要的措施，或处理不当，使建筑物的基础外移，房屋开裂（山墙倒八字形缝，外纵墙下部水平缝）地坪开裂等破坏，且不易修补，危害极大。

（一）分布和成因

膨胀土在我国分布广泛，一般分布在盆地内岗、山前丘陵地带、河谷阶地。

（二）成分和主要结构特征

（1）从岩性上看，以黏土为主，黏土占总数的98%，黏土矿物多为蒙脱石、伊利石和高岭石。蒙脱石含量越多，膨胀性越强烈。

（2）结构致密，呈坚硬—硬塑状态，强度较高，内聚力较大。

（3）裂隙发育，竖向、斜交和水平三种均有，可见光滑镜面和擦痕。

（三）膨胀土的工程特性及对工程的危害

（1）胀缩性：吸水体积膨胀，使其上建筑物隆起；失水体积收缩，造成土体开裂，使其上建筑物下沉。

（2）崩解性：浸水后体积膨胀、发生崩解。

（3）多裂隙性：主要分垂直裂隙、水平裂隙和斜交裂隙三种，裂缝将土体分割成一定形状的块体，破坏了整体性，造成边坡的塌滑。

（4）风化特性：对气候因素非常敏感，极易风化破坏。使地基土破碎，结构破坏，强度下降。

（5）固结性：具有固结性，天然孔隙比小，初始强度高。

（6）强度衰减性：抗剪强度为变动强度，具有高峰值和低残余强度的特性。

二、膨胀土的判别及评价

（一）影响膨胀土胀缩变形的主要因素

1. 影响膨胀土胀缩变形的内在因素

（1）矿物及化学成分。亲水性强，胀缩变形大。

（2）黏粒含量。黏土颗粒细，比表面积大，因此，黏粒含量越多，则胀缩性越强。

（3）土的密度。土的密度越大、孔隙比越小，土的胀缩性越大，其收缩性越小。因此，在一定条件下，土的天然孔隙比是影响胀缩变形的一个重要因素。

（4）含水量。土的原有含水量与膨胀后含水量相差越小时，遇水后土的膨胀越小，收缩越大。

（5）土的结构。土的结构强度越大，限制膨胀变形的能力就越大。当土的结构受到破坏后，土的胀缩性增大。

2. 影响膨胀土胀缩变形的外在因素

（1）气候条件。如降雨量、蒸发量、气温、相对湿度、地温等季节性气候条件的变化。

（2）地形地貌。实质上仍然是土中水分的变化。同类膨胀土地基，地势低处坡脚地段的胀缩变形比高处的小。

（3）其他影响。如建筑物周围的阔叶树、日照程度等。

（二）反映膨胀土胀缩变形的主要指标

1. 自由膨胀率 δ_{ef}

自由膨胀率是指将通过 0.5mm 筛的烘干土浸泡于水中，经充分吸水膨胀后所增加的体积与原干土体积的百分比，可按下式计算

$$\delta_{ef}=\frac{V_W-V_0}{V_0}\times 100\% \tag{8-1}$$

式中 V_W——试样在水中膨胀稳定后的体积，cm^3；

V_0——试样原有体积，cm^3。

实际工程中，当自由膨胀率 $\delta_{ef}<40\%$时应视该土为非膨胀土。

自由膨胀率是一个重要的指标，可用来初步判断是否为非膨胀土。一般自由膨胀率大的土，其膨胀性也较强。

2. 膨胀率 δ_{ep}

膨胀率是指一定压力下，处于无侧向膨胀情况下的原状试样，在浸水膨胀稳定后高度与

原高度的百分比，可按下式计算

$$\delta_{ep}=\frac{h_w-h_0}{h_0}\times100\% \tag{8-2}$$

式中 h_w——试样土浸水膨胀后的高度，mm；

h_0——试样土原始高度，mm。

膨胀率反映在压力作用下膨胀土膨胀后孔隙比的变化。

通过采用不同压力进行试验，得到不同的膨胀率数值，压力大时，膨胀率小；压力小时，膨胀率大。

3. 膨胀力 P_e

膨胀力指原状土样在体积不变时，由于浸水膨胀产生的最大内应力，其值等于膨胀率为零时土样所受的压力。在设计中如果希望减少膨胀变形，往往在地基允许情况下采用较大的基底压力，使其数值大于膨胀力 P_e。

4. 竖向线缩率 δ_s 和收缩系数 λ_s

竖向线缩率指土的竖向收缩变形与试样原始高度的百分比。试验时把土样从环刀中推出后，置于20℃恒温条件下，或15～40℃自然条件下干缩，按规定时间测读试样高度，以计算土的收缩率 δ_s

$$\delta_s=\frac{h_0-h}{h_0}\times100\% \tag{8-3}$$

式中 h_0——试样的原始高度，mm；

h——在试验过程中测得的某次试样高度，mm。

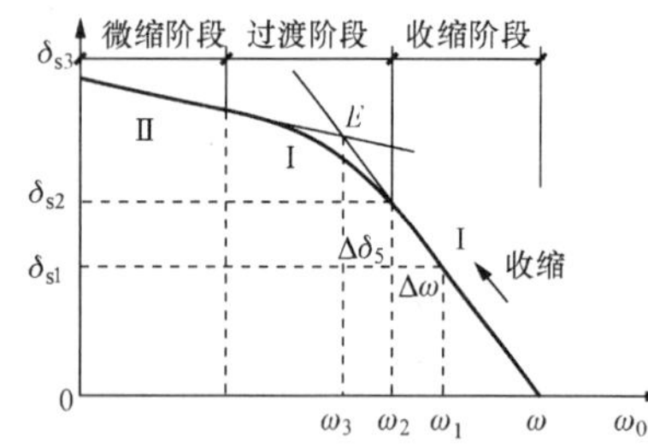

图 8-1 线缩率与含水量关系曲线

用线缩率 δ_s 和相应含水量 ω 绘制 $\delta_s-\omega$ 关系曲线，如图 8-1 所示。土的收缩过程分三个阶段，即直线收缩阶段（Ⅰ）、斜率为收缩系数的曲线过渡阶段（Ⅱ），微缩阶段（Ⅲ），此时土体积基本上不在收缩。在直线收缩阶段中含水量每降低1%时，所应的收缩率的改变即为收缩系数 λ_s

$$\lambda_s=\frac{\Delta\delta_{sr}}{\Delta\omega} \tag{8-4}$$

式中 $\Delta\omega$——收缩过程中，直线变化阶段内，两点含水量之差，%；

$\Delta\delta_{sr}$——两点含水量之差对应的竖向线缩率之差，%。

（三）膨胀土地基的判别

《膨胀土地区建筑技术规范》(GBJ 112—1987) 中规定，凡具有下列工程地质特征的场地，且自由膨胀率 $\delta_{ef}\geqslant40\%$ 的土应判定为膨胀土。

(1) 裂隙发育，常有光滑面和擦痕，有的裂隙中充填着灰白、灰绿色黏土。在自然条件下呈坚硬或硬塑状态。

(2) 多处露于二级或二级以上阶地、山前和盆地边缘丘陵地带，地形平缓，无明显自然陡坎。

(3) 常见浅层塑性滑坡、地裂，新开挖坑（槽）壁易发生坍塌等。

(4) 建筑物裂缝随气候变化而张开和闭合。

（四）膨胀土地基评价

《膨胀土规范》规定以50kPa压力下测定的土的膨胀率，计算地基分级变形量，作为划分胀缩等级的标准，表8-1给出了膨胀土地基的胀、缩等级。

表8-1　膨胀土地基的胀缩等级

地基分级变形量 s_e/mm	级　别	破坏程度
$15\leqslant s_e<35$	Ⅰ	轻　微
$35\leqslant s_e<70$	Ⅱ	中　等
$s_e\geqslant 70$	Ⅲ	严　重

三、膨胀土地基承载力

膨胀土地基的承载力同一般地基土的承载力的区别：一是膨胀土在自然环境或人为因素等影响下，将产生显著的胀缩变形，二是膨胀土的强度具有显著的衰减性，地基承载力实际上是随若干因素而变动的。其中，尤其是地基膨胀土的湿度状态的变化。将明显地影响土的压缩性和承载力的改变。

膨胀土基本承载力有以下特点：

（1）各个地区及不同成因类型膨胀土的基本承载力是不同的，而且差异性比较显著。

（2）与膨胀土强度衰减关系最密切的含水量因素，同样明显地影响着地基承载力的变化。其规律是：对同一地区的同类膨胀土而言，膨胀土的含水量愈低，地基承载力愈大；相反，膨胀土的含水量愈高，则地基承载力愈小。

（3）不同地区膨胀土的基本承载力与含水量的变化关系，在不同地区无论是变化数值或变化范围都不一样。

综上所述，在确定膨胀土地基承载力时，应综合考虑以上诸多规律及其影响因素，通过现场膨胀土的原位测试资料，结合地基的工作环境综合确定，在一般条件不具备的情况下，也可参考现有研究成果，初步选择合适的基本承载力，再进行必要的修正。

四、膨胀土地基的工程措施

1. 设计措施

膨胀土地基的设计措施应从场地选择、总平面设计、建筑设计、结构设计、地基基础设计等方面综合考虑。

（1）场地选择。建筑场地应尽量选在地形条件比较简单、土质比较均匀、胀缩性较弱并便于排水且地面坡度小于14°的地段；应尽量避开地裂、可能发生浅层滑坡以及地下水位变化剧烈等地段。

（2）总平面设计。对变形有严格要求的建筑物应布置在膨胀土埋藏较深、胀缩等级较低或地形较平坦的地段；同一建筑物地基土的分级变形量之差不宜大于35mm；竖向设计宜保持自然地形，并按等高线布置，避免大挖大填。

（3）建筑设计。用于软弱地基上的各种建筑措施仍然适用，如建筑物的体型力求简单，避免凹凸曲折及高低不一；设置沉降缝；做好散水的设计和施工，散水宽度不小于1.2m，外缘应超出基坑（槽）边外30cm，坡度为3%～5%。

（4）结构措施。承重砌体可采用拉结较好的砖墙；房屋顶层和基础顶部宜设置圈梁，其他各层可隔层或层层设置；砖混结构房屋的门窗等孔洞应采用钢筋混凝土过梁，且在底层窗台处设置通长的水平钢筋；钢和钢筋混凝土排架结构的山墙和内隔墙应采用与柱基相同的基础型式。

（5）基础设计。四层以上房屋、水塔等构筑物为消除胀缩变形，主要采用基底压胀力的办法，此时，基础埋深可不受控制，可不宜小于1m。三层及三层以下的砖房屋极易破坏，采用适当增加埋深使膨胀总量小于容许值。在Ⅱ、Ⅲ级场地上的一、二层房屋，宜采用柔性结构和墩式基础；三层房屋采用条基时基底压力不得小于膨胀力。

（6）地基处理。常用的地基处理方法有换土、土性改良、预浸水、桩基等，根据地基胀缩等级、地方材料、施工条件、建筑经验等通过综合技术经济比较后确定选用。

（7）地裂（指地裂深度不大于大气影响急剧层深度）处理。膨胀土失水收缩引起的地裂，防治措施与地裂发育程度和缝宽有关。在地裂发育地区，如裂缝宽超过30mm，应予避开；否则，可采用墩式基础或桩基础，以减少地裂通过的机会。

2. 施工措施

膨胀土地基施工过程中，若不采取相应措施，会引起土中水分的变化，土中水分的变化又会导致土的胀缩变形，因此，各种施工工艺的确定都应以保证地基土中水分尽量少变化为原则，这就要求既要管理好施工用水，又要防止暴晒。

基础施工前，先要完成场区土方、挡土墙、护坡、防洪沟及排水沟等工程，使场地内排水畅通、边坡稳定；施工用水要妥善处理，防止管网漏水；临时水池、洗料场、淋灰池、搅拌站等设施至建筑物外墙的净距应不小于10m；防止施工用水流入基坑（槽）内；需大量浇水的材料堆放在距坑（槽）边缘10m以外。

膨胀土地基上开挖基坑（槽）时，如发现有地裂、局部上层滞水或土层有较大变化时，应及时处理后才能继续施工。基槽开挖施工应分段快速作业，施工过程中，基槽不能暴晒或浸泡。雨季施工应有防水措施。当基槽挖土接近基底设计标高时，宜预留150～300mm厚土层，等下一工序开始前挖除。基槽验槽后，应及时封闭坑底和坑壁，封闭时喷或抹水泥砂浆5～20mm。基础施工完毕，应及时分层回填夯实，填料可用非膨胀土、弱膨胀土或掺有石灰等材料的膨胀土。回填夯实后土的干重度要满足规范要求。

第二节 红黏土地基

红黏土是在湿热气候条件下经历了一定红土化作用而形成的一种含较多黏粒，富含铁、铝氧化物胶结的红色黏性土。其形成条件特殊，种类繁多，性质差别较大。

一、红土的基本特性

（1）液限较大，含水较多，饱和度常大于80%，土常处于硬塑至可塑状态。

（2）孔隙比一般较大，变化范围也大，尤其是残积红土的孔隙比常超过0.9，甚至达2.0。

（3）强度一般较高且变化范围大，内聚力一般为10～60kPa，内摩擦角为10°～30°或更大。

（4）膨胀性极弱，但某些土具有一定收缩性，这与粒度、矿物、胶结物情况有关；某些红土化程度较低的“黄层”收缩性较强，应划入膨胀土范畴。

（5）浸水后强度一般降低。部分含粗粒较多的红土，湿化崩解明显。

综上所述，红土是一种处于饱和状态、孔隙比较大、以硬塑和可塑状态为主、中等压缩性、较高强度的黏性土，具有一定收缩性。

二、红黏土地基的设计和施工措施

红黏土表层通常呈坚硬至硬塑状态，强度高、压缩性低，为良好天然地基的持力层。当红黏土下部存在着局部的下卧层，或岩层起伏过大时，应考虑地基不均匀沉降的影响，采取相应措施。

红黏土地区常存在岩溶、土洞或土层不均匀等不利因素的影响，应对地基、基础或上部结构采取适当措施，如换土、填洞、加强基础和上部结构的刚度、采用桩基等。

红黏土有裂隙发育，作为建筑物地基，在施工时和建筑物建成以后应做好防水排水措施，避免水分渗入地基中。对于重要建筑物，开挖基槽时应认真做好施工验槽工作。

对于天然土坡和人工开挖的边坡和基槽，必须注意土体中裂隙发育情况，避免水分渗入引起滑坡和崩塌事故。应该做好建筑物场地的地表水、地下水以及生产和生活用水的排水、防水措施，以保证土体的稳定性。

第三节 湿陷性黄土地基

黄土类土是第四纪的产物，从早更新世 Q_1 开始堆积，经历了整个第四纪，直到目前还没有结束。主要分布在我国的西北、华北和东北地区。按地层时代及其基本特征，黄土类土可分为三类。

1. 老黄土

老黄土一般没有湿陷性，土的承载力较高。主要分布在甘肃、陕西、山西及河南西部等地。

2. 新黄土

新黄土广泛覆盖在老黄土之上，在北方各地分布很广，与工程建筑关系密切，一般都具有湿陷性。分布面积约占我国黄土的 60%。

3. 新近堆积黄土

新近堆积黄土分布在局部地区，是第四纪最近沉积物，压缩性高，湿陷性不一，土的承载力较低。

黄土类土的颜色主要呈黄色或褐黄色，以粉粒为主，浸湿后土体显著沉陷（称湿陷性）。

一、湿陷性黄土的特征

1. 我国湿陷性黄土的土质特征

(1) 黄色、褐黄色、灰黄色。

(2) 粒度成分以粉土颗粒（0.05～0.005mm）为主，约占 60%。

(3) 孔隙比 e 一般在 1.0 左右，或更大。

(4) 含有较多的可溶性盐类。

(5) 具垂直节理。

(6) 一般具肉眼可见的大孔。

2. 工程特征

(1) 塑性较弱。

(2) 含水较少。

(3) 压实程度很差，孔隙较大。

(4) 抗水性弱，遇水强烈崩解，膨胀量较小，但失水收缩交明显。

(5) 透水性较强。

(6) 强度较高，因为压缩中等，抗剪强度较高。

二、湿陷性黄土地基的评价

1. 特征指标

在黄土地区勘察中，湿陷性评价正确与否直接影响设计措施的采取。

黄土的湿陷性计算与评价，按一般的工作次序，其内容主要有：

(1) 判别湿陷性与非湿陷性黄土。

(2) 判别自重与非自重湿陷性黄土。

(3) 判别湿陷性黄土场地的湿陷类型。

(4) 判别湿陷等级。

(5) 确定湿陷起始压力等。

2. 指标计算及应用

(1) 湿陷系数 δ_s。

黄土在一定压力作用下，受水浸湿后结构迅速破坏而产生显著附加沉陷的性能，称为湿陷性，可以用浸水压缩试验求得的湿陷性系数评价。天然黄土土样在某压力 p 作用下压缩稳定后（这时土样高度为 h_p），不增加荷重而将土样浸水饱和，土样产生附加变形（这时测得土样的高度为 h'_p），h_p 和 h'_p 之差愈大，说明土的湿陷愈明显。一般用 h_p 和 h'_p 之差（湿陷值）与土样原始高度 h_0 之比来衡量黄土的湿陷程度，即湿陷系数，土的湿陷系数可按下式计算

$$\delta_s = \frac{h_p - h'_p}{h_0} \tag{8-5}$$

式中 h_0——土样的初始高度，mm（参见图 8-2 的浸水压缩曲线）；

h_p——保持天然湿度和结构的土样加压至一定压力 p 时，下沉稳定后的高度，mm；

h'_p——上述加压稳定后的土样，在浸水作用下，下沉稳定后的高度，mm。

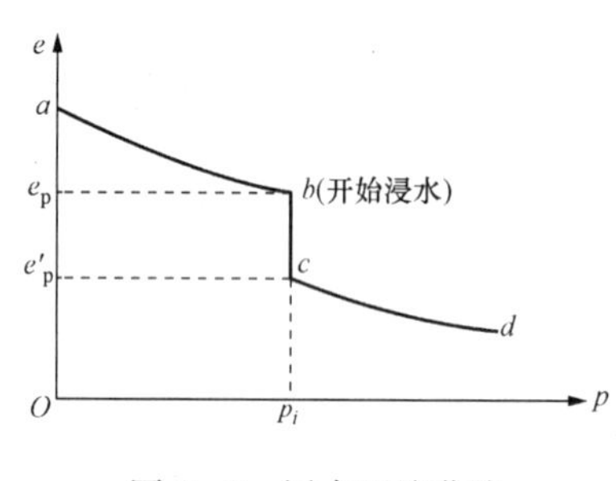

图 8-2 浸水压缩曲线

δ_s 值愈大，说明黄土的湿陷性愈强烈。黄土的湿陷系数 $\delta_s \geqslant 0.015$ 时，则认为该黄土为湿陷性黄土，当 $\delta_s < 0.015$ 时则为非湿陷性黄土。

测定湿陷性系数的压力 p 原则上应与地基中黄土实际受到的压力相当，或取可能发生最大湿陷量的压力。

(2) 自重湿陷系数 δ_{zs}。

自重湿陷性：当某一深处的黄土层被水浸湿后，仅在其上覆土层的饱和自重压力（饱和度 $s_r = 85$）下产生湿陷变形的，称自重湿陷性。

非自重湿陷性黄土：当某一深度处的黄土层浸水后，除上覆土的饱和自重外，尚需要一定的附加荷载（压力）才发生湿陷的，称非自重湿陷性。

自重湿陷系数 δ_{zs} 的计算公式为

$$\delta_{zs} = \frac{h_z - h'_z}{h_0} \tag{8-6}$$

式中 h_z——原状土样加压至土的饱和自重压力时，下沉稳定后的高度，cm；

h'_z——在浸水作用下下沉稳定后的土样的高度，cm；

h_0——土样的原始高度，cm。

（3）湿陷性黄土场地的湿陷类型的划分。

在黄土地区地基勘察中，应按照实测自重湿陷量或按室内压缩试验累计的计算自重湿陷量判定建筑物场地的湿陷类型。实测自重湿陷量应根据现场试坑浸水试验确定。

计算自重湿陷量按下列公式计算

$$\Delta_{zs}=\beta_0\sum_{i=1}^{n}\delta_{zsi}\cdot h_i \tag{8-7}$$

式中 δ_{zsi}——第 i 层土在上覆土的饱和（$s_r \geqslant 0.85$）自重应力作用下的湿陷系数；

h_i——第 i 层土的厚度，cm；

n——总计算厚度内湿陷土层的数目，总计算厚度应从天然地面算起（当挖、填方厚度及面积较大时，自设计地面算起）至其下全部湿陷性黄土层的底面为止，但其中 $\delta_{sz}<0.015$ 土层不计；

β_0——修正系数，对陕西地区取 1.5；陇东地区取 1.2，关中地区取 0.7，其他地区取 0.5。

当 $\Delta_{zs} \leqslant 7$cm，定为非自重湿陷性黄土场地；$\Delta_{zs}>7$cm，定为自重湿陷性黄土长度。

（4）黄土地基的湿陷等级。

湿陷等级应根据基底下各土层累积的总湿陷量和计算自重湿陷量的大小等因素按表 8-2 判定。

表 8-2 湿陷性黄土地基的湿陷等级

湿陷类型计算自重湿陷量（cm）/ 总湿陷量（cm）	非自重湿陷性场地	自重湿陷性场地	
	$\Delta_{zs} \leqslant 7$	$7<\Delta_{zs} \leqslant 35$	$\Delta_{zs}>35$
$\Delta_s \leqslant 30$	Ⅰ（轻微）	Ⅱ（中等）	—
$30<\Delta_s \leqslant 60$	Ⅱ（中等）	Ⅱ或Ⅲ	Ⅲ（严重）
$\Delta_s>60$	—	Ⅲ（严重）	Ⅳ（很严重）

总湿陷量计算公式为

$$\Delta_s=\beta_0\sum_{i=1}^{n}\delta_{si}\cdot h_i \tag{8-8}$$

式中 δ_{si}——第 i 层土的湿陷系数；

h_i——第 i 层土的厚度，cm。计算时，土层厚度自基础底面（初勘时从地面下 1.5m）算起；对非自重湿陷性黄土地基，累计算至其下 5m 深度或沉降计算深度为止；对自重湿陷性黄土，应根据建筑物类别和地区建筑经验决定，其中非湿陷性土层不累计。

三、湿陷性黄土地基的设计和工程措施

建筑物设计时，根据建筑类型、场地湿陷类型、地基湿陷等级、地基处理后的剩余湿陷量，结合当地建筑经验和施工条件等因素确定工程措施，以保证建筑物的安全可靠和正常

使用。

工程措施分为地基处理、防水措施和结构措施。

1. 地基处理

地基处理在于全部或部分消除建筑物地基的湿陷性，是防止或减轻湿陷、保证建筑物安全的可靠措施。

处理的目的是破坏湿陷性黄土大孔隙结构，改善土的物理力学性质，消除或减少地基偶然浸水引起的湿陷变形，湿陷性黄土地基经过处理后，其承载力有一定提高。

常采用的地基处理方法有土或灰土垫层、重锤夯实、强夯法、土或灰土桩挤密、预浸水、化学加固等，也可采用桩基础。

2. 防水措施

防水措施是包括场地、建筑、给排水、供热与通风等各方面防止地基浸水的重要措施。

地基浸水的原因包括建筑地上积水、给排水和采暖设备的渗水漏水、施工临时积水、地下水的上升等原因。浸水的原因不同，采取不同的措施。

防水措施的主要内容有：

（1）做好总体建筑的平面和竖向设计，保证整个场地排水畅通。

（2）做好防洪设施。

（3）保证水池类构筑物或管道与建筑物的间距符合防护距离的规定。

（4）保证管网和水池类构筑物的工程质量，防止漏水。

（5）做好屋面排水和房屋内地面防水的措施。

3. 结构措施

结构措施是减少建筑物差异沉降或使其适应地基变形的措施，这样，即使地基处理或防水措施不周密而发生湿陷时，建筑物也不致遭受严重破坏，并能继续保持整体稳定性和正常使用。在选择结构措施时，应考虑地基处理后的剩余湿陷量。

主要的结构措施包括以下几个方面：

（1）选择适应不均匀沉降的结构体系和适宜的基础型式。

（2）加强建筑物的整体刚度。

（3）局部加强构件和砌体强度。

（4）构件应有足够的支承长度。

（5）预留适应沉降的净空。

第四节　冻　土　地　基

在寒冷地区，当气温低于0℃时，土中液态水冻结为固态冰，冰胶结了土粒，形成一种特殊连结的土，称为冻土。冻土的强度较高，压缩性低；冻结时，土中水分结冰膨胀，土体积随之增大，地基被隆起；融化时，土中的冰融化，土体积缩小，地基沉降。

冻结和融化具有季节性的土称为“季节冻土”。由于气候条件不同，冻结土的深度也不同。多年（3年及3年以上）冻结而不融化的冻土称为“多年冻土”。土在冻结过程中，不单纯是土层中原有水分的冻结。还有未冻结土层中水向冻结土层迁移而冻结。所以，土的冻胀不仅仅是水结冰时体积增加的结果，更主要的是水分在冻结过程中由下部向上部迁移富集再冻结的结果。

土的冻胀程度一般用冻胀率 η（又称冻胀量或冻胀系数）来表示，它是冻结后土体膨胀的体积与未冻结土体体积的百分比，其值愈大，则土的冻胀性愈强。一般按土的冻胀率将土划分为五类（表 8-3）。

一、冻土地基的设计与防冻害措施

（一）季节性冻土设计与防冻害措施

1. 设计原则

（1）基础埋深的规定。

对于不冻胀土的基础埋深、可不考虑冻深的影响；对于弱冻胀、冻胀和强冻胀土，确定基础埋深应考虑地基的冻胀性。地基的冻胀性类别应根据冻土层的平均冻胀率 η 的大小，按表 8-3 查取。

表 8-3　季节性动土与季节融化层土的冻胀性分类

<table>
<tr><th>土的名称</th><th>冻前天然含水量 ω（%）</th><th>冻胀期间地下水位距冻结面的最小距离 h_w（m）</th><th>平均冻胀率 η（%）</th><th>冻胀等级</th><th>冻胀类别</th></tr>
<tr><td>碎（卵）石、砾、粗、中砂（粒径小于 0.074mm 的颗粒含量不大于 15%），细沙（粒径小于 0.074mm 的颗粒含量不大于 10%）</td><td>不考虑</td><td>不考虑</td><td>$\eta \leqslant 1$</td><td>Ⅰ</td><td>不冻胀</td></tr>
<tr><td rowspan="6">碎（卵）石、砾、粗、中砂（粒径小于 0.074mm 的颗粒含量不大于 15%），细沙（粒径小于 0.074mm 的颗粒含量不大于 10%）</td><td rowspan="2">$\omega \leqslant 12$</td><td>>1.0</td><td>$\eta \leqslant 1$</td><td>Ⅰ</td><td>不冻胀</td></tr>
<tr><td>≤1.0</td><td rowspan="2">$1 < \eta \leqslant 3.5$</td><td rowspan="2">Ⅱ</td><td rowspan="2">弱冻胀</td></tr>
<tr><td rowspan="2">$12 < \omega \leqslant 18$</td><td>>1.0</td></tr>
<tr><td>≤1.0</td><td rowspan="2">$3.5 < \eta \leqslant 6$</td><td rowspan="2">Ⅲ</td><td rowspan="2">冻胀</td></tr>
<tr><td rowspan="2">$18 < \omega$</td><td>>0.5</td></tr>
<tr><td>≤0.5</td><td>$6 < \eta \leqslant 12$</td><td>Ⅵ</td><td>强冻胀</td></tr>
<tr><td rowspan="7">粉　砂</td><td rowspan="2">$\omega \leqslant 14$</td><td>>1.0</td><td>$\eta \leqslant 1$</td><td>Ⅰ</td><td>不冻胀</td></tr>
<tr><td>≤1.0</td><td rowspan="2">$1 < \eta \leqslant 3.5$</td><td rowspan="2">Ⅱ</td><td rowspan="2">弱冻胀</td></tr>
<tr><td rowspan="2">$14 < \omega \leqslant 19$</td><td>>1.0</td></tr>
<tr><td>≤1.0</td><td rowspan="2">$3.5 < \eta \leqslant 6$</td><td rowspan="2">Ⅲ</td><td rowspan="2">冻胀</td></tr>
<tr><td rowspan="2">$19 < \omega \leqslant 23$</td><td>>1.0</td></tr>
<tr><td>≤1.0</td><td>$6 < \eta \leqslant 12$</td><td>Ⅵ</td><td>强冻胀</td></tr>
<tr><td>$23 < \omega$</td><td>不考虑</td><td>$12 < \eta$</td><td>Ⅴ</td><td>特强冻胀</td></tr>
</table>

续表

土的名称	冻前天然含水量 ω（%）	冻胀期间地下水位距冻结面的最小距离 h_w（m）	平均冻胀率 η（%）	冻胀等级	冻胀类别
粉土	$\omega \leqslant 19$	>1.5	$\eta \leqslant 1$	Ⅰ	不冻胀
		≤1.5	$1<\eta \leqslant 3.5$	Ⅱ	弱冻胀
	$19<\omega \leqslant 22$	>1.5			
		≤1.5	$3.5<\eta \leqslant 6$	Ⅲ	冻胀
	$22<\omega \leqslant 26$	>1.5			
		≤1.5	$6<\eta \leqslant 12$	Ⅵ	强冻胀
黏性土	$26<\omega \leqslant 30$	>1.5			
		≤1.5	$12<\eta$	Ⅴ	特强冻胀
	$30<\omega$ $\omega \leqslant \omega_p+2$	不考虑 >2.0	$\eta \leqslant 1$	Ⅰ	不冻胀
		≤2.0	$1<\eta \leqslant 3.5$	Ⅱ	弱冻胀
	$\omega_p+2<\omega \leqslant \omega_p+5$	>2.0			
		≤2.0	$3.5<\eta \leqslant 6$	Ⅲ	冻胀
	$\omega_p+5<\omega \leqslant \omega_p+9$	>2.0			
		≤2.0	$6<\eta \leqslant 12$	Ⅵ	强冻胀
	$\omega_p+9<\omega \leqslant \omega_p+15$	>2.0			
		≤2.0	$12<\eta$	Ⅴ	特强冻胀
	$\omega_p+15<\omega$	不考虑			

注 1. ω_p—塑限含水量（%）；ω—在冻土层内冻前天然含水量的平均值；

2. 盐渍化冻土不在表列；

3. 塑性指数大于 22 时，冻胀性降低一级；

4. 粒径小于 0.005mm 的颗粒含量大于 60%时，为不冻胀土；

5. 碎石类土当充填物大于全部质量的 40%时，其冻胀性按充填物土的类别判断；

6. 碎石土、砾砂、粗砂、中砂（粒径小于 0.075mm 颗粒含量不大于 15%）、细砂（粒径小于 0.075mm 颗粒含量不大于 10%）均按不冻胀考虑。

季节性冻土地基的设计冻深 z_d 应按下式计算

$$z_d = z_0 \tag{8-9}$$

式中 z_d——设计冻深。若当地有多年实测资料时，也可：$z_d=h'-\Delta z$，h'和 Δz 分别为实测冻土层厚度和地表冻胀量；

z_0——标准冻深。系采用在地表平坦、裸露、城市之外的空旷场地中不少于 10 年实测最大冻深的平均值。当无实测资料时，按《建筑地基基础设计规范》（GB 50007—2002）附录 F 采用。

（2）当建筑基础底面之下允许有一定厚度的冻土层，可用下式计算基础的最小埋深

$$d_{min} = z_d - h_{max} \tag{8-10}$$

式中 h_{max}——基础底面下允许残留冻土层的最大厚度，按表查取。

当冻深范围内地基由不同冻胀性土层组成时，基础最小埋深可按下层土确定，但不宜浅于下层土的顶面。当有充分依据时，基底下允许残留冻土层厚度也可根据当地经验确定。

上部结构为超静定结构时，除Ⅰ类不冻胀土外，基底埋深应在冻结线以下不小于0.25m。当建筑物基底设置在不冻胀土层中时，基底埋深可不考虑冻结问题。

（3）刚性扩大基础及桩基础抗冻拔稳定性的验算。

按上述原则确定基础埋置深度后，基底法向冻胀力由于允许冻胀变形而基本消失。考虑基础侧面切向冻胀力的抗冻拔稳定性按下式计算

$$N + W + Q_T \geqslant kT \tag{8-11}$$

在冻结深度较大地区，扩大基础或桩基础的地基土为Ⅲ～Ⅴ类冻胀性土时，由于上部恒重较小，当基础较浅时常会因周围土冻胀而被上拔，使建筑遭到破坏。基桩的入土长度往往由在冻结线以下抗冻拔需要的锚固长度控制。为了保证安全，以上计算中基础重力在冻土和暖土部分均不再考虑。

（4）基础薄弱截面的强度验算。

当切向冻胀力较大时，应验算基桩在未（少）配筋处抗拉断的能力。

$$P = kT - (N + W_1 + F_1) \tag{8-12}$$

式中　P——验算截面拉力，kN；

W_1——验算截面以上基桩重力，kN；

F_1——验算截面以上基桩在暖土部分阻力，kN，计算方法同式（8-11）中 Q_T。其余符号意义同前。

2. 防冻害措施

在有冻胀性土的地区宜采用下列防冻害措施。

（1）应尽量选择地势高、地下水位低、地表排水良好和土冻胀性小的建筑场地。对低洼场地，宜在沿建筑物四周向外1倍冻深范围内，使室外地坪至少高出自然地面300～500mm。

（2）为了防止施工和使用期间的雨水、地表水、生产废水和生活污水浸入地基，应做好排水措施。在山区必须做好截水沟或在建筑物下设置暗沟，以排走地表水和潜水，避免因基础堵水而造成冻害。

（3）在冻深和土冻胀性均较大的地基上，宜采用独立基础、桩基础、自锚式基础（冻层下有扩大板或扩底短桩）。当采用条基时，宜设置非冻胀性垫层，其底面深度应满足基础最小埋深的要求。

（4）对标准冻深大于2.0m、基底以上为强冻胀土的采暖建筑及标准冻深大于1.5m、基底以上为冻胀土和强冻胀土的非采暖建筑，为防止冻切力对基础侧面的作用，可在基础侧面回填粗砂、中砂、炉渣等非冻胀性散粒材料或采取其他有效措施。

（5）在冻胀和强冻胀性地基上，宜设置钢筋混凝土圈梁和基础梁，并控制建筑物的长高比，以增强房屋的整体刚度。

（6）当基础梁下有冻胀性土时，应在梁下填以炉渣等松散材料，根据土的冻胀性大小可预留50～150mm空隙，以防止因土冻胀将基础梁拱裂。

（7）外门斗、室外台阶和散水坡等宜与主体结构断开。散水坡分段不宜过长、坡度不宜过小，其下填以非冻胀性材料。

（8）按采暖设计的建筑物，如冻前不能交付使用，或使用中因故冬季不能采暖时，应对

地基采取相应的过冬保温措施；对非采暖建筑的跨年度工程，入冬前基坑应及时回填。

（二）多年冻土地区地基设计的基本原则

1. 保持冻结

保持冻结，即保持多年冻土地基在施工和使用期间处于冻结状态。宜用于冻层较厚、多年地温较低和多年冻土相对稳定的地带。适用于不采暖的建筑物，在富冰冻土、饱冰冻土和含土冰层地基上的采暖建筑物和按容许融化原则设计有困难的建筑物。

2. 容许融化

容许融化即容许基底以下的多年冻土在施工和使用期间处于融化状态。按其融化方式可分为下列两种：

（1）自然融化（逐渐融化）。宜用于少冰冻土或多冰冻土地基。当估计的地基总融陷量不超过规定的地基容许变形值时，均允许基底以下多年冻土在施工和使用期间自行逐渐融化。

（2）预先融化。宜用于冻土厚度较薄，多年地温较高，多年冻土不够稳定地带的富冰冻土、饱冰冻土和含土冰层地基，可根据具体情况在施工前采用人工融化压密或挖除换填处理。

小　　结

1. 膨胀土地基

（1）膨胀土指土中黏粒成分主要由亲水性矿物组成，同时具有显著的吸水膨胀和失水收缩的变形特征，是具有较大反复膨缩变形的高塑性黏土。

（2）膨胀土膨胀性由 δ_{ef}、δ_{ep}、P_e、δ_s、λ_s 等膨胀性指标反映。

（3）膨胀土地基设计与施工要点。

1）设计措施包括：场地选择、总平面设计、建筑设计、结构措施、基础设计、地基处理、地裂处理。

2）施工措施要求既要管理好施工用水，又要防止暴晒。

2. 红黏土地基

（1）红黏土是在湿热气候条件下经历了一定红土化作用而形成的一种含较多黏粒，富含铁、铝氧化物胶结的红色黏性土。

（2）红黏土有裂隙发育，作为建筑物地基，在施工时和建筑物建成以后应做好防水排水措施，避免水分渗入地基中。对于重要建筑物，开挖基槽时应认真做好施工验槽工作。

3. 湿陷性黄土地基

（1）黄土类土。老黄土一般没有湿陷性，土的承载力较高。新黄土广泛覆盖在老黄土之上，在北方各地分布很广，与工程建筑关系密切，一般都具有湿陷性。

（2）表明湿陷性黄土湿陷变形特征的主要指标为：δ_s、p_{sh}。

（3）湿陷性黄土地基的湿陷等级见表 8-2。

（4）陷性黄土地基设计与工程措施为地基处理、防水措施和结构措施。

4. 冻土地基

冻土分季节性冻土和常年冻土，土的冻胀程度一般用冻胀率 η（又称冻胀量或冻胀系数）来表示，按冻胀率将土划分为五类。由于季节性冻土和常年冻土的工程性质及兑建筑物的影响不同，故在设计和施工中采取不同的处理原则。

习 题

1. 试述膨胀土的特征。影响膨胀土胀缩变形的主要因素是什么？膨胀土地基对哪些房屋的危害最大？

2. 自由膨胀率、膨胀率、膨胀力和收缩系数的物理意义是什么？如何划分胀膨等级？

3. 膨胀土地基的变形形态有哪几种？在设计中如何区别地基的变形形态？怎样计算膨胀土地基的变形？

4. 红黏土地基设计时应考虑哪些措施？

5. 什么叫湿陷性黄土？试述湿陷性黄土的工程特征。

6. 何谓湿陷性黄土，如何判别黄土地基的湿陷程度？怎样区分自重和非自重湿陷性场地？如何划分湿陷性黄土地基的等级？

7. 湿陷起始压力 P_{sh} 在工程上有何实用意义？

8. 对湿陷性黄土地基而言，在防水和结构方面可采取哪些措施？可用哪些地基处理方法？

9. 冻土地基的特点是什么？在冻土地基进行建筑时，应采取哪些措施？

训 练 题

1. 区域性特殊地基不包括________。

A. 淤泥　　B. 红黏土　　C. 膨胀土　　D. 湿陷性黄土

2. 冻土地基的冻胀等级分为________。

A. Ⅰ～Ⅴ级　　B. Ⅰ～Ⅳ级　　C. Ⅰ～Ⅵ级　　D. Ⅰ～Ⅲ级

3. 多年冻土地区地基设计的基本原则包括（　　）。

A. 保持冻结状态设计　　B. 逐渐融化状态设计

C. 预先融化状态设计　　D. 非冻结状态设计

4. 某持力层地基土为膨胀土设计和施工时应注意哪些问题为什么？

5. 看图讨论事故原因及处理建议。

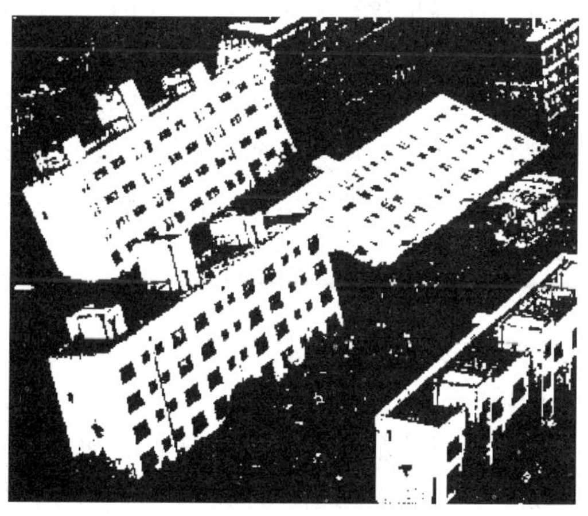

图 8-3　看图讨论

第九章　地　基　处　理

掌握：掌握常用地基处理的原理及方法。

熟悉：软弱地基的工程特性。

了解：软弱土的物理性质。

学习目的：通过本章学习应达到针对每一具体工程都能从地基条件、目标要求、工程费用及材料、机具来源等方面进行综合分析，以选择合适的地基处理方法。

能力培养：具备应用地基处理原理确定合理的地基处理方案的能力，具备施工质量的检验和评定的能力。

第一节　概　　述

一、地基处理的意义

1. 场地、地基、基础和地基处理的关系

场地是指工程建设所直接占有并直接使用的有限面积的土地。场地的评价是工程选址或工程总体规划的组成部分，对工程建设有重要的影响，关系到工程的安全和成本造价。

地基是承托建筑物基础的这一部分范围很小的场地。建筑物的地基常会遇到以下问题：①地基承载力和稳定性问题；②地基沉降、水平位移、不均匀沉降问题；③渗漏问题；④液化问题；⑤特殊土的特殊性问题。凡是基础直接建造在未经加固的天然土层上时，这种地基称为天然地基。

基础是指建筑物向地基传递荷载的下部结构，具有承上启下的作用。基础设计时除需保证基础结构本身具有足够的刚度和强度外，还需选择合理的基础尺寸和布置方案，使地基的强度和变形满足规范要求。

地基处理是指当天然地基不能满足建筑物对地基的要求时，为保证建筑物的安全和正常使用，须事先对地基进行人工处理后再建造基础，这种地基加固称为地基处理。地基处理是一门技术性和经验性很强的应用科学，处理方案的选择须考虑上部结构和地基两方面的诸多因素。如：地质条件、工程特点、选择处理方法的原则和原理、结构类型及荷载大小、环境保护等，最终方案的确定要从加固原理、使用范围、预期效果、施工工艺及工期等方面进行技术经济分析和对比，选择最佳方案。

2. 地基处理的目的及方法

工程中通常将不能满足建筑物要求（即承载力、稳定变形和渗流三方面）的地基统称为软弱地基或不良地基。需要处理的地基主要有软黏土、杂填土、冲填土、饱和粉细砂、湿陷性黄土、膨胀土、多年冻土等。所以地基处理的对象是软弱地基和特殊土地基。通过换填、夯实、挤密、排水、胶结、加筋等方法对地基进行加固，改良地基土的工程特性，地基处理的目的是要提高软弱土地基抗剪强度、保证地基稳定，降低地基的压缩性、减少基础的沉降和不均匀沉降。改善地基的透水性（如流沙、管涌）、改善地基的动力特性（如液化）、改善特殊土的不良地基特性（如消除或减少湿陷性、膨胀性）。

本章重点介绍地基处理的方法、原理、适用范围、施工要点及质量检验。

二、软弱地基的特性

我国地域辽阔，土类分布广泛，具有地区特点。各类土在抗剪强度、压缩性、透水性等方面的性质差异很大。

（一）软土

软黏土是软弱黏性土的简称。通常也称为软土。这类土大部分处于饱和状态，一般天然含水量大于液限，孔隙比大于1。目前软土判定标准较乱，行业之间有较大的差别。建筑部颁布标准规定：凡符合以下三个特征的即为软土，一是外观以灰色为主的细粒土；二是天然含水量大于或等于液限；三是天然孔隙比大于或等于1.0。其中最为软弱的是淤泥和淤泥质土，软土主要由黏粒及粉粒组成，常成絮状结构，并含有机质。软土具有压缩性高、强度低，渗透性差等特点。且具有显著的结构性和明显的流变性。

软土承载力低、压缩性大、地基沉降变形大，常会出现建筑物因沉降差异过大而开裂破坏，甚至土体会产生整体滑动，建筑物有倒塌的危险。

（二）人工填土

按物质组成和堆填方式分为素填土、杂填土和冲填土三类。黏性土堆填时间超过10年、粉土堆填时间超过5年的一般称为老填土。

素填土由碎石、砂、粉土或黏性土等中的一种或几种材料组成的填土，不含杂质或含杂质很少。

杂填土是人类活动而任意堆填的建筑垃圾、工业废料和生活垃圾。它的成因很不规律，成分复杂，分布极不均匀，结构松散。

杂填土的主要特性是强度低、压缩性高和均匀性差。同时，某些杂填土内含有腐质物及亲水和水溶性物质，会给地基带来更大的沉降及浸水湿陷性。

冲填土是用挖泥船或泥浆泵将泥砂夹带大量水分吹送到江河两岸而形成的沉积土层。其成分和分布规律与冲填时的泥砂来源及冲填时的水力条件有关。在冲填土地基上建造房屋，应具体分析它的状态，考虑它的欠固结影响和不均匀性。

（三）部分砂土和粉土

主要指饱和的粉砂土、饱和的细砂土和砂质粉土。处于饱和状态的细砂土、粉砂土、砂质粉土在静荷作用下虽然具有较高的强度，但在动荷载作用下有可能产生液化或震陷变形，从而导致因液化丧失承载力。

（四）特殊土

特殊土包括湿陷性土、红黏土、膨胀土、多年冻土及盐渍土等。

三、地基处理的一般程序

在软弱地基上建造建筑物，从勘察、设计到施工的每个阶段都应认真研究，采取合适的对策。地基处理的核心是处理方法的正确选择和有效的实施。一般程序包括处理方案确定前的调查研究和处理方案的确定。

1. 调查研究

调查研究重点针对以四个方面。

(1) 结构条件。

建筑物的体型、刚度、受力体系、建筑材料和使用要求；荷载大小、分布和种类；基础类型、布置和埋深；基地压力、天然地基承载力、稳定安全系数和变形允许值等。

(2) 地基条件。

地形及地质成因、地层状况、地基土的类型、持力层位置；认真查明软弱土层的均匀性、组成、分布范围和土质情况。

(3) 环境影响。

在地基处理设计和施工中加强保护环境意识，处理好地基处理与环境保护的关系。地基处理对环境的影响主要有置换处理产生的噪音和振动，注浆加固法产生的地下水质污染，预压和置换产生的地面位移，挤密法产生的地面泥浆污染等。

(4) 施工条件。

地基处理工程是项隐蔽的、具有特殊要求的工程，每项处理工程都有其各自的特点，加之处理效果一般是在施工结束后发挥和体现。所以加强施工中、施工后的管理和施工质量的监测及检验至关重要。

2. 地基处理方案的确定

地基处理方案的确定按以下步骤进行：

(1) 搜集详细的工程地质、水文地质及地基基础的设计资料。

(2) 根据结构类型、荷载大小及使用情况，综合分析建筑物对地基的各种要求和地基条件，确定需要进行人工处理的天然地层的范围以及地基处理要求。

(3) 根据地形地貌、地层结构、土质条件、地下水情况等天然土层的状况，通过对地基处理的具体要求、地基处理的原则、以往经验、施工装备条件和技术条件等分析后，初步选定几种可行的地基处理方案。

(4) 对提出的几种方案分别从加固原理、适用范围、预期效果、材料来源及消耗、机具条件、施工进度和对环境的影响等方面进行技术、经济、进度等方面的比较分析，考虑环保要求，依据安全可靠、施工方便、经济合理等原则，因地制宜选择最佳的处理方案。

在考虑地基处理方案时，应同时考虑上部结构、基础和地基的协同作用，决定选用地基处理方案或选用加强上部结构和处理地基相结合的方案。

对已选定的地基处理方法，必要时须按建筑物安全等级和场地的复杂程度，在有代表性的场地上进行相应的现场试验和试验性施工，并进行必要的测试，以检验设计参数和处理效果。如达不到设计要求时，应找出原因并采取措施和修改设计。

四、地基处理原理

地基处理方法很多，各种地基处理的加固原理可以从两方面分析：一是经过地基处理形成人工地基的形式来分析，二是从地基处理方法的加固原理来分析。

1. 从人工地基形式分析

总体讲人工地基的形式主要有均质地基、多层地基、复合地基三种。

均质地基是指天然地基在地基处理工程中加固区土体性质得到全面改良，加固区土体的物理力学性质基本相同，加固区范围，无论是平面位置与深度，与荷载作用对应的地基持力层或压缩层范围相比较都已满足一定的要求。

多层地基是指天然地基经地基处理形成的均质加固区的厚度与荷载作用面积或者与其相

应持力层和压缩层厚度相比较为小时，在荷载作用影响区内，地基由多层性质相差较大的土体组成。

复合地基是指天然地基在地基处理工程中部分土体得到加强，或被置换，或在天然地基中设置加筋材料，加固区是由基体（天然地基土体或被改良的天然地基土体）和增强区两部分组成的人工地基。在荷载作用下，基体和增强体共同承担荷载的作用。根据地基中增强体的方向可分为水平向增强体复合地基和竖向增强体复合地基。

复合地基必须具有两个基本特点：一是加固区是由基体和增强体两部分组成，二是荷载作用下，基体和增强体通过变形协调共同承担荷载。所以复合地基承载力由两部分构成，一部分是桩体承载力，一部分是桩间土承载力。如何估算两者对复合地基承载力的贡献是桩体复合地基设计的核心。

- 复合地基
  - 竖向增强体复合地基
    - 散粒材料桩复合地基
    - 黏结材料桩复合地基
      - 柔性桩复合地基
      - 刚性桩复合地基
  - 水平向增强体复合地基

2. 从地基处理方法的加固地基原理分析

地基处理方法很多，原理只有一个即：“将土质由松变实”，“将土的含水量由高变低”，即可达到地基加固的目的。从加固原理上可以分为三大类：置换、土质改良和加筋。即：

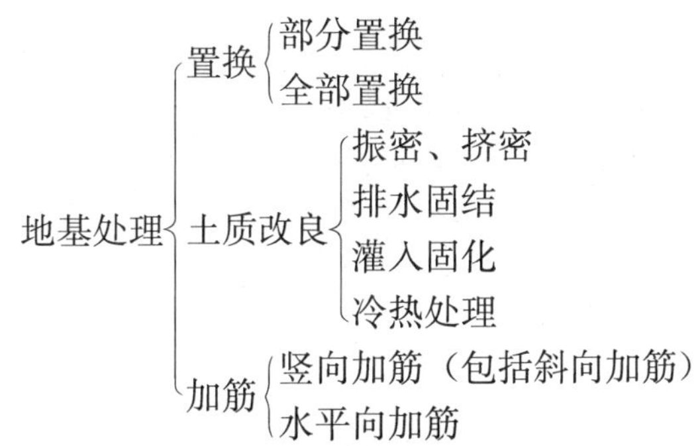

置换是指用物理或力学性质较好的岩土材料置换天然地集中部分或全部软弱土体或不良土体，形成双层地基或复合地基，以达到地基提高承载力、减少沉降的目的。如：换土垫层法、振冲置换法、强夯置换法等。

土质改良是指通过物理方法，或化学方法，或物理化学方法对天然地基中部分或全部土体进行土质改良，使土体在一定荷载作用下排水，使孔隙比减少，土体固结、密实，强度提高。改善了土体工程性质，以达到地基提高承载力、减少沉降的目的。如：超载预压法、深层搅拌法、振冲密实法等。

加筋是指在地基中设置强度高、模量达的筋材，即在地基土层中铺设土工合成材料（土工织物、土工格栅等）或钢筋混凝土桩，或设置土钉、树根桩形成加筋土体，以达到地基提高承载力、减少沉降的目的。

每一种地基处理方法的加固原理并不是只有一种，常常是两种或多种原理的综合利用。如：砂石桩法既有置换的作用，又有排水固结的作用。所以，按加固原理通常情况下细分为六类，见表 9-1。

表 9-1　**常用地基处理方法分类**

分　类	处理方法	作用原理	作用效果	适用范围
挤密、振密法	机械碾压法 有效处理深度 3m	利用压实原理，通过压路机、推土机等压实机械把表层地基土压实，使土体表层固结密实	降低压缩性、提高抗剪强度	杂填土、松散无黏性土、非饱和黏性土、湿陷性黄土等的浅层处理
	重锤夯实法 有效处理深度 1.5m	利用压实原理，通过 1.5～3.0t 的重锤，从 2.5～4.5m 高度自由下落的冲击能来夯实土体，使土体浅层固结密实	降低压缩性、提高抗剪强度	地下水位以上的稍湿黏性土、砂土、湿陷性黄土、杂填土等的浅层处理
	振动压实法 有效处理深度 1.5m	利用压实原理，通过电动机带动两个偏心块以相同的速度反向转动而产生很大的垂直振动力，把表层地基土夯实，达到固结密实	降低压缩性、提高抗剪强度	无黏性土或黏粒含量少，透水性较好的松散的杂填土等的表面处理
	强夯法（动力固结） 有效处理深度 40m	利用压实原理，短时间内利用 80～300kN 重锤从 8～20m 高处落下的强大的冲击能，以夯击地基土，在地基中产生强烈的冲击波和动应力，使土体动力固结密实	降低压缩性、提高抗剪强度、改善动力特性	碎石、砂土、粉土、低饱和度的黏性土和粉土、湿陷性黄土、杂填土等
	土（或灰土）桩法 有效处理深度 20m	在地基中通过沉管对土的横向挤压作用使孔内的土挤向周围，使桩间土达到密实。然后在孔中分层填入素土（或灰土）后夯实而成土桩（或灰土桩），形成复合地基	对桩间土挤密，土体孔隙减少，强度提高；与地基土组成复合地基，从而提高地基的承载力，减少沉降量，部分或全部消除地基土的湿陷性	地下水位以上的湿陷性黄土、素土、杂填土等。土桩适用于消除湿陷性黄土的湿陷性，灰土桩法主要适用于提高人工填土地基的承载力
	振冲挤密法 有效处理深度 20m	采用一定的技术措施，通过振冲器的强烈振动使饱和砂层发生液化，颗粒重新排列，使土体孔隙减少，强度提高；同时依靠振冲器的水平振动力，形成垂直孔洞，在其中加入回填材料，使砂层挤压密实	与地基土组成复合地基，从而提高地基的承载力，减少沉降量	砂性土、小于 0.005mm 黏粒含量低于 10%的黏性土

续表

分　类	处理方法	作用原理	作用效果	适用范围
挤密、振密法	砂桩法 有效处理深度 20m	在地基中通过沉管对土的横向挤密或振密作用使孔内的土挤向周围，使土体孔隙减少，桩周土体得以挤密，强度提高；在振动挤密的过程中，孔内回填砂并夯实，砂体与挤密的桩间土组成复合地基	提高地基的承载力，减少沉降量，改善地基的整体稳定性	松砂、砂质粉土、非饱黏性土、杂填土、素填土、黄土地基
置换法	换土垫层法 有效处理深度 3m	将地基表层软弱土或不良土部分或全部挖掉，回填抗剪强度较大、压缩性较小的材料，如砂、石、素土、灰土、矿渣、粉煤灰，分层夯实成坚硬垫层，形成双层地基	利用垫层本身的高强度和低压缩性，以及扩散附加应力的性能，减少沉降量，提高持力层的承载力	各种软弱地基及暗沟、暗塘等的浅层处理
	强夯置换法 有效处理深度 6m	利用重锤从高处落下的强大冲击能，将碎石、矿渣等物理力学性质较好的材料强力挤入地基，在地基中形成碎石墩。同时由于强烈的冲击波和动应力，使墩周土体动力固结密实，形成复合地基	降低压缩性、提高地基承载力、减小沉降、改善动力特性	人工填土、砂土、黏性土和黄土、淤泥、淤泥质土的地基
	石灰桩 有效处理深度 20m	采用成孔过程中沉管对土体的挤密作用、生石灰成桩时对桩周土体的吸水、膨胀、放热作用以及土与石灰的物理化学作用，改善桩体周围土体的物理力学性质，同时形成复合地基	从而提高地基的承载力，减少沉降量	软弱黏性土、杂填土地基
	振冲置换法 （或称碎石桩） 有效处理深度 18m	采用振冲器在高压水流作用下，边振边冲在地基中成孔，成孔过程中边填入碎石、卵石并同时振实，形成碎石桩，形成复合地基	提高地基的承载力，减少沉降量	不排水抗剪强度大小于 20kPa 的黏性土、粉土、饱和黄土和人工填土等地基
	水泥粉煤灰碎石桩 （CFG 桩）	在碎石桩的基础上，加入石屑、粉煤灰和少量水泥，加水拌和，制成具有一定黏结强度的半刚性桩体，桩和原地基土通过褥垫层形成复合地基	提高地基的承载力，减少沉降量	黏性土、填土、粉土、砂土等

续表

分　类	处理方法	作用原理	作用效果	适用范围
加筋法	土工聚合物（土工膜、土工织物、土工格栅等合成物）	利用土工聚合物的高强度、韧性等力学性能，扩散土中应力，改善土体，或构成加筋土以及各种复合土工结构	增大土体的刚度或抗拉强度。起到了排水、隔离、反滤和加固补强等作用	砂土、黏性土和软土的加固，或用于排水、隔离和反滤材料
	加筋土	把抗拉强度很强的拉筋埋置于土层中，通过土层和拉筋之间的摩擦力形成整体，扩散应力、平衡或减小土压力，调整不均匀沉降，增大地基稳定性	起到加筋作用，增大压力扩散角，提高地基土的抗拉、抗剪强度，保证整体性，提高地基承载力	软弱黏性土、人工填土、砂土的路基、挡墙、桥台、水坝等
	土层锚杆	通过锚固于土层中的锚固件与土层之间的黏结强度提供承载力	锚杆的锚固力承受施加于结构的推力，维持结构稳定	有可靠锚固的土层或岩层等需将拉应力传递到稳定土层中去的工程
	土　钉	在土体内放置一定长度和分布密度的土钉体，与土共同作用，弥补土体自身强度的不足	提高土体整体刚度，弥补土体抗拉和抗剪强度低的弱点，显著提高了整体稳定性	天然土坡加固、开挖支护
	树根桩法	在地基中沿不同方向，设置直径为75～250mm的细桩，形成树根状的群桩，使之与土体形成复合地基，以支承结构物	提高地基承载力、增强地基稳定性、减小沉降，并可挡土、稳定边坡	各类地基
排水固结	堆载（加载、超载）预压法有效最大处理深度20m	预先在软土地基上堆置相当于建筑物重量的荷载（附加荷载）或超过建筑物重量的荷载（附加荷载），在荷载作用下逐渐排出孔隙水，使孔隙比减小，压密、固结，地基变形，预先完成全部或大部分沉降	通过改善地基排水条件和施加预压荷载，加速地基的固结和强度增长，提高地基的稳定性，并使基础沉降提前完成，通过加固提高地基承载力	软黏土、冲填土、杂填土、泥炭土地基等
	砂井预压（包括袋装砂井、塑料排水板、塑料管等）法有效处理深度15m	在软土地基中设置一系列砂井，砂井上铺设砂垫层或砂沟，以此增加土层固结排水通道，缩短排水距离	通过改善地基排水条件，加速地基的固结和强度增长，提高地基的稳定性，使基础沉降提前完成，通过加固提高地基承载力	透水性低的软弱黏性土
	真空预压有效处理深度15m	在黏土层上铺设砂垫层，并设置一系列砂井，然后用薄膜密封砂垫层，用真空泵对砂垫层和砂井抽气，孔隙水逐渐被抽出，使地下水位降低。同时在大气压力作用下加速地基固结	通过改善地基排水条件和施加预压荷载（也可与堆载预压法联合使用），加速地基的固结和强度增长，提高地基的稳定性，使基础沉降提前完成	饱和软黏土地基

续表

分 类	处理方法	作用原理	作用效果	适用范围
排水固结	降水预压 有效处理深度 30m	通过从与透水层连接的排水井中抽水，降低地下水位	通过抽水，使土体中孔隙水压力减小，从而增大有效应力，即土的自重应力，促进地基固结。达到提前完成部分沉降和提高地基强度的目的	在地下水位接近地面的土层中进行开挖深度较大的工程，特别是砂性土、透水性较好的软黏土地基
注浆加固法	深层搅拌法 有效处理深度 18m	利用水泥浆等材料作为固化剂，通过特制的深层搅拌机在地基深部原位将软土和固化剂强制搅拌，利用其产生的一系列物理化学反应，使软土硬结，形成坚硬的拌和柱体，形成复合地基	使土体固化，降低土体的压缩性，减少沉降，提高地基的稳定性和提高地基承载力。防止渗漏、形成防渗帷幕	淤泥、淤泥质土和含水量较高且地基承载力小于 120kPa 的黏性土、粉土等软土地基
	高压喷射注浆法 有效处理深度 20m	将带有特殊喷嘴的注浆管，通过钻孔置入池里底层的预定深度，将浆液以高压冲切土体，在喷射浆液的同时，以一定的速度旋转、提升，形成水泥土圆柱体或形成墙状增强体（喷嘴提升而不旋转），形成复合地基	使土体固化，降低土体的压缩性，减少沉降，防止砂土液化、管涌和地基隆起，形成防渗帷幕。提高地基的稳定性和地基承载力	淤泥、淤泥质土、黏性土、粉土、黄土、砂土、人工填土和碎石土等地基。也可对既有建筑物进行托换加固
	渗入性注浆法 有效处理深度 20m	在灌浆压力作用下，浆液克服各种阻力，渗入地层中的孔隙或裂隙中，凝固、硬化土体。地基土层结构基本不受扰动和破坏	改善地基土的物理力学性质，凝固、硬化土体。起到防渗、堵的作用，提高地基土承载力	存在孔隙和裂隙的地基土层，如中砂、粗砂、砾石地基
	劈裂灌浆	依靠较高的灌浆压力，使浆液克服地基中的初始应力和土体抗拉强度，使地基中原有的孔隙或裂隙扩张，或形成新的孔隙或裂隙，用浆液填充，土体发生固化和化学硬化作用，土体再次得以固化	固结体的形成起到了骨架作用和挤压土体作用，形成较高强度的空间刚性骨架，提高了地基承载力和强度	岩基，或砂、砂砾石、黏性土地基
	压密灌浆	在地基中灌入较浓的浆液，浆液迫使注浆点附近的土体压密而形成浆泡，并随浆泡的扩大，灌浆压力增大，便会产生较大的上抬力。压密灌浆形成的上抬力能使地面上抬，或使下沉的建筑物回升。可用于纠正建筑物不均匀沉降	压密灌浆是用浓浆液置换和挤密土体的过程。改善地基土的物理力学性质，凝固、硬化土体。起到防渗、堵漏的作用，提高地基土承载力	具有大孔隙或孔穴的中砂及有较好排水条件的黏性土地基。常用于调整既有建筑物的不均匀沉降

五、地基处理方法分类及应用范围

根据地基加固的原理，可采用不同的加固方法。这些加固方法主要体现在“挖、填、换、夯、压、挤、拌”七个字。“挖”就是挖去软土层，把基础埋置在承载力大的基岩或坚硬的土层中。“填”当软土层很厚，而又需大面积对地基进行加固处理时，则可在软土层上直接回填一层一定厚度的好土，以提高地基的承载力，减小软土层的承压力。“换”就是将挖与填相结合，即换土垫层法。此法适用于软土层较厚，而仅对局部地基进行加固处理。“夯”就是利用打夯工具或机具（如木人、石夯、铁夯、蛙式打夯机、火力夯、电力夯、重锤夯、强力夯等）夯击土壤，排出土壤中的水分，加速土壤的固结，以提高土壤的密实度和承载力。“压”就是利用压路机、羊足碾、轮胎碾等机械碾压地基土壤，使地基压实排水固结。“挤”先用带桩管打入土中，挤压土壤形成桩孔，然后拔出桩管，再在桩孔中灌入砂石或素土、石灰、灰土等填充料进行捣实，这种方法最适用于加固松饱和土地基。“拌”是指用旋喷法或深层搅拌法加固地基。其原理是利用高压射流切削土壤，旋喷浆液（水泥浆、水玻璃等）搅拌浆土，使浆液和土壤混合，凝结成坚硬的柱体或土壁。

常用地基处理的方法、原理、适用范围等见表 9-1。不同土体有不同的处理方法，同种土体也有适宜的多种方法，这就需要结合工程具体情况综合考虑，因地制宜、技术可行、经济合理地选择。

第二节 换 填 法

一、换填法的处理原理及适用范围

当软弱土地基的承载力和变形满足不了建筑物的要求，而软弱土层的厚度又不很大时，将基础底面以下处理范围内的天然软弱土层挖去或部分挖去，分层换填强度较高、压缩性较低且无腐蚀性的砂石、素土、灰土、工业废料等材料，并压（或夯、振）实至要求的密实度为止，作为地基垫层（持力层）。亦称换土垫层或开挖置换法。它还包括低洼地域筑高（平整场地）或堆填筑高（道路路基）。

机械碾压、重锤夯实、平板振动是换填法的常用机械，可处理分层回填、加固地基表面土。按回填材料不同可分为砂垫层、砂石垫层、碎石垫层、二灰（石灰与粉煤灰的拌和料）垫层和粉煤灰垫层等。

换填法的主要作用如下。

1. 提高地基的承载力

地基中的剪切破坏是从基础底面上边角处开始，随着基底压力的增大而逐渐纵深发展的。因此用抗剪强度较大的垫层材料置换基础底面以下浅层范围内软弱的土后，可以提高地基的承载能力，避免地基破坏。

2. 减少沉降量

一般情况下，基础下浅层的沉降量在总沉降量中所占的比例较大。用密实砂或其他填筑材料代替上部软弱土层，可减少这部分的沉降量。由于垫层的扩散作用，使作用在下卧层的压力较小，也会减少下卧层土的沉降量。

3. 加速软弱土层的排水固结

当基础直接于软弱土层接触时，荷载作用下软弱土层地基中的水是绕基础两侧排出，因而基础下的软弱土层不宜固结，形成较大的孔隙水压力，还可因造成地基强度降低而产生塑性破坏。用砂、石作为垫层材料时，由于其透水性好，荷载作用下垫层便是良好的排水面，可使基础下面的孔隙水压力迅速消散，且可加速垫层下软弱土层的固结及其强度的提高，避免地基上的塑性破坏。

4. 防止冻胀

采用颗粒粗大的材料（如砂、石等）作垫层，不易产生毛细管现象，所以不会由于毛细作用而产生水分转移，因而可防止寒冷地区土中结冰产生的冻胀。

5. 消除地基的湿陷性和胀缩性

采用素土或灰土垫料，在湿陷性黄土地基中，置换了基础以下适当范围内的湿陷性土层，可免除土层浸水后湿陷变形的发生或减少土层湿陷变形量。同时，垫层还可作为地基的防水层，减少下卧天然黄土层浸水的可能性。采用非膨胀性的黏性土、砂、碎石、灰土以及矿渣等置换膨胀土，可以减少地基的胀缩变形量。

《建筑地基处理技术规范》(JGJ 79—2002) 中规定：换填法适用于淤泥、淤泥质土、湿陷性黄土、素填土、杂填土地基及暗沟、暗塘等各类浅层软弱地基的处理，见表 9-2。

表 9-2　　垫层的适用范围

<table>
<tr><th colspan="2">垫层种类</th><th>适用工程范围</th><th>适用地基土类（即垫层下原土类）</th></tr>
<tr><td colspan="2">砂（砂石、碎石）垫层</td><td>多用于中小型建筑工程的滨、塘、沟等的局部处理。不宜用于湿陷性黄土地基、大面积堆载、密集基础和动力基础的软土地基处理，砂垫层不宜于用于有地下水，且流速快、流量大的地基处理，不宜采用粉细砂作垫层</td><td>饱和、非饱和的软弱土、膨胀土、季节性冻土和水下黄土地基处理</td></tr>
<tr><td rowspan="2">土垫层</td><td>素土垫层</td><td>适用于中小型工程及大面积回填的地基处理</td><td rowspan="2">湿陷性黄土、杂填土</td></tr>
<tr><td>灰土或二灰垫层</td><td>适用于中小型工程的地基处理</td></tr>
<tr><td colspan="2">粉煤灰垫层</td><td>用于厂房、机场、道路、港区陆域和堆场等工程的大面积填筑。粉煤灰垫层在地下水位以下时，其强度降低幅度在 30%左右</td><td rowspan="2">软弱土地基</td></tr>
<tr><td colspan="2">干渣垫层</td><td>用于小型建筑、构筑物地基，尤其适用地坪、道路、堆场等工程大面积的地基处理和场地平整、铁路、道路地基等。但对于受酸性或碱性废水影响的地基不得用干渣作垫层</td></tr>
</table>

二、压实原理

当黏性土的土样含水量较小时，其粒间引力较大，在一定的外部压实功能作用下，如还不能有效地克服引力而使土粒相对移动，这时压实效果就比较差。当增大土样含水量时，结合水膜逐渐增厚，减小了引力，土粒在相同压实功能条件下易于移动而挤密，所以压实效果较好。但当土样含水量增大到一定程度后，孔隙中就出现了自由水，结合水膜

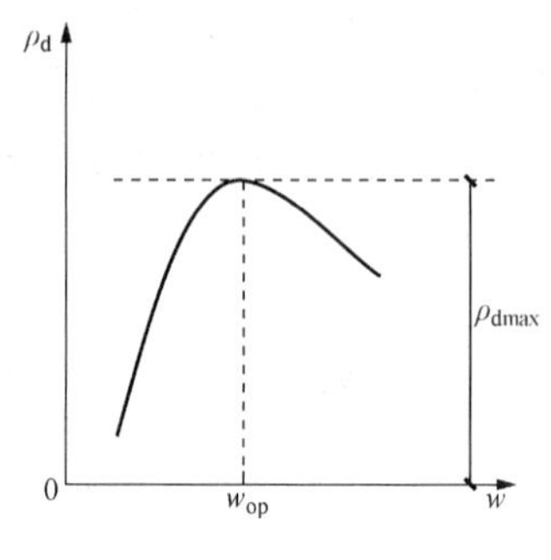

图 9-1 最大干密度曲线

的扩大作用就不大了，因而引力的减少就显著，此时自由水填充在孔隙中，从而产生了阻止土粒移动的作用，所以压实效果又趋下降，因而设计时要选择一个“最优含水量”，这就是土的压实机理。

在工程实践中，对垫层的碾压质量的检验，要求能获得填土的最大干密度 ρ_{dmax}，其最大干密度可用室内击实试验确定。在标准的击实方法的条件下，对于不同含水量的土样，可得到不同的干密度 ρ_d，从而绘制干密度 ρ_d 和制备含水量 w 的关系曲线（图 9-1），在曲线上 ρ_d 的峰值，即为最大干密度 ρ_{dmax} 与之相应的制备含水量为最优含水量 w_{op}。

三、设计要点

通过沉降观测资料发现，不同材料垫层的特点基本相似，故可将各种材料的垫层设计都近似的按砂垫层的计算方法进行计算。但对湿陷性黄土、膨胀土、季节性冻土等某些特殊土采用换土垫层处理时，因其主要处理目的是为了消除地基土的湿陷性、膨胀性和冻胀性，所以在设计时需考虑的解决问题的关键也应有所不同。根据建筑体型、结构特点、荷载性质和岩土工程条件、施工机械设备及填料性质和来源等进行综合分析，进行换填垫层的设计、换填材料的选择和施工方法的确定，如表 9-3 所示。在局部换填处理中，保持建筑地基整体变形均匀是换填应遵循的最基本的原则。用于消除黄土湿陷性以及采用大面积填土作为建筑地基时，尚应按国家有关专门规范的规定执行。

表 9-3 各种垫层的技术要求

<table>
<tr><th rowspan="2">施工方法</th><th rowspan="2">换填材料</th><th colspan="4">技术要求</th></tr>
<tr><th colspan="2">施工含水量（%）</th><th>压实系数（λ_c）</th><th>承载力特征值 f_{ak}（kPa）</th></tr>
<tr><td rowspan="5">振动碾压</td><td>碎石、卵石</td><td colspan="2" rowspan="5">平板式振动器：15%～20%
平碾或蛙夯：8%～12%
插入式振动器：饱和
碎、卵石：浇水湿透</td><td rowspan="6">0.94～0.97</td><td>200～300</td></tr>
<tr><td>砂夹石（碎石、卵石占全重的30%～50%）</td><td>200～250</td></tr>
<tr><td>土夹石（碎石、卵石占全重的30%～50%）</td><td>150～200</td></tr>
<tr><td>中砂、粗砂、砾砂、圆砾、角砾</td><td>150～200</td></tr>
<tr><td>石屑</td><td>130～180</td></tr>
<tr><td rowspan="3">碾压夯实</td><td>粉质黏土</td><td rowspan="2">$\omega_{op}\pm2\%$</td><td rowspan="3">ω_{op} 由击实试验确定或采用 $\omega_p\pm2\%$</td><td>120～150</td></tr>
<tr><td>灰土</td><td>0.95</td><td>200～250</td></tr>
<tr><td>粉煤灰</td><td>$\omega_{op}\pm4\%$</td><td>0.90～0.95</td><td>120～150</td></tr>
<tr><td>碾压</td><td>矿渣</td><td colspan="2"></td><td>最后两遍压实的压陷差小于 2mm</td><td>200～300</td></tr>
</table>

注 1. 压实系数 λ_c 小的垫层，承载力取低值，反之取高值；原状矿渣垫层取低值，分级矿渣或混合矿渣垫层取高值。

2. 重锤夯实土的承载力特征值取低值，灰土取高值。

3. 压实系数 λ_c 为土的控制干密度 ρ_d 与最大干密度 ρ_{dmax} 的比值；土的最大干密度宜采用击实试验确定。碎石或卵石的最大干密度可取 2.0～2.20t/m^3。

4. 当采用轻型击实试验时，压实系数 λ_c 宜取高值。当采用重型击实试验时，可取低值。

（一）垫层厚度确定

垫层的设计即要求有足够的厚度以置换可能被剪切破坏的软弱土层，又要求有足够宽度以防止垫层向两侧挤出。垫层的厚度 z（图 9-2）根据需要置换软弱土的深度或下卧土层的承载力确定，即作用于垫层底面处的自重应力与附加应力之和应大于软弱土层的承载力特征值，并应符合下式要求

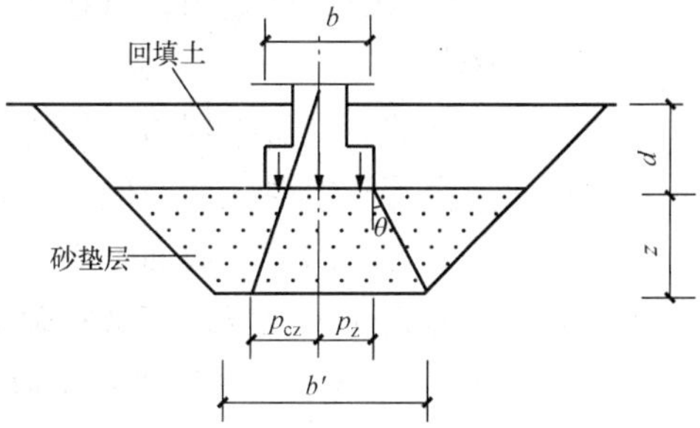

$$p_z + p_{cz} \leqslant f_{az} \tag{9-1}$$

图 9-2　垫层剖面

式中　p_z——相应于荷载效应标准组合时，垫层底面处的附加压力值，kPa；

p_{cz}——垫层底面处的自重压力值，kPa，注意按原土层计算；

f_{az}——垫层底面处（即下卧层软弱土层）经深度修正后的地基承载力特征值，kPa，注意埋深算至垫层底。

换填垫层的厚度不宜小于 0.5m，也不宜大于 3m。垫层太厚不宜施工，太薄效果不显著。处理深度通常控制在 3m 以内比较经济合理。垫层底面处的附加压力值 p_z 可按压力扩散角进行简化计算

条形基础
$$p_z = \frac{b(p - p_c)}{b + 2z\tan\theta} \tag{9-2}$$

矩形基础
$$p_z = \frac{bl(p_k - p_c)}{(b + 2z\tan\theta)(l + 2z\tan\theta)} \tag{9-3}$$

式中　b——矩形基础或条形基础底面的宽度，m；

l——矩形基础底面的长度，m；

p_c——基础底面处土的自重压力值，kPa；

p_k——相应于荷载效应标准组合时，基础底面处的平均压力值，kPa；

p——基础底面压力设计值，kPa；

z——基础底面下垫层的厚度，m；

θ——垫层的压力扩散角，宜通过试验确定，当无试验资料时，可按表 9-4 采用。

表 9-4　　压力扩散角 θ

换填材料 / z/b	中砂、粗砂、砾砂、圆砾、角砾、卵石、碎石、石屑、矿渣	粉质黏土、粉煤灰	灰　土
0.25	20°	6°	28°
≥0.50	30°	23°	

注　1. 当 $z/b<0.25$ 时，除灰土取 $\theta=28°$ 外，其余材料均取 $\theta=0°$，必要时，宜由试验确定；

2. 当 $0.25<z/b<0.50$ 时，θ 值可内插求得。

（二）垫层宽度确定

垫层的宽度应以满足基础底面应力扩散和防止垫层向两侧挤出的原则进行确定，关于宽度计算目前缺乏可靠方法，可按下式计算或当地经验确定。

$$b' \geqslant b + 2z\tan\theta \tag{9-4}$$

式中 b'——垫层底面宽度，m；

θ——垫层的压力扩散角，可按表 9-4 采用；当 $z/b<0.25$ 时，仍按表 $z/b=0.25$ 取值。

整片垫层地面的宽度可根据施工的要求适当加宽。

垫层顶面宽度可从垫层地面两侧向上，按基坑开挖期间保持边坡稳定的当地经验放坡确定。垫层顶面每边宜超出基础底面不小于 300mm。

垫层的承载力宜通过现场载荷试验确定，一般工程，当无试验资料时，可参照当地经验选用，也可按表 9-4 选用，并应进行下卧层承载力的验算。

（三）垫层变形确定

对于重要的建筑物或垫层下存在软弱下卧层的建筑，应进行地基变形计算，且考虑邻近基础对软弱下卧层顶面应力叠加的影响。对超出原地面标高的垫层或换填材料的重度高于天然土层的重度时，宜早换填，并应考虑其附加的荷载对建筑及邻近建筑的影响。

（四）垫层材料选择

1. 砂石

砂石应为级配良好，不含植物残体、垃圾等杂质。当使用粉细砂或石粉时，应掺入不少于 30%的碎石或卵石，最大粒径不宜大于 50mm。对湿陷性黄土地基，不得选用砂石等渗透性材料。对于承受振动荷载的地基不应选择砂垫层。

2. 粉质黏土

土料中有机质含量不得超过 5%，不得含有冻土或膨胀土。当含有碎石时，其粒径不得大于 50mm。用于湿陷性黄土或膨胀土地基的粉质黏土垫层，土料中不得夹有砖、瓦和石块。

3. 灰土

石灰与土的体积比宜为 2∶8 或 3∶7。土料宜用粉质黏土，不宜使用块状黏土和砂质粉土，不得含松软杂质，并应对其过筛，其粒径不得大于 15mm。灰土宜用新鲜的消石灰，其粒径不得大于 5mm。

4. 粉煤灰

粉煤灰类似于砂质粉土，垫层上宜覆盖 0.3～0.5m 的土层，用于建筑物垫层的粉煤灰应符合有关放射性安全标准要求。大量填筑应考虑对水土的环境影响。粉煤灰垫层上宜覆盖 0.3～0.5m 厚的黏性土，以防干灰飞扬，同时减少碱性对植物生长的不利影响，利于环境绿化。

5. 矿渣

矿渣松散重度不小于 $11kN/m^3$，有机质及含泥总量不超过 5%。作为建筑物垫层的矿渣应符合对放射性安全标准的要求，略超过标准的可用于道路或堆场地基的换填。易受酸、碱影响的基础或地下管网不得采用矿渣垫层。大量填筑应考虑对水土的环境影响。

6. 工业废渣

工业废渣应质地坚硬，性能稳定、无腐蚀性和放射性危害，其最大粒径及级配宜通过试验确定。

7. 土工合成材料

土工合成材料是近年发展的新型土工材料。由分层铺设的土工合成材料与地基土构成加筋垫层。所用土工合成材料应采用抗拉强度较高、受力时伸长率不大于4%～5%、耐久性好、抗腐蚀性的土工格栅、土工织物等土工合成材料，当工程要求垫层具有排水功能时，垫层材料应具有良好的透水性。

四、施工要点

(1) 施工机械应根据不同的换填材料选择。粉质黏土、灰土宜采用平碾、振动碾或羊足碾，中小型工程也可采用蛙式夯、柴油夯；砂石等宜采用振动碾或振动压实机；粉煤灰宜采用平碾、振动碾、平板振动器、蛙式夯；矿渣宜采用平碾或平板振动器，也可用振动碾；当有效压实深度内土的饱和度小于并接近0.6时，可采用重锤夯实。

(2) 施工方法、分层厚度、每层压实遍数等宜通过试验确定。一般情况下，分层铺厚度可取200～300mm。但接近下卧软土层垫层底层应根据施工机械设备及下卧层土条件的要求具有足够的厚度。为保证分层压实质量，应控制机械碾压速度。严禁扰动垫层下卧层的软土，防止践踏、受冻或受水浸泡。

(3) 素土和灰土垫层的施工含水量宜控制在最优含水量 $w_{op}\pm2.0\%$ 的范围。灰土应拌和均匀并应当日铺填夯实，且压实后三天内不得受水浸光泡。

(4) 重锤夯实的夯锤宜采用圆台形，锤重宜大于2t。夯锤落距宜大于4m。夯实宜一夯挨一夯顺序进行。在独立柱基坑内，宜先外后里顺序夯击；同一基坑底面标高不同时，应先深后浅顺序逐层夯实，同一夯点夯击一次为一遍。

(5) 换填垫层施工应注意基坑排水，除水撼法砂垫层施工外，不得在浸水条件下施工。垫层底面宜设在同一标高上，若深度不同，应按先深后浅的顺序进行阶梯式或斜坡式施工。

五、质量检验

(1) 素土、灰土及砂垫层可用贯入仪检验质量。砂垫层也要用钢筋检验。并均应通过现场试验以控制压实系数所对应的贯入为合格标准，压实系数检验可采用环刀法或其他方法。

(2) 垫层的质量检验必须分层进行，即每夯压完一层，检验该层的平均压实系数。当其干密度或压实系数符合设计要求后，才能铺填上层。

(3) 重锤夯实的质量检验时，除按施夯要求检查施工记录外，夯后总下沉量不应小于试夯总下沉量的90%。

【例9-1】 某南方小镇的一幢四层混合结构住宅楼，采用墙下条形基础（图9-3）。承重墙体传到±0.00标高处的荷载 $F=127\text{kN/m}$。地基土表层为粉质黏土，其重度为 17.9kN/m^3，第二层为软黏土，厚约10m，承载力特征值 $f_k=70\text{kPa}$。现决定用砂垫层处理，要求确定基础及垫层的尺寸。

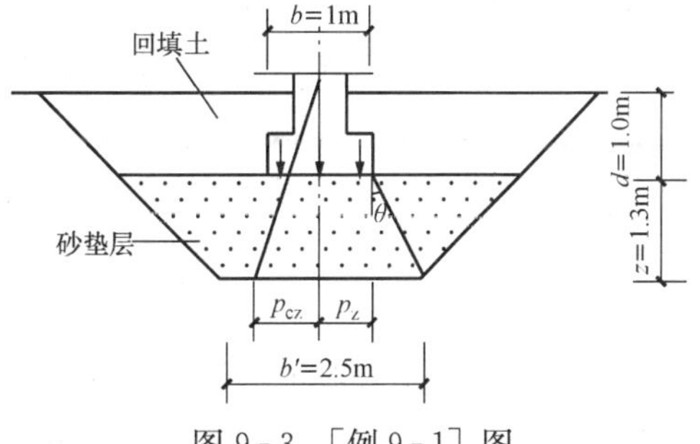

图9-3 ［例9-1］图

解 (1) 基础埋深确定：初步选用 $d=1.0\text{m}$。

(2) 基础尺寸确定：采用中砂，其承载力特征值参考表9-3，取110kPa，确定扩散角 $\theta=30°$。

因埋深 $d=1.0\text{m}$，垫层承载力应进行深度修正，按基础宽度小于 3m 考虑，查表得 $\eta_d=4.4$。

$$f_a=f_{ak}+\eta_b\gamma(b-3)+\eta_d\gamma_m(d-0.5)=110+4.4\times17.9\times(1.0-0.5)=149.38\text{kPa}$$

基底宽度 $$b=\frac{F}{f_a-\gamma_G d}=\frac{127}{149.38-20\times1.0}=0.98\text{m}$$

取 $b=1.0\text{m}$。

式中 $\gamma=20\text{kN/m}^3$ 系基础及基台阶上土的平均重度。

基础剖面尺寸如图 9-3 所示，采用 C25 混凝土基础。

(3) 确定垫层厚度。试取垫层厚度 $z=1.3\text{m}$，垫层底地基土承载力应进行深度修正，查表 $\eta_d=1.1$。

$$\begin{aligned}f_{az}&=f_{ak}+\eta_d\gamma_m(d+z-0.5)\\&=70+1.1\times17.9(1.0+1.3-0.5)\\&=105.44\text{kPa}\end{aligned}$$

$$p_{cz}=17.9\times(1.0+1.3)=41.17\text{kPa}$$

$$p_z=\frac{b(p_k-p_c)}{b+2z\tan\theta}=\frac{1.0\left(\dfrac{127+1.0\times1.0\times1.0\times20}{1.0\times1.0}-17.9\times1.0\right)}{1.0+2\times1.3\times\tan30^\circ}=51.62\text{kPa}$$

$$p_{cz}+p_z=41.17+51.62=92.79\text{kPa}<f_{az}$$

故 z 取 1.3m，满足承载力要求。

(4) 确定垫层宽度。

$$\begin{aligned}b'&=b+2z\tan\theta\\&=1.0+2\times1.3\tan30^\circ\\&=2.5\text{m}\end{aligned}$$

第三节 预 压 法

一、预压法的处理原理及适用范围

预压法是在建筑物建造以前，有计划地在建筑物场地上进行预压，使地基的固结沉降基本完成以提高地基土强度的处理方法。分堆载预压和真空预压两类。堆载预压分塑料排水带或砂井地基堆载预压和天然地基堆载预压。预压法应合理安排预压系统和排水系统，使地基在逐渐预压过程中的加荷条件下排水固结，从而提高承载力。预压系统有加载预压和真空预压之分；排水系统采用砂井或塑料排水带等。

排水系统，主要在于改变地基原有的排水边界条件，增加孔隙水排出的途径，缩短排水距离。当软土层较薄，或土的透水性较好而工期较长采用水平排水体（砂垫层），当软土层很厚且透水性很差时，采用竖向排水体，并结合水平排水体（砂垫层），以加快土体固结。

加压系统，是用来对地基施加预压荷载，使地基土的固结压力增加而产生固结。排水系统和加压系统是密切联系的两个系统，固结是靠加压实现，而加压是靠排水完成的。

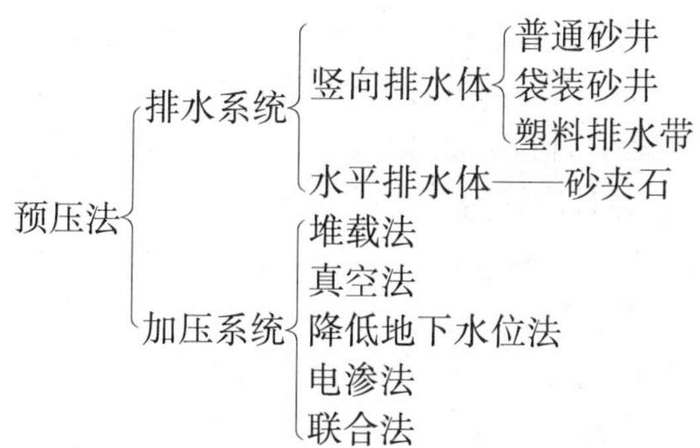

重要工程应预先在现场进行预压试验，并测得试验区的沉降、侧向位移和孔隙水压力等项目的观测数据，对设计进行比较、分析，以修正设计和指导施工。

对主要以沉降控制的建筑，当地基经预压消除的变形量易满足设计要求，且受压土层的平均的固结度达到80%以上时方可卸载；对主要以地基承载力或抗滑稳定性控制的建筑，在地基上经预压增长的强度满足建筑物地基承载力或稳定性要求后方可卸载。

预压法适用于淤泥、淤泥质土、冲填土等饱和黏性土的地基处理。

二、堆载预压法

（一）加固机理

在饱和软土地基上施加荷载后，孔隙水被缓慢排出，孔隙体积随之逐渐减少，地基发生固结变形。同时随着超静水压力逐渐消散，有效应力逐渐提高，地基土强度就逐渐增长。

在荷载作用下，土层的固结过程就是超静孔隙水压力（简称孔隙水压力）消散和有效应力增加的过程。如地基内某点的总应力增量为$\Delta\sigma$，有效应力增量为$\Delta\sigma'$，孔隙水压力增量为Δu，则三者满足以下关系

$$\Delta\sigma' = \Delta\sigma - \Delta u \tag{9-5}$$

用填土等外加荷载对地基进行预压，是通过增加总应力$\Delta\sigma$并使孔隙水压力Δu消散而增加有效应力$\Delta\sigma'$的方法。为了加速固结，最为有效的方法是在天然土层中增加排水途径，缩短排水距离，在天然地基中设置竖向排水体。这时土层中的孔隙水主要通过砂井和部分从竖向排出。所以砂井（袋装砂井或塑料排水带）的作用就是增加排水条件。为此，缩短了预压工程的预压期，在短期内达到较好的固结效果，使沉降提前完成；加速地基土强度的增长，使地基承载力提高的速率始终大于施工荷载的速率，以保证地基的稳定性。

（二）设计与施工

预压法的设计，实质上就是进行排水系统和加压系统的设计，使地基在受压过程中排水固结、强度相应增加以满足逐渐加荷条件下地基稳定性的要求，并加速地基的固结沉降，缩短预压的时间。主要内容包括：

1. 加压系统设计

堆载预压，根据土质情况分为单级加荷和多级加荷。在施加预压荷载的过程中，任何时刻作用于地基上的荷载不得超过地基的极限荷载。在加载各阶段应进行地基的抗滑稳定计算，以确保工程安全。加荷速率可通过理论计算来确定，或现场原位测试来确定，一般用后者的多。根据工程实践经验，可进行以下几项控制：

（1）在排水砂垫层上埋设地基竖向沉降观测点，对竖井地基要求堆载中心地表沉降每天不超过15mm，对天然地基，最大沉降每天不超过10mm。

（2）在离预压土体边缘约1m处，打一排短木桩（长1.5～2.0m），打入土中1m，边桩的水平位移，每天不超过5mm，当堆载接近极限荷载时，边桩的位移量将迅速增大。

（3）在地基中不同深度处，埋设孔隙水压力计，控制地基中孔隙水压力不超过预压荷载所产生应力的50%～60%。并且应根据上述观察资料综合分析、判断地基的稳定性。

当超过上述三项控制值时，地基有可能发生破坏，应立即停止加荷，一般情况下，加载在60kPa以前，加荷速率可不受限制。

卸载是预压工程很重要的问题，特别是对变形的控制。预压荷载的卸荷时间一般控制在：①地面总沉降量达到预压荷载下计算最终沉降量80%以上；②理论计算的地基总固结度达到80%以上；③地面沉降速度已降到0.5～1.0mm/d以下。

根据堆载材料分为自重预压、加荷预压和加水预压。加载的范围不应小于建筑物基础外缘所包围的范围。固结系数是预压工程地基固结计算的主要参数。可根据前期荷载所推算的固结系数预计后期荷载下地基不同时间的变形并根据实测值进行修正，这样就可以得到更符合实际的固结系数。

2. 排水系统设计

（1）竖向排水体材料选择。

竖向排水体可采用普通砂井、袋装砂井和塑料排水带。若需要设置竖向排水体长度超过20m，建议采用普通砂井。

（2）竖向排水体深度设计。

竖向排水体（竖井）深度主要根据土层的分布、地基中附加应力大小、施工期限和施工条件以及建筑物对地基的稳定性和变形的要求确定，一般为10～25m。

1）当软土层不厚、底部有透水层时，竖井应尽可能穿透软土层。

2）当深厚的高压缩性土层间有砂层或砂透镜体时，竖井深度应根据限定的预压时间内应消除的变形量决定。竖井应尽可能打至砂层或砂透镜体。

3）对于无砂层的深厚地基则可根据其稳定性及建筑物在地基中造成的附加应力与自重应力之比值确定（一般为0.1～0.2）。

4）对以抗滑稳定性控制的工程，如路堤、土坝、岸坡、堆料等，竖井深度应通过稳定分析确定，深度应至少超出最危险滑动面2.0m。

5）对以变形控制的工程，竖井深度应根据在限定的预压时间内须完成的变形量确定。竖井宜穿透受压土层。

若施工设备条件达不到设计深度，则可采用超载预压等方法来满足工程要求。

（3）竖向排水体平面布置设计。

砂井分普通砂井和袋装砂井（图9-4）。普遍砂井直径可取300～500mm，袋装砂井直径可取70～120mm，塑料排水带的当量换算直径可按下式计算（图9-5）

$$D_P = a\frac{2(b+\delta)}{\pi} \tag{9-6}$$

式中 D_P——塑料排水带当量换算直径；

a——换算系数，无试验资料时可取0.75～1.0；

b——塑料排水带宽度；

δ——塑料排水带厚度。

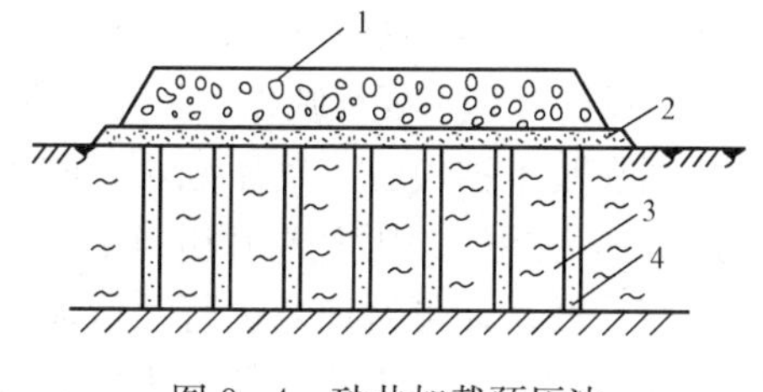

图 9-4 砂井加载预压法

1—堆料；2—砂垫层；3—淤泥；4—砂井

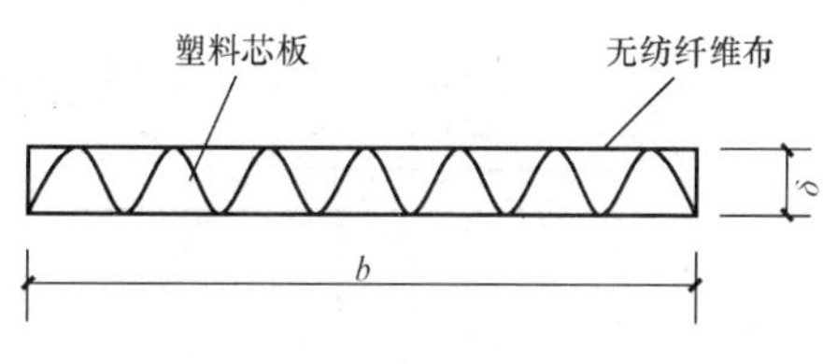

图 9-5 塑料芯板排水带

塑料排水带尺寸一般为 100mm×4mm。

排水竖井的间距可根据地基土的固结特性和预定时间内所要求达到的固结度确定。竖井的间距可按井径比 n（$n=d_e/d_w$，d_w 为砂井直径，d_e 为一根砂井等效影响圆的直径，简称有效排水直径）选用，普通砂井可按井径比 6～8 选用，袋装砂井或塑料排水带可按井径比 15～22 选用。竖井的平面布置可采用等边三角形（梅花形）或正方形排列。以正三角形排列较为紧凑和有效。

竖向排水体直径和间距主要取决于土的固结性质和施工期限的要求。排水体截面大小只要能及时排水固结就行，由于软土的渗透性比砂性土为小，所以排水体的理论直径可很小。为达到同样的固结度，缩短排水体间距比增加排水体直径效果要好，即井距和井间距关系是“细而密”比“粗而稀”为佳。

竖向排水体的布置范围一般比建筑物基础范围稍大为好。扩大的范围可由基础的轮廓线向外增大大约 2～4m。

（4）砂料设计。

砂井的砂料宜用中粗砂，砂的粒径必须能保证砂井具有良好的透水性。砂井粒度要不被黏土颗粒堵塞。黏粒含量不应大于 3%。灌砂时，应按井孔的面积和砂在中密时的干密度计算，其实际灌砂量不得小于计算值的 95%。灌入砂袋的砂宜用干砂，并应灌制密实，砂袋放入孔内至少应高出孔口 0.2m，以便埋入砂垫层中，埋入砂垫层的长度不应小于 500mm。

（5）地表排水砂垫层设计。

为了使砂井排水有良好的通道，砂井顶部应铺设砂垫层，以连通各砂井将水排到工程场地以外。砂垫层应形成一个连续的、有一定厚度的排水层，以免地基沉降时被切断而使排水通道堵塞。砂垫层的宽度应大于堆载宽度或建筑物的底宽，并伸出砂井区外边线 2 倍砂井直径。

在预压区边缘应设置排水沟，在预压区内宜设置与砂垫层相连的排水盲沟，并把地基中排出的水引出预压区。

塑料排水带的性能指标必须符合设计要求。塑料排水带应有良好的透水性及足够的湿润抗拉强度和抗弯曲能力。破损或污染的塑料排水带不得用于工程中。

三、真空预压法

1. 加固机理

真空预压法是在 1952 年由瑞典皇家地质学院提出。为了提高加固地基效率须先在地基中设置竖向排水井，在其上铺设砂石垫层及密封材料（不透气的封闭膜），薄膜四周埋入土中与大气隔绝，将抽气管伸入砂垫层砂井内，用真空装置进行抽气，使其形成真空，当抽真空时，先后在地表砂垫层及竖向排水通道内逐步形成负压，使土体内部与排水通道、垫层之间形成压差。在此压差作用下，土体中的孔隙水不断由排水通道排出，增加地基的有效应

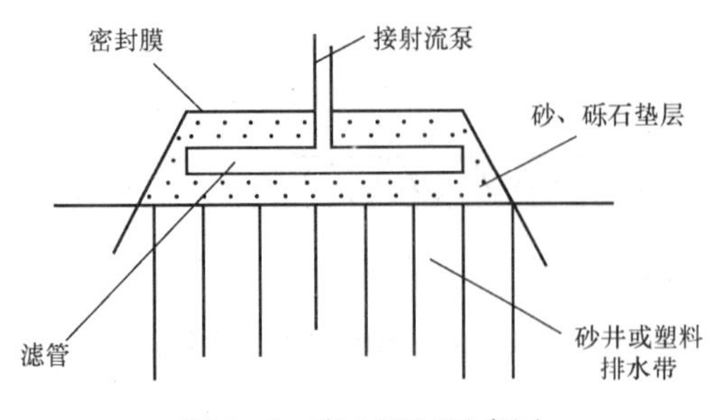

图 9-6　真空预压示意图

力，从而使土体固结，如图 9-6 所示。

真空预压的原理主要反映在以下几个方面：

（1）当在膜下抽气时，气压减小，与膜上大气压形成压力差，此压力差值相当于作用在膜上的预压荷载，即可对地基进行预压加固。

（2）抽气时，地下水位降低，土的有效应力增加，从而使土体压密固结。

（3）封闭气泡排出，土的渗透性加大。

真空预压和加载预压比较具有如下优点：

（1）不需堆载材料，节省运输和造价。

（2）场地清洁，噪声小。

（3）不需分期加荷，工期短。

（4）由于真空预压不会引起地基剪切破坏，所以可在很软的地基上采用。

2. 设计施工

真空预压法处理地基必须设置排水竖井。真空预压法的设计内容主要包括：加固土层要求达到的平均固结度；竖井的尺寸、间距、排列方式和深度的选择；预压区面积和分块大小；真空预压工艺；真空预压后地基土的强度增长计算等。

荷载真空预压法区边缘应大于建筑物基础轮廓线，每边增加量不得小于 3m。每块预压面积应尽可能大且呈方形。

真空预压所须抽真空设备的数量，可按加固面积的大小和形状、土层结构特点，以一套设备可抽真空的面积为 1000～1500m^2 确定。但每块预压面区至少应设置两台真空泵。

当建筑物的荷载超过真空预压的压力，且建筑物对地基变形有严格要求时，可采用真空—堆载联合预压法，其总压力宜超过建筑物荷载。采用真空—堆载联合预压法时，先进行抽真空，当真空压力达到设计要求并稳定后，再进行堆载，并继续抽气，堆载时须在膜上铺设土工织布等保护材料。

第四节　强夯法和强夯置换法

一、强夯法的处理原理及适用范围

强夯是法国 Menard 技术公司于 1969 年首创的一种地基加固方法，它通过一般 10～40t 的重锤和 10～40m 的落距，对地基土施加很大的冲击能，在地基土中所出现的冲击波和动应力，可提高地基土的强度、降低土的压缩性、改善砂土的抗液化条件、消除湿陷性黄土的湿陷性等。同时，夯击能还可提高土层的均匀程度，减少将来可能出现的差异沉降。目前，强夯加固地基有三种不同的加固机理：动力密实、动力固结、动力置换，它取决于地基土的类别和强夯施工工艺。

加固多孔隙、粗颗粒、非饱和土是基于动力密实机理。即用冲击型动力荷载，使土中的气相（空气）被挤出，使土体中的孔隙减小，土体变得密实，从而提高地基土强度。加固细颗粒饱和土是基于动力固结机理。即巨大的冲击能量在土中产生很大的应力波，破坏了土体原有的结构，使土体局部发生液化并产生许多裂隙，增加了排水通道，使孔隙水顺利逸出，待超孔隙水压力消散后，土体固结。由于软土的触变性，强度得到提高。动力置换分整体置换和桩式置换，整体置换机理类似于换土垫层。

强夯置换法是采用在夯坑内回填块石、碎石等粗颗粒材料，用夯锤夯击形成连续的强夯置换墩。具有加固效果显著、施工工期短和施工费用低等优点。

当前，应用强夯法和强夯置换法处理的工程范围极为广泛，有工业与民用建筑、仓库、油罐、储仓、公路和铁路路基、飞机场跑道及码头等。

强夯法适用于处理碎石土、砂土、低饱和度的粉土与黏性土、湿陷性黄土、素填土和杂填土等地基。强夯置换法适用于高饱和度的粉土与软塑—流塑的黏性土等地基对变形控制要求不严的工程。强夯置换法在设计前必须通过现场试验确定其适用性和处理效果。经强夯法处理的地基，其承载力可提高2～5倍，压缩性可降低50%～90%。由于强夯法效果好、速度快、节省材料且用途广泛。其缺点是施工时噪声和振动大，且影响附近的建筑物，故在建筑物稠密地区不宜使用。

地基经强夯后，一般认为，其强度提高过程分可分：

(1) 夯击能量转化，同时伴随强制压缩或振密，包括气体的排除，孔隙水压力上升。

(2) 土体液体或结构破坏，表现为土体强度降低或抗剪强度丧失。

(3) 排水固结压密，表现为渗透性能改变，土体裂隙发展，水从裂隙排出而固结，土体强度提高。

(4) 触变恢复并伴随固结压密，包括部分自由水又变成薄膜水，土的强度继续提高。

二、设计与施工

(一) 强夯法

1. 有效加固深度

有效加固深度既是选择地基处理方法的重要依据，又是反映处理效果的重要参数。应根据现场试夯或当地经验确定。也可按下列公式估算有效加固深度，或按表9-5预估

$$H = \alpha \sqrt{Mh} \tag{9-7}$$

式中 H——有效加固深度，m；

M——夯锤重，t；

h——落距，m；

α——系数，须根据所处理地基土的性质而定，对软土可取0.5，对黄土可取0.34～0.5。

表9-5 **强夯法的有效加固深度**

单击夯击能（kN·m）	碎石土、砂土等粗颗粒土（m）	粉土、黏性土、湿陷性黄土等细颗粒土（m）
1000	5.0～6.0	4.0～5.0
2000	6.0～7.0	5.0～6.0
3000	7.0～8.0	6.0～7.0
4000	8.0～9.0	7.0～8.0
5000	9.0～9.5	8.0～8.5
6000	9.5～10.0	8.5～9.0
8000	10.0～10.5	9.0～9.5

注 强夯的有效加固深度应从最初起夯面算起。

2. 夯锤和落距

单击夯击能为夯锤重 M 与落距 h 的乘积。一般说夯击时最好锤重和落距大，则单击能量大，夯击次数少，夯击遍数也相应减少，加固效果和技术经济较好。整个加固场地的总夯击能量（即锤重×落距×总夯击数）除以加固面积称为单位夯击能。强夯的单位夯击能应根据地基土类别、结构类型、荷载大小和要求处理的深度等综合考虑，并可通过试验确定。

但对饱和黏性土所需的能量不能一次施加，否则土体会产生侧向挤出，强度反而有所降低，且难于恢复。根据需要可分几遍施加，两遍间可间歇一段时间，这样可逐步增加土的强度，改善土的压缩性。

在设计中，根据需要加固的深度初步确定采用的单击夯击能，然后再根据机具条件因地制宜地确定锤重和落距。

图 9-7 夯锤

夯锤的平面一般为圆形（图 9-7），夯锤中设置若干个上下贯通的气孔，孔径可取 250～300mm，它可减小起吊夯锤时的吸力，又可减少夯锤着地前的瞬时气垫的上托力。锤底面积宜按土的性质确定。

夯锤确定后，根据要求的单点夯击能量，就能确定夯锤的落距。国内通常采用的落距是 8～25m。对相同的夯击能量，常选用大落距的施工方案，这是因为增大落距可获得较大的接地速度，能将大部分能量有效地传到地下深处，增加深层夯实效果，减少消耗在地表土层塑性变形的能量。

3. 夯击点布置及间距

（1）夯击点布置。夯击点布置可根据基底平面形状，采用等边三角形、等腰三角形或正方形。强夯处理范围应大于建筑物基础范围，具体的放大范围，可根据建筑物类型和重要性等因素考虑决定。对一般建筑物，每边超出基础外缘的宽度宜为基底下设计处理深度的 1/2～2/3，并不宜小于 3m。

（2）夯击点间距。夯击点间距（夯距）的确定，一般根据地基土的性质和要求处理的深度而定。第一遍夯击点间距可取夯锤直径的 2.5～3.5 倍，第二遍夯击点位于第一遍夯击点之间，以后各遍夯击点间距可适当减小。以保证使夯击能量传递到深处和保护夯坑周围所产生的辐射向裂隙为基本原则。

4. 夯击次数

每遍每夯点的夯击次数应按现场试夯得到的夯击击数和夯沉量关系曲线确定，且应同时满足下列条件：

（1）最后两击的平均夯沉量不宜大于下列数值：当单击夯击能小于 4000kN·m 时为 50mm；当单击夯击能为 4000～6000kN·m 时为 100mm；当单击夯击能大于 6000kN·m 时为 200mm。

（2）夯坑周围地面不应发生过大隆起。

（3）不因夯坑过深而发生起锤困难。

总之，各夯击点的夯击数，应使土体竖向压缩最大，而侧向位移最小为原则，一般为 4～

10击。

5. 夯击遍数

夯击遍数应根据地基土的性质和平均夯击能确定。可采用点夯2～3遍，对于渗透性较差的细颗粒土，必要时夯击遍数可适当增加。最后再以低能量满夯2遍，满夯可采用轻锤或低落距锤多次夯击，锤印彼此搭接。

6. 垫层铺设

强夯前要求拟加固的场地必须具有一层稍硬的表层，使其能支承起重设备；并便于对所施工的“夯击能”得到扩散；同时也可加大地下水位与地表面的距离，因此有时必须铺设垫层。垫层厚度随场地的土质条件、夯锤重量及其形状等条件而定。垫层厚度一般为0.5～2.0m。铺设的垫层不能含有黏土。

7. 间歇时间

各遍间的间歇时间取决于加固土层中孔隙水压力消散所需要的时间。渗透性较大的砂性土，两遍夯间的间歇时间很短，亦即可连续夯击。对黏性土，由于孔隙水压力消散较慢，故当夯击能逐渐增加时，孔隙水压力亦相应地叠加，其间歇时间取决于孔隙水压力的消散情况，一般为3～4周。目前国内有的工程对黏性土地基的现场埋设了袋装砂井（或塑料排水带），以便加速孔隙水压力的消散，缩短间歇时间。

提出强夯试验方案后，应在现场试夯。试夯结束后一至数周，测试各项参数，经分析对比，才能最后确定各项强夯参数。

（二）强夯置换法

强夯置换法的设计内容与强夯法基本相同，强夯置换墩的深度由土质条件决定，除厚层饱和粉土外，应穿透软土层，到达较硬土层上，深度不宜超过7m。

夯点的夯击次数应通过现场试夯确定，且应同时满足三个条件：①墩底穿透软弱土层，且达到设计墩长；②累计夯沉量为设计墩长的1.5～2.0倍；③最后两击的平均夯沉量应满足强夯法的规定。

墩间距应根据荷载大小和原土的承载力选定，墩位布置宜采用等边三角形或正方形。

墩顶应铺设一层厚度不小于500mm的压实垫层，垫层材料可与墩体相同，粒径不宜大于100mm。

确定软黏性土中强夯置换墩地基承载力特征值时，可只考虑墩体，不考虑墩间土的作用，其承载力应通过现场单墩载荷试验确定，对饱和粉土地基可按复合地基考虑，其承载力可通过现场单墩复合地基载荷试验确定。

强夯施工宜采用带有自动脱钩装置的履带式起重机或其他专用设备。当采用履带式起重机时，需有辅助门架或其他安全装置。

强夯置换法可按下列步骤进行：

（1）清理并平整施工场地，当地表松软时可铺设一层厚度为1.0～2.0的砂石施工垫层。

（2）标出第一遍夯点位置，并测量场地高程。

（3）起重机就位，使夯锤对准夯点位置。

（4）测量夯前锤顶高程。

（5）夯击并逐击记录夯坑深度。当夯坑过深而发生其锤困难时停夯，向坑内填料直至与坑顶平，记录填料数量，如此重复至满足规定的夯击次数及控制标准完成一个墩体的夯击。

（6）按由内向外，隔行跳打的原则完成全部夯点的施工。

（7）推平场地，用低能量满夯，将地表层松土夯实，并测量夯后场地高程。

（8）铺设垫层，并分层碾压密实。

当强夯施工所产生的振动对邻近建筑物或设备会产生有害的影响时，应设置观测点，并采取挖隔振沟等隔振或防振措施。

在施工过程中，应作好各项测试数据和施工记录。强夯施工结束后应间隔一定时间方能对地基加固质量进行检验。对碎石土和砂土地基，其间隔时间可取 7～14 天；对粉土和黏性土地基可取 14～28 天。强夯置换地基间隔时间可取 28 天。

竣工验收承载力检验的数量，应根据场地复杂程度和建筑物的重要性确定。对简单场地上的一般建筑物，每个建筑物地基的检验点不应少于 3 处；对复杂场地或重要建筑物地基应增加检验点数。检验深度应不小于设计处理的深度。强夯置换施工中可采用超重型或重型圆锥动力触探检查置换墩着底情况。强夯置换地基载荷试验检验和置换墩着底情况检验数量均不应少于墩点数的 1%，且不应少于 3 点。

强夯处理后的地基竣工验收时，承载力检验应采用原位测试和室内土工试验。

第五节　振　冲　法

一、振冲法处理原理及适用范围

振冲法是利用振冲器，在高压水流的作用下边振边冲，使松砂地基密实或在黏性地基中成孔，填入散粒材料后形成复合地基。前者称振冲密实，后者称振冲置换。施工程序如图 9-8 所示。即用起重机吊起棒形振冲器，启动潜水电机带动振冲器的偏心块，使振冲器产中高频振动，同时开动水泵使高压水喷出，在高压水流和振动的作用下，振冲器沉到土中预定的深度后，关闭下喷水口，开启上喷水口，然后向振动形成的孔穴中填以粗砂、砾石或碎石。振冲器边振边上提，最后在地基中形成一根密实的砂、砾或碎石桩，它与砂桩相似而效果更好。

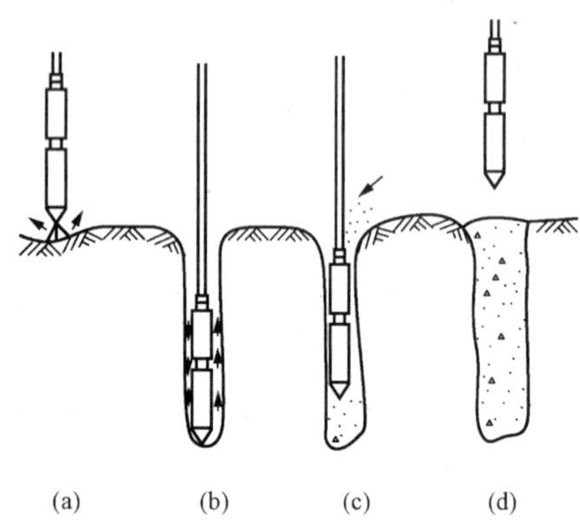

图 9-8　振冲法施工程序示意图

（a）振冲器由吊车或卷扬机就位后，打开下喷水口，启动振冲器；

（b）振冲成孔达设计深度后，关闭下喷水口，打开上喷水口；

（c）往孔中填砂（石）材料，同时喷水振动，使填砂（石）密实后，逐步提升振冲器；

（d）振冲器提出地面，地基土内形成振冲桩

振冲法按不同土类可分为振冲置换法和振冲密实法两类。振冲法在黏性土中主要是振冲置换作用，置换后填料（一般为碎石、砂砾等）形成的桩体本身有较大的强度和变形模量，与桩周土形成复合地基，从而提高地基承载力，减少地基沉降和不均匀沉降。在砂土中主要是振动挤密和振动液化作用。水平振动和侧向挤压，使土体结构逐渐破坏，土粒彼此移动，颗粒相互填充、靠近，空隙减少，孔隙水消散固结，使土体密实，地基土强度也随之提高，从而提高地基承载力、减少地基沉降和不均匀沉降外，还可提高地基抗地震液化的能力。

振冲置换法适用于不排水抗剪强度不小于 20kPa 的黏性土、饱和黄土、粉土和人工填土等地基。可加固深度一般为 14～18m。

振冲密实法振冲法适用于处理砂土、粉土等地基，而不加填料的振冲密实只适用于黏粒含量小于10%的粗、中砂地基。

二、设计与施工

（一）设计

1. 加固范围

处理范围应根据建筑物的重要性和场地条件确定，通常大于基底面积，宜在基础外缘扩大1～2排桩。当要求消除地基液化时，在基础外缘扩大宽度不应小于基底下可液化土层厚度的1/2。

2. 桩孔布置

桩位布置，对于大面积满堂处理，宜采用等边三角形布置；对单独基础或条形基础，宜采用正方形、矩形或等腰三角形布置；对于圆形或环形基础（如设备、油罐等）宜采用放射形布置。

3. 加固深度

加固深度应根据软弱土层的性质、厚度或工程要求按下列原则确定：

（1）当相对硬层埋深不大时，应按相对硬层埋深确定。

（2）当相对硬层埋深较大时，按建筑物地基变形允许值确定。

（3）在可液化地基中，加固深度应按要求的抗震处理深度确定。

（4）对按稳定性控制的工程，加固深度应不小于最危险滑动面的深度。

（5）桩长不宜小于4m。

4. 填料

桩体材料可用含泥量不大于5%的碎石、卵石、矿渣或其他性能稳定的硬质材料，不宜使用风化易碎的石料。

5. 桩径

桩径与土类及强度、桩材粒径、施工机具类型、施工质量等因素有关。一般土层强度低桩径较大，土层强度高桩径较小；振动力越大，桩体直径越粗。振冲桩的平均直径可按每根桩所用填料量计算，一般为0.8～1.2m。

在桩顶和基础之间宜铺设一层300～500mm厚的碎石垫层，以利于水平排水和应力扩散。

6. 桩距

桩距应根据上部结构荷载大小和场地土层情况，并结合所采用的振冲器功率综合考虑。荷载大或黏性土宜采用较小间距，荷载小或砂土宜采用较大间距。

在砂性土中考虑振密和挤密两种作用，平面布置采用正三角形时，一根桩处理的范围为六边形（图9-9），桩间距可按下式计算

$$s = 0.95d\sqrt{\frac{H-h}{\frac{e_0-e_1}{1+e_0}H-h}} \tag{9-8}$$

同理，正方形布桩时

$$s = 0.89d\sqrt{\frac{H-h}{\frac{e_0-e_1}{1+e_0}H-h}} \tag{9-9}$$

式中　e_1——地基处理后要求的孔隙比；

e_0——地基土的天然孔隙比；

d——桩身平均直径，m。

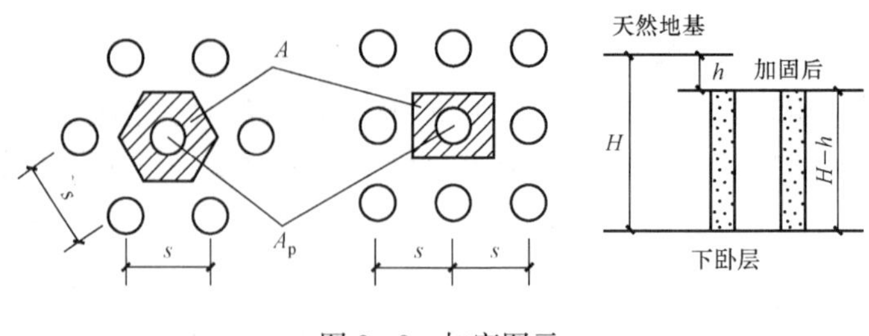

图 9-9　加密图示

在黏性土中，桩间距与置换率有关，面积置换率为桩的截面积 A_p 与其影响面积 A 之比，用 m 表示。m 越大，桩的间距越小。一般取 m=0.25～0.4。

习惯把桩的影响面积化为与桩同轴的等效影响圆，其直径为 d_e，即

$$m=\frac{d^2}{d_e^2} \tag{9-10}$$

等边三角形布桩　　$d_e=1.05s$

正方形布桩　　$d_e=1.13s$

矩形布桩　　$d_e=1.13s\sqrt{s_1 s_2}$

式中　m——桩土面积置换率；

d——桩身平均直径，m；

d_e——根桩分担的地基处理面积的等效圆直径；

s、s_1、s_2——桩间距、纵向间距和横向间距。

7. 振冲桩复合地基承载力特征值的确定

振冲桩复合地基承载力特征值应通过现场复合地基载荷试验确定，初步设计时也可用单桩和处理后桩间土承载力特征值按下式估算

$$f_{spk}=mf_{pk}+(1-m)f_{sk} \tag{9-11}$$

式中　f_{spk}——振冲桩复合地基承载力特征值，kPa；

f_{pk}——桩体承载力特征值，kPa，宜通过单桩载荷试验确定；

f_{sk}——处理后桩间土承载力特征值，kPa，宜按当地经验取值，如无经验时，可取天然地基承载力特征值。

对于小型工程的黏性土如无现场载荷试验资料，初步设计也可按下式估算

$$f_{spk}=[1+m(n-1)]f_{sk} \tag{9-12}$$

式中　n——桩土应力比，无实测资料时，可取 2～4，原土强度低取大值，原土强度高取小值。

振冲处理地基的变形计算符合现行国家标准《建筑地基基础设计规范》（GB 5007—2002）有关规定。

不加填料振冲加密宜在初步设计阶段进行现场工艺试验，确定不加填料振密的可能性、孔距、振冲水压力、振后砂层的物理力学指标等。

（二）施工

施工现场应事先设置泥水排放沟和沉淀池，并组织好运浆车，并设置以供重复使用上部清水。桩体施工完毕后应将顶部预留的松散桩体挖除，并将桩头压实，随后铺设并压实垫层。

振冲施工选用振冲器要考虑设计荷载的大小、工期、工地电源容量及地基土天然强度的高低等因素，桩径越粗、振冲深度越大，需要振冲器的功率越大、电源容量也越大。

振冲施工可按下列步骤进行：

(1) 清理平整施工场地，布置桩位。

(2) 施工机具就位，振冲桩对准桩位。

(3) 启动供水泵和振冲器，振、冲孔至设计深度。

(4) 造孔后应反复冲孔 2～3 次，以扩大孔径并使孔内泥浆变稀，开始装料制桩。

(5) 每次填料厚度不大于 50cm，将振冲器沉入填料中进行振密制桩。

(6) 重复上述步骤，自下至上逐段制作桩体至孔口，记录各段深度的填料量、最终电流量和留振时间，并均应符合设计规定。

要保证振冲桩的质量，必须控制好密实电流、填料量和留振时间三方面的规定。施工顺序一般采用“由里向外”或“由一边推向另一边”的顺序进行，强度低的软黏土地基采用“间隔跳打”，振密孔施工顺序宜沿直线逐点逐行进行。

施工完毕后，除砂土地基外，应隔一定时间方可进行质量检验。粉质黏土地基间隔时间为 21～28d，粉质地基间隔时间为 14～21d。振冲处理后的地基竣工验收，承载力检验应采用复合地基载荷试验。

第六节 砂 石 桩 法

一、砂石桩法处理原理及适用范围

砂石桩法是由桩间挤密土和锤击或振动密实的砂石桩体组成的复合地基。对松散砂土地基可提高其承载力、减少沉降量和防止振动溶化。而对软弱黏性土地基，由桩间土和密实砂石桩体组成的复合地基，可提高地基承载力及其变形模量。

砂石桩法适用于挤密松散砂土、素填土、杂填土等地基。对饱和黏土地基上对变形要求不严的工程也可采用砂石桩置换处理。砂石桩法也可用于处理可液化地基。

二、设计与施工

（一）设计

1. 砂石桩处理范围

处理范围应大于基底面积，宜在基础外缘扩大 1～3 排桩。对可液化地基，在基础外缘扩大宽度不应小于基底下可液化土层厚度的 1/2，并不小于 5m。

2. 桩位布置

桩位布置宜采用等边三角形或正方形布置。砂石桩直径常用 300～800mm。可根据地基土质情况和成桩设备等确定。对饱和黏性土地基宜选择较大的直径。

在桩顶和基础之间宜铺设一层 300～500mm 厚的碎石垫层，以利于水平排水和应力扩散。

3. 砂石桩桩长可根据工程要求和工程地质条件通过计算确定

(1) 当松软土层厚度不大时，砂石桩桩长宜穿过松软土层；

(2) 当松软土层厚度较大时对按稳定性控制的工程，砂石桩桩长应不小于最危险滑动面以下 2m 的深度；对按变形控制的工程，砂石桩桩长应满足处理后地基变形量不超过建筑物的地基变形允许值并满足软弱下卧层承载力的要求；在可液化地基中，砂石桩桩长应按要求的抗震设计规范有关规定采用；

(3) 桩长不宜小于 4m。

4. 填料

桩体材料可用含泥量不大于 5%的碎石、卵石、角砾、圆砾、砾砂、粗砂、中砂及石屑等硬质材料，最大粒径不宜大于 50mm。填料量应通过试验确定，估算时按设计桩孔体积乘以充盈系数 β 确定，β 可取 1.2～1.4。

5. 桩距

砂石桩的桩距应通过现场试验确定。对粉土和砂土地基，不宜大于砂石桩直径的 4.5 倍；对于黏性土地基不宜大于砂石桩直径的 3 倍；初步设计也可按下式计算。

(1) 松散粉土和砂土。

等边三角形布置
$$s = 0.95\xi d\sqrt{\frac{1+e_0}{e_0-e_1}} \tag{9-13}$$

正方形布置
$$s = 0.89\xi d\sqrt{\frac{1+e_0}{e_0-e_1}} \tag{9-14}$$

$$e_1 = e_{max} - D_{r1}(e_{max} - e_{min}) \tag{9-15}$$

式中 e_1——地基处理后要求的孔隙比；

e_0——地基处理前砂土的孔隙比，可按原状土样试验、动力或静力触探等对比试验确定；

d——砂石桩直径，m；

s——砂石桩间距，m；

ξ——修正系数，当考虑振动下沉密实作用时，可取 1.1～1.2；当不考虑振动下沉密实作用时，可取 1.0；

e_{max}，e_{min}——砂土的最大、最小孔隙比，按《土工试验方法标准》(GB/T 50123—1999) 有关规定确定；

D_{r1}——地基处理后要求达到的相对密度，可取 0.7～0.85。

(2) 黏性土地基

等边三角形布置
$$s = 1.08\sqrt{A_e} \tag{9-16}$$

正方形布置
$$s = \sqrt{A_e} \tag{9-17}$$

式中 A_e——1 根砂石桩承担的处理面积，m^2。

$$A_e = \frac{A_p}{m} \tag{9-18}$$

式中 A_p——砂石桩的截面积，m^2；

m——面积置换率。

（二）施工

砂石桩施工可采用振动沉管、锤击沉管或冲击成孔等成桩法。当用于消除粉细纱及粉土液化时，宜用振动沉管成桩法。

砂石桩施工的施工顺序：对于砂土地基宜从外围或两侧向中间进行，对于黏性土地基宜从中间向外围或隔排施工；在既有建筑物邻近施工时，应背离建筑物方向进行。

施工完毕后，除砂土地基外，应隔一定时间方可进行质量检验。饱和黏土地基应待孔隙水压力消散后进行，间隔时间不宜少于 28d；粉土、砂土和杂填土地基，不宜少于 7d。砂石桩地基竣工验收，承载力检验应采用复合地基载荷试验。

第七节　土和灰土挤密桩法

一、土和灰土挤密桩法的地基处理原理与适用范围

该法是利用钢套管（或振动沉管等）在地基中成孔，通过"挤"压作用，是地基土得到加"密"，然后在孔中分层填入素土（或灰土、粉煤灰加石灰）后夯实而成土桩（灰土、双灰桩），并与周围地基形成"复合地基"的一种处理方法。

土和灰土挤密桩适用于地下水位以上的湿陷性黄土、素填土、杂填土等地基。处理深度宜为 5～15m。当以消除地基土的湿陷性为主要目的时，宜选用土挤密桩法。当以提高地基土的承载力或增强水稳定性为主要目的时，宜选用灰土或双灰挤密桩法。当地基土的含水量大于 23%、饱和度 s_r>0.65 时，不宜选用土挤密桩法或灰土挤密桩法。

二、设计与施工

（一）设计

1. 处理范围

处理地基的面积应大于基础或建筑物底层平面的面积，并符合下列规定：

当采用局部处理时，超出基础底面的宽度；对于非自重湿陷性黄土、素填土、杂填土等地基，每边不应小于基底宽度的 0.25 倍；对于自重湿陷性黄土地基，每边不应小于基底宽度的 0.75 倍，并不应小于 1m。

当采用整片处理时，超出建筑物外墙基础底面外缘的宽度，每边不应小于处理土层厚度的 1/2，并不应小于 2m。

2. 桩径与桩位

桩孔直径宜为 300～450mm，并根据所选用 300～500mm 成孔设备或成孔方法确定。

桩孔宜按等边三角形布置，桩孔之间的中心距离，可为桩孔直径的 2.0～2.5 倍，也可按下式计算

$$s = 0.95d\sqrt{\frac{\overline{\eta}_c\rho_{dmax}}{\overline{\eta}_c\rho_{dmax} - \overline{\rho}_d}} \tag{9-19}$$

式中　ρ_{dmax}——桩间土的最大干密度，t/m^3；

$\overline{\rho}_d$——地基处理前土的平均干密度，t/m^3；

d——砂石桩直径，m；

s——桩孔之间的中心间距，m；

$\overline{\eta}_c$——桩间土经成孔挤密后的平均挤密系数，重要工程不宜小于 0.93，一般工程不

宜小于 0.90。

桩孔的数量可按下式估算

$$n=\frac{A}{A_e} \tag{9-20}$$

$$A_e=\frac{\pi d_e^2}{4}$$

式中 n——桩孔的数量；

A——拟地基处理的平均面积，m^2；

A_e——1 根土或灰土挤密桩所承担的地基处理面积，m^2；

d_e——1 根桩分担的地基处理面积的等效圆直径，m。

桩孔按等边三角形布置 $d_e=1.05s$

桩孔按正方形布置 $d_e=1.13s$

3. 填料

桩孔内的填料，应根据工程要求或处理地基的目的确定，桩体的夯实质量宜用平均压实系数$\bar{\lambda}_c$控制。

在桩顶标高以上应设置 300～500mm 厚的 2∶8 灰土垫层，其压实系数不应小于 0.95。

4. 承载力特征值

采用土或灰土挤密桩处理地基的承载力特征值，应通过现场单桩或多桩复合地基载荷试验确定。当无试验资料时，可结合当地经验确定。但对于灰土挤密桩地基，不宜大于处理前的 2.0 倍，并不宜大于 250kPa；对土挤密桩地基，不应大于处理前的 1.4 倍，并不应大于 180kPa。

（二）施工

施工时应按设计要求、成孔设备、现场条件等选用成孔方法。成孔时，地基土宜接近最优含水量，当含水量低于 12%时，宜对拟处理范围内的土层用人工浸水法增湿，并应在地基处理前 4～6d 进行。

在桩顶设计标高预留覆盖土层厚度宜符合：沉管（锤击、振动）成孔，宜为 0.50～0.70mm；冲击成孔宜为 1.20～1.50mm。

成孔和孔内回填夯实的施工顺序，当整片处理时，宜从里（或中间）向外间隔 1～2 孔进行，对大型工程，可采取分段施工；当局部处理（或独立基础、条形基础）时，宜从外向里间隔 1～2 孔进行。

第八节 水泥粉煤灰碎石桩

一、水泥粉煤灰碎石桩处理原理及适用范围

水泥粉煤灰碎石桩是由水泥、粉煤灰、碎石、石屑或砂加水拌和形成的高黏结强度桩（简称 CFG 桩），通过在基础和桩顶之间设置一定厚度的褥垫层保护桩、土共同承担荷载，使桩、桩间土和褥垫层一起构成复合地基。

水泥粉煤灰碎石桩的加固源于充分发挥桩体、挤密置换和褥垫层三种作用。

（一）桩体作用

CFG 桩不同于碎石桩，是具有一定黏结强度的混合料。在荷载作用下 CFG 桩的压缩变

形明显比其周围软土小，因此基础传给复合地基的附加应力随地基的变形逐渐集中到桩体上，出现应力集中现象，复合地基的CFG桩起到了桩体作用。

（二）挤密与置换作用

由于CFG桩采用振动沉管法施工，其振动和挤压作用使桩间土得到挤密。复合地基承载力的提高既有挤密又有置换；当CFG桩用于不可挤密的土时，其承载力的提高只是置换作用。

（三）褥垫层作用

褥垫层在水泥粉煤灰碎石桩复合地基中非常重要。它起到以下作用：

（1）保证桩、土共同承担荷载，它是水泥粉煤灰碎石桩形成复合地基的重要条件。

（2）减少基础底面的应力集中。

（3）褥垫厚度可以调整桩体垂直荷载分担比例，褥垫层越薄桩承担的荷载占总荷载的百分比越高。

（4）褥垫厚度可以调整桩、土水平荷载分担比例，褥垫层越厚，土承担的水平荷载占总荷载的百分比越大，桩承担的水平荷载占总荷载的百分比越小。

水泥粉煤灰碎石桩复合地基具有承载力提高幅度大，地基变形小，置换作用强等特点，并且具有较大的适用范围。适用于处理黏性土、粉土、砂土和已自重固结的素填土等地基。

桩端持力层宜选用承载力相对较高的土层。

二、设计与施工

（一）设计

如图9-10所示，当基础承受水平荷载Q时，有三部分力与之平衡。一是基础底面摩阻力F_t；其二是基础两侧面摩阻力F_l；其三与水平方向相反的土的抗力R。F_t与基底与褥垫层之间的摩擦系数μ以及建筑物重量W有关，W越大则F_t越大。

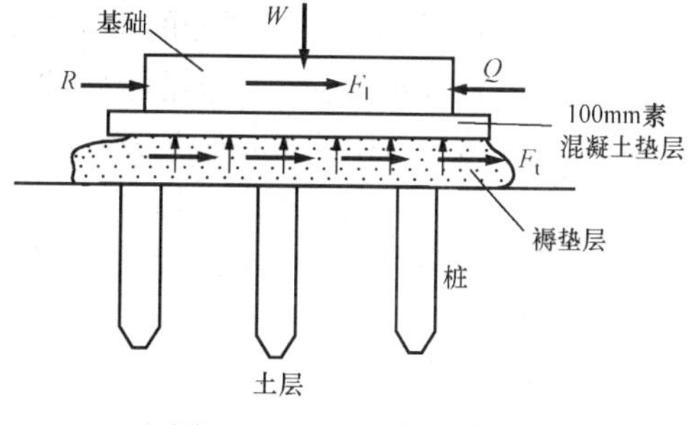

图9-10 CFG桩示意图

1. 桩的布置

水泥粉煤灰碎石桩可只在基础范围内布置，桩径宜取350～600mm。桩距应根据设计要求的复合地基承载力、土性、施工工艺等确定，宜取3～5倍桩径。可参考表9-6。

表9-6 CFG桩桩距参考值

布桩形式 \ 土质 / 桩距	挤密性好的土，如砂土、粉土、松散填土等	可挤密性土，如非饱和黏土、粉质黏土等	不可挤密性土，如黏性土、淤泥质土等
单、双排布桩的条基	(3～5) d	(3.5～5) d	(4～5) d
含9根以下的独立基础	(3～6) d	(3.5～6) d	(4～6) d
满堂布桩	(4～6) d	(4～6) d	(4.5～7) d

注 d——桩径，以成桩后的实际桩径为准。

2. 褥垫层

基础和桩顶之间应设置一定厚度的褥垫层，褥垫层厚度宜取 150～300mm，当桩径大或桩距大时褥垫层厚度宜取高值。褥垫层材料宜选用中砂、粗砂、级配砂石或碎石等，最大粒径不宜大于 30mm，不宜选用卵石。

3. 承载力特征值

水泥粉煤灰碎石桩复合地基承载力特征值，应根据现场复合地基载荷试验确定，初步设计时也可用下式估算

$$f_{spk}=m\frac{R_a}{A_p}+\beta(1-m)f_{sk} \tag{9-21}$$

式中 f_{spk}——复合地基承载力特征值，kPa；

R_a——单桩竖向承载力特征值，kPa；

m——面积置换率；

β——桩间土承载力折减系数，宜按当地经验取值，如无经验时，可取 0.75～0.95，天然地基承载力较高时取大值；

f_{sk}——处理后桩间土承载力特征值，kPa，宜按当地经验取值，如无经验时，可取天然地基承载力特征值。

单桩竖向承载力特征值应符合下列规定：

（1）当采用单桩载荷试验时，应将单桩竖向极限承载力除以安全系数 2；

（2）当无单桩载荷试验资料时，可按下式计算

$$R_a=\mu_p\sum_{i=1}^{n}q_{si}l_i+q_pA_p \tag{9-22}$$

式中 μ_p——桩的周长，m；

n——桩长范围内所划分的土层数；

q_{si}、q_p——桩周第 i 层土的侧阻力、桩端端阻力特征值，按现行《建筑地基基础设计规范》(GB 50007—2002) 有关规定确定；

l_i——第 i 层土的厚度，m。

桩体试块抗压强度平均值应满足下式要求

$$f_{cu}\geqslant 3\frac{R_a}{A_p} \tag{9-23}$$

式中 f_{cu}——桩体混合料试块标准养护 28d 立方体抗压强度平均值，kPa。

4. 变形

地基处理后的变形应按现行《建筑地基基础设计规范》(GB 50007—2002) 有关规定确定。地基变形计算深度应大于复合地基土层的厚度。

（二）施工

混凝土配合比、混凝土外加剂和掺和料、缓凝剂等均应符合相应标准要求，其掺量应根据施工要求通过试验室确定。

长螺旋钻孔灌注成桩，适用于地下水位以上黏性土、粉土、砂土、素填土、中等密实以上的砂土；长螺旋钻孔、管内泵压混合料灌注成桩，适用于黏性土、粉土、砂土以及对噪声或泥浆要求严格的场地；振动沉管灌注成桩，适用于黏性土、粉土及素填土。

施工桩顶标高宜高出设计桩顶标高不少于 0.5m。成孔过程中，每台机械一天应做一组

混合料试块（边长为150mm的立方体），进行标准养护，测定28d立方体抗压强度。

复合地基施工、检测合格后，方可进行褥垫层施工。褥垫层虚铺22～24cm，宜采用静力压实法。当基础底面下桩间土的含水量较小时，也可采用动力夯实法，夯实度（夯实后的厚度与虚铺厚度的比值）不得小于0.90。

桩体要求连续密实，不得有断桩、缩径、加砂等缺陷。桩体施工完成应注意成品保护。

第九节 化 学 加 固 法

凡将化学溶液或胶结剂灌入土中，将土胶结以提高地基强度、减少沉降量或防渗的方法在本教材中统称化学加固法。目前常采用的化学浆液有：水泥浆液（由强度等级高的硅酸盐水泥和速凝剂组成）、硅酸钠（水玻璃）为主的浆液，以丙烯酰氨为主的浆液及以纸浆为主的浆液（具有毒性、易污染地下水）等。

施工方法有压力灌注法、高压喷射注浆法、深层搅拌法和电动硅化法等。现主要介绍下面三种。

一、高压喷射注浆法

高压喷射注浆法是用钻机钻至所需深度后，用高压脉冲泵通过安装在钻杆下端的喷嘴向四周土体喷射化学浆液，强力冲击破坏土体，使浆液与土搅拌混合，经过凝结固化，便在土中形成固结体。固体的形状和喷射流动方向有关。可分为旋转喷射、定向喷射和摆动喷射三种注浆形式。旋喷时，喷嘴一面喷射一面旋转和提升，固结体呈圆柱状（称旋喷桩）。

旋喷桩与桩周土形成复合地基，可提高地基承载力及变形模量。定喷时，喷嘴一面定向喷射一面提升，固结呈壁状；摆喷时，喷嘴一面摆动喷射一面提升，固结体呈扇状，主要用于地基防渗，改善土的渗透性和边坡稳定。

由于高压喷射注浆使用的压力大，因而喷射流的能量大、速度快。当它连续和集中地作用在土体上，压应力和冲蚀等多种因素边在很小的区域内产生效应，对从粒径很小的细粒土到含有颗粒直径较大的卵石、碎石土，均有巨大的冲击和搅动作用，使注入浆液和土拌和凝固为新的固结体。高压喷射注浆法处理深度较大，目前我国已达30m以上。高压喷射注浆法适用于砂土、粉土、黏性土、湿陷性黄土及人工填土地基。若土中含有较多的大粒径块石、大量植物根茎或有过多的有机质时，应根据现场试验结果确定其适用程度。

高压喷射注浆法有强化地基和防漏的作用，可卓有成效地用于已建和新建筑地基处理、深基坑的挡土结构、坑底处理、防止管涌与隆起和建造地下帷幕等工程。在地下水流速过大和已涌水的防水工程，应慎重使用。

高压喷射注浆主要材料有水泥、水玻璃等。无特殊要求的工程宜采用强度等级为32.5级以上的普通硅酸盐水泥。根据需要，还可加入适量的速凝、悬浮或防冻等外加剂以及掺合料，以改善浆液的性能。

二、水泥土搅拌法

水泥土搅拌法是用于加固饱和黏性土地基的一种新方法。它是利用水泥（或石灰）等材料作为固化剂，通过特制的搅拌机械，在地基深处就地将软土和固化剂（浆液或粉体）强制搅拌，由固化剂和软土间所产生的一系列物理—化学反应，使软土硬结成具有整体性、水稳定性和一定强度的水泥加固土，从而提高地基强度和增大变形模量。根据施工方法的不同，水泥土搅拌法分为水泥浆搅拌和粉体喷射搅拌两种。前者是用水泥浆和地基土搅拌，后者是用水泥粉或石灰粉和地基土搅拌。

水泥土搅拌法加固原理主要体现在：

（1）水泥的水解和水化反应用，水泥加固软土时，水泥颗粒表面的矿物很快与软土中的水发生水解和水化反应，生成氢氧化钙、含水硅酸钙、含水铝酸钙及含水铁酸钙等化合物。

（2）土颗粒与水泥水化物的作用，当水泥的各种水化物生成后，有的自身继续硬化，形成水泥石骨架；有的则与其周围具有一定活性的黏土颗粒发生反应。

（3）碳酸化作用，水泥水化物中游离的氢氧化钙能吸收水中和空气中的二氧化碳，发生碳酸化反应，生成不溶于水的碳酸钙，这种反应也能使水泥土增加强度，但增长的速度较慢，幅度也较小。

水泥土搅拌法分为深层搅拌法（以下简称湿法）和粉体喷搅法（以下简称干法）。水泥土搅拌法适用于处理正常固结的淤泥与淤泥质土、粉土、饱和黄土、素填土、黏性土以及无流动地下水的饱和松散砂土等地基。冬期施工时，应注意负温对处理效果的影响。湿法的加固深度不宜大于 20m；干法不宜大于 15m。水泥土搅拌桩的桩径不应小于 500mm。

水泥土搅拌法施工现场事先应予以平整，必须清除地上和地下的障碍物。遇有明浜、池塘及洼地时应抽水和清淤，回填黏性土料并予以压实，不得回填杂填土或生活垃圾。

水泥土搅拌桩施工前应根据设计进行工艺性试桩，数量不得少于 2 根。当桩周为成层土时，应对相对软弱土层增加搅拌次数或增加水泥掺量。

水泥土搅拌法施工步骤由于湿法和干法的施工设备不同而略有差异。其主要步骤应为：

（1）搅拌机械就位、调平。

（2）预搅下沉至设计加固深度。

（3）边喷浆（粉）、边搅拌提升直至预定的停浆（灰）面。

（4）重复搅拌下沉至设计加固深度。

（5）根据设计要求，喷浆（粉）或仅搅拌提升直至预定的停浆（灰）面。

（6）关闭搅拌机械。在预（复）搅下沉时，也可采用喷浆（粉）的施工工艺，但必须确保全桩长上下至少再重复搅拌一次。

施工过程中必须随时检查施工记录和计量记录，并对照规定的施工工艺对每根桩进行质量评定。检查重点是：水泥用量、桩长、搅拌头转数和提升速度、复搅次数和复搅深度、停浆处理方法等。

水泥土搅拌桩的施工质量检验可采用以下方法：

（1）成桩 7d 后，采用浅部开挖桩头［深度宜超过停浆（灰）面下 0.5m］，目测检查搅拌的均匀性，量测成桩直径。检查量为总桩数的 5%。

（2）成桩后 3d 内，可用轻型动力触探检查每米桩身的均匀性。检验数量为施工总桩数的 1%，且不少于 3 根。

竖向承载水泥土搅拌桩地基竣工验收时，承载力检验应采用复合地基载荷试验和单桩载荷试验。

载荷试验必须在桩身强度满足试验荷载条件时，并宜在成桩 28d 后进行。检验数量为桩总数的 0.5%～1%，且每项单体工程不应少于 3 点。

对相邻桩搭接要求严格的工程，应在成桩 15d 后，选取数根桩进行开挖，检查搭接情况。

基槽开挖后，应检验桩位、桩数与桩顶质量，如不符合设计要求，应采取有效补强措施。

第十节　土工合成材料在工程中的应用

土工合成材料又称土工聚合物，是指各种合成纤维（如丙纶、维纶、尼纶、晴纶或其他合成材料）制成的一系列新型建筑材料或预制构件。现有的产品有：土工织物、土工膜、塑料排水板、塑料衬垫等等。这些产品可以根据工程对强度、变形模量与透水性能的不同需要制造。合成材料埋于土中后能发挥如下作用。

1. 加固作用

土的抗拉强度很小，因此在土体内放入土工网格（格栅）或其他土工合成材粒后，土粒嵌入网格内，产生较大的摩阻力，可提高土的抗剪强度及抗震性能。另外，如将土工合成材料分层铺设在垫层地基内，可提高地基的承载力并增强其稳定性。

2. 排水作用

把某些无纺土工织物或塑料排水板等埋在土中，以形成良好的排水通道，将地下水排出。

3. 防渗作用

土工膜及其他土工织物制成的复合材料，可用于各种工程的防渗。

4. 滤层作用

土中水穿过土工织物排出时可防止土粒的过量流失造成土坝的管涌现象。另外，还可利用土工织物包裹碎石或卵石作成排水盲沟，将地下水引出建筑场地之外。

5. 隔离作用

在软土地基上浇混凝土或砌片时，混凝土或片石很容易陷入土中，采用土工织物可把这些材料与土隔开。在其他工程中也可将两种不同粒径的土料隔开，以免相互混杂（例如避免铁路道渣与基层土混合）。

另外，土工合成材料还可用来保护边坡，防止雨水冲刷；减轻车辆对路基的影响；同时还可用土工合成材料作成各种土工构筑物，如挡土墙等。

土工合成材料具有质量轻、体积小、运输方便、铺设简便等优点。实践证明，在公路、铁道、工民建、水利与海港工程中，采用土工合成材料可达到降低造价、缩短工期和保证工程质量的目的。缺点是它同其原材料一样未经过特殊处理，则抗紫外线能力差，受到紫外线直接照射容易老化。

第十一节　托　换　法

在建筑工程中，有时需对已有建筑的地基基础进行加固补强，或当邻近建筑物及地下工程施工时，需保证已有建筑物的安全，有时则是为了建筑物的加层或为了调整已有建筑的不均匀沉降等，需对建筑物地基基础进行必要的处理。这些方法统称为基础托换。

托换技术起源于古代，在20世纪30年代才得到迅速发展，近几年来有飞跃的进步。我国的托换技术的数量和规模，也随着建设的发展而不断增长。本节仅就桩式托换法、灌浆托换法、基础加固法加以介绍。

制定托换加固设计和施工方案前，应掌握以下资料。

（1）现场的工程地质和水文地质资料，必要时应进行补充勘察工作；

（2）被托换建筑物的结构设计、施工竣工后沉降观测和损坏原因的分析等资料；

（3）场地内地下管线、邻近建筑物和自然环境等对已建建筑物的托换时或竣工后可能产生影响的调查资料。

托换技术是一种建筑技术难度较大、费用较高、责任性较强的特殊施工方法。建筑物的托换需要丰富的经验和对勘察、设计、施工和科研一体化的组织实施。应用各种地基处理技术、巧妙和灵活地综合选用。

一、柱式托换

柱式托换可分为坑式静压桩托换、锚杆静压桩托换、灌注桩托换和树根托换等，都是将基础及其上荷载转移到桩上的方法。

桩式托换法适用于软弱黏土、松散砂土、饱和黄土、湿陷性黄土、素填土和杂填土等地基。各种桩的单桩承载力可通过现场试验或按现行国家标准确定。

（一）坑式静压桩托换

适用于条形基础的托换加固。桩身可采用直径为150～500mm钢管或边长为150mm×150mm预制钢筋混凝土桩，每节桩长按桩托换坑的净空高度和千斤顶的行程确定。桩的平面布置根据被托换加固基础结构形式及荷载大小确定。每个托换坑的位置应避开门窗等墙体薄弱部位。

施工时，先在贴近被托换基础的外侧或内侧开挖一个竖坑，对坑壁不能直立的砂土和软弱土等地基，要进行坑壁支护，并在基础底面下开挖横向导坑。如坑内有水时，应在不扰动地基土的条件下降水后才能施工。

在导坑内放入第一节桩，并安置千斤顶及测力传感器，然后驱动千斤顶。每压入一节桩后，再接上一节桩。对钢管桩，接头可采用焊接；对于钢筋混凝土桩，可采用硫黄胶泥或焊接接班。

施工时应随时校正桩的垂直度，测量并记录压桩力和相应的沉降值。压入桩桩尖应达到单桩承载力标准值高出50％相应深度的土层内。

到达设计深度后，拆掉千斤顶。在基础与桩之间竖放一段工字钢，用铁锤将钢楔打紧，用混凝土将桩顶与工字钢包裹起来，使基础与桩形成整体。

（二）锚杆静压桩托换

锚杆静压桩托换，是用支承在基础上的锚杆与反力架将压桩时的反力传给基础的一种桩式托换。它适用于原有建筑物和新建建筑物的地基处理和基础加固。

锚杆静压桩托换中桩身可采用200mm×200mm或300mm×300mm的预制钢筋混凝土方桩，每节长为1～3m不等，由施工净空高度确定；也可选用钢管或钢轨做桩身。接头形式可采用焊接或硫黄胶泥等。

当设计需要对桩施加预压应力时，应在不卸载条件下立即将桩与基础锚固。在封桩混凝土达到设计强度后，才能拆除压力架和千斤顶。当不需要对桩施加预应力时，在达到设计深计和压桩力后，即可拆除压桩架，并进行封桩处理。

（三）灌注桩托换

在具有成桩设备所需净空条件时，可以对已有建筑物用灌注桩托换加固。

各种灌注桩的适用条件宜符合下列规定：

（1）螺旋钻孔灌注桩适用于均质黏性土地基和地下水位较低的地质条件；

（2）潜水钻孔灌注桩适用于一般黏性土、淤泥质土和砂土地基；

（3）人工挖孔灌注桩适用地下水位以上或土质透水性小的地质条件。当孔壁不能直立时，应加设砖砌护壁或混凝土护壁以防塌孔。

灌注桩施工完毕后，应在桩顶用现浇托梁以支承建筑物的上部结构。

（四）树根桩托换

树根桩实际上是一种小直径的就地灌注钢筋混凝土桩。它可以用旋转钻在钢套管的导向下钻进，使其穿过原有建筑物基础进入到下面地基中去。

树根桩的钻孔直径一般为75～250mm。当钻孔达到设计标高并清孔后，放入一根或数根钢筋。再用压力灌浆法将水泥砂浆或细石混凝土边灌、边振、边拔管而成桩。由于成桩方向可竖可斜，状如“树根”，因而得名。

树根桩托换适用于已建建筑物的修复和加层、古建筑整修、地下铁道穿越、桥梁工程等各类地基处理、基础加固以及增强边坡稳定性等。

树根桩施工时，可根据工程要求和地层情况采用不同钻头、桩孔倾斜角和钻进时的护孔方法。在穿过已建建筑物基础时，应凿开基础将主钢筋与树根桩主筋焊接，并应将基础顶面上混凝土凿毛后，浇筑一层大于原基础强度等级的混凝土。

二、灌浆托换法

灌浆托换法是用泵或压缩空气等机械把浆通过注浆管均匀地注入基础下地层中进行托换的方法。浆液以填充和渗透等方式排出土颗粒间或岩石裂隙中的水和空气，并占据其位置，经一段时间后，浆液凝固，从而形成一种强度大、防水防渗性能高和化学稳定性好的人工地基。灌浆托换法适用于已建建筑物的地基处理。可分为以下几种：

（一）水泥灌浆法

水泥灌浆法是灌浆法中最为简便的方法。水泥可选用普通硅酸盐水泥或矿渣水泥，其标号不低于325号。水泥浆的水灰比可取1∶1。为防止水泥浆被地下水冲击，可在水泥浆中掺入相当水泥重量1%～2%的速凝剂，常用的速凝剂有水玻璃和氯化钙等。

水泥灌浆法不仅适用于砂土、碎石土中渗透灌浆，也可适用于黏性土、填土和黄土的压力灌浆和劈裂灌浆。

（二）硅化法

用水玻璃与氯化钙溶液灌浆称为双液硅化法，适用于地基土渗透系数为0.1～80.0m/d的粗颗粒土；用水玻璃溶液灌浆称为单液硅化法，适用于地基渗透系数为0.1～2.0m/d的湿陷性黄土。

（三）碱液法

用氢氧化钠溶液灌浆，称为碱液法。它适用于处理已建建筑物的非自重湿陷性黄土地基。这是我国在加固地基和托换技术方面的创新内容。

施工时，用洛阳铲或用钢管打到预定处理深度，孔径为50～70mm，孔中填入粒径为20～

40mm 的小石子至注浆管下端的标高处，将 ϕ20mm 注浆管插入孔中，管子四周填 5～20mm 的小石子约 200～300mm 高，再用素土分层填实到地表。

经加热后的溶液经胶皮管与注浆管自流渗入灌注孔周围成固柱体。氢氧化钠的用量可采用处理土体的干土重的 3%左右，溶液浓度可采用 100g/L。

灌注孔应在基础两侧或周边各布置一排，孔距可根据处理的要求确定；当要求加固柱体连成一片时，孔距可取 0.7～0.8m。

小　　结

1. 地基处理的目的及方法

工程中通常将不能满足建筑物要求（即承载力、稳定变形和渗流三方面）的地基统称为软弱地基或不良地基。所以地基处理的对象是软弱地基和特殊土地基。通过换填、夯实、挤密、排水、胶结、加筋等方法对地基进行加固，改良地基土的工程特性，地基处理的目的是要提高软弱土地基抗剪强度、保证地基稳定，降低地基的压缩性、减少基础的沉降和不均匀沉降。改善地基的透水性（如流沙、管涌）、改善地基的动力特性（如液化）、改善特殊土的不良地基特性（如消除或减少湿陷性、膨胀性）。

2. 地基处理原理

各种地基处理的加固原理可以从两方面分析：

(1) 经过地基处理形成人工地基的形式来分析，人工地基的形式主要有均质地基、多层地基、复合地基三种。

(2) 从地基处理方法的加固原理来分析，就是“将土质由松变实”，“将土的含水量由高变低”，即可达到地基加固的目的。

3. 地基处理的方法

根据地基加固的原理，可采用不同的加固方法。这些加固方法主要体现在“挖、填、换、夯、压、挤、拌”七个字。

挤密、振密法包括机械碾压法、重锤夯实法、振动压实法、强夯法（动力固结）、振冲挤密法等。

置换法包括换土垫层法、强夯置换法、石灰桩、振冲置换法（或称碎石桩）、水泥粉煤灰碎石桩等。

加筋法包括土工聚合物（土工膜、土工织物、土工格栅等合成物）、加筋土、土钉等。

排水固结法包括堆载（加载、超载）预压法、砂井预压（包括袋装砂井、塑料排水板、塑料管等）法、真空预压等。

注浆加固法包括深层搅拌法、高压喷射注浆法、压密灌浆等。

习　　题

1. 试述地基处理的目的及其一般程序与方法。

2. 试述换填法的处理原理、适用范围，如何计算垫层宽度和厚度？垫层的施工质量关键问题是什么？

3. 试述加载预压法与真空预压法的作用原理和适用范围。
4. 试述强夯法加固地基的机理和适用条件。
5. 深层挤密加固原理是什么？它又分哪几种方法？它们各自的适用范围是什么？
6. 挤密砂石桩与排水砂井的作用原理和适用条件有何区别？
7. 试述振冲法加固的机理、适用范围，并与强夯法进行比较。
8. 高压喷射注浆法和深层搅拌法加固各有什么不同特点？
9. 何谓土工合成材料？试述土工合成材料在工程中的作用。
10. 在什么情况下需要对基础进行托换？基础托换有哪些方法？

训　练　题

某房屋为4层砖石混合结构，承重墙传至±0.000处的荷载 $F=200\text{kN/m}$。地基土为淤泥质土，$\gamma=17\text{kN/m}^2$，承载力标准值 $f_k=60\text{kPa}$，地下水位深1m。试设计墙基及砂垫层。（提示：砂垫层承载力标准值 $f_k=120\text{kPa}$，扩散角 $\theta=23°$）

附录一 试 验

试验一 含 水 量 试 验

一、试验目的

测定土的含水量，了解土的含水情况，是计算土的孔隙比、液性指数、饱和度和其他物理力学性质不可缺少的一个基本指标。

二、试验方法

本试验采用烘干法测定。烘干法适用于粗粒土、细粒土、有机质土和冻土。

三、仪器设备

(1) 烘箱，采用温度能保持在105～110℃的电热烘箱。

(2) 天平，称量500g，感量0.01g。

(3) 其他，干燥器、铝盒等。

四、操作步骤

(1) 称空铝盒的质量 (g_0)，准确至0.01g。

(2) 取代表性试样15～30g（有机质土、砂类土和整体状构造冻土为50g），放入铝盒内，并立即盖好盒盖，称试样加铝盒的质量 (g_1)，准确至0.01g。

(3) 打开盒盖，将盒置于烘箱内，在105～110℃的恒温下烘干至恒量。烘干时间对黏土、粉土不得少于8h，对砂土不得少于6h。对含有机质超过干土质量5%的土，应将温度控制在65～70℃的恒温下烘干。

(4) 将烘干的试样与盒取出，盖好盒盖放入干燥器内冷却至室温，称铝盒加干土的质量 (g_2)，准确至0.01g。

五、试验注意事项

(1) 刚烘干的土样要等冷却后才称重。

(2) 称重时精确至小数点后二位。

(3) 试验必须对两个试样进行平行测定，取其算术平均值，以百分数表示。测定的差值：当含水率<40%时为1%；当含水率≥40%时为2%；对于层状和网状的冻土不大于3%。

六、计算

按下式计算土的含水率（计算至0.1%）

$$W\% = \frac{g_1 - g_2}{g_2 - g_0} \times 100$$

式中 W——含水量；

g_1——铝盒加湿土质量，g；

g_2——铝盒加干土质量，g；

g_0——铝盒质量，g。

试验二 密度试验（环刀法）

一、试验目的

测定土的湿密度，了解土的疏密和干湿状态，是换算土的其他物理性质指标和工程设计以及控制施工质量的依据。

二、试验方法

一般常用环刀法及蜡封法测定黏性土的密度，两者主要得区别在于测定土的体积的方法不同。环刀法适用于细粒土；蜡封法适用于易破裂土和形状不规则的坚硬土。灌砂法和灌水法适用于现场测定粗粒土的密度。

三、仪器设备

（1）环刀，内径 61.8～79.8mm，高度 20mm。

（2）天平，感量 0.1g。

（3）其他，切土刀、钢丝锯、凡士林等。

四、操作步骤

（1）测出环刀的容积 V，在天平上称环刀质量（g_0）。

（2）按工程需要取原状土或人工制备所需要求的扰动土样，其直径和高度应大于环刀的尺寸，整平两端放在玻璃板上。

（3）将环刀的刀口向下放在土样上面，然后用手将环刀垂直下压，边压边削使至土样上端伸出环刀为止，削去两端余土修平，两端盖上平滑的圆玻璃片，以免水分蒸发。

（4）擦净环刀外壁，拿去圆玻璃片，秤取环刀加土的质量（g_1），准确至 0.1g。

五、试验注意事项

（1）密度试验应进行 2 次平行测定，两次测定的差值不得大于 0.03g/cm^3，取两次试验结果的算术平均值。

（2）密度计算准确至 0.01g/cm^3。

六、计算

1. 湿密度 ρ_0

计算至 0.01g/cm^3。

$$\rho_0 = \frac{g}{V} = \frac{g_1 - g_0}{V}$$

式中 ρ_0——湿密度，g/cm^3；

g——土的质量，g；

V——环刀的体积，cm^3；

g_1——环刀加土的质量，g；

g_0——环刀质量，g。

2. 干密度 ρ_d

$$\rho_d = \frac{\rho_0}{1 + 0.01W}$$

式中 ρ_d——干密度，g/cm^3；

ρ_0——湿密度，g/cm^3；

W——土的含水率，%。

试验三　比重试验（比重瓶法）

一、试验目的

测定土粒的比重，为计算土的孔隙比、饱和度以及为其他土的物理力学试验（如颗粒分析的比重计法试验、压缩试验等）提供必需的数据。

二、试验方法

比重试验有三种方法，比重瓶法适用于粒径小于5mm的各类土；浮称法适用于粒径不小于5mm的各类土，且其中粒径大于20mm的土质量应小于总土质量的10%；虹吸筒法适用于粒径≥5mm的各类土，且其中粒径大于20mm的土质量不小于总土质量的10%。

在用比重瓶法测定土粒体积时，必须注意所排除的液体体积确能代表固体颗粒的真实体积。土中含有气体，试验时必须把它排尽，否则影响测试精度，可用沸煮法或抽气法排除土内气体。所用的液体为蒸馏水。若土中含有大量的可溶盐类、有机质、胶粒时，则可用中性溶液，如煤油、汽油、甲苯和二甲苯，此时，必须采用抽气法排气。

三、仪器设备

（1）比重瓶容量$100cm^3$或$50cm^3$。

（2）分析天秤，感量0.001g，称量200g。

（3）砂浴（或可调电加热器）。

（4）温度计，测定范围0～50℃，精确至0.5℃。

（5）恒温水槽、烘箱、蒸馏水等。

四、操作步骤

（1）取有代表性的风干土样约100g，充分研散并全部过5mm的筛。将过筛风干土及洗净的比重瓶在100～105℃下烘干，取出后置于干燥器内冷却至室温称量后备用。

（2）将比重瓶烘干，冷却后称得瓶的质量。

（3）称烘干试样15g，经小漏斗装入比重瓶中，称得瓶加试样的质量。

（4）将已装有干试样的比重瓶，注蒸馏水至瓶的一半处，稍加摇动后放在砂浴上煮沸排气。煮沸时间自悬液沸腾时算起，黏土、粉土不得少于1h，砂土不应少于0.5h。煮沸时应注意不使土粒溢出瓶外。然后，将比重瓶取下冷却。

（5）将事先煮沸并冷却的蒸馏水注入瓶中，如是短颈比重瓶，应注水近满瓶，如是长颈瓶，注水至略低于刻度处，然后置于恒温水槽内（水温20℃），使瓶内外水温相同。

（6）取出比重瓶，用滴管加蒸馏水至满瓶（或刻度），擦干瓶表面，称得瓶、试样和水的总质量（m_1）。

（7）倾去悬液，洗净比重瓶，注入与试验时同温度的煮沸过的蒸馏水近于满瓶（或刻度）然后放入恒温水槽15min，取出后用滴管加蒸馏水至满瓶（或刻度），擦干瓶表面，称得瓶及水的质量（m_2）。

（8）用中性液体代替蒸馏水测定可溶盐、黏土矿物或有机质含量较高的土的土粒密度时，常用真空抽气法排除土中空气。抽气时真空度应接近0.101 325MPa，从达到0.101 325MPa时算起，抽气时间不得少于1h，直至悬液内无气泡逸出为止，其余步骤同前。

五、试验注意事项

（1）煮沸（或抽气）排气时，必须防止悬液溅出瓶外，火力要小，并防止煮干。必须将土中气体排尽，否则影响试验成果。

（2）必须使瓶中悬液与蒸馏水的温度一致。

（3）称量必须准确，必须将比重瓶外水分擦干。

（4）若用长颈式比重瓶，液体灌满比重瓶时，液面位置前后几次应一致，以弯液面下缘为准。

（5）本试验必须进行两次平行测定，两次测定的差值不得大于0.02，取两次测值的平均值。

六、计算

试样的密度（ρ_s），应按下式计算（精确至0.01g/cm³）

$$\rho_s = \frac{m_s}{m_1 + m_s - m_2}\rho_{wt}$$

式中 m_s——土粒的质量，g；

m_1——瓶加水加土的质量，g；

m_2——瓶加水的质量，g；

ρ_{wt}——t℃时蒸馏水的密度，g/cm³。

不同温度时水的密度见附表1-1。

附表1-1 不同温度时水的密度

水温（℃）	4.0～12.5	12.5～19.0	19.0～23.5	23.5～27.5	27.5～30.5	30.5～33.0
水的密度（g/cm³）	1.000	0.999	0.998	0.997	0.996	0.995

试验四 颗粒分析试验（筛析法）

一、试验目的

通过颗粒组分分析，了解土中颗粒大小的分配情况，并能为土的分类及初步判断其工程地质性质、建材选料提供依据。

二、试验方法

颗粒分析试验有三种方法，筛析法适用于0.075＜粒径≤60mm的土，密度计法和移液管法适用于粒径小于0.075mm的土。

筛析法是将土样通过各种不同孔径的筛子，并按筛子孔径的大小将颗粒加以分组，然后再称量并计算出各个粒组占总量的百分数。

三、仪器设备

（1）标准筛一套：孔径分别为5、2、1、0.5、0.25、0.075mm。

（2）普通天平：感量0.1g，称量500g。

（3）振筛机：筛析过程中能上下振动。

(4) 其他：磁钵及橡皮头研棒、毛刷、白纸、尺等。

四、操作步骤

(1) 用研棒轻轻碾压风干土，使之分散成单粒，用四分法（缩分法）取出代表性的试样，取样数量见附表 1-2。称量精确至 0.1g，试样数量超过 500g 时，应准确至 1g。

附表 1-2 筛析法取样数量

颗粒尺寸（mm）	取样数量（g）	颗粒尺寸（mm）	取样数量（g）
＜2	100～300	＜40	2000～4000
＜10	300～1000	＜60	4000 以上
＜20	1000～2000		

(2) 将试样过孔径为 2mm 的筛，分别称出筛上和筛下土粒的质量。当筛下的试样质量小于试样总质量的 10%时，不作细筛分析；当筛上的试样质量小于试样总质量的 10%时，不作粗筛分析。

(3) 取 2mm 筛上试样倒入依次叠好的粗筛的最上层筛中；取 2mm 筛下试样倒入依次叠好的细筛中，进行筛析。细筛宜放在振筛机上振摇，振摇时间一般为 10～15min。

(4) 由最大孔径筛开始，顺序将各筛取下，在白纸上用手轻叩摇晃，如仍有土粒漏下，应继续轻叩摇晃，至无土粒漏下为止。漏下的土粒应全部放入下级筛内。并将留在各筛上的试样分别称量，准确至 0.1g。

(5) 筛后各级筛上和筛底上试样质量总和与筛前试样总质量的差值，不得大于试样总质量的 1%。否则应重新试验。

五、试验注意事项

(1) 将土样倒入依次叠好的筛子中进行筛析。

(2) 筛析法采用振筛机，在筛析过程中应能上下振动，水平转动。

六、计算

(1) 小于某粒径的试样质量占试样总质量百分比，应按下式计算（准确至小数后一位）

$$X = \frac{m_A}{m_B} \times d_x$$

式中 X——小于某粒径的试样质量占试样总质量百分比，%；

m_A——小于某粒径的试样质量，g；

m_B——细筛分析时为所取的试样质量；粗筛分析时为试样总质量，g；

d_x——粒径小于 2mm 的试样质量占试样总质量的百分比，%。

(2) 不均匀系数（C_u）按下式计算

$$C_u = d_{60}/d_{10}$$

式中 C_u——不均匀系数；

d_{60}——限制粒径，颗粒大小分布曲线上的某粒径，小于该粒径的土含量占总质量的 60%；

d_{10}——有效粒径，颗粒大小分布曲线上的某粒径，小于该粒径的土含量占总质量的 10%。

（3）曲率系数按（C_c）下式计算

$$C_c = \frac{d_{30}^2}{d_{10} d_{60}}$$

式中 C_c——曲率系数；

d_{30}——颗粒大小分布曲线上的某粒径，小于该粒径的土含量占总质量的30%。

（4）绘制颗粒大小分布曲线。以小于某粒径的土质量百分数为纵坐标，颗粒直径（mm）的对数值为横坐标，绘制颗粒大小分配曲线。

（5）不均匀系数 C_u 和曲率系数 C_c 用于判定土的级配优劣：

如果 $C_u \geqslant 5$ 且 $C_c = 1 \sim 3$，级配良好的土；

如果 $C_u < 5$ 或 $C_c > 3$ 或 $C_c < 1$，级配不良的土。

试验五 界限含水量试验

一、试验目的

测定土液限时的含水量，用以计算土的塑性指数和液性指数，作为黏土类土的分类以及估算地基土承载力等的一个依据；测定土的塑限，并与液限试验和含水量试验结合，来计算土的塑性指数和液性指数，作为黏性土的分类以及估算地基土承载力的一个依据。

二、试验方法

界限含水率测定方法有四种，液塑限联合测定法适用于粒径小于0.5mm以及有机质含量不大于试样总量5%的土；碟式或锥式仪液限试验法、滚搓法塑限试验、收缩皿法缩限试验均适用于粒径小于0.5mm的土。

三、液塑限联合测定法试验

（一）仪器设备

（1）液、塑限联合测定仪：包括带标尺的圆锥仪、电磁铁、显示屏、控制开关。

（2）试样杯：直径40～50mm，高30～40mm。

（3）天平：称量200g，感量0.01g。

（4）其他：烘箱、干燥器、铝盒、调土刀、孔径0.5mm的筛、凡士林等。

（二）操作步骤

（1）本试验宜采用天然含水率试样，当土样不均匀时，采用风干试样，当试样中含有粒径大于0.5mm的土粒和杂物时应过0.5mm筛。

（2）当采用天然含水率土样时，取代表性土样250g；采用风干试样时，取0.5mm筛下的代表性土样200g，分成3份，分别放入3个盛土皿中，加入不同数量的纯水，使分别接近液限、塑限和二者中间状态的含水量，调成均匀膏状，放入调土皿，浸润过夜。

（3）将制备的试样充分调拌均匀，填入试样杯中，填样时不应留有空隙，对较干的试样充分搓揉，密实地填入试样杯中，填满后刮平表面。

（4）将试样杯放在联合测定仪的升降座上，在圆锥上抹一薄层凡士林，接通电源，使电磁铁吸住圆锥。

（5）调节零点，将屏幕上的标尺调在零位，调整升降座、使圆锥尖接触试样表面，指示灯亮时圆锥在自重下沉入试样，经5s后测读圆锥下沉深度（显示在屏幕上），取出试样杯，挖去锥尖入土处的凡士林，取锥体附近的试样不少于 10g，放入称量盒内，测定含水率。

(6) 按 3～5 的步骤分别测试其余 2 个试样的圆锥下沉深度及相应的含水率。液塑限联合测定应不少于三点。

(三) 试验注意事项

(1) 土样分层装杯时，注意土中不能留有空隙。

(2) 每种含水率设三个测点，取平均值作为这种含水率所对应土的圆锥入土深度，如三点下沉深度相差太大，则必须重新调试土样。

(四) 计算与制图

1. 计算含水量

计算至 0.1%。

$$W\% = \frac{g_1 - g_2}{g_2 - g_0} \times 100$$

式中　W——含水量；

g_1——称量盒加湿土质量，g；

g_2——称量盒加干土质量，g；

g_0——称量盒质量，g。

2. 绘制圆锥下沉深度 h 与含水量 W 的关系曲线

以含水量为横坐标，圆锥下沉深度为纵坐标，在双对数纸上绘制 $h \sim W$ 的关系曲线。

(1) 三点连一条直线（如下图 A 线）。

(2) 当三点不在一直线上，通过高含水量的一点分别与其余两点连成两条直线，在圆锥下沉深度为 2mm 处查得相应的含水量，当两个含水量的差值小于 2%，应以该两点含水量的平均值与高含水量的点连成一线（如下图 B 线）。

(3) 当两个含水量的差值大于或等于 2%时，应补做试验。

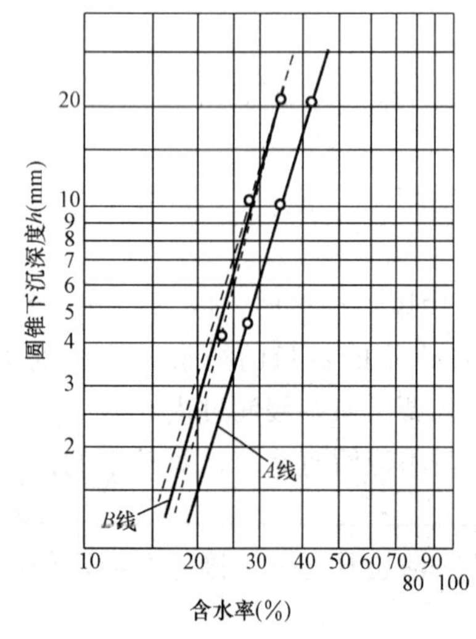

附图 1-1　圆锥入土深度与含水率关系图

3. 确定液限、塑限

在圆锥下沉深度 h 与含水量 W 关系图上，查得下沉深度为 17mm 所对应的含水量为液限 W_L；查得下沉深度为 2mm 时所对应的含水量为塑限 W_P，以百分数表示，准确至 0.1%。

4. 计算塑性指数和液性指数

塑性指数　　$I_P = W_L - W_P$

液性指数　　$I_L = \frac{W - W_P}{I_P}$

式中　W、W_L、W_P——天然含水率、液限及塑限。

圆锥入土深度与含水率关系图如附图 1-1。

四、锥式液限仪试验

(一) 仪器设备

(1) 锥式流限仪一个。

(2) 调土碗及调土刀各一个。

（3）天平：感量 0.01g。

（4）烘箱、干燥箱、凡士林、蒸馏水、滴管瓶、擦布等。

（二）操作步骤

应采用天然含水量的土样，若土样在试验前无法保持其天然含水量而相当干燥时，允许用风干土样。

（1）取过筛的风干土约 150g，加适量蒸馏水，在调土碗中调制成均匀浓糊状，盖上玻璃板静置一昼夜，如用天然含水量的土样，静置时间可视其含水量的大小决定，含水量甚高时，也可不静置立即调匀进行试验。

（2）将制备好的试样用调土刀彻底调均匀分层装入试杯中，填装时注意勿使土内留有空隙或气泡。然后刮去多余的土，使与杯口齐平、刮去余土时不得用刀在土面反复涂抹。

（3）用布擦净锥式流限仪，并在锥尖上涂一薄层凡士林，提住锥体上端手柄，放在试样表面中部，至锥尖试样表面接触时，放开手指，使锥体在其自重下沉入土中。放锥时必须注意，勿使锥体因放手而发生摇动和冲击，同时亦应防止台面受振动。

（4）当锥体经约 15s 沉入土样中深度恰等于 10mm 时，表示土的含水量恰为液限。取同锥体挖去黏有凡士林的土，取锥体附近试样（约 15g）测定其含水量，准确至 0.1g。如锥体入土深度大于或小于 10mm 时，表示该含水量高于或低于液限状态，这时除去黏有凡士林的土，取出全部试样放回调土碗中重新风干或加水调配，再重复上述（2）、（3）步骤操作至锥体下沉深度恰为 10mm 为止（注：锥体沉入土中深度，以上面与锥体接触线至锥尖的垂直距离为准）。

（5）本试验须进行两次平行测定，取其算术平均值以 0.1（%）表示。其平行差值不得大于 2%。

五、滚搓法塑限试验

（一）仪器设备

（1）毛玻璃：尺寸宜为 200mm×300mm。

（2）卡尺：分度值为 0.02mm。

（二）操作步骤

（1）按液限试验步骤制备试样，土样重约 100g，或用液限试验制的试样中取约 30g 备用。

（2）为了在试验前使试验样的含水量接近塑限，可将试样在手中捏揉不黏手为止，或放在空气中为晾干。

（3）取上述试样一小块（约为蚕豆大小即可），先用手搓成椭圆形，然后再用手掌（不要用手指）在毛玻璃板上轻轻搓滚，搓滚时须以手掌的宽度。土条在任何情况下，不容许产生中空现象。

（4）若土条搓至直径为 3mm（相当于锥式液塑仪的弧形钢丝直径），仍未产生裂缝及断裂，表示这时试样的含水量高于塑限，应将其重新捏成一团在手中继续捏揉，以减少其水分后，再按操作步骤（3）重新搓滚，直至土条直径达 3mm，产生裂缝并开始断裂，即表示这时土的含水量相当于塑限。如土条直径大于 3mm 时即断裂，表示试样含水量小于塑限，应弃去，重新取土，按步骤继续进行。每搓完一块土后。将毛玻璃板擦净，再搓第二块土。

（5）取合格的断裂土条放入称量盒内，随即盖紧盒盖收集约 3～5g 测定其含水量。

(6) 本试验须进行两次平行测定，取其算术平均值，以上 0.1（%）表示，其平行差值，不大于 2%。

试验六　压缩试验（标准固结试验）

一、试验目的

压缩试验是将土样放在金属容器内，在有侧限的条件下施加压力，观察在不同压力下的压缩变形量，测定土的压缩系数、压缩模量、固结系数等有关压缩性指标，了解土的压缩性，作为设计计算的依据。

二、试验方法

压缩试验方法有两种，标准固结试验适用于饱和黏性土，当只进行压缩时，允许用于非饱和土；应变控制连续加荷固结试验适用于饱和细粒土。

三、仪器设备

(1) 压缩仪，包括加压及传压装置，压缩容器和百分表（精度 0.01mm）；

(2) 环刀，烘箱、铝盒、切土刀、凡士林、滤纸、钟表等。

四、操作步骤

(1) 按工程需要取原状土或制备所需状态的扰动试样。

(2) 在固结容器内放置护环、透水石、滤纸，将试样连同环刀放入护环内，然后在试样顶面再放一润湿的滤纸，继而加上透水石，再放上传压板和钢球最后将压缩仪放置在容器底板上。

(3) 施加 1kPa 的预压力使试样与仪器上下各部件接触，将百分表或传感器调整到零位或初始读数。至此，试验的准备工作已经就绪。

(4) 开始加荷试验

根据实际需要确定加荷级数及大小。荷重级数通常使按 12.5、25、50、100、200、400kPa 等的顺序施加，每级荷重的稳定历时，要求在一小时内变形量不超过 0.005mm。

第一级压力的大小应视土的软硬而定，宜用 12.5、25kPa 或 50kPa，最后一级压力应大于土的自重压力与附加压力之和。

此项试验由于受课时的限制，统一按 50、100、200、400kPa 等四级荷重顺序施加，每级荷重的历时为 10 分钟，即每加一级荷重经过 10 分钟，记下百分表的读数，然后加下一级荷重，余类推，直至第四级荷重施加完毕为止。

五、试验注意事项

(1) 首先装好试样，再安装量表。在装量表的过程中，小指针需调至整数位，大指针调至零，量表杆头要有一定的伸缩范围，固定在量表架上。

(2) 加荷时，应按顺序加砝码；试验中不要震动实验台，以免指针产生移动。

六、计算

1. 计算试样的初始孔隙比 e_0

按下式计算试样的初始孔隙比 e_0

$$e_0=\frac{G_S(1+W_0)\rho_W}{\rho_0}-1$$

式中 G_S——土粒的比重；

W_0——压缩前试样的含水量；

ρ_W——水的密度，g/cm³；

ρ_0——压缩前试样的密度，g/cm³。

2. 计算试样的颗粒（骨架）净高 h_s

$$h_s = \frac{h_0}{1+e_0}$$

式中 h_0——试样初始高度，mm。

3. 计算某级压力下变形稳定后的孔隙比 e_i

$$e_i = e_0 - \frac{\sum \Delta h_i}{h_s}$$

式中 $\sum \Delta h_i$——某级压力下试样高度的累计变形量，mm。

4. 计算某级压力下的压缩系数 a_{1-2}（MPa^{-1}）和压缩模量 E_s

$$a_{1-2} = \frac{e_i - e_{i+1}}{p_{i+1} - p_i}$$

$$E_s = \frac{1+e_i}{a_{1-2}}(MPa^{-1})$$

式中 p_i——某一级荷重值，MPa。

求压缩系数 a_{1-2}时，统一规定：$P_1=100kPa$，$P_2=200kPa$。可以用压缩系数 a_{1-2}来判断土的压缩性。

5. 作图并填成果表

作孔隙比 e 和压力 p 的关系曲线，并将计算结果填入成果表中。

以孔隙比 e 为纵坐标，压力 p 为横坐标，绘制孔隙比与压力的关系曲线。

试验七 直接剪切试验（快剪）

一、试验目的

直接剪切试验是测定土的抗剪强度的一种常用方法。通常采用四个试样为一组，分别在不同的垂直压力 σ 下，施加水平剪应力进行剪切，求得破坏时的剪应力 τ，然后根据库仑定律确定土的抗剪强度参数内摩擦角 ϕ 和凝聚力 c。直剪试验分为快剪（Q）、固结快剪（CQ）和慢剪（S）三种试验方法。

二、试验方法

快剪试验是在试样上施加垂直压力后，立即快速施加水平剪切力，以 0.8～1.2mm/min 的速率剪切，一般使试样在 3～5min 内剪切破坏。在整个试验过程中，不允许试样的原始含水率有所改变（试样两端用隔水纸），即在试验过程中孔隙水压力保持不变。快剪法适用于渗透系数小于 10^{-6}cm/s 的细粒土。

三、仪器设备

(1) 应变控制式直接剪切仪：由剪力盒、垂直加压框架、测力计及推动机构等构成。

(2) 其他：环刀、量表、砝码等。

四、试验步骤

(1) 切取试样。按工程需要用环刀切取一组试样，至少四个，并测定试样的密度及含水率。

(2) 安装试样。对准上下盒，插入固定销钉。在下盒内放入一透水石，上覆隔水蜡纸一张。将装有试样的环刀平口向下，对准剪切盒，试样上放隔水蜡纸一张，再放上透水石，将试样小心推入剪切盒内，移去环刀。

(3) 施加垂直压力。移动传力装置，使上盒前端钢珠刚好与测力计接触，调整测力计中的量表读数为零。顺次加上盖板、钢珠压力框架。每组四个试样，分别在四种不同的垂直压力下进行剪切。在教学上，可取四个垂直压力分别为 50、100、200、400kPa。

(4) 进行剪切。施加垂直压力后，立即拔出固定销钉，开动秒表，以 0.8mm/min 的均匀速率，使试样在 3～5min 内剪损。如测力计中的量表指针不再前进或有显著后退（测力计读数出现峰值），表示试样已经被剪破。但一般宜继续剪切至剪切变形达 4mm 时停机。若量表指针再继续增加（测力计读数无峰值），则剪切至剪切变形为 6mm 时停机。

(5) 拆卸试样。剪切结束后，吸去剪切盒中的积水，退去剪切力和垂直压力，移动加压框架，取出试样，测定试样含水率。

五、试验注意事项

(1) 先安装试样，再装量表。安装试样时要用透水石把土样从环刀推进剪切盒里，试验前量表中的大指针调至零。

(2) 加荷时，不要摇晃砝码；剪切时要拔出销钉。

六、计算及制图

1. 计算各级垂直压力下所测的抗震强度

按下式计算各级垂直压力下所测的抗剪强度

$$\tau_f = CR$$

式中 τ_f——土的抗剪强度，kPa；

C——测力计率定系数，kPa/0.01mm；

R——测力计量表最大读数，或位移 4mm 时的读数（0.01mm）。

2. 绘制 τ_f-σ 曲线

以垂直压力 σ 为横坐标，以抗剪强度 τ_f 为纵坐标，纵横坐标必须同一比例，根据图中各点绘制 τ_f-σ 关系曲线，该直线的倾角为土的内摩擦角 ϕ，该直线在纵轴上的截距为土的凝聚力 c。

试验八　击　实　试　验

一、试验目的

在标准击实方法下测定土的最大干密度和最优含水量，为控制路堤、土坝或填土地基等密实度的重要指标。

二、仪器设备

(1) 击实仪。

(2) 天平：称量 200g，感量 0.01g。

（3）台秤：称量10kg，感量1g。

（4）标准筛：孔径5mm。

（5）其他：喷雾器、碎土设备、修土刀、盛土盘等。

三、操作步骤

（1）取重约3～3.5kg的土样通过筛孔5mm的筛，并加水润湿。如为黏性土加水至塑限的50%。

（2）一般最少做5个含水量，依次相差约2%，且其中至少有两个大于最优含水量及两个小于最优含水量。

可按下式计算所需的加水量

$$g_w = \frac{g_0}{(1+0.01w_0)}0.01(w-w_0)$$

式中 g_w——所需的加水量，g；

g_0——含水量 w_0 时土样的重量，g；

w_0——土样已有的含水量，%；

w——要求达到含水量，%。

（3）按预定含水量配置试样，为此将试样平铺于不吸水的平板上，用喷雾器喷洒预定的水量，并充分拌和。

（4）将拌和均匀的土样分三层装入标准击实仪中击实。第一层松土厚约为击实筒容积的2/3。击实后土样约为击实筒容积的1/3；第二层松土厚装至与击实筒齐平，击实后土样约为击实筒容积的2/3；然后安上套筒，再装松土至套筒平（因套筒高约为击实筒的1/3），这样击实后的土样可略高于击实筒。

（5）根据土类规定击数进行击实，见附表1-3。

附表1-3 土 类 击 数

土样名称	砂 土	黏质粉土	粉质黏土	黏 土
每层击数	20	25～30	40	>40

（6）取下套环，注意勿使筒内试样带出，齐筒顶将试样面小心削平，再拆去底板，试样底板面若有突出或孔洞，则需小心削平或填补，然后擦净筒的外壁，称其重量，准确至1g。

（7）拆开土样筒推出筒内试样，从试样中心处取出两个试样（各约30g）测定其含水量。

（8）从击实筒中取出试样，并粉碎之，然后增加2%的含水量，均匀拌和后重复上述试验，直至土的单位容重不再增加后，再做两次为止。

四、试验注意事项

（1）试验前，击实筒内壁要涂一层凡士林。

（2）击实一层后，用刮土刀把土样表面刨毛，使层与层之间压密，同理，其他两层也是如此。

（3）如果使用电动击实仪，则必须注意安全。打开仪器电源后，手不能接触击实锤。

五、计算及制图

1. 计算干密度

$$\rho_d=\frac{\rho}{1+0.01w}$$

式中 ρ_d——干密度，g/cm²；

ρ——密度，g/cm²；

w——含水量，%。

计算至 0.01g/cm³。

2. 绘制干密度与含水量的关系曲线

以干密度为纵坐标，含水量为横坐标，绘制干密度与含水量的关系曲线，曲线上峰点的坐标分别为土的最大干密度和最优含水率，如不能连成完整的曲线时，应进行补点试验，如附图 1-2 所示。

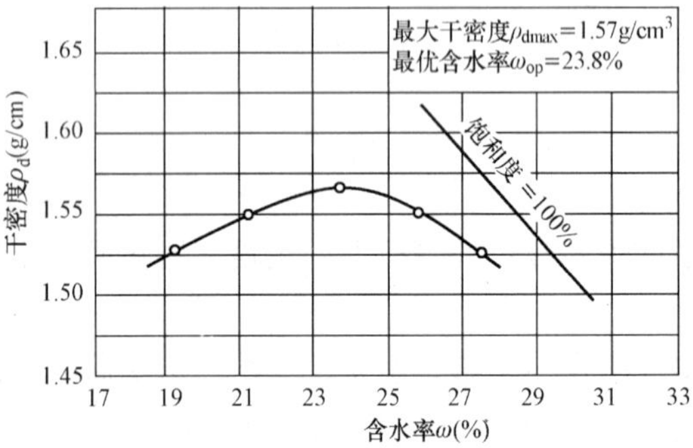

附图 1-2 干密度与含水量关系曲线

3. 计算饱和含水量（w_{sat}）

$$w_{sat}=\left(\frac{1}{\rho_d}-\frac{1}{G}\right)$$

式中 w_{sat}——饱和含水量，%；

ρ_d——干密度，g/cm³；

G——土颗粒比重，g/cm³。

计算（或由图表查得）数个干密度下土的饱和含水量，以干密度为纵坐标，饱和含水量为横坐标，绘制饱和曲线。

附录二 工程地质报告实例

实例一 某国际学校工程地质勘察报告书（详勘）

一、工程勘察概况

拟建的某国际学校位于北京市某饭店20号高层公寓西侧。拟建建筑包括三部分：天井、教学楼、室内球场，其中教学楼为4层，约15m高，基础埋置深度2.5m左右。本次勘察的目的是查明场地地基的地质构成，软弱层的存在及变化情况，地基土的承载力，为地基基础设计提供依据。

本次勘察以野外钻探、取土、标准贯入试验为主，辅以室内土工试验。野外工作于19××年11月25日开始，11月30日结束，共完成钻探孔9个，钻探总深度为97.1m，作标准贯入试验59次，取土样26件，并做室内土工试验。钻孔位置平面见附图2-1。

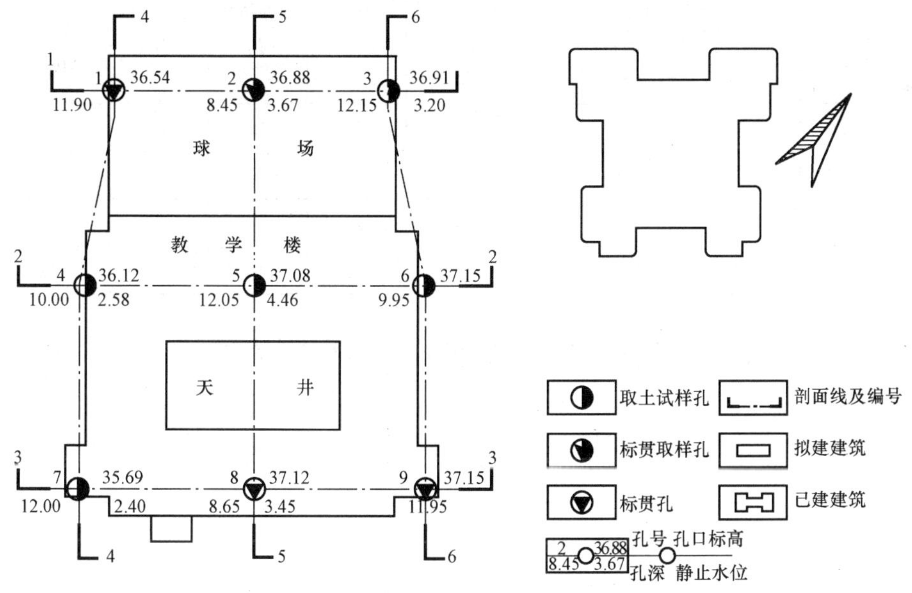

附图2-1 钻孔位置平面图

二、场地工程地质条件

拟建建筑物场地地面标高在35.69～37.15m之间，地层属于第四纪冲（O^{al}）、洪积层（P^{pl}）。

（一）地层

钻孔所揭露的地层，从上到下描述如下：

①杂填土：黄褐～褐黄色，以粉质黏土为主，含大量碎砖块、煤渣等建筑垃圾土质松软～可塑。层厚0.2～1.60m，层底标高35.46～35.94m。

②粉土：褐黄色，含云母、氧化铁及少量粉砂颗粒，中密饱和，土层中等压缩性偏低。层厚 3.5～5.65m，层底标高 30.25～32.44m。

本层土性不均，局部土质较软，如粉质黏土，黏土透镜体，孔隙比较大，压缩模量低。

③粉砂：以灰色为主，主要成分为石英颗粒，中密，很湿～饱和，层底标高 28.69～29.15m。

④细粉砂：以灰色为主，主要成分为石英，长石颗粒，本层由上到下颗粒逐渐变粗。中密～密实，饱和，层厚 4.35m，层底标高 24.34m。

工程所夹$④_1$层，为粉质黏土、黏土，以粉质黏土为主，褐黄色，可塑状态，中等压缩性。厚度 0.85～1.15m，标高在 25.91～27.72m。

工程地质剖面图见附图 2-2，附图 2-3 和附图 2-4。

（二）土的物理力学性质指法标

经过对室内土工试验资料和现场原位测试资料的整理，各层土的物理力学性质指标值见附表 2-1、附表 2-2。其原始资料见附表 2-3。

附表 2-1　②层粉土的物理力学性质指标值统计表

	项目 / 指标值	含水率 ω (%)	重度 γ (kN/m³)	孔隙比 e	饱和度 S_r (%)	液限 ω_L (%)	塑性指数 I_p	液性指数 I_L	压缩模量 E_{s1-2} MPa	压缩系数 α_{1-2} MPa^{-1}
②粉土	统计个数	22	22	22	22	22	13	13	22	22
	最小值	17.7	7.5	0.513	81	15	5	0.14	4.2	0.08
	最大值	38.8	20.7	1.173	98	42	10	0.83	19.7	0.5
	平均值	23.7	9.8	0.70	92	28	8	0.42	11.3	0.18

附表 2-2　各层土的标准贯入锤击数（$N_{63.5}$）统计表

土层 / 指标值 / 指标	②粉土	③粉砂	④细粉砂
统计个数	19	19	21
最小值	4	6	13
最大值	23	31	30
平均值	11	18	28

（三）地下水

根据本次钻探揭露拟建建筑物场地地下水深 2.4～3.67m，标高在 66.21～33.62m。

三、结论与建议

（1）勘察结果表明，该区地层属于第四纪冲（Q^{al}）、洪积层（Q^{pl}）。考虑到拟建建筑物层数少（4 层）、荷载小（约 100kPa），除表层①填土层外，其余各层均可作为建筑物的天然地基。

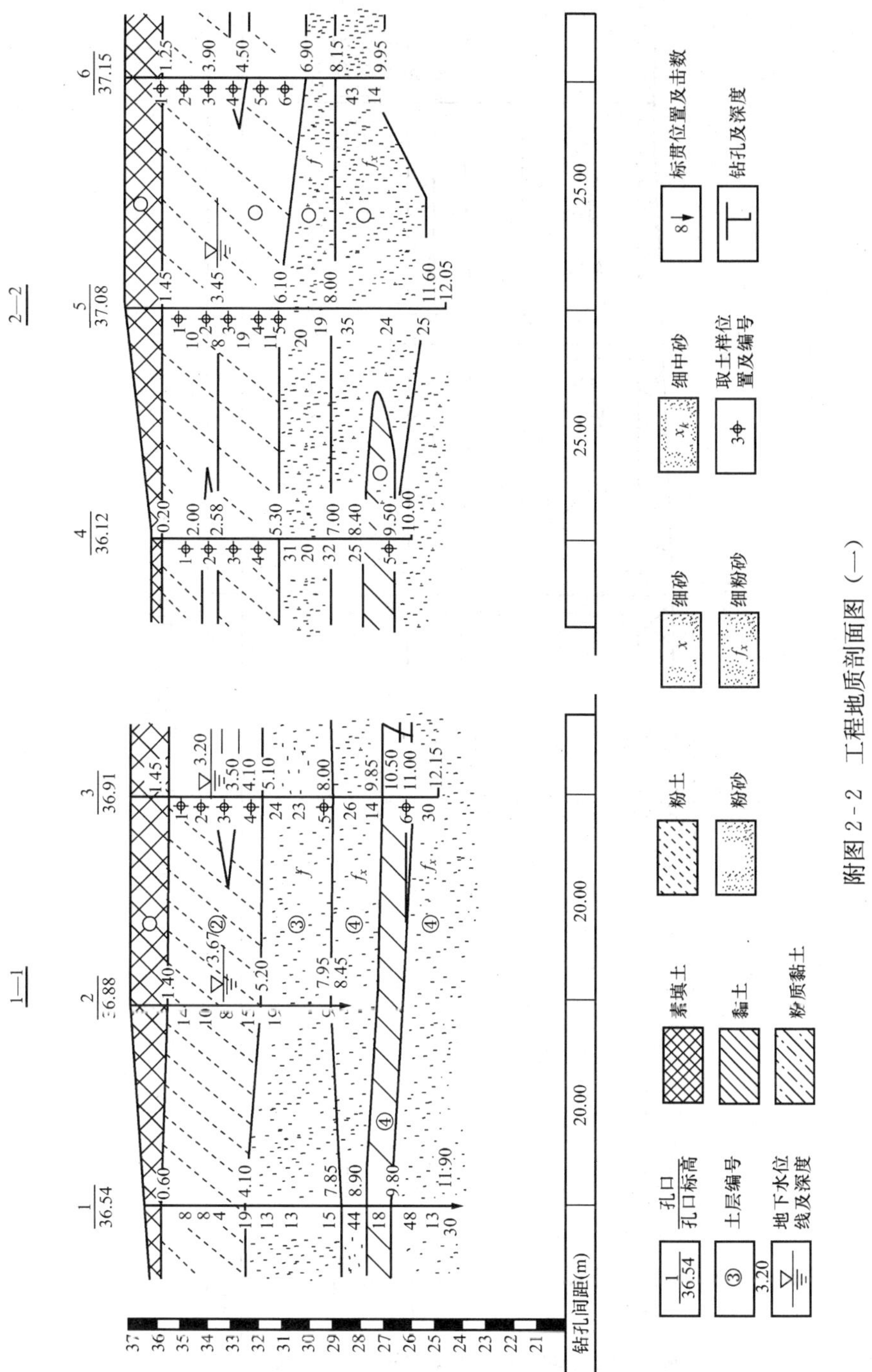

附图 2-2 工程地质剖面图（一）

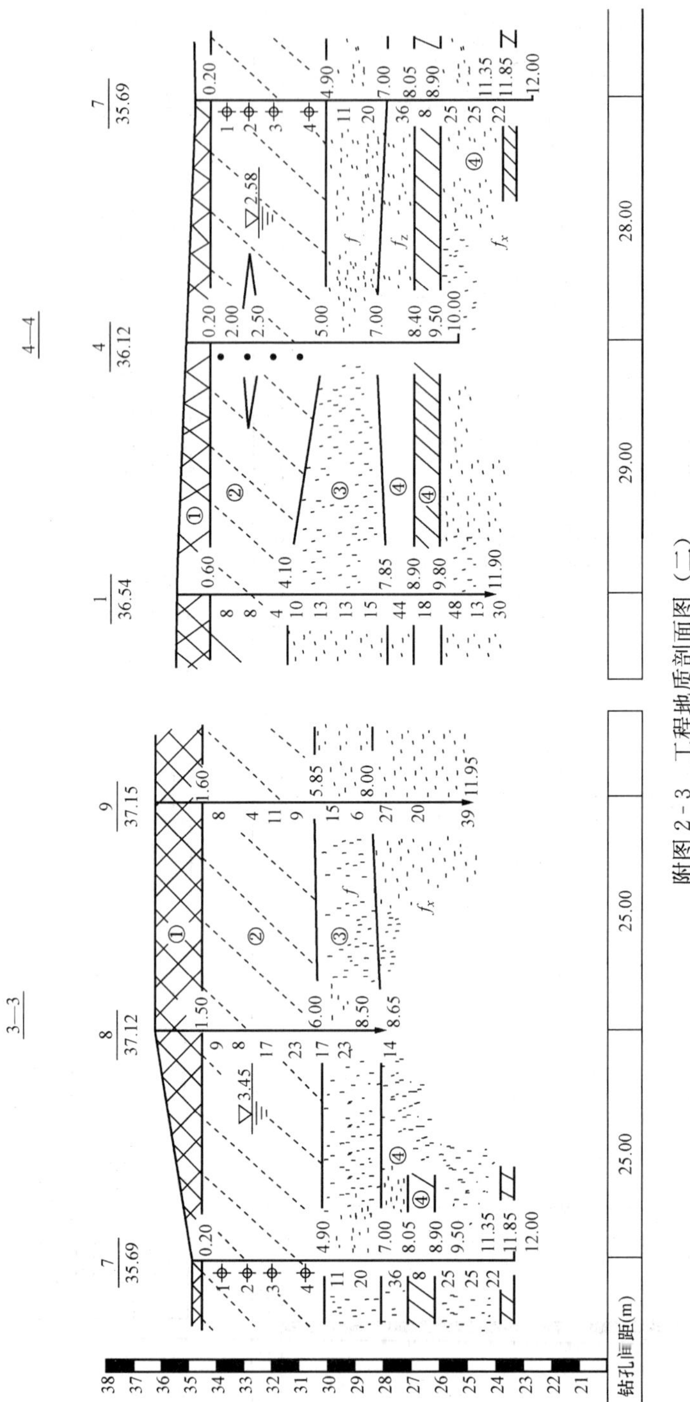

附图 2-3 工程地质剖面图（二）

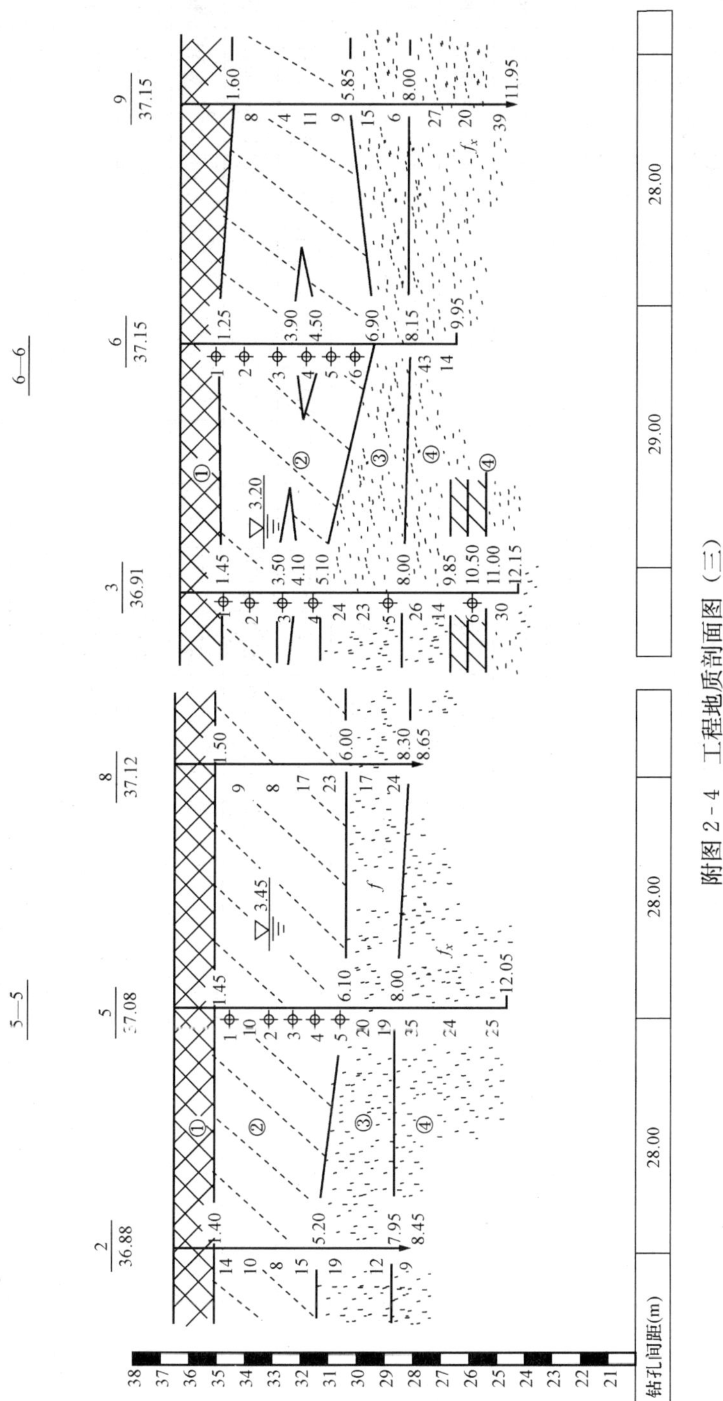

附图 2-4 工程地质剖面图（三）

附表 2-3 土 工 试 验 报 告

工程名称 某国际学校 编号 1 委托单位______ 日期××××年××月×日

钻孔	试样深度	颗粒组成百分数（%） 砂粒（mm）				粉粒（mm）	黏粒（mm）	有效粒径 d_{10} (mm)	平均粒径 d_{50} (mm)	不均匀系数 C_u	含水率 ω (%)	重度 γ (kN/m³)	比重 G_s	孔隙比 e	孔隙度 n (%)	饱和度 S_r (%)	阿氏界限含量 液限 ω_L (%)	塑限 ω_P (%)	缩限 ω_r (%)	塑性指数 I_P	液性指数 I_L	压缩模量 E_{s1-2} (MPa)	压缩系数 α_{1-2} (MPa⁻¹)	土的名称	备注
		2~0.5	0.5~0.25	0.25~0.10	0.10~0.05	0.05~0.005	<0.005																		
7 1	1.05 1.20										23.0	19.0	2.67	0.728	42	84	26	19		7	0.57	10.6	0.16	粉土	
2	2.05 2.20										20.1	20.4	2.70	0.590	37	92	27	18		9	0.23	14.2	0.11	粉土	
3	3.05 3.20										20.0	20.1	2.67	0.594	37	90	26	19		7	0.14	19.7	0.08	粉土	
4	4.05 4.20										24.2	19.4	2.67	0.709	41	91	27	22		5	0.44	15.3	0.11	粉土	
6 1	1.05 1.20										22.0	19.9	2.69	0.649	39	91	25	16		9	0.67	6.4	0.25	粉土	
2	2.05 2.20										23.6	19.3	2.70	0.729	42	87	28	17		11	0.60	4.5	0.37	粉质黏土	
3	3.05 3.20										24.3	20.0	2.70	0.678	40	97	26	16		10	0.83	8.6	0.19	粉土	
4	4.05 4.20										33.8	17.5	2.74	1.173	54	91	42	22		20	0.84	4.2	0.50	粉土	
5	5.05 5.20										22.5	20.3	2.70	0.629	39	97	28	19		9	0.39	14.5	0.11	粉土	
6	6.05 6.20										27.3	19.5	2.71	0.769	43	96	31	18		13	0.72	8.6	0.20	粉质黏土	
5 1	2.05 2.20										20.5	20.1	2.69	0.613	38	90	25	16		9	0.50	9.9	0.16	粉土	
2	3.05 3.20										18.7	21.1	2.69	0.513	34	98	25	17		8	0.21	14.9	0.10	粉土	
3	4.05 4.20										17.7	19.8	2.67	0.587	37	81	22	17		5	0.14	15.7	0.10	粉土	
4	5.05 5.20										30.5	19.0	2.72	0.868	46	96	33	19		14	0.82	5.2	0.35	粉质黏土	

续表

钻孔	试样深度	颗粒组成百分数（%）						有效粒径 d_{10} (mm)	平均粒径 d_{50} (mm)	不均匀系数 C_u	含水率 ω (%)	重度 γ (kN/m³)	比重 G_s	孔隙比 e	孔隙度 n (%)	饱和度 S_r (%)	阿氏界限含量					压缩模量 E_{s1-2} (MPa)	压缩系数 α_{1-2} (MPa⁻¹)	土的名称	备注
		砂粒（mm）				粉粒（mm）	黏粒（mm）										液限 ω_L (%)	塑限 ω_P (%)	缩限 ω_r (%)	塑性指数 I_P	液性指数 I_L				
		2～0.5	0.5～0.25	0.25～0.10	0.10～0.05	0.05～0.005	<0.005																		
5	6.05　6.20	1	14	52	(	33	)				21.6	19.8	2.66	0.634	39	91						12.3	0.13	粉砂	
4 1	1.05　1.20										19.7	20.0	2.70	0.616	38	86	26	15		11	0.43	13.2	0.12	粉质黏土	
2	2.05　2.20										23.3	19.8	2.70	0.681	41	92	27	15		12	0.69	8.2	0.20	粉质黏土	
3	3.05　3.20										21.3	20.1	2.67	0.611	38	93	25	18		7	0.47	17.6	0.09	粉土	
4	4.05　4.20		7	63	(	30	)																	粉砂	
5	9.05　9.20										24.2	19.8	2.71	0.700	41	94	31	17		14	0.51	9.2	0.18	粉质黏土	
3 1	1.55　1.70										19.8	20.3	2.70	0.593	37	90	26	15		11	0.44	12.0	0.13	粉质黏土	
2	2.55　2.70										20.8	20.7	2.70	0.576	37	98	27	17		10	0.38	11.9	0.13	粉土	
3	3.55　3.70										33.8	18.6	2.73	0.964	49	96	36	19		17	0.87	6.4	0.30	粉质黏土	
4	4.55　4.70										23.0	20.0	2.68	0.648	39	95	27	19		8	0.50	14.8	0.11	粉土	
5	7.45　7.60										25.6	19.5	2.71	0.746	43	93	29	17		12	0.72	10.7	0.16	粉质黏土	
6	10.55　10.70										29.8	18.9	2.73	0.875	47	93	39	19		20	0.54	5.7	0.32	黏土	

室主任　　　　审核　　　　试验负责人　　　　填表

（2）根据《建筑地基基础设计规范》（GB 50007—2002）的有关规定，利用土的物理力学性质指标，标准贯入锤击数和参考附近已建建筑物的地基情况，各层土的承载力特征值 f_{ak} 和压缩模量 E_{s1-2}，建议采用如下数据：

粉土②：f_{ak}=217.6kPa　E_{s1-2}=11.3MPa；

粉砂③：f_{ak}=194kPa；

粉细砂④：f_{ak}=240.7kPa。

（3）本区地下水为潜水，水位较高，为2.40～2.67m。标高为33.21～33.62m。根据附近多次勘察资料，对地下水进行水质分析结果，认为该水对混凝土无侵蚀性。如果基础加深需要施工排水，应以井点降水为宜，将水位降至基底以下再进行基槽开挖，并应严格防止基底被扰动。

（4）②层粉土中有粉质黏土及黏土的软弱夹层。鉴于这种情况，建议开挖基槽后，应作详细的钎探，发现局部地段有软弱层时，可进行局部换土处理，如发现软弱土层分布面积较大时，应通知勘察设计、施工单位，共同验槽，以便进一步确定软弱层的分布和均匀性，采取相应的处理措施。

实例二　某体育馆的《建筑地基勘察报告》

其内容有：

（1）文字说明，包括工程名称，建筑物情况简介、场地位置、地形地物概述、地下水概述、地质土质概述，结束语及建议等，见附表2-4和附表2-5。

（2）钻探点与建筑物平面配置图见附图2-5。

（3）地层岩性及土的物理力学性质综合统计表见附表2-6。

（4）地质部面图见附图2-6、附图2-7。

（5）土工分析结果报告见附表2-7。

（6）常用图例和符号说明，见附图2-8和附表2-8。

当勘探受场地限制时，（如场地原有房屋未及时拆除等）造成钻孔数量少、间距较大、位置不理想等情况，此时应将原有房屋拆除后进行补充勘探，并写出补充勘察报告，对原建议、结论进行补充修正。基础施工前需加强验槽工作。

附表 2-4

文字说明

建筑地基勘察报告

工程名称亚运会某体育馆 拟建建筑物的性质、层数、结构类型及地下室情况四层钢筋混凝土网架结构高 21m 跨度 60m，体育馆一栋（一层地下室埋深 6.00m）单层混合结构练习馆变电室各一栋（练习馆有单层地下室埋深－4.00m）

场地位置 某大街东侧 图幅号 1——1——3——59（1）60（4）

（一）地形地物概述：勘探场地地形以某大街马路为界（见平面图），马路西北侧地面标高为 43.52m～44.02m，马路东南侧为一高台，地面标高 44.36－44.91m

补 1# 及 4# 孔位于台下，地面标高分别为 43.72m 和 43.84m，场区原有房屋均未拆除并有地下高压电缆及人防分布（示意位置见平面图），马路西北侧地下人防埋深约 4.00m 东南侧人防埋深约 3.30m。

（二）地下水概述：1. 勘探时实测水位 实测地下水初见水位埋深 1.10～4.30m，标高 39.42～42.43m，实测地下水静止，水位埋深 1.10～3.35m，标高 41.28～42.74m。

2. 历年最高水位 标高 59 年 43.00～44.00m，71～73 年为 41.00～42.00m（包括上层滞水）。

3. 地下水水质的侵蚀性 本次勘探于 2# 孔取水进行水质分析，结果地下水水质无侵蚀性（pH=7.2 SO# =328.38mg/L）。

（三）地质土质概述：表层为 1.00～3.3m 厚的人工堆积土层，以下为一般第四纪沉积土层有褐黄～褐黄（暗）色粉土②层，自标高 43.45～40.65m 至标高 37.59～36.77 之间，以下至标高 36.10～35.52m 为黄灰～灰黄色粉质黏土③层，以下为褐黄色粉土④层至标高 33.11～32.24m 处，以下为褐黄～棕色黏土⑤层，褐黄色粉土⑤$_1$ 层及褐黄色粉砂⑤$_2$ 层相间的交互层至标高 25.02～23.98m 处，以下为细砂⑥褐黄色层，层至标高 20.56m 仍为此层，详见剖面图及附表。

（四）结束语及建议：根据建筑条件和勘探结果，提出下列方案及建议，供设计、施工参考。

	方案	地基类型	基础砌置标高	持力层土质	地基承载力特征值 f_{ak}（kPa）	对基础及上层结构设计的要求	关于施工排水问题	关于基槽处理问题	其他注意事项
关于天然地基及人工加固地基	体育馆	天然地基	38.00m 或以下（且需满足设计埋深要求）		160				
	练习馆	天然地基	39.50m（且需满足设计埋深要求）	粉土②层	160	甲$_2$	乙$_3$	丙$_1$ 丙$_2$ 丙$_4$	戊$_2$
	变电室	天然地基	41.50m 或以下		160	甲$_2$			

	方案	桩类型及截面尺寸	桩尖标高及持力层土质	单桩设计承载力（t/根）	建议施工机械型号及施工控制条件	有关桩基方案的问题
关于桩基						

补充说明：

1. 拟建场地地下构筑物较多施工前需留有充分时间进行调查并妥善处理。

2. 体育馆部分下卧层粉砂⑤$_2$ 层分布不均建议设计按有关规范参见附表中土质数据进行沉降分析并根据分析结果对基础及上层结构采取妥善处理，若感到钻孔精度不够时，可待现场房屋拆除后通知我处进行补充钻探。

3. 拟建场区房屋未拆，钻孔间距较大对于练习馆及变电室请验槽时仔细检验槽底土质并进行妥善处理。

4. 练习馆、变电室相邻需考虑相邻的基础的相互影响问题，并建议设置沉降缝将基础断开

附表 2-5 建筑地基勘探建议条文代号说明

<table>
<tr><td>地基类型</td><td colspan="2">天然地基：浅埋天然地基
深埋天然地基（包括深柱式基础）
桩基：预制打入桩
振动灌注桩
钻孔灌注桩
人工加固地基：辗压填土地基
夯实填土地基
砂桩加密地基</td></tr>
<tr><td rowspan="5">甲　对基础及上层结构设计的要求</td><td>1</td><td>无特殊要求，可采用一般常用的基础及上层结构类型</td></tr>
<tr><td>2</td><td>须适当加强基础及上层结构的刚度和强度，酌量配筋</td></tr>
<tr><td>3</td><td>须做自由沉降分析，并根据差异沉降的大小调整基底压力、埋深及采取其他必要的措施</td></tr>
<tr><td>4</td><td>须做沉降分析和协同作用的计算，并根据计算结果确定基础与上层结构的做法</td></tr>
<tr><td>5</td><td>采用对不均匀沉降不敏感的基础及上层结构类型</td></tr>
<tr><td rowspan="3">乙　关于施工排水问题</td><td>1</td><td>基础施工时可不考虑基槽排水问题</td></tr>
<tr><td>2</td><td>基础如位于水位以上，在施工时可用一般简单的抽水方法解决基槽排水问题</td></tr>
<tr><td>3</td><td>基础如位于水位以下，在施工时须用过滤井或井点法降低地下水位，今后在建筑物附近施工时亦应采取同样的降低地下水位的方法，以防土层流失</td></tr>
<tr><td rowspan="5">丙　关于基槽处理问题</td><td>1</td><td>刨槽后应进行普遍钎探和验槽工作，凡与建议的持力层土质出入较大的部分均需仔细研究，并结合钎探情况进行妥善处理</td></tr>
<tr><td>2</td><td>基槽范围内可能分布有较多的地下构筑物和埋藏物（如井、坟、老房基、人防通道等），在施工时应留出充分时间进行妥善处理</td></tr>
<tr><td>3</td><td>槽底需增加夯拍次数，将槽底土质大力夯拍密实，若土质较干时，应事先向槽底适当洒水，以提高夯拍效果</td></tr>
<tr><td>4</td><td>槽底土质不宜夯打或扰动，以免破坏土的原状结构，影响地基的强度和压缩性，如施工时槽底土质湿度太大，需加铺级配砂石垫层进行处理</td></tr>
<tr><td>5</td><td>持力层下埋藏有下卧砂层，基础施工时如砂层中的承压水头高于槽底时，则不宜进行钎探，以免造成涌沙问题</td></tr>
<tr><td rowspan="5">丁　有关桩基方案的问题</td><td>1</td><td>建议的单桩设计承载力是初步估计的数值，在施工前必须在现场进行压桩试验，以正式确定之。并应为压桩试验留有充分的时间</td></tr>
<tr><td>2</td><td>在正式施工前应在现场进行试打，以正式核实提出的施工控制条件，以及与此相应的桩尖标高必要时尚需根据试打结果核实单桩设计承载力</td></tr>
<tr><td>3</td><td>采用本方案时，请与施工单位联系，研究打桩时对附近建筑物有无不良影响或拟用桩尖持力层以上的硬夹层能否穿透等问题</td></tr>
<tr><td>4</td><td>建议施工单位在现场进行试打，明确是否有缩孔，管内进水，进土（振动灌注桩）或塌孔、缩孔、孔底留有虚土（钻孔灌注桩）等现象，以便研究采取有效措施防止之</td></tr>
<tr><td>5</td><td>本场地内可能有较多的坚硬埋藏物（如旧房基、大块石等），建议必要时在桩位处事先用钎探查明并清除之，以免影响打桩工作的进行</td></tr>
<tr><td rowspan="7">戊　其他注意事项</td><td>1</td><td>建议方案只适用于本报告书中所列的建筑物类型，如有变动时需另做考虑</td></tr>
<tr><td>2</td><td>采用本方案时需通知我处配合进行验槽，并需预留一定时间进行基槽处理工作</td></tr>
<tr><td>3</td><td>采用本方案时，需通知我处补充进行钻探和试验工作</td></tr>
<tr><td>4</td><td>场地内有较严重的表土冻胀问题，设计时应加以考虑</td></tr>
<tr><td>5</td><td>若设计地面比天然地面高出很多，需进行大量填土时，则必须考虑填土重量造成的沉降量对建筑物的影响，并尽可能在施工前先填土至设计地面标高</td></tr>
<tr><td>6</td><td>基础砌深不同的部分需用踏步连接或考虑相邻基础的稳定性而将砌深适当调整</td></tr>
<tr><td>7</td><td>需按湿陷性大孔土地基采取措施进行设计</td></tr>
</table>

附表 2-6

地层岩性及土的物理力学性质综合统计表

土层编号		野外描述							综合统计指标	土质数据																		
		岩性	色味	密度	湿度	断面状态及稠度	含有物	野外强度		ω	γ	S_r	e	ω_P	I_P	E_{s_1}	E_{s_2}	im $(P_0)+$	θ	C	σ	土块数	标准贯入 $N_{63.5}$	标准贯入 次数	尖锥贯入 N_{10}	尖锥贯入 次数	静力触探 P_8	静力触探 次数
人工堆积土层	①$_1$	房渣土	杂	稍	湿		炉灰、砖块、炭渣、瓦块	软～较硬	平均值																			
									平均最大/小值																			
									最大值																			
									最小值																			
	①	粉质黏填土	黄褐	中下	湿	可塑	砖灰碴	较软	平均值																			
									平均最大/小值																			
									最大值																			
									最小值																			
第四纪土层	②	粉土	褐黄～褐黄(暗)	中～中上	湿～饱和	可塑、有粉质黏土夹层	云母、氧化铁蚌壳皮、江石	较软～较硬	平均值		20.3		0.64		8.8	13.0	16.0			24	17°30′	13			53	18		
									平均最大/小值				0.73			10.6	13											
									最大值	26.4	20.1	1.00	0.81	22.7	11.0	19.9	23.9								70			
									最小值	20.3	19.0	0.90	0.55	19.0	6.5	8.2	9.9								36			

续表

土层编号		野外描述：岩性	色味	密度	湿度	断面状态及稠度	含有物	野外强度	综合统计指标	土质数据：ω	γ	S_r	e	ω_P	I_P	E_{s_1}	E_{s_2}	$im(P_0)+$	θ	C	σ	土块数	标准贯入 $N_{63.5}$	次数	尖锥贯入 N_{10}	次数	静力触探 P_8	次数
第四纪土层	③	粉质黏土	黄灰～灰黄	中	饱和	可塑	云母、氧化铁、江石、蚌壳、有机质	中	平均值		20.5		0.61		10.7	8.0	9.4		4.4	25	17°0′	7						
									平均最大值				0.67															
									平均最小值							6.8	8.0											
									最大值	25.4	21.0	0.99	0.73	1.90	11.7	10.5	12.1											
									最小值	18.9	19.7	0.94	0.53	15.4	10.1	5.6	6.6											
	④	粉土	褐黄	中～中上	湿～饱和	可塑～硬塑有粉质黏土夹层	云母、氧化铁粗颗粒	中～硬	平均值		20.4		0.61		10.0	11.4	12.9					21						
									平均值大值				0.65															
									平均值小值							10.0	11.2											
									最大值	23.0	20.7	0.98	0.69	19.5	12.0	16.2	18.5			23	24°30′							
									最小值	18.9	19.8	0.91	0.56	16.5	7.8	8.5	9.4			14	16°30′							
	⑤	黏土	褐黄～棕色	中	湿	可塑～硬塑有粉质黏土夹层	云母、氧化铁	中～较硬	平均值		19.0		0.89		22.3	12.9	14.1					8						
									平均最大值				1.01															
									平均最小值							10.7	11.9											
									最大值	36.8	20.8	0.97	1.13	29.9	32.4	21.1	22.7											
									最小值	20.2	17.7	0.90	0.57	20.0	14.8	8.4	9.4											

续表

土层编号		野外描述							综合统计指标	土质数据													标准贯入		尖锥贯入		静力触探	
		岩性	色味	密度	湿度	断面状态及稠度	含有物	野外强度		ω	γ	S_r	e	ω_P	I_P	E_{s_1}	E_{s_2}	$im(P_0)^+$	θ	C	σ	土块数	$N_{63.5}$	次数	N_{10}	次数	P_8	次数
第四纪土层	⑤$_1$	粉土	褐黄	密	湿～饱和	硬塑	云母、氧化铁	硬	平均值							29.9	32.3					2						
									平均最大/小值																			
									最大值	17.7	20.6	5.87	0.55	20.0	5.7													
									最小值	15.7	20.4	0.83	0.51	19.0	4.3													
	⑤$_2$	粉砂	褐黄	中上～密	湿	有粉土夹层	云母、氧化铁含黏性	较硬～硬	平均值													2	45	1				
									平均最大/小值																			
									最大值	9.4	18.3	0.41	0.61			32.3	38.2											
									最小值	7.6	18.2	0.35	0.59			24.7	27.8											
	⑥	细砂	褐黄	密	湿	有粉土夹层	云母、氧化铁、卵砾石、粉中砂	硬	平均值							50.0	（经验值）							84	8			
									平均最大/小值																			
									最大值															104				
									最小值															59				

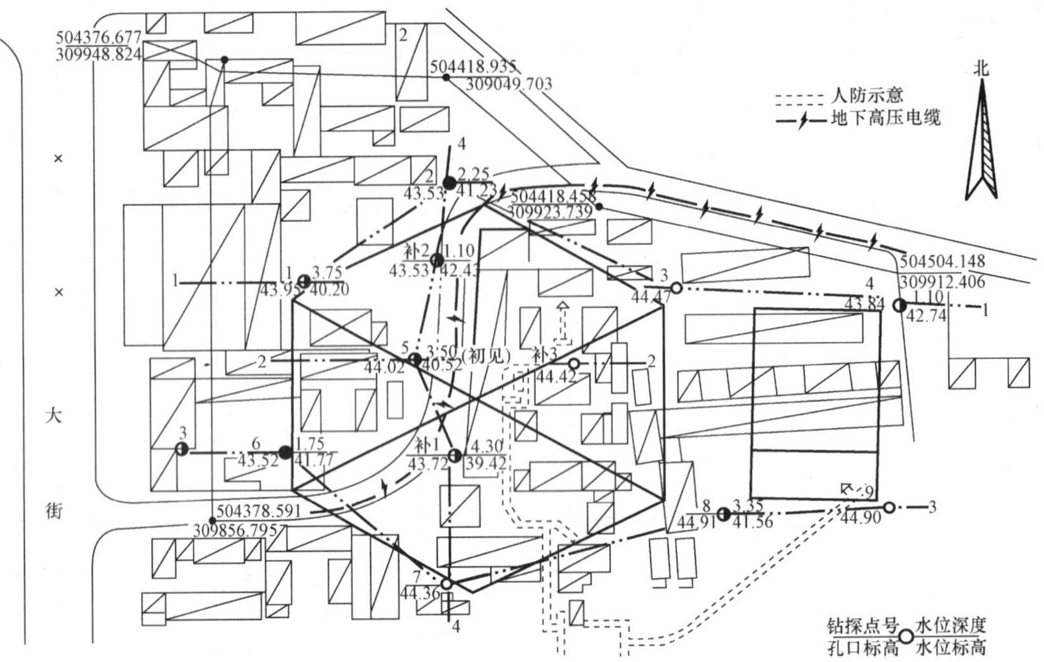

附图 2-5　钻探点与建筑物与平面配置

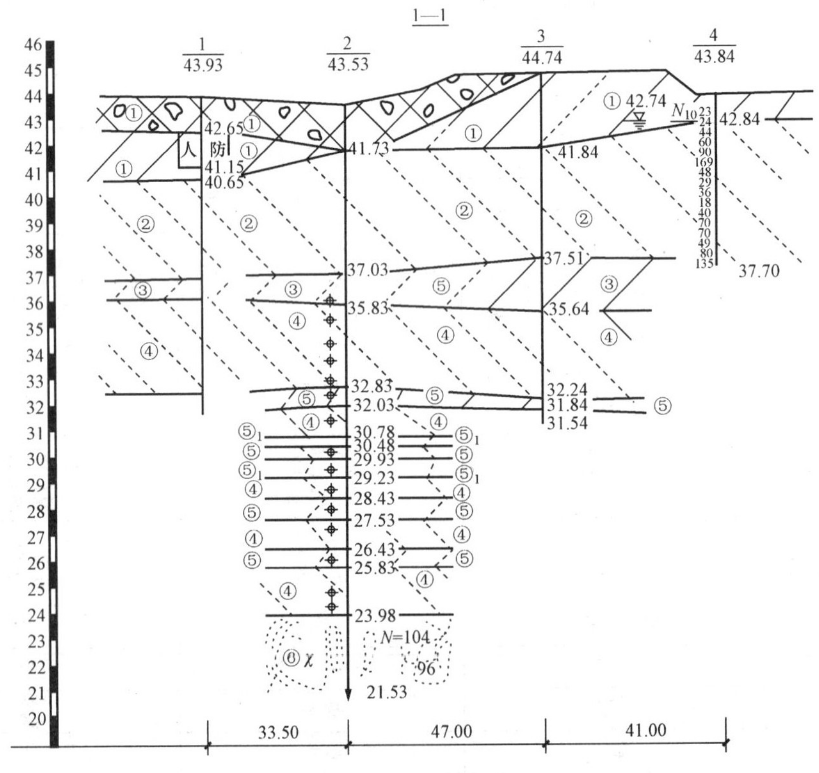

附图 2-6　1—1 剖面

附表 2-7

土工分析结果报告

土样编号	钻孔	探井	取土深度 (m)	颜色	分类	物理及力学性质：天然含水率 ω	重力密度 γ	比重 G_S	饱和度 S_r	天然孔隙比 e	孔隙度 n	液限 ω_L	塑限 ω_P	塑性指数 I_P	液性指数 I_L	最大孔隙比 e_{max}	最小孔隙比 e_{min}	相对密度 D	相对下沉系数 im	压缩模量 E_S (MPa)：长驻压力	长驻压力 0.05	长驻压力 0.10	长驻压力 0.20	长驻压力 0.30	抗剪强度（饱和快剪）：休止角 (°) 干燥	休止角 (°) 水下	黏聚力 C (kPa)	内摩擦角 θ (°)	灼减热量 550℃ (%)	颗粒组成百分比 (%) 粒径大小 (mm)：>10	10~2	2~0.5	0.5~0.25	0.25~0.10	>0.1：0.10~0.05	0.1~0.005：0.05~0.005	<0.005：<0.005
33	1*-1		4.80~5.05	褐黄(暗)	粉土	20.7	21.0	2.69	1.00	0.55		28.7	22.9	5.8						0.075		29.0	35.1														
34	-2		5.20~54.5	褐黄(暗)	粉土	22.9	20.6	2.70	1.00	0.51		28.6	20.0	8.6						0.075		9.8	11.7														
35	2*-1		4.15~4.35	褐黄(暗)	粉土	19.1	21.2	2.70	0.99	0.52		26.1	19.0	7.1						0.050		19.6	25.2														
36	-2		6.50~6.70	灰黄(白)	粉质黏土	20.5	20.7	2.71	0.96	0.58		26.8	16.3	10.5						0.075		10.4	12.1														
37	-3		7.50~7.70	灰黄(白)	粉质黏土	20.4	20.9	2.71	0.99	0.56		26.3	15.8	10.5						0.075		9.0	10.5				250	17°0′									
38	-4		8.10~8.30	褐黄	粉质黏土	21.2	20.6	2.71	0.97	0.59		31.0	20.0	11.0						0.075		10.1	11.9														
39	-5		9.00~9.25	褐黄	粉土	21.8	20.6	2.70	0.98	0.60		26.6	19.0	7.6						0.100		11.2	12.9														
40	-6		9.70~9.95	褐黄	粉质黏土	19.0	20.7	2.71	0.92	0.56		26.8	16.3	10.5						0.100		8.2	9.5														
41	-7		10.40~10.60	褐黄	粉砂	13.3	21.4	2.68	0.85	0.42		—	—	—						0.100		32.8	40.8												59	40	1
42	-8		11.00~11.20	褐黄	黏土	36.8	17.7	2.75	0.90	1.13		62.3	29.9	32.4						0.100		10.4	10.5														
43	-9		11.85~12.05	褐黄	粉质黏土	20.3	20.2	2.71	0.90	0.61		29.5	17.6	11.9						0.125		12.1	12.8														
44	-10		13.05~13.25	褐黄	粉质黏土	28.7	19.2	2.71	0.95	0.82		36.7	21.9	14.8						0.125		9.6	10.6														
45	-11		13.05~14.10	褐黄	粉土	17.7	20.4	2.69	0.87	0.55		24.3	20.0	4.3						0.125		29.9	32.3														
46	-12		14.50~14.75	褐黄	粉土	24.3	19.7	2.70	0.94	0.70		29.5	21.9	7.6						0.150		11.9	13.1														
47	-13		15.49~15.65	褐黄	黏土	33.0	18.9	2.74	0.97	0.93		51.2	27.1	24.1						0.150		12.0	12.9														
48	-14		16.40~16.60	褐黄	粉质黏土	18.8	20.6	2.71	0.91	0.56		28.7	17.2	11.5						0.150		13.9	15.0														
49	-15		17.50~17.70	褐黄	黏土	29.3	19.2	2.74	0.94	0.85		44.2	23.4	20.8						0.175		21.1	22.7														
50	-16		18.40~18.65	褐黄	粉土	17.9	20.6	2.70	0.88	0.55		26.8	17.6	9.2						0.175		17.4	19.2														

续表

土样编号	钻孔	探井	取土深度 (m)	颜色	分类	物理及力学性质：天然含水率 ω	重力密度 γ	比重 G_S	饱和度 S_r	天然孔隙比 e	孔隙度 n	液限 ω_L	塑限 ω_P	塑性指数 I_P	液性指数 I_L	最大孔隙比 e_{max}	最小孔隙比 e_{min}	相对密度 D	相对下沉系数 im	压缩模量 E_S (MPa)：长驻压力	长驻压力 0.05	长驻压力 0.10	长驻压力 0.20	长驻压力 0.30	抗剪强度（饱和快剪）：休止角 (°) 干燥	休止角 (°) 水下	黏聚力 C (kPa)	内摩擦角 θ (°)	灼减热量 550℃ (%)	颗粒组成百分比 (%)，粒径大小 (mm)：>10	10~2	2~0.5	0.5~0.25	0.25~0.10	>0.1 / 0.10~0.05	0.1~0.005 / 0.05~0.005	<0.005
51	−17		19.[illegible]~19.25	褐黄	粉质黏土	23.5	19.4	2.71	0.87	0.73		34.3	20.0	14.3						0.175		7.0	7.8														
52	6*−1		6.7[illegible]~7.00	灰黄	粉质黏土	21.9	20.6	2.71	0.99	0.60		27.6	16.7	10.9						0.075		6.5	7.9														
53	6*−2		7.0[illegible]~7.25	灰黄	粉质黏土	18.9	21.0	2.71	0.97	0.53		25.6	15.4	10.2						0.075		8.0	10.1														
54	−3		8.20~8.50	褐黄	粉质黏土	23.7	19.8	2.71	0.93	0.69		31.0	20.0	11.0						0.075		5.1	6.0				380	6°30′									
55	−4		9.20~9.45	褐黄	粉土	22.4	20.6	2.70	1.00	0.60		27.1	17.2	9.9						0.075		5.7	6.9														
56	−5		9.90~10.15	褐黄	粉质黏土	18.3	21.1	2.71	0.95	0.52		26.0	14.5	1.15						0.100		8.1	9.3														
57	−6		10.05~11.5	褐黄	粉土	21.4	20.4	2.70	0.95	0.61		23.1	15.4	7.7						—		—	—				140	24°30′									
58	−7		12.05~12.30	褐黄	粉质黏土	22.2	19.6	2.71	0.87	0.69		30.8	19.0	11.8						0.125		4.9	5.9														
59	−8		12.95~[illegible]3.20	褐黄	粉砂	7.6	18.2	2.69	0.35	0.59		—	—	—						0.125		32.3	38.2												39	60	1
60	−9		14.00~[illegible].20	褐黄	粉砂	9.4	18.3	2.69	0.41	0.61		—	—							0.125		24.7	27.8												23	76	1
61	−10		17.20~1[illegible].40	褐黄	粉质黏土	20.2	20.8	2.72	0.96	0.57		35.1	20.0	15.1						0.150		17.4	18.5														
62	−11		17.50~17.75	褐黄	粉质黏土	22.1	20.4	2.71	0.97	0.62		31.5	17.6	13.9						0.175		12.7	14.0														
63	8*−1		3.10~3.[illegible]5	褐黄	粉土	21.7	20.7	2.70	0.99	0.59		26.1	19.0	7.1						0.050		8.5	10.9														
64	−2		3.90~4.[illegible]	褐黄	粉土	19.0	21.3	2.70	1.00	0.51		27.9	19.5	8.4						0.050		12.6	15.2														
65	−3		5.00~5.2[illegible]	褐黄（暗）	粉土	23.9	20.2	2.70	0.98	0.66		28.2	19.0	9.2						0.075		16.0	19.6														
66	−4		5.80~6.05	褐黄（暗）	粉土	23.1	20.5	2.70	1.00	0.62		27.5	19.0	8.5						0.075		8.6	10.3														
67	−5		6.96~7.20	褐黄	粉质黏土	26.6	18.8	2.71	0.88	0.82		32.9	20.5	12.4						0.075		3.7	4.5														

续表

土样编号	钻孔	探井	取土深度(m)	颜色	分类	物理及力学性质：天然含水率 ω	重力密度 γ	比重 G_S	饱和度 S_r	天然孔隙比 e	孔隙度 n	液限 ω_L	塑限 ω_P	塑性指数 I_P	液性指数 I_L	最大孔隙比 e_{max}	最小孔隙比 e_{min}	相对密度 D	相对下沉系数 im	压缩模量 E_S (MPa)：长驻压力	长驻压力 0.05	长驻压力 0.10	长驻压力 0.20	长驻压力 0.30	抗剪强度(饱和快剪)：休止角(°) 干燥	休止角(°) 水下	黏聚力 C (kPa)	内摩擦角 θ (°)	灼减热量 550℃ (%)	颗粒组成百分比(%)，粒径大小(mm)：>10	10~2	2~0.5	0.5~0.25	0.25~0.10	0.10~0.05（>0.1）	0.05~0.005（0.1~0.005）	<0.005
68	−6		7.86~8.10	褐黄(暗)	粉质黏土	25.4	19.7	2.71	0.94	0.73		28.7	18.6	10.1						0.100		6.1	7.1														
69	−7		9.30~9.55	褐黄	粉质黏土	20.9	20.6	2.71	0.96	0.59		31.3	19.0	12.3						0.100		8.0	9.4														
70	−8		10.00~10.20	褐黄	粉土	24.5	19.9	2.70	0.96	0.69		29.9	21.4	8.5						0.100		6.0	7.3														
71	−9		10.90~11.10	褐黄	粉土	20.7	20.6	2.70	0.95	0.59		26.1	19.0	7.1						0.125		13.9	15.6														
72	−10		12.00~12.20	褐黄	粉土	15.1	21.4	2.69	0.90	0.45		21.3	14.9	6.4						0.125		27.8	31.1														
73	3* −11		12.70~12.95	褐黄	黏土	33.4	18.6	2.74	0.9[illegible]	0.97		54.3	26.0	28.3						0.125		12.6	12.7														
74	−12		13.80~14.00	褐黄	粉土	18.8	20.6	2.70	0.9[illegible]	0.56		27.2	19.0	8.2						0.150		18.5	21.3														
75	−13		12.20~15.40	褐黄	粉土	15.7	20.6	2.69	0.83	0.51		24.7	19.0	5.7						—		—	—														
76	−14		16.30~16.50	褐黄	粉质黏土	26.5	19.1	2.72	0.90	0.80		37.6	21.4	16.2						0.175		8.4	9.4														
77	−15		17.00~17.20	褐黄	黏土	33.9	18.1	2.74	0.90	1.03		55.9	29.3	26.6						0.175		12.0	15.1														
78	−16		17.90~18.10	褐黄	粉土	19.4	20.3	2.70	0.89	1.59		26.6	18.6	8.0						—		—	—														
79	−17		18.90~19.10	褐黄	粉土	20.0	20.5	2.70	0.93	0.58		28.1	18.6	9.5						0.200		17.4	19.4														
80	−18		19.70~19.90	褐黄	粉土	19.4	21.0	2.70	0.97	0.54		26.6	17.6	9.0						0.200		19.1	21.7														
81	补1* −1		3.50~3.75	褐黄	粉质黏土	28.7	18.1	2.71	0.34	0.93		33.9	22.4	11.5						0.050		4.1	5.0														
82	−2		3.75~4.00	褐黄	粉土	24.1	19.9	2.70	0.36	0.68		28.1	20.5	7.6						0.050		13.1	16.2														
83	−3		4.60~4.85	褐黄(暗)	粉土	18.9	21.3	2.70	1.00	0.51		27.6	20.0	7.6						0.050		18.6	24.8														
84	−4		4.85~5.15	褐黄	粉质黏土	26.3	19.8	2.71	0.98	0.73		32.7	20.0	12.7						—		—	—				24	17°30′									
85	−5		5.86~6.10	褐黄(暗)	粉土	21.6	19.9	2.70	0.90	0.65		28.6	20.0	8.6						0.075		10.8	12.7														
86	−6		6.42~6.67	灰	粉质黏土	23.6	20.2	2.71	0.97	0.66		29.5	18.6	10.9						0.075		10.5	11.6						4.4								
87	−7		7.85~8.10	褐黄(暗)	粉质黏土	22.7	20.3	2.71	0.96	0.64		30.7	19.0	11.7						0.100		5.6	6.6														
88	−8		8.60~8.85	褐黄	粉质黏土	23.5	20.0	2.71	0.95	0.67		30.7	18.6	12.1						—		—	—				23	16°30′									

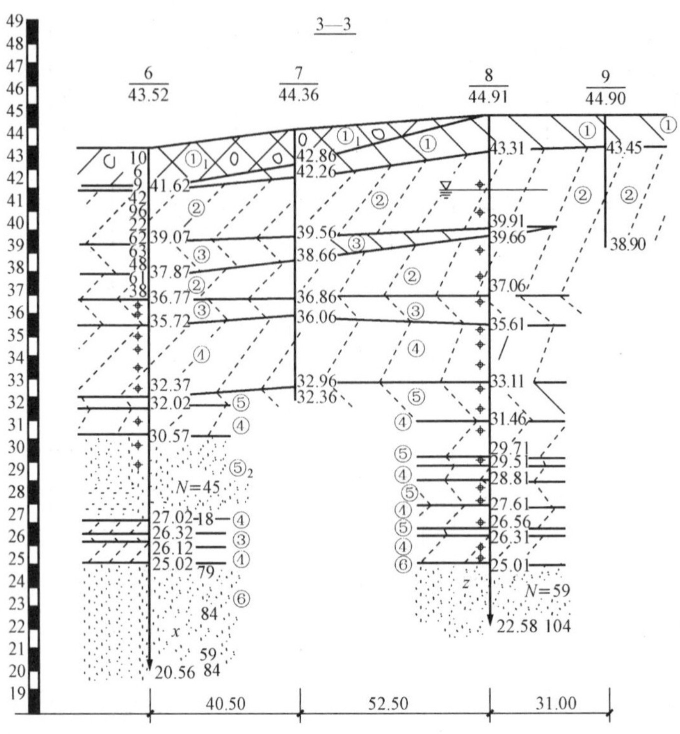

附图 2-7 3—3 剖面

耕(表)土	粉砂	夯实土
素填土	细砂	碎石
杂填土	中砂	漂石
冲填土	粗砂	块石
黏土	砾砂	页石
粉质黏土	圆砂	石灰岩
粉土	角砾	花岗岩
淤泥	卵石	房碴土
钻孔	取土、水试样探坑	抽水试验孔
取土试样钻孔	探井	钻孔(用于剖面)
取水试样钻孔	取土试样探坑	探卡(用于剖面)
取土、水试样钻孔	注水试验孔	动力解探试验孔 (1.用于平面;2.用于剖面)
取水试样探坑	压水试验孔	静力解探试验孔 (1.用于平面;2.用于剖面)

附图 2-8 图例

附表 2-8　　符号说明

ω	天然含水率（%）	c	内聚力（kN/m^2）
γ	重力密度（kN/m^3）	ϕ	内摩擦角（°）
G_S	土颗粒比重	Q	灼失量（%）
S_r	饱和度（%）	δ_s	湿陷系数
e	天然孔隙比	k	土的渗透系数（m/d）
ω_L	液限（%）	N_{10}	轻型动力触探（锤质量 63.5kg）锤击数
ω_p	塑限（%）	$N_{63.5}$	标准贯入试验（锤质量 63.5kg）锤击数
I_p	塑性指数	…	静压阻力（kN/m^2）
I_L	液性指数	…	地基承载力特征值（kN/m^2）
F_S	压缩模量（N/mm^2）	p	地基计算压力（kN/m^2）
E_s	地层倒算模量（N/mm^2）	p_s	地基附加计算压力（kN/m^2）

参 考 文 献

[1] 东南大学，等. 土力学. 北京：中国建筑工业出版社，2001.
[2] 张力霆. 土力学与地基基础. 北京：高等教育出版社，2002.
[3] 中华人民共和国建设部. GB 50007—2002 建筑地基基础设计规范. 北京：中国建筑工业出版社，2002.
[4] 南京水利科学研究院. SL 237—1999 土工试验规程. 北京：中国水利水电出版社，1999.
[5] 袁聚云等. 土工试验与原理. 上海：同济大学出版社，2002.
[6] 土建学科高等职业教育专业指导委员会规划教材. 地基与基础. 北京：中国建筑工业出版社，2004.
[7] 王成华. 土力学原理. 天津：天津大学出版社，2002.
[8] 孙维东. 土力学与地基基础. 北京：机械工业出版社，2003.
[9] 杨太生. 地基与基础. 北京：中国建筑工业出版社，2004.
[10] 刘子彤. 地基与基础. 江苏：河海大学出版社，1999.
[11] 高达钊. 土力学与基础工程. 北京：中国建筑工业出版社，1998.
[12] 钱家欢. 土力学. 江苏：河海大学出版社，1998.
[13] 华南理工大学，浙江大学，湖南大学，等. 基础工程. 北京：中国建筑工业出版社，2003.
[14] 林宗元. 简明岩土工程勘察设计手册. 北京：中国建筑工业出版社，2003.
[15] 地基处理手册编写委员会. 地基处理手册. 北京：中国建筑工业出版社，2000.
[16] 龚晓南. 土力学. 北京：中国建筑工业出版社，2002.
[17] 高大钊、徐超、熊启东. 天然地基上的浅基础. 北京：机械工业出版社，2002.
[18] 中华人民共和国建设部. GB 50021—2001 岩土工程勘察规范. 北京：中国建筑工业出版社，2002.
[19] 中华人民共和国建设部. JGJ 94—2008 建筑桩基技术规范. 北京：中国建筑工业出版社，2008.
[20] 中华人民共和国建设部. JGJ 79—2002 建筑地基处理技术规范. 北京：中国建筑工业出版社，2002.
[21] 中华人民共和国建设部. GB/T 50123—1999 土工试验方法标准. 北京：中国计划出版社，1999.
[22] 中华人民共和国建设部. GB 50330—2002 建筑边坡工程技术规范. 北京：中国建筑工业出版社，2002.